高等学校网络空间安全专业 Hacking 系列教材

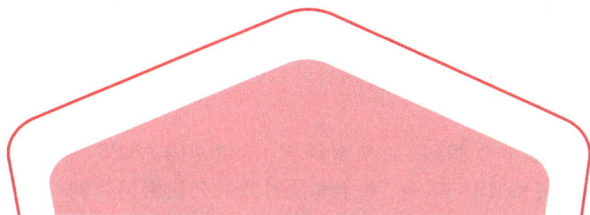

密码学安全实践
——Crypto Hacking

胡建伟　编著

西安电子科技大学出版社

内 容 简 介

密码学是网络空间安全的基石，也是网络安全的重要保障。本书从攻防视角全面且系统地介绍了密码学相关知识和算法，重点从密码设计、密码分析、密码实现、密码安全四个维度来讲解密码安全问题，另外还提供了有关密码工程实践和 CTF 竞赛的内容，希望帮助读者将所学知识应用于信息安全工程实践。

全书共分 11 章，内容包括密码学基础、古典密码学、分组密码、AES 算法、分组密码工作模式、密码分析学、流密码、公钥密码体制和 RSA 算法、基于离散对数的公钥密码体制、椭圆曲线密码体制、哈希函数等。各章节都提供了丰富的例题和代码，有利于读者加深对所学知识的理解和掌握。

本书可作为高等院校网络空间安全、信息安全、信息对抗技术、通信、电子信息或计算机相关专业的教材和 CTF 竞赛培训教材，也可作为相关领域研究人员和专业技术人员的参考读物。

图书在版编目（CIP）数据

密码学安全实践：Crypto Hacking / 胡建伟编著. -- 西安：西安
电子科技大学出版社，2025. 5. -- ISBN 978-7-5606-7195-6

Ⅰ. TN918.1

中国国家版本馆 CIP 数据核字第 20243XD848 号

策　　划　马乐惠　马晓娟
责任编辑　赵婧丽
出版发行　西安电子科技大学出版社（西安市太白南路 2 号）
电　　话　(029) 88202421　88201467　　　邮　　编　710071
网　　址　www. xduph. com　　　　　电子邮箱　xdupfxb001@163.com
经　　销　新华书店
印刷单位　陕西天意印务有限责任公司
版　　次　2025 年 5 月第 1 版　　　2025 年 5 月第 1 次印刷
开　　本　787 毫米×960 毫米　1/16　　印张　30.5
字　　数　636 千字
定　　价　89.00 元
ISBN 978-7-5606-7195-6
XDUP 7497001-1

前　言

本书是胡门网络 Hacking 系列教材的密码学安全实践分册。

Hacking 系列教材本着以攻为防的设计理念，试图从攻防两个视角来审视和学习网络空间安全的各种模型、策略和技术。系列教材以网络、系统、语言和数据库为四大基础，涵盖网络安全运维、渗透测试、代码审计、攻防对抗等多个专业领域和研究方向。

Hacking 系列教材统一要求、整体设计、难易适中。系列教材在编写过程中，各部分内容尽可能理论联系实际，各知识点相互串联，并从原理、应用、实现、改进、攻防等不同层次进行渐进式、综合化、系统性阐述。系列教材本身按照网络空间安全类专业特色进行整体设计和编写，适合教学、竞赛、培训等多种教学实践活动和网络空间安全人才培养等应用场合。

本书共分 11 章。

第 1 章介绍密码学基础知识，包括密码系统基本组成、密码学的安全目标、密码体制分类、密码学的应用以及密码学相关的 Python 库等，使读者能尽快了解密码学相关的知识。

第 2 章介绍古典密码学，包括凯撒密码、仿射密码、Vigenere 密码、希尔密码和栅栏密码等，让读者了解古典密码的思想，并掌握基本的密码分析和破解技术。

第 3 章至第 6 章对分组密码进行讨论。其中，第 3 章至第 5 章介绍了 DES、AES 两种常用的分组密码以及分组密码的工作模式，并对算法和工作模式的安全性进行分析；第 6 章从攻击者角度来审视密码的安全性，重点介绍分组密码的差分分析和线性分析方法，最后对分组密码的侧信道分析和滑动攻击进行讨论。

第 7 章从异或运算入手，介绍流密码和一次一密系统，分析伪随机数发生器的工作原理及其安全性，最后介绍 RC4 流密码算法和快速相关攻击。

第 8 章至第 10 章介绍公钥密码体制，主要对 RSA、ElGamal 和 ECC 等公钥加密算法进行介绍，并讨论了针对每种算法的攻击方法。

第 11 章介绍了常用的哈希函数以及哈希函数在消息认证和数字签名中的应用，最后对哈希碰撞和哈希长度扩展攻击进行介绍。

本书由胡建伟编著，胡门网络技术有限公司的核心团队参与编写，主要编写人员有崔艳鹏、张磊磊、石建鹏、马嘉伟、胡业晗、宋靖阳、侯旭乔等。全书由胡建伟统稿，崔艳鹏统校。

本书的出版得到了西安电子科技大学出版社的大力支持，在此对各位领导和编辑一并表示感谢。

本书的出版旨在给读者提供更多的学习机会和学习材料，也希望读者能在阅读本书过程中有所收获。

由于编者时间和水平有限，书中难免存在疏漏之处，敬请读者不吝指正，有任何问题可以与作者联系（邮箱：99388073@qq.com）。

不忘初心，继续前行，让我们一起开始 Crypto Hacking 之旅！

胡建伟

2024 年 11 月

目　录

第1章　密码学基础 ……………………… 1
  1.1　密码学简介 ………………………… 1
    1.1.1　密码系统基本组成 ………… 1
    1.1.2　密码系统的安全性 ………… 2
    1.1.3　密码学的安全目标 ………… 3
    1.1.4　密码体制分类 ……………… 4
    1.1.5　密码学主要内容 …………… 6
  1.2　Shannon 密码理论 ……………… 9
    1.2.1　混淆原则 …………………… 9
    1.2.2　扩散原则 ………………… 10
  1.3　密码学相关 Python 库 ………… 11
    1.3.1　Crypto 库 ………………… 11
    1.3.2　libnum 库 ………………… 13
    1.3.3　hashlib 库 ………………… 15
  1.4　明文处理 ……………………… 16
    1.4.1　进制转换 ………………… 16
    1.4.2　编码与解码 ……………… 17
    1.4.3　字节与整型转换 ………… 22
    1.4.4　字符串与整型转换 ……… 24
  习题 ………………………………… 26

第2章　古典密码学 …………………… 29
  2.1　单表替换密码 ………………… 30
    2.1.1　凯撒密码(Caesar Cipher) … 30
    2.1.2　关键词密码(Keyword Cipher) … 31
    2.1.3　仿射密码（Affine Cipher） … 31
    2.1.4　单表替换密码分析 ……… 33
  2.2　多表替换密码 ………………… 36
    2.2.1　Vigenere 密码 …………… 36
    2.2.2　希尔密码 ………………… 38

    2.2.3　PlayFair 密码 …………… 41
    2.2.4　多表替换密码分析 ……… 42
  2.3　置换密码 ……………………… 45
    2.3.1　栅栏密码 ………………… 46
    2.3.2　列置换方法 ……………… 46
    2.3.3　列置换密码 ……………… 46
  习题 ………………………………… 47

第3章　分组密码 ……………………… 49
  3.1　分组密码概述 ………………… 49
    3.1.1　分组密码模型 …………… 49
    3.1.2　分组密码设计 …………… 50
    3.1.3　分组密码结构 …………… 51
  3.2　DES 算法 ……………………… 53
    3.2.1　初始置换和逆初始置换 … 53
    3.2.2　子密钥生成 ……………… 55
    3.2.3　轮函数 f 运算 ………… 58
    3.2.4　DES 解密 ………………… 61
  3.3　DES 安全性分析 ……………… 61
    3.3.1　互补性 …………………… 61
    3.3.2　弱密钥和半弱密钥 ……… 62
  3.4　多重 DES ……………………… 63
    3.4.1　双重加密和中间相遇攻击 … 63
    3.4.2　三重加密 ………………… 67
    3.4.3　密钥漂白 ………………… 68
  习题 ………………………………… 69

第4章　AES 算法 ……………………… 73
  4.1　数学基础 ……………………… 73
    4.1.1　群和域 …………………… 73
    4.1.2　有限域的基本概念 ……… 74

4.1.3 有限域内的运算操作 ·············· 75

4.2 AES 密码 ··············· 83

4.2.1 AES 加解密简介 ·············· 83

4.2.2 字节替换和行移位操作 ·············· 85

4.2.3 列混合操作和轮密钥加 ·············· 88

4.2.4 密钥调度 ·············· 90

4.3 AES 安全实践 ·············· 92

习题 ·············· 96

第 5 章 分组密码工作模式 ·············· 103

5.1 工作模式简介 ·············· 103

5.1.1 电子密码本(ECB)模式 ·············· 104

5.1.2 密文分组链接(CBC)模式 ·············· 112

5.1.3 密文反馈(CFB)模式 ·············· 118

5.1.4 输出反馈(OFB)模式 ·············· 122

5.1.5 计数器(CTR)模式 ·············· 123

5.2 分组填充及其安全性 ·············· 125

5.2.1 填充规则 ·············· 125

5.2.2 分组填充安全性分析 ·············· 126

5.2.3 分组填充(Padding Oracle)攻击 ·············· 130

习题 ·············· 138

第 6 章 密码分析学 ·············· 141

6.1 密码分析学概述 ·············· 141

6.2 差分密码分析 ·············· 143

6.3 线性密码分析 ·············· 149

6.3.1 线性近似和偏差 ·············· 149

6.3.2 堆积引理 ·············· 151

6.3.3 完整密码算法的线性近似 ·············· 152

6.3.4 提取密钥比特位 ·············· 155

6.4 Feal-4 密码分析 ·············· 157

6.4.1 Feal 密码算法 ·············· 157

6.4.2 轮函数 ·············· 158

6.4.3 Feal-4 密码的差分分析 ·············· 159

6.5 侧信道密码分析 ·············· 162

6.5.1 侧信道概述 ·············· 162

6.5.2 侧信道功耗分析 ·············· 163

6.5.3 压缩加密侧信道分析 ·············· 166

6.5.4 加密延时侧信道分析 ·············· 170

6.6 滑动攻击 ·············· 171

习题 ·············· 176

第 7 章 流密码 ·············· 181

7.1 异或运算 ·············· 181

7.1.1 异或简介 ·············· 181

7.1.2 异或属性 ·············· 182

7.1.3 异或编程 ·············· 183

7.1.4 异或实践 ·············· 184

7.2 一次一密及多次一密 ·············· 187

7.2.1 真正随机密钥 ·············· 189

7.2.2 多次一密 ·············· 189

7.2.3 Crib-dragging 攻击 ·············· 192

7.3 流密码 ·············· 195

7.4 反馈移位寄存器 ·············· 196

7.4.1 线性反馈移位寄存器 ·············· 197

7.4.2 非线性反馈移位寄存器 ·············· 204

7.5 线性同余发生器 ·············· 210

7.5.1 参数选择 ·············· 211

7.5.2 代码实现 ·············· 213

7.5.3 针对 LCG 的攻击方式 ·············· 213

7.6 梅森旋转算法 ·············· 217

7.6.1 算法简介 ·············· 217

7.6.2 安全性分析 ·············· 219

7.7 RC4 流密码算法 ·············· 220

7.7.1 RC4 工作原理 ·············· 220

7.7.2 RC4 安全性分析 ·············· 223

7.7.3 实例分析 ·············· 232

7.8 快速相关攻击 ·············· 235

7.8.1 快速相关攻击简介 ·············· 235

7.8.2 快速相关攻击算法 ·············· 236

7.8.3 快速相关攻击算法 A ·············· 237

7.8.4　快速相关攻击算法 B ·············· 238

7.8.5　算法实例 ············· 240

习题 ······· 246

第 8 章　公钥密码体制和 RSA 算法 ··· 249

8.1　公钥密码体制 ········· 249

8.1.1　简介 ············· 249

8.1.2　理论基础 ········· 250

8.2　RSA 数学基础 ······· 251

8.2.1　模运算 ········· 251

8.2.2　欧几里得算法 ····· 254

8.2.3　扩展欧几里得算法 ····· 254

8.2.4　素数 ············· 255

8.2.5　欧拉函数和欧拉定理 ····· 260

8.2.6　中国剩余定理 ····· 261

8.3　RSA 算法 ········· 262

8.3.1　密钥生成 ········· 262

8.3.2　消息加解密 ····· 264

8.3.3　正确性证明 ····· 266

8.3.4　参数之间的安全关系 ····· 266

8.4　RSA 安全 ········· 269

8.4.1　模数分解攻击 ····· 269

8.4.2　加解密指数攻击 ····· 277

8.4.3　d_p、d_q 泄露攻击 ····· 288

8.4.4　选择明密文攻击 ····· 291

8.4.5　格与 Coppersmith 相关攻击 ··· 302

8.4.6　RSA 后门密钥生成算法 ··· 343

习题 ······· 347

第 9 章　基于离散对数的公钥密码体制

····· 356

9.1　离散对数基础 ········· 356

9.1.1　群概念 ········· 356

9.1.2　循环群 ········· 357

9.1.3　离散对数问题 ····· 359

9.2　ElGamal 密码体制 ····· 359

9.2.1　ElGamal 加密解密原理 ········· 360

9.2.2　ElGamal 数字签名原理 ········· 361

9.3　Diffie-Hellman 密钥交换 ········· 361

9.3.1　算法简介 ········· 362

9.3.2　中间人攻击 ····· 363

9.4　离散对数攻击 ········· 364

9.4.1　暴力破解 ········· 364

9.4.2　小步大步法 ····· 365

9.4.3　Pollard's rho 算法 ····· 371

9.4.4　Pollard's Kangaroo(袋鼠)算法

····· 376

9.4.5　Polhig-Hellman 算法 ····· 379

9.4.6　五种攻击方法的比较 ····· 385

习题 ······· 386

第 10 章　椭圆曲线密码体制 ········· 390

10.1　实数域上的椭圆曲线 ········· 390

10.1.1　实数域上椭圆曲线的定义 ··· 390

10.1.2　实数域上椭圆曲线的群法则 ··· 391

10.2　有限域上的椭圆曲线 ········· 398

10.2.1　有限域 ········· 398

10.2.2　有限域上椭圆曲线的定义 ····· 398

10.2.3　有限域上椭圆曲线的群运算 ··· 400

10.2.4　F_p 域上椭圆曲线群的阶及

循环子群的阶 ········· 405

10.2.5　基于椭圆曲线的离散对数问题

····· 405

10.3　椭圆曲线加解密算法 ········· 406

10.3.1　ECC 加解密过程 ····· 406

10.3.2　ECC 技术要求 ····· 410

10.3.3　ECC 与 RSA 的比较 ····· 410

10.4　基于椭圆曲线的 Diffie-Hellman 密钥

协商协议 ········· 410

10.4.1　ECDH 密钥协商过程 ····· 410

10.4.2　ECDH 中间人攻击 ····· 412

10.5　椭圆曲线数字签名算法 ····· 413

10.5.1　签名和验证过程 ··············· 413

10.5.2　ECDSA 安全性 ··············· 414

10.6　ECC 攻击方法 ··············· 416

　10.6.1　穷举搜索法 ··············· 417

　10.6.2　椭圆曲线小步大步法 ··············· 417

　10.6.3　椭圆曲线 Pollard's rho 算法 ··· 421

　10.6.4　椭圆曲线 Pohlig-Hellman 算法

　　　··············· 424

习题 ··············· 431

第 11 章　哈希函数 ··············· 436

11.1　哈希函数基本概念 ··············· 436

11.2　哈希函数设计 ··············· 439

　11.2.1　Merkle-Damgard 结构 ··············· 439

　11.2.2　基于分组密码的哈希函数 ··· 440

11.3　MD5 算法 ··············· 442

　11.3.1　MD5 算法流程 ··············· 443

11.3.2　MD5 编程实现 ··············· 445

11.4　安全哈希函数 SHA ··············· 446

11.5　哈希函数应用 ··············· 448

　11.5.1　数据完整性 ··············· 448

　11.5.2　口令存储 ··············· 448

　11.5.3　消息认证码和数字签名 ··············· 450

　11.5.4　代码签名 ··············· 451

11.6　哈希安全性 ··············· 451

　11.6.1　生日悖论和碰撞攻击 ··············· 451

　11.6.2　MD5 碰撞 ··············· 452

11.7　哈希长度扩展攻击 ··············· 463

　11.7.1　哈希计算实践 ··············· 463

　11.7.2　哈希长度扩展攻击的原理

　　　和实现 ··············· 465

习题 ··············· 472

参考文献 ··············· 475

第1章 密码学基础

密码学(Cryptography)是一门研究编制、分析和破译密码的技术学科，主要研究内容为设计与分析密码算法、密码协议和密码系统等的原理、方法和工具。密码编码学是研究安全有效的密码算法和密码协议，以确保通信数据保密性的科学；密码分析学则是研究在不知道密钥的情况下恢复明文数据或者密钥的科学。密码学是一门跨计算机、数学和电子信息等多个学科领域的课程，本章将对密码学相关的基本概念、基础知识、香农密码理论以及密码安全实践所需的常用 Python 库进行讲述。

1.1 密码学简介

1.1.1 密码系统基本组成

密码系统是通过设计密码算法和密码协议实现通信数据加解密的系统，由明文、密文、加密、解密和密钥五大部分组成，如图 1.1 所示。

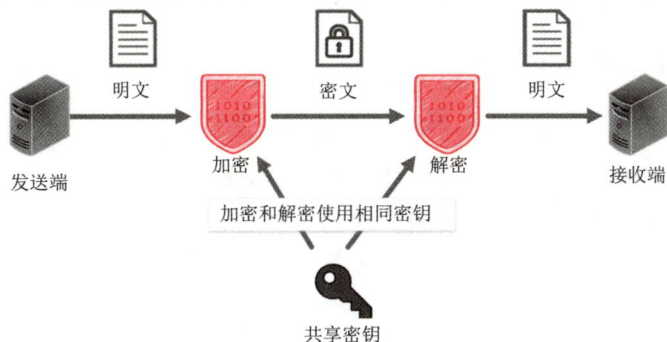

图 1.1 密码系统组成

（1）明文（Plaintext）指发送方、接收方和任何访问消息的人都能理解的待加密的原始信息，如文本、图像等。我们将所有合法明文的集合称为明文空间 M。

（2）密文（Ciphertext）指明文经过某种变换后形成的一种难以理解的信息。我们将所有可能的密文的集合称为密文空间 C。

（3）加密（Encryption）指将原始信息（明文）转换成难以理解的密文信息的过程。

（4）解密（Decryption）指将已加密的信息（密文）恢复成原始信息的过程。

（5）密码算法（Cryptographic Algorithm）指加密或解密过程中，对信息使用的某种变换规则，是用于对信息进行加密和解密的具体方法。用于加密的算法称为加密算法 E（Encryption Algorithm），用于解密的算法称为解密算法 D（Decryption Algorithm）。

（6）密钥（Secret Key）是信息变换中的一个可变参数，通常是满足一定条件的随机序列。对相同的明文和密码算法，若采用不同密钥进行加密，则得到的密文也是不相同的。一般用于加密算法的密钥称为加密密钥，用于解密算法的密钥称为解密密钥。加密密钥和解密密钥可能相同，也可能不同。我们将密钥生成算法能够生成的所有密钥的集合称为密钥空间 K。

在密码系统的设计中，有一条很重要的原则就是柯克霍夫（Kerckhoff）原则，也就是密码系统的安全性只依赖于密钥。在密码系统中应该只有加密或解密密钥是保密的，而加解密算法是公开的。这意味着即使攻击者获得除密钥以外的明密文、加解密算法等信息，密码系统也是安全的。

加解密的基本思想其实就是通过某种变换，实现明文空间与密文空间内的元素的映射。对于明文空间 M 的每一个明文 m，使用加密密钥 k 和加密算法 E，将明文 m 映射成密文空间 C 的一个密文 c；而使用解密密钥 k 和解密算法 D，能够将该密文 c 映射成同一个明文 m。

利用加解密算法进行数据通信时，发送方首先使用密钥和加密算法，对明文进行加密得到密文信息，然后将密文信息发送给接收方；接收方收到密文信息后，使用密钥和解密算法，对密文解密得到明文，从而实现通信数据的保密传输。

1.1.2 密码系统的安全性

安全是相对的，没有绝对安全的系统。密码系统的安全性主要包括三个层次，分别为无条件安全性、计算安全性和可证明安全性。上述三个层次的安全性按照实现的难易程度，由低至高依次为计算安全性、可证明安全性、无条件安全性，如图1.2所示。

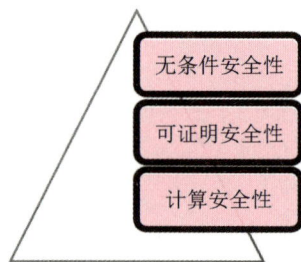

图 1.2　密码系统安全性

1. 无条件安全性

无条件安全也称信息论安全或者绝对安全，就是在攻击者即使拥有无限的计算能力的情况下，仍然无法破译该密码系统。攻击者通过观察密文不会得到任何有助于破译密码系统的信息，这种密码系统理论上是不可破译的。例如，一次一密加密算法是无条件安全的，但通常很难实现，因为一次一密加密算法要求密钥至少和明文一样长。

2. 可证明安全性

可证明安全性基于某个经过深入研究的数学难题（如大整数素因子分解、计算离散对数等），而数学难题被证明求解困难。

3. 计算安全性

攻击者在使用目前最优的破解密码的方法去攻破该密码所需要的计算资源远远超出攻击者的计算资源水平，则可以认为这种密码体制是计算上安全的。

对于实际应用中的密码系统而言，因为至少存在一种破译方法，即暴力攻击法，所以这些密码系统都不能满足无条件安全性，而只能保证计算安全性。

密码系统要达到计算安全性，就要满足以下准则：

（1）破译该密码系统的实际计算量很大，以至于计算安全性在实际上是无法实现的。

（2）破译该密码系统所需要的计算时间超过被加密信息的有效期。例如，战争中发起战斗攻击的作战命令只需要在战斗打响前不被破解即可。

（3）破译该密码系统的费用超过被加密信息本身的价值。

如果一个密码系统能够满足以上计算安全性准则之一，就可以认为是满足实际安全性的。

1.1.3　密码学的安全目标

密码学作为网络安全的基础支撑和关键技术，在保障信息的安全传递中起着至关重要的作用，其安全目标主要包括保密性（Confidentiality）、完整性（Integrity）和可用性（Availability），简称 CIA，如图 1.3 所示。

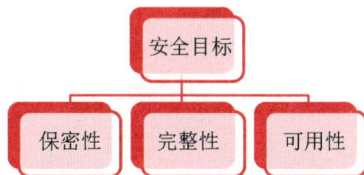

图 1.3　密码学安全目标

1. 保密性

保密性是指确保信息只有合法用户能访问，而不被泄露给非授权的用户、实体或者过程，以及供其利用的特性。"访问"在这里可以是读、浏览、打印或者知晓一些特殊资源是否存在。

2. 完整性

完整性是指只能由授权方或以授权的方式进行资源的修改，即信息没有经过授权就无法被修改的特性，是确保信息在存储或传输过程中不被偶然或蓄意地删除、修改、伪造、乱序、重放、插入等破坏和丢失的特性。完整性要求信息不能受到各种原因导致的破坏。

3. 可用性

可用性是指在适当的时候可以由授权方访问所有资源，即信息可以被授权实体访问并且按照规则进行使用的特性。可用性允许授权方或实体在信息服务需要时可以正常使用信息，或者在网络部分受损或需要降级使用时，依旧可以为授权方提供有效服务。

另外，对于现代密码学，还有交易的不可否认性和身份的验证等安全需求和目标。

1.1.4 密码体制分类

在密码学中，密码体制可按照不同的方法进行分类，常用的分类依据包括明文变换成密文的操作方式、密码算法使用的密钥数量、密码算法对明文的处理方式以及加密变换是否可逆等。

1. 明文变换成密文的操作方式

根据明文变换成密文的操作方式，可将密码算法分为替换密码体制、置换密码体制和乘积密码体制。

替换密码就是将明文中的每个字母由其他字母、数字或符号替代的一种方法。替换密码通常要建立一个替换表，加密时将需要加密的明文依次通过查表，替换为相应的字符。明文字符被逐个替换后，生成无任何意义的字符串，即密文，这些替换表就作为密钥。另外，根据替换表的数量，又可将替换密码分成单表替换密码和多表替换密码。

古典密码使用的替换相对简单，如凯撒密码的明文字母和密文字母的替换（映射）关系如图 1.4 所示。

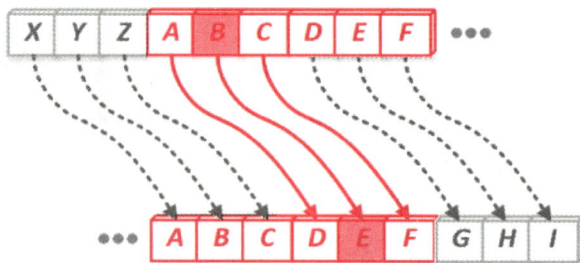

图 1.4 凯撒密码替换表

由于凯撒密码是在 26 个英文字母上进行的线性替换（把每个字母分别用 0～25 之间的数字表示，加解密就是简单的移位），其密钥总共只有 26 种可能，很容易通过暴力破解得到密钥。对于密文 Fubswrjudskb dqg Sbwkrq，可以破解得到明文 Cryptography and Python。

置换密码根据一定的规则重新排列明文，以便打破明文的结构特性。置换密码的特点是保持明文的所有字符不变，只是利用置换打乱明文字符的位置和次序。置换操作如图 1.5 所示。

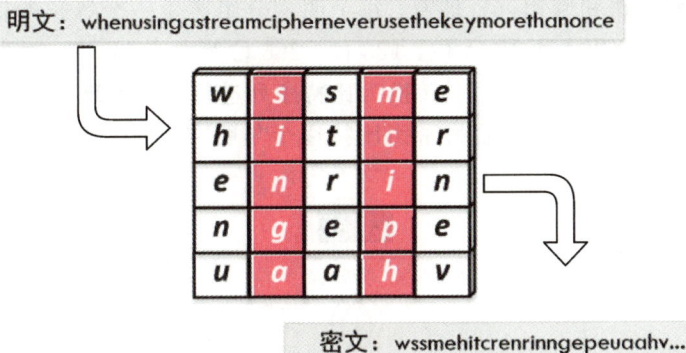

明文：whenusingastreamcipherneverusethekeymorethanonce

密文：wssmehitcrenrinngepeuaahv...

图 1.5　置换操作

乘积密码就是以某种方式连续使用两次或多次替换和置换操作对明文进行变换处理。从密码编码的角度来看，乘积密码所得到的加密结果比其中任意单个密码算法的加密结果的安全性都更高。

2．密码算法使用的密钥数量

根据密码算法使用的密钥数量，可以将密码算法分为对称密码体制（Symmetric Cipher）和非对称密码体制（Asymmetric Cipher）。

对称密码体制又称单钥密码体制，是指对于一个密码算法，加密密钥和解密密钥相同，或者虽然不相同，但是可以通过其中任意一个很容易地推导出另一个。在使用时，通信双方需要先进行密钥交换。

非对称密码体制又称公钥密码体制，是指对于一个密码算法，加密算法和解密算法分别采用两个不同的密钥，并且根据加密密钥不能推导出解密密钥。在使用时，通信双方不需要进行密钥交换。

在加密效率方面，对称密码体制相对于非对称密码体制效率更高，适用于数据量较大的信息的加密；而非对称密码体制往往依赖于数学难题，加解密操作的计算量很大，适用于数据量较小的信息的加密，如数字签名、其他密码体制密钥的加密传输。

在安全性方面，对称密码体制是基于复杂的非线性变换和迭代运算实现算法安全性的；非对称密码体制是基于某个公认的数学难题实现算法安全性的，如大整数分解难题、离散对数难题等。

3. 密码算法对明文的处理方式

根据密码算法对明文的处理方式，又可以将对称密码体制分为分组密码（Block Cipher）和序列密码（Stream Cipher）。

分组密码又称块密码，是指将明文分成多个等长的分组，将每个分组作为一个整体，对其使用相同的密码算法和密钥进行加密，每个明文分组产生一个等长的输出作为密文分组。分组密码常使用的分组大小有 64 位、128 位、256 位等。

序列密码又称流密码，是指将明文转换为比特序列进行加密处理。在序列密码加密时，密钥流发生器产生密钥比特流，然后将密钥比特逐个与明文比特进行异或运算，产生相应的密文比特流。流密码如图 1.6 所示。

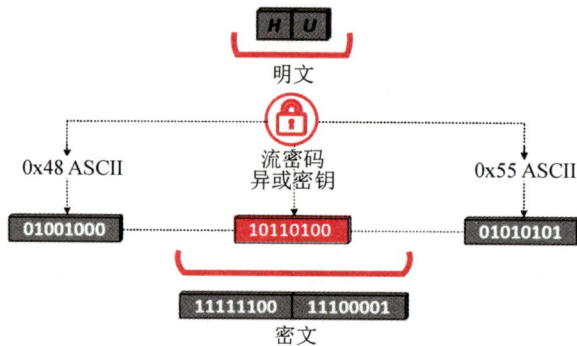

图 1.6　流密码

4. 加密变换是否可逆

根据密码算法的加密变换是否可逆，可以将密码体制分为单向函数密码体制和双向变换密码体制。

单向函数密码体制是指能够通过某种变换很容易地把明文变换成密文，但是再由密文还原成正确的明文是不可行的。典型的单向函数包括 MD5、SHA-1 等。

双向变换密码体制是指通过某种变换将明文变换成密文，再将密文变换成正确的明文是可行的，也就是说这种加密变换是一个可逆的过程，能够实现信息的加密和解密。目前，绝大多数密码算法都属于双向变换密码体制，如数据加密标准（DES）、高级加密标准（AES）、公钥密码算法（RSA）等。

1.1.5　密码学主要内容

密码学是一门正在迅速发展的综合性学科，涉及的知识横跨数学、物理、计算机、信息论、编码学、通信技术等多种学科。密码学也是信息安全的核心和基石，涵盖信息安全中的各个领域，主要包括数据加密、消息摘要、数字签名、密钥管理、身份认证等内容。

1. 数据加密

　　从加密的字面意思就可得知，加密是实现信息安全保密性的重要手段。利用加密算法可以实现信息的"混淆"，使得对手或者攻击者无法理解和破解其中的明文信息，实现信息的安全通信和交换。常见的加密算法可以分为古典密码学和现代密码学两大类。古典密码学中的典型加密算法有凯撒密码、维吉尼亚密码等。现代密码学中，加密算法可以分为对称加密算法和非对称加密算法，典型的对称加密算法有 DES、AES 等，典型的非对称加密算法有 RSA、Elgamal、ECC 等。数据加密如图 1.7 所示。

图 1.7　数据加密

2. 消息摘要

　　在现实生活中，并不是所有的消息都需要进行加密处理。对于必须公开的消息，其重点是确保消息来源真实，内容没有被篡改。比如用户在下载一个软件后需要一种方法能够验证该软件没有被植入木马或者篡改，此时消息摘要就可以很好地满足该需求。用户事先计算该软件（程序文件）的消息摘要（哈希）值，如图 1.8 所示的 SHA256 哈希值。用户下载该软件后同样计算其 SHA256 哈希值，如果和页面公布的一样，则可以认为下载的软件源自合法渠道，否则有可能存在安全隐患。

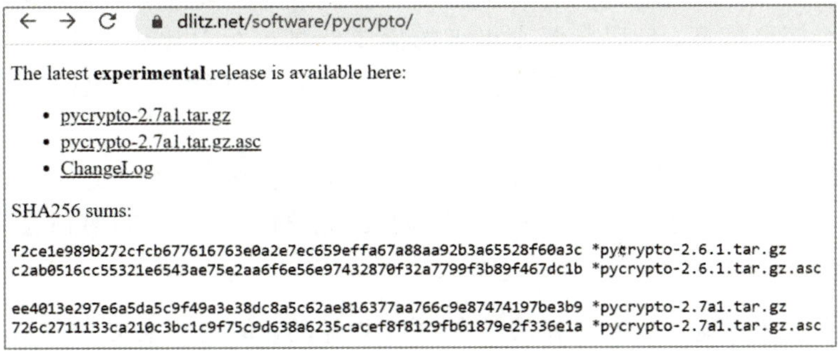

图 1.8　哈希与文件完整性

　　因此，消息摘要就是把任意长度输入转换成固定长度输出的一种单向不可逆算法（想想：摔碎一个玻璃瓶是不是很容易，想要再还原是不是很难）。摘要算法主要应用在数字签名领域，有 MD5、SHA 系列算法。

3. 数字签名

数字签名就是在原始消息上附加一些签名数据。签名数据首先是对原始消息的摘要计算，然后用发送方的私钥对摘要进行加密。因此，数字签名是哈希摘要算法和公钥加密算法的组合应用。计算摘要确保原始消息的完整性，用发送方的私钥加密确保该签名确实是发送方签发的，因为私钥只有发送方知道。而且用发送方私钥加密的摘要，任何人都可以用发送方的公开密钥进行解密验证，从而解决信息的伪造、抵赖、冒充和篡改等问题。

数字签名的典型工作过程如图 1.9 所示。

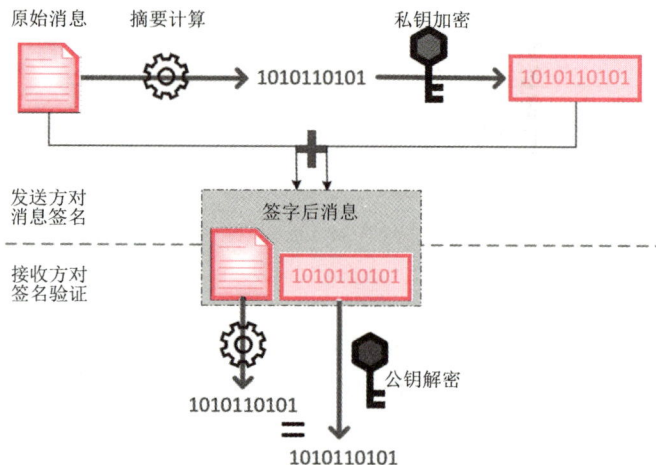

图 1.9　数字签名

图中将摘要信息用发送方的私钥加密，然后与原始消息一起发送给接收方。接收方只能用发送方的公钥才能解密被加密的摘要信息，然后用相同的摘要计算函数对收到的原始消息计算出一个摘要信息，最后与解密出来的摘要信息进行对比。二者如果相同，则说明收到的信息是完整的，在传输过程中没有被篡改，否则说明信息被篡改过。因此，数字签名能够验证消息的完整性。

总之，数字签名实现了两个安全目的：一是能确定消息确实是由发送方签名并发出来的，因为别人假冒不了发送方的签名；二是能确定消息的完整性，即信息没有被篡改。

4. 密钥管理

在任意一个密码系统中，密码算法都是可以公开的，但密钥必须严格保护。对于一个密钥加密方案，必须保护密钥不被其他人访问。特别是在对称密码体制中，收发双方必须共享同一密钥，此时图 1.1 中的共享密钥如何传给对方就成为一个关键问题。在公钥密码体制中，公钥虽然可以是公开的，但是公钥的产生、分发、更换、注销、销毁等同样也是密码体制中重要的一环,这些都是密钥管理需要解决的问题。

5. 身份认证

身份认证是指验证用户的身份与其所声称的身份是否相符的过程。身份认证同样也是以密码理论为基础,通过特定的认证协议和算法来实现的。身份认证通常有以下三种形式,如图 1.10 所示。

图 1.10　身份认证形式

(1) 用户知道什么(What you know):密码、口令、序列号、特定知识等。
(2) 用户拥有什么(What you have):身份证、护照、通行证、门禁卡等。
(3) 用户是谁(Who are you):指纹、脸型、虹膜、声纹、DNA、笔迹等生物特征。

1.2　Shannon 密码理论

1945 年,香农(Claude E. Shannon)在《密码学的数学理论》(*A Mathematical Theory of Cryptography*)论文中提出了设计密码体制的两种基本方法:混淆(Confusion)和扩散(Diffusion),其目的是抵御密码攻击者对密码体制的各种统计分析。

混淆和扩散是现代分组密码设计的基础,其对应的操作就是替换和置换。现代密码大量使用替换和置换组合来确保密码算法的安全性。

1.2.1　混淆原则

混淆主要是使明文、密钥和密文之间的关系尽可能复杂,密码攻击者即使获取了关于密文的一些统计特性,也无法推测出密钥。

混淆所对应的典型操作就是替换,现代密码算法中普遍采用的 S 盒(S-box)可以实现复杂的非线性替换,以达到混淆的效果。如图 1.11 所示的 S 盒替换操作,输入、输出都是 4 个比特,取值范围 0～15(相当于十六进制符号)。

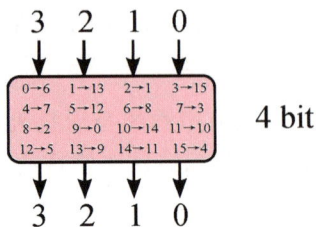

图 1.11　替换操作

按照图 1.11 所示的替换规则，假如输入的字符是大写字母"A"，其 ASCII 码的十六进制表示为 41，则经过上述 S 盒运算后输出为 7D。

1.2.2　扩散原则

扩散是指在加密变换过程中，明文或密钥的每个比特位都尽可能多地影响密文的每个比特位。扩散对应的密码操作是置换，就是打乱明文顺序。通常，明文或密钥中任意比特的变化都会造成大量密文比特的变化，从而实现隐藏密文的统计学特征。

例如，对于如图 1.12 所示的置换操作，其输入、输出都是 8 个比特，输入的第 8 位（下标从 0 开始）置换为输出的第 6 位，输入的第 1 位置换为输出的第 5 位。

图 1.12 是根据某种图案或者规则进行位置变换的，也可以根据某些运算法则实现输入、输出位的置换。

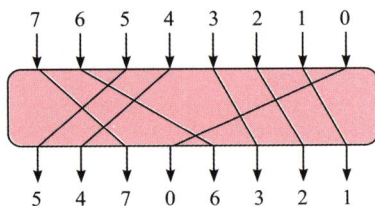

图 1.12　置换操作

例如有以下扩散示例：假设明文 $m = (m_1, m_2, \cdots, m_8)$ 由 8 比特组成，m_i 表示明文消息 m 的第 i 个比特；密钥 $k = (k_1, k_2, \cdots, k_8)$ 也是 8 比特长，k_i 表示密钥 k 的第 i 个比特；同样，密文 $c = (c_1, c_2, \cdots, c_8)$ 长度也是 8 个比特，其中 c_i 表示 c 的第 i 个比特。

对于下面的加密变换（$\oplus$ 表示异或）：

$$c_1 = m_1 \oplus m_2 \oplus m_3 \oplus m_4 \oplus k_1 \oplus k_2 \oplus k_3 \oplus k_4$$
$$c_2 = m_2 \oplus m_3 \oplus m_4 \oplus m_5 \oplus k_2 \oplus k_3 \oplus k_4 \oplus k_5$$
$$c_3 = m_3 \oplus m_4 \oplus m_5 \oplus m_6 \oplus k_3 \oplus k_4 \oplus k_5 \oplus k_6$$
$$c_4 = m_4 \oplus m_5 \oplus m_6 \oplus m_7 \oplus k_4 \oplus k_5 \oplus k_6 \oplus k_7$$
$$c_5 = m_5 \oplus m_6 \oplus m_7 \oplus m_8 \oplus k_5 \oplus k_6 \oplus k_7 \oplus k_8$$
$$c_6 = m_6 \oplus m_7 \oplus m_8 \oplus m_1 \oplus k_6 \oplus k_7 \oplus k_8 \oplus k_1$$
$$c_7 = m_7 \oplus m_8 \oplus m_1 \oplus m_2 \oplus k_7 \oplus k_8 \oplus k_1 \oplus k_2$$
$$c_8 = m_8 \oplus m_1 \oplus m_2 \oplus m_3 \oplus k_8 \oplus k_1 \oplus k_2 \oplus k_3$$

不难发现，明文和密钥的任意一个比特位，都影响到了所产生的密文的一半比特位，如明

文的 m_1 位影响到了密文的 c_1、c_6、c_7、c_8 位,这是一个比较理想的实现扩散原则的例子。

当然,最理想的状态就是明文或密钥的任意一位都能够影响密文的所有比特位的产生。

1.3　密码学相关 Python 库

Python 作为当今最为流行的编程语言之一,有大量和密码学相关的库,如 Crypto 库、libnum 库和 hashlib 库等。这些库的功能涵盖常用的数值计算、随机数生成、数据填充以及各种加解密算法。

1.3.1　Crypto 库

Crypto 库最新版名字是 PyCryptodome,它是一款功能强大、覆盖面广、使用广泛的 Python 密码学库,提供 Util、Math、Random、Hash、Cipher、PublicKey、Signature、Protocol 等功能模块,如图 1.13 所示。

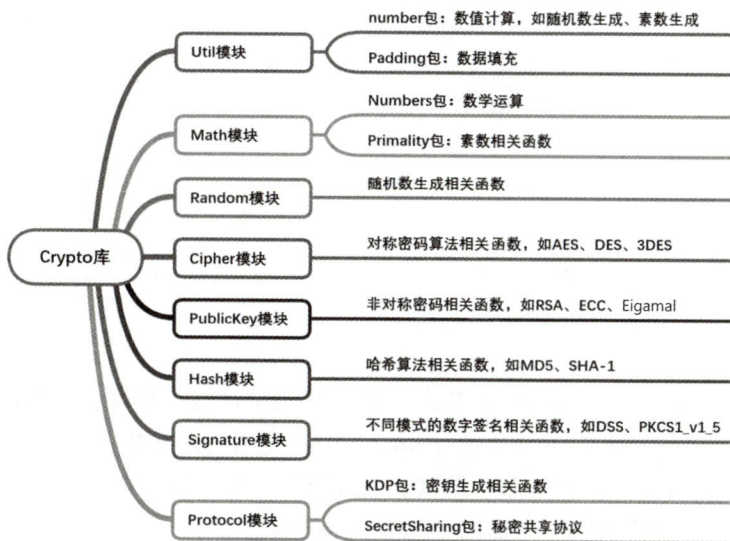

图 1.13　Crypto 库主要功能模块

1. Util 模块

无法包含在其他模块中的相关功能函数都归类到 Util 模块中,主要有 Padding(填充)、

number(数值运算)、Counter(计数器)、strxor(字符串异或)等。

以分组密码的填充功能为例，首先需要导入 Crypto.Util.Padding 模块，然后使用填充函数 pad(data，block_size，style=′pkcs7′)。其中，参数 data 是需要填充的字节类型明文数据；参数 block_size 是分组大小，pad 函数对明文数据填充使得最终长度是 block_size 的整数倍；参数 style 是填充格式，默认为 pkcs7 填充。

以下代码将一个 9 字节长的数据按照 5 字节的分组块大小进行填充，然后进行解填充。

```
1. from Crypto.Util.Padding import pad, unpad
2. data = b'Unaligned'        # 9 bytes
3. a = pad(data,5)            # 填充
4. print(a,end=',')           # 填充后的数据      b'Unaligned\x01'
5. print(len(a))              # 填充后的长度      10
6. b = unpad(a,5)             # 解填充
7. print(b,end=',')           # 解填充后的数据     b'Unaligned'
8. print(len(b))              # 解填充后的长度     9
```

2. Math 模块

Math 模块主要包含数学运算和素数产生两个功能包。数学运算在 Crypto.Math.Numbers 包当中，素数产生在 Crypto.Math.Primality 包当中。以下代码给出了整数 x 的常用数学运算，包括模逆计算、最大公约数(gcd)、开根号(sqrt)、比特长度和字节转换等。

```
1. from Crypto.Math import Numbers
2. x = Integer(10)
3. x.inverse(33)          # 10
4. x.gcd(25)              # 5
5. x.sqrt()               # 3
6. x.size_in_bits()       # 4
7. x.to_bytes()           # b'\n'
```

Crypto.Math.Primality 包提供素数产生和素性测试功能。素数生成可以使用 generate_probable_prime(exact_bits，randfunc，prime_filter)函数，其参数说明如下：

- exact_bits：指定素数的位数，素数 p 满足 $2^{exact\_bits-1}<p<2^{exact\_bits}$，默认 p 为 160。
- randfunc：指定获取候选素数的函数，非必需参数。
- prime_filter：指定候选素数过滤的函数，非必需参数。

以下代码产生 3 个 160 比特长度的素数：

```
1. from Crypto.Math import Primality
2. a = []
```

```
3. for i in range(3):
4.     p = Primality.generate_probable_prime(exact_bits = 160)
5.     a.append(p)
6. print(a)
```

运行结果：

```
[Integer(923638133834321746662106819246998102529092804823),
Integer(891672336859328529111072864196541287857384815131),
Integer(1277591220515416456316862246027945513688329498901)]
```

3. Random 模块

Random 模块是标准的 random 随机数库的增强版本，二者提供的方法差异不大，主要包括各种类型的随机数生成、随机选取、随机置换等函数。典型函数的用例如下。

```
1. from Crypto.Random.random import *
2. seq = [1,3,5,9]
3. seq.append(getrandbits(2))        # 长度为 2 个比特的随机整数
4. seq.append(randint(5,10))         # 大于等于 5 且小于 10 的随机整数
5. shuffle(seq)                      # 打乱 seq 列表的元素顺序
6. choice(seq)                       # 从列表 seq 中随机选取一个元素
```

1.3.2　libnum 库

libnum 库是一个有关数学运算的函数库，包含常规的数学运算（模逆、最小公倍数、雅可比符号等）、素数产生和素性测试、椭圆曲线等方面的函数。在公钥密码中常用到 libnum 库。libnum 库中常用模块和函数如表 1.1 所示。

表 1.1　libnum 库中常用模块和函数

模　块	函　数	功　能
Common Maths	randint(a,b)	随机生成区间 $[a,b]$ 内的整数
	len_in_bits(n)	返回整数 n 的比特长度
	extract_prime_power(a, p)	返回 (s,t)，满足 $a = p^s * t$
	nroot(x, n)	求 x 的 n 次方根
	gcd(a, b, ...)	求解最大公约数
	lcm(a, b, ...)	求解最小公倍数
	xgcd(a, b)	扩展欧几里得算法，返回 (x,y,g)，其中：$a*x + b*y = \gcd(a,b) = g$

模　块	函　　数	功　　能
Modular	has_invmod(a, n)	判断 a 模 n 是否有逆元
	invmod(a, n)	计算 a 模 n 的逆元
	solve_crt(remainders, modules)	根据中国剩余定理求解
	factorial_mod(n, factors)	计算 factors 的阶乘模 n
	nCk_mod_prime_power(n, k, p, e)	计算 n 和 k 的组合数模 p^e
Modular Square Roots	jacobi(a, b)	计算 a 和 b 的 jacobi 符号值
	has_sqrtmod_prime_power(a, p, k)	判断 a 模 p^k 的二次剩余是否有解
	sqrtmod_prime_power(a, p, k)	求 a 模 p^k 的二次剩余的解
	has_sqrtmod(a, factors)	判断二次剩余
	sqrtmod(a, factors)	计算二次剩余
Primes	primes(n)	返回不大于 n 的素数列表
	generate_prime(size, k=25)	生成 size 位长的素数
	generate_prime_from_string (s, size=None, k=25)	根据字符串 s 生成素数
Factorization	factorize(n)	整数分解
Converting	s2n(s)	字符串转数字
	n2s(n)	数字转字符串
	s2b(s)	字符串转二进制
	b2s(b)	二进制转字符串
Stuff	grey_code(n)	整数转格雷码
	rev_grey_code(g)	格雷码转整数
	nCk(n, k)	计算 n 和 k 的组合数
	factorial(n)	计算 n 的阶乘

1. 判断并求解逆元

使用 has_invmod(a,n)函数判断是否存在逆元,若存在,则用 invmod(a,n)求解。

```
1.import libnum
2.a = 5
3.n = 16
4.if libnum.has_invmod(a,n):    # 判断是否有逆元
```

```
5.    inv_a = libnum.invmod(a,n)  # 计算逆元
6.    print(inv_a)      # 输出 a 模 n 逆元，在此为 13，即 13 * 5 = 1 mod 16
7. else：
8.    print("No")
```

2. 生成指定位数的素数

使用 generate_prime( )函数生成指定位数的素数。

```
1. import libnum
2. a = []
3. for i in range(10)：
4.    p = libnum.generate_prime(20)    # 生成二进制表示长度等于 20 位的素数
5.    a.append(p)
6. print(a)
```

运行结果：[573289, 675823, 811861, 642149, 768941, 646913, 577547, 964289, 529121, 558083]。读者可以验证上述整数的二进制表示是否达到 20 个比特位。

3. 大整数分解

使用 factorize(n)函数进行大整数 n 分解。

```
1. import libnum
2. factors = libnum.factorize(20210103)    # 大整数分解
3. print(factors)    # 输出分解结果
```

运行结果：{3：2, 37：1, 137：1, 443：1}。

不难发现，factorize( )函数的返回结果是字典类型。其中，键表示素数，对应的值表示该素数的幂。例如，整数 20210103 的分解结果为{3：2, 37：1, 137：1, 443：1}，可理解为 $20210103 = 3^2 * 37^1 * 137^1 * 443^1$。

1.3.3　hashlib 库

哈希算法又称散列算法，它能够把固定长度的输入转换成固定长度的输出，该输出值称为哈希值或散列值。在 Python 的 hashlib 库中提供了常见的哈希算法，如 md5( )、sha1( )、sha256( )、sha384( )、sha512( )等。具体的哈希算法原理将在本教材的第 11 章进行学习。

使用 hashlib 库中的算法生成指定数据的哈希值，步骤如图 1.14 所示。

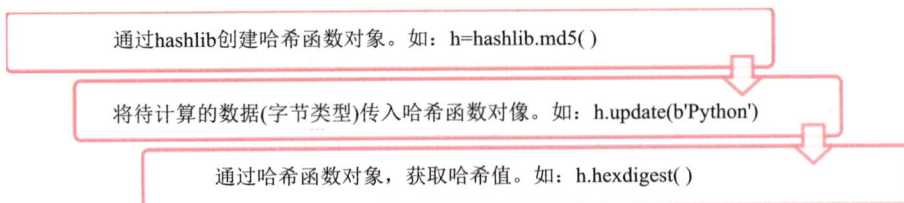

通过hashlib创建哈希函数对象。如：h=hashlib.md5( )

将待计算的数据(字节类型)传入哈希函数对像。如：h.update(b'Python')

通过哈希函数对象，获取哈希值。如：h.hexdigest( )

图 1.14　哈希计算三部曲

下面给出 hashlib 库使用实例。该实例用于计算消息字符串 b'Python' 的安全哈希算法（sha1）值，代码如下：

```
1. import hashlib
2. message = b'Python'        # 求 message 的 sha1 值
3. hash = hashlib.sha1()      # 创建 sha1 对象
4. hash.update(message)       # 将 message 传入 sha1 对象中
5. res = hash.hexdigest()     # 以十六进制返回 s 的 sha1 值
6. print(res)
```

另外，如果数据量很大，可以多次调用 update()，最终的计算结果与一次调用 update() 相同。

1.4　明 文 处 理

由于各种加密算法对输入的明文有特定的类型要求，因此，在对明文数据进行加密时，往往需要对明文数据进行预处理，将数据处理成符合加密算法要求的数据。

本节学习数据的处理与转换方式，如进制转换、编码与解密、字节与整型转换、二进制与字符串转换、十进制与字符串转换等。

1.4.1　进制转换

Python 提供了与进制转换相关的内置函数，如 bin( )、oct( )、int( )、hex( ) 等，这些函数之间的功能关系如图 1.15 所示。

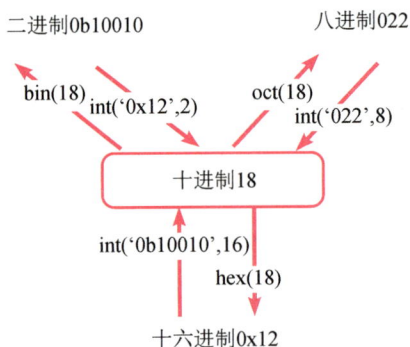

二进制0b10010　　八进制022

bin(18)　int('0x12',2)　　oct(18)　int('022',8)

十进制18

int('0b10010',16)　hex(18)

十六进制0x12

图 1.15　进制转换

【例 1 - 1】　将字符串 s ＝ 5555555595555A65556AA696AA6666666955 中各位十六进制符号转成二进制表示。

参考代码如下：

```
1.s = '5555555595555A65556AA696AA6666666955'
2.#方法一：逐个将字符串中的十六进制数转成二进制数，并拼接
3.str1 = ''
4.for i in s:
5.    str1 += '{:0>4s}'.format(bin(int(i,16))[2:])
6.print(str1)
7.
8.#方法二：在十六进制字符串添加前导符'0x'，转成十进制，再转成二进制
9.str2 = '0' + bin(int('0x' + s,16))[2:]
10. print(str2)
```

运行结果：

0101010101010101010101010101010101011001010101010101010101101001100101010101010101
1010101001101010101101010101001100110011001100110011001101101001010101010101010101
0101001010101010101010101011001010101010101011010011001010101010101011010
1010100110101010101010101001100110011001100110011001101101001010101010101

【例 1 - 2】　将例 1 - 1 中的二进制输出结果再转换为十六进制。

参考代码如下：

```
1.str1 = '01010101010101010101010101010101011001010101010101010101011010011001010
101010101011010101010100110100101101010101010011001100110011001100110011001101001010101010'
2.s = ''
3.for i in range(0,len(str2),4):
4.    s += hex(int((str2[i:i+4]),2))[2:]
5.print(s.upper())
```

运行结果：

5555555595555A65556AA696AA6666666955

1.4.2　编码与解码

1. 字符串与字节串转换

Python3 有两种字符串类型，分别是字符串（string）类型和字节串（bytes）类型。字符串类型保存 unicode 数据，字节串类型保存字节数据。

Python 3 最新、最重要的特性是对文本和二进制数据做了更为清晰地区分，不再对 bytes 字节串进行自动解码。文本总是 unicode，由字符串类型表示，二进制数据则由字节串类型表示。Python 3 不会以任意隐含的方式混用字符串和字节串，这使得两者的区分特别清晰。

对于字符串类型与字节串类型的转换，可以通过 encode（编码）和 decode（解码）来实现，如图 1.16 所示。

在使用 Python 内置函数 encode( ) 和 decode( ) 进行编码与解码时，可以指定编码与解码方式，其中包括 GBK、GB2312、UTF-8 编码等。Python 3 默认采用 UTF-8 编码格式，以解决中文乱码问题，其中，对不可打印字符使用十六进制表示。encode 和 decode 函数参数如表 1.2 所示。

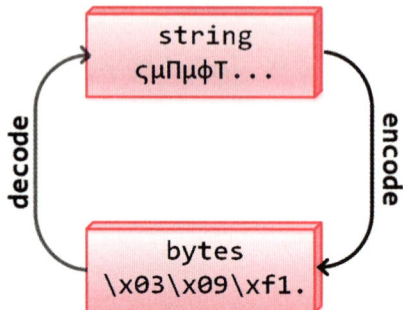

图 1.16 字符串和字节串

表 1.2 encode 和 decode 函数参数

函数	参数	描 述
str.encode([encoding="utf-8"] [,errors="strict"])	str	表示要进行编码的字符串
	encoding="utf-8"	指定采用的字符编码，默认是 UTF-8 编码；若只使用这一个参数，则可以省略前边的"encoding="，直接写编码格式，如 str.encode("utf-8")
	errors = "strict"	指定错误处理方式，其叮选择值有： strict：遇到非法字符就抛出异常； ignore：忽略非法字符； replace：用"?"替换非法字符； xmlcharrefreplace：使用 xml 的字符引用； 该参数的默认值为 strict
bytes.decode([encoding="utf-8"] [,errors="strict"])	bytes	表示要进行转换的字节类型数据
	encoding = "utf-8"	同 encode( ) 函数的 encoding 参数 注意：对 bytes 类型数据解码，应指定与编码时相同的编码方式，否则会抛出异常
	errors = "strict"	同 encode( ) 函数的 errors 参数

接下来，使用 Python 内置的 encode 和 decode 函数对数据进行编码和解码，实现字符串与字节串之间的转换。

【例 1-3】 将 str 类型字符串"Cryptography 密码学"转换成 bytes 类型。

参考代码如下：

```
1.s = "Cryptography 密码学"    #字符串中包含字母(可打印)和中文(不可打印)
2.bytes_s = s.encode("utf-8")   #先将字符串 s 使用 utf-8 编码，转为 bytes 类型
3.print(bytes_s)   #b'Cryptography \xe5\xaf\x86\xe7\xa0\x81\xe5\xad\xa6'
```

【例 1-4】 将例 1-3 编码结果 b'Cryptography \xe5\xaf\x86\xe7\xa0\x81\xe5\xad\xa6'解码。

参考代码如下：

```
1.bytes_s = b'Cryptography \xe5\xaf\x86\xe7\xa0\x81\xe5\xad\xa6'
2.s = bytes_s.decode("utf-8")
3.print(s)    #结果：Cryptography 密码学
```

2. Base64 编码

Base64 是网络上最常见的用于传输 8 比特字节码的编码方式之一，它是基于 64 个可打印字符来表示二进制数据的方法。这里需要注意，Base64 并不是密码算法，而是一种编码算法。

Base64 编码时首先将需要编码的数据拆分成字节数组，以 3 个字节为一个大组，共 24 位，再将 24 位数据每 6 位分一个小组，每小组的最高位前补两个 0(补齐 8 位，即 1 个字节)，从而使 3 字节数据变换为 4 字节。另外，若所要编码的数据的字节数不是 3 的整倍数，即最后一个大组不足 3 个字节，则需要填充 1 到 2 个 0 字节(即 8 位全为 0)，补齐 3 个字节，并且所有数据编码完成后，在数据结尾填充同样个数的等号。整个编码过程如图 1.17 所示。

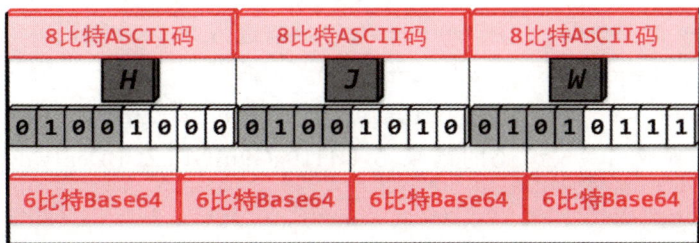

8比特ASCII码		8比特ASCII码		8比特ASCII码	
H		**J**		**W**	
0 1 0 0 1 0 0 0	0 1 0 0 1 0 1 0	0 1 0 1 0 1 1 1
6比特Base64	6比特Base64	6比特Base64	6比特Base64

图 1.17　Base64 编码过程

在 Python 中，经常使用 base64 库实现对数据的 Base64 编码与解码。base64 库常用函数如表 1.3 所示。其中，最常用的函数是 b64encode( )和 b64decode( )，b64encode( )的参数必须是字节类型，b64decode( )的参数 s 可以是字节类型或字符串(str)类型。以下是使

用 base64 库对数据进行编码与解码的实例。

表 1.3　base64 库常用函数

函数名	功　　能
base64.b64encode(s,altchars＝None)	对 bytes 对象 s 进行 Base64 编码，并返回编码的 bytes 对象
base64.b64decode(s,altchars＝None, validate＝False)	解码 Base64 编码过的 bytes 对象或 ASCII 字符串 s，并返回解码的 bytes 对象
base64.standard_b64encode(s)	对 bytes 对象 s，使用标准 Base64 字母表编码，并返回编码的 bytes 对象
base64. standard_b64decode(s)	解码以标准 Base64 字母表编码过的 bytes 对象或 ASCII 字符串 s，并返回解码的 bytes 对象
base64.urlsafe_b64encode(s)	对 bytes 对象 s，使用 URL 与文件系统安全的字母表，即使用'-'和'_'代替标准 Base64 字母表中的'＋'和'/'，进行 Base64 编码，并返回编码的 bytes 对象
base64.urlsafe_b64encode(s)	以 URL 与文件系统安全的字母表进行解码，即使用'-'和'_'代替标准 Base64 字母表中的'＋'和'/'，输入 Base64 编码过的 bytes 对象或 ASCII 字符串 s，并返回解码的 bytes 对象

【例 1-5】　对字符串"Python and Cryptography"进行 Base64 编码。

参考代码如下：

```
1.import base64
2.s ="Python and Cryptography"
3.bytes_s = s.encode("utf-8")   ♯先将字符串 s 以 utf-8 编码，转为 bytes 类型
4.♯ 对 bytes 类型数据，使用 b64encode()函数进行 Base64 编码
5.base64_s = base64.b64encode(bytes_s)
6.print(base64_s)   ♯结果：b'UH10aG9uIGFuZCBDcnlwdG9ncmFwaHk='
```

【例 1-6】　对例 1-5 编码的结果 b'UH10aG9uIGFuZCBDcnlwdG9ncmFwaHk='解码。

参考代码如下：

```
1.import base64
2.base64_s = b'UH10aG9uIGFuZCBDcnlwdG9ncmFwaHk='
3.♯ 对 Base64 编码的数据，使用 b64decode()函数进行解码
4.bytes_s = base64.b64decode(base64_s)
```

5. s = bytes_s.decode("utf-8")　♯ 将 bytes 类型数据，使用 decode() 进行解码

6. print(s)　♯结果：Python and Cryptography

3．binascii 库

binascii 库提供了二进制与 ASCII 编码的转换函数。另外，binascii 库也提供了 Base64 编码与解码相关的函数，如表 1.4 所示。

表 1.4　binascii 库常用 Base64 编码与解码函数

函　　数	参　　数	功　　能
b2a_base64(bytes)	bytes：待编码数据，字节类型	实现 Base64 编码
a2b_base64(bytes)	bytes：编码过的数据，字节类型	实现 Base64 解码
hexlify(bytes)	bytes：待转换的数据，字节类型	根据 ASCII 码进行转换，返回二进制数据，并用十六进制表示；返回值类型为字节
unhexlify(bytes)	bytes：待转换的数据，字节类型	根据 ASCII 码进行转换，每两位十六进制转换成相应的字节数据；返回值类型为字节
b2a_hex(bytes)	bytes：待转换的数据，字节类型	同 hexlify() 函数
a2b_hex(bytes)	bytes：待转换的数据，字节类型	同 unhexlify() 函数

【例 1-7】　Base64 编码与解码。

使用 b2a_base64(bytes) 函数和 a2b_base64(bytes) 函数实现 Base64 编码与解码。

参考代码如下：

1. import binascii

2. s = 'Python and Cryptography'

3. ♯字符串转字节

4. bytes = s.encode()

5. ♯ Base64 编码

6. bytes_base64 = binascii.b2a_base64(bytes)

7. print("Base64 编码：" + bytes_base64.decode())

8. ♯ Base64 解码

9. bytes = binascii.a2b_base64(bytes_base64)

10.　print("Base64 解码：" + bytes.decode())

运行结果：

　　Base64 编码：UH10aG9uIGFuZCBDcnlwdG9ncmFwaHk=

　　Base64 解码：Python and Cryptography

【例 1-8】　字符串与十六进制转换。

使用 hexlify(bytes) 和 unhexlify(bytes) 函数实现字符串与二进制的转换，用十六进制表示。

参考代码如下：

```
1. import binascii
2. s = 'abcdefg'
3. bytes = s.encode()
4. #字符串转二进制
5. bin_s = binascii.hexlify(bytes)
6. print(bin_s)   # b'61626364656667'
7. #二进制转字符串
8. bytes = binascii.unhexlify(bin_s)
9. print(bytes)   # b'abcdefg'
```

1.4.3　字节与整型转换

在对明文数据进行加密时，经常涉及字节类型与整数类型转换的问题。本节介绍字节与整型转换的两种方式，一种是 Python 中 int 类型自身提供的转换函数，另一种是 Crypto.Util.number 模块提供的转换函数。

1. int 类型自身提供的转换函数

Python 的 int 类型提供了两个转换函数（可以通过 dir(int) 查看更多函数），如表 1.5 所示。

表 1.5　int 类型提供的转换函数

函　数	参　数	功　能
int.from_bytes(bytes, byteorder, signed=False)	bytes：需要转换的字节数据	将 bytes 类型数据转换为十进制整数，并返回
	byteorder：big 和 little，指定数据存储为大端或小端	
	signed：符号位，为 True 表示考虑符号位	

函　　数	参　　数	功　　能
x. to_bytes(length, byteorder, signed=False)	x：需要转换的整型数据	将十进制整数转换为 bytes 类型数据，并返回
	length：字节的长度	
	同 from_bytes( )函数	

【例 1-9】 字节转十进制数：将字符串"Cryptography 密码学"编码为字节，再转成十进制数。

参考代码如下：

```
1.s = "Cryptography 密码学"   #字符串中包含字母和中文
2.bytes_s = s.encode("utf-8")    #先将字符串 s 用 utf-8 编码，转为 bytes 类型
3.print("字节长度：{}".format(len(bytes_s)))    #字节长度：22
4.x = int.from_bytes(bytes_s,byteorder = 'big')   # 将字节转为大端存储整数
5.print("x:{}".format(x))
```

运行结果：

　　　字节长度：22

　　　x:2523498056586503572091116650247927628805096071637 7510

这里成功将字符串数据转换为整数，从而能够很方便地利用公钥密码算法对数据进行加密。

【例 1-10】 十进制数转字节：将例 1-9 结果转成字节，然后解码恢复原字符串数据。

参考代码如下：

```
1.x = 25234980565865035720911166502479276288050960716377510
2.bytes_s = x.to_bytes(22,byteorder = 'big')# 十进制转字节，长度为 22
3.s = bytes_s.decode("utf-8")   # 解码字节数据，获得原始字符串
4.print(s)   # Cryptography 密码学
```

这里主要是字节转整数的逆过程。当使用解密算法（如公钥密码）对数据解密后，获取到整型的数据信息，若其加密是从字节数据转换为整型数据，那么在解密后应该从整型数据转换为字节数据。

2. Crypto. Util. number 中提供的转换函数

Crypto 库提供了字节与整型的转换函数，位于 Util 模块的 number 包下。相关函数及其参数使用说明如表 1.6 所示。

表 1.6　number 包提供的字节与整型转换函数

函　数	参　数	描　述
bytes_to_long(s)	s：bytes 类型，需要转为整型的数据	字节转整型
long_to_bytes(n[, blocksize＝0])	n：整型，需要转为 bytes 类型的数据	整型转字节
	blocksize：块大小，若大于 0，则在字节串前面填充 0，使输出长度为块大小的整数倍；若为 0，则不填充。该选项默认为 0	

【例 1-11】　字节转整型：将字符串"Cryptography 密码学"编码为字节，再转换成十进制数。

参考代码如下：

1. from Crypto.Util.number import bytes_to_long

2. s = 'Cryptography 密码学'

3. bytes_s = s.encode("utf-8")　＃将字符串 s 使用 utf-8 编码，转为 bytes 类型

4. x = bytes_to_long(bytes_s)　＃字节转成整型

5. print(x)　＃2523498056586503572091116650247927628805096071637 7510

【例 1-12】　整型转字节：将例 1-11 结果转成字节，然后解码恢复原字符串数据。

参考代码如下：

1. from Crypto.Util.number import long_to_bytes

2. x = 25234980565865035720911166502479276288050960716377510

3. bytes_s = long_to_bytes(x)　＃ 整型转字节

4. s = bytes_s.decode("utf-8")　＃ 解码

5. print(s)　　＃ Cryptography 密码学

可以发现，相对于 to_bytes() 函数而言，使用 long_to_bytes() 函数将整型转换为字节更为方便。long_to_bytes() 函数不需要提供该整型数据对应的字节长度，能够直接实现转换，且 long_to_bytes() 函数还能够实现按块的整数倍对字节串进行填充。

1.4.4　字符串与整型转换

在明文预处理时，经常需要进行二进制、十进制与字符串之间的转换，libnum 库同样提供此类进制转换函数，如表 1.7 所示。

表 1.7　**libnum 库提供的进制转换函数**

函数	描　　述
libnum.s2n(s)	将字符串 s 转成十进制数，并返回
libnum.n2s(n)	将十进制数 n 转成字符串（字节类型），并返回
libnum.s2b(s)	将字符串 s 转成二进制，并返回；返回结果为 str 类型
libnum.b2s(b)	将二进制串 b 转成字符串（字节类型），并返回

【例 1-13】　字符串转十进制：将字符串"Cryptography 密码学"转成十进制数。

参考代码如下：

```
1.import libnum
2.s = 'Cryptography 密码学'
3.n = libnum.s2n(s)
4.print(n)    #25234980565865035720911166502479276288050960716377510
```

【例 1-14】　十进制转字符串：将例 1-13 的十进制数结果转成字符串。

参考代码如下：

```
1.import libnum
2.n = 25234980565865035720911166502479276288050960716377510
3.s = libnum.n2s(n)    #输出 s 为字节类型，需要解码得到原字符串
4.print(s.decode())    # Cryptography 密码学
```

【例 1-15】　字符串转二进制：将字符串"Cryptography 密码学"转成二进制。

参考代码如下：

```
1.import libnum
2.s = 'Cryptography 密码学'
3.b = libnum.s2b(s)    # 字符串转二进制
4.print(b)
```

运行结果：

0100001101110010011110010111000001110100011011110110011101110010011000
0101110000011010000111100100100000011100101101011110000110110011101000010
00000111100101101011011011010011010

【例 1-16】　二进制转字符串：将例 1-15 的二进制结果转成字符串。

参考代码如下：

```
1.import libnum
2.b = '01000011011100100111100101110000011101000110111101100110111001101100111000010111000001101000011110010010000011100101101010111100001101110011110100000110000001111001011010110110100110'
3.s = libnum.b2s(b)   # 二进制转字符串
4.print(s.decode())   # 解码得原字符串  Cryptography 密码学
```

习　题

1. 密码学安全目标有保密性、完整性、可用性，请问以下场景违反了哪个安全目标？

(1) Alice 将 Bob 的支票数额从 $100 改为 $1000；

(2) 张三抄袭李四的作业；

(3) 小胡为公司搭建的门户网站无法被外网访问。

2. 编写 Python 函数实现给定区间 $[100,200]$ 内所有素数的判断并返回这些素数。

3. 编写 Python 函数实现给定整数的比特长度计算。

4. 计算字符串"Cryptography and Python"的 SHA256 值。

5. 根据 Base64 编码原理，编写程序实现 Base64 编码。

6. 将字符串"Hello Cryptography"转换成二进制比特流有哪些方法？并尝试编程实现。

7. 使用 Windows 系统自带的命令 certutil 实现文件的 MD5 哈希值计算。

参考答案：命令格式为 certutil-hashfile some_file MD5。在 Windows 7 系统中，"MD5"中的字母 M 和 D 必须是大写；而在 Windows 10 中，"MD5"选项中的字母无须大写。如果不传入"MD5"参数，则 certutil-hashfile 命令会默认计算文件的哈希值（Secure Hash Algorithm，SHA）。

8. 某传感器输出为 5555555595555A65556AA696AA6666666955，已知其 ID 为 0xFED31F，请将报文完整解码。（提示：曼彻斯特编码）

9. 已知 ID 为 0x8893CA58 的传感器的未解码报文为 3EAAAAA56A69AA55A95995A569AA95565556；此时有另一个相同型号的传感器，其未解码报文为 3EAAAAA56A69AA556A965A5999596AA95656，请解出其 ID。（提示：差分曼彻斯特编码）

10. 编程实现以下 S 盒和 P 盒变换。

（1）S 盒变换：如输入 010011，最高位和最低位表示行，中间四位表示列，从而通过查 S 盒表输出 0110。给定 S 盒如图 1.18 所示。

	0	1	2	3	4	5	6	7	8	9	10	11	12	13	14	15
0	14	4	13	1	2	15	11	8	3	10	6	12	5	9	0	7
1	0	15	7	4	14	2	13	1	10	6	12	11	9	5	3	8
2	4	1	14	8	13	6	2	11	15	12	9	7	3	10	5	0
3	15	12	8	2	4	9	1	7	5	11	3	14	10	0	6	13

图 1.18　S 盒

（2）P 盒变换：将输入的 32 位明文的第 16 位放在第 1 个位置，第 7 位放在第 2 个位置，第 20 位放在第 3 个位置，依此类推，第 25 位放在最后一个位置。给定 P 盒如图 1.19 所示。

16	7	20	21	29	12	28	17
1	15	23	26	5	18	31	10
2	8	24	14	32	27	3	9
19	13	30	6	22	11	4	25

图 1.19　P 盒

11. 分析以下每行代码，举例说明其含义。

1. bin_to_words = lambda x：[x[4 * i:4 * (i + 1)] for i in range(len(x)//4)]

2. words_to_bin = lambda x：b$'$$'$.join(x)

3. word_to_int　= lambda x：int.from_bytes(x, $'$little$'$)

4. int_to_word　= lambda x：x.to_bytes(4, $'$little$'$)

5. bin_to_int　= lambda x：list(map(word_to_int, bin_to_words(x)))

6. int_to_bin　= lambda x：words_to_bin(map(int_to_word, x))

7. mod32bit　　= lambda x：x % 2 * * 32

8. rotleft = lambda x,n：(x ≪ n) | (x ≫ (32 − n))

12. 以下服务器端代码用于防止客户端发动拒绝服务攻击，代码要求客户端暴力破解四字节内容完成哈希值验证，从而增加连接时延。请编写相应的客户端代码完成特定哈希

值计算。

```
1.    def proof_of_work(self):
2.            proof = ''.join([random.choice(string.ascii_letters + string.dig-
its) for _ in xrange(20)])
3.            digest = sha256(proof).hexdigest()
4.            self.request.send("sha256(XXXX + %s) = = %s\n" % (proof[4:],di-
gest))
5.            self.request.send('Give me XXXX:')
6.            x = self.request.recv(4)
7.            if len(x)! = 4 or sha256(x + proof[4:]).hexdigest()! = digest:
8.            return False
9.            return True
```

13. 编写函数，实现二进制转字符串。

参考答案：''.join(chr(int(s[i:i+7],2)) for i in range(0,len(s),7))

第 2 章 古典密码学

  密码学大致可分为古典密码学(Classic Cryptography)和现代密码学(Modern Cryptography)。古典密码学大都是基于字符进行手工或者机械的加解密操作,而现代密码学则随着计算机的广泛使用,更多地是对二进制比特位进行数学运算实现各种密码算法。

  古典密码学按照操作方式可分为两大类:替换密码和置换密码。替换密码就是将每个明文字母用一个对应的密文字母进行替代,例如,明文字母"a"可能用密文字母"k"替代。而置换密码则是将明文字母的顺序打乱,明文字母本身并没有改变,例如,明文"hello"的逆序密文是"olleh"。

  替换密码进一步又可分为两种加密方法:单表替换密码和多表替换密码。单表替换密码就是明文字母与密文字母一一对应,只有一种映射关系;在多表替换密码中,同一个明文字母可能被替换为多个不同的密文字母。古典密码的分类如图 2.1 所示。

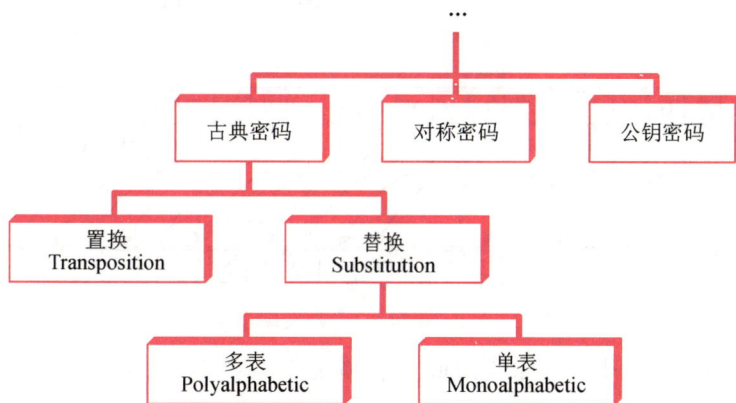

图 2.1　古典密码分类

2.1 单表替换密码

2.1.1 凯撒密码(Caesar Cipher)

凯撒密码最早是古罗马军事统帅盖乌斯·尤利乌斯·凯撒在作战中用于传递秘密信息，是一种典型的单表替换加密方法。密文字母和明文字母的对应关系通过 ASCII 码表中的固定偏移来得到。加密时将明文字母替换为与之对应的密文字母即可。凯撒密码的加解密方式对应的数学语言描述如下。

- 定义：$x, y, k \in Z_{26}$；
- 加密：$E_k(x) = x + k \bmod 26$；
- 解密：$D_k(y) = y - k \bmod 26$。

其中，x、y 分别表示明文字母、密文字母在 ASCII 码表中的排列序号，例如，字母"A"的序号是 0，字母"B"的序号是 1，字母"Z"的序号是 25，k 表示密钥(偏移量)。

凯撒密码的密文字母和明文字母之间的映射关系如图 2.2 所示。由图可知，明文字母"A"被映射为密文字母"D"，明文字母"B"被映射为密文字母"E"，明文字母"X"被映射为密文字母"A"。也就是说，密文字母和明文字母之间偏移 3 个字母。模(mod)26 运算使得映射形成闭环。

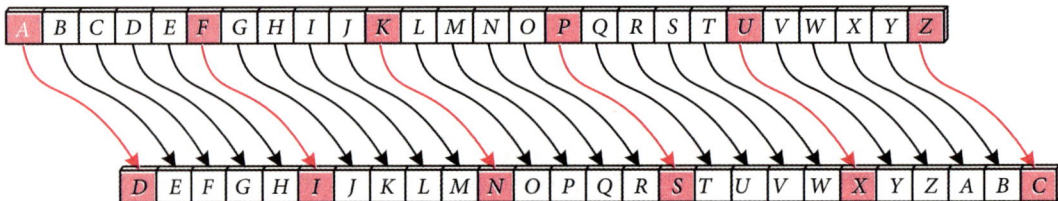

图 2.2 凯撒密码的明密文映射关系

由图 2.2 可以看出，明文和密文之间的替换关系都是在 26 个字母之间发生的。这 26 个字母组成的集合称为密钥空间，将移动的位数称为偏移量，相当于密钥。显然，偏移量的大小小于 26。如果偏移量大于 26，则没有任何意义，例如，当偏移量为 27 时，与偏移量设为 1 时的结果是等同的。

凯撒密码加密算法的 Python 实现代码如下：

```
1. import string
```

```
2.def Caesar_encryption(plaintext:string, key:int)->string:
3.     reflection = list(enumerate(string.ascii_lowercase))
4.     cipher = ""
5.     plaintext = plaintext.lower().replace(" ","")
6.for i in plaintext:
7.         cipher += reflection[(ord(i)-ord("a")+key)%26][1]
8.return cipher
```

2.1.2 关键词密码(Keyword Cipher)

由于凯撒密码的可用密钥只有 26 个，所以通过搜索很容易破解。凯撒密码的弱安全性归根结底是因为任意两个对应的明文字母和密文字母之间的偏移是固定的。关键词密码通过引入一个关键词密钥，在一定程度上打乱了密文和明文之间的固定映射关系。

构造关键词密码包含以下两个步骤：

(1) 选择一个关键词作为密钥，将关键词里的字母去重以后构成一个集合。例如，关键词"hello"构成的集合是{h,e,l,o}(从左到右依次从关键词中取出每个字母)。

(2) 将关键词写在字母表的下方(最左边)，并将字母表中的其他字母按标准 ASCII 码表顺序填补剩余的位置。

例如，选择关键词"crypto"，建立对应的明文和密文的映射关系，如图 2.3 所示。

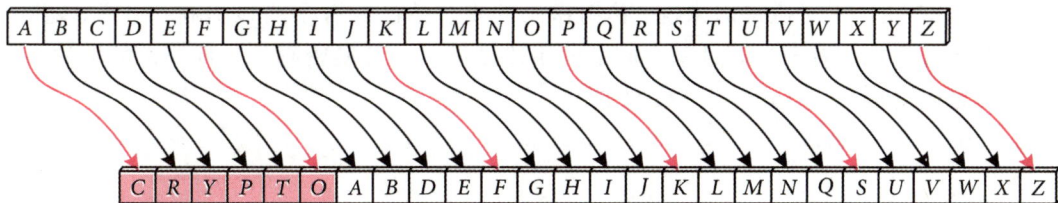

图 2.3 关键词密码的明密文映射关系

从图 2.3 可以看出，明文字母"A"对应着密文字母"C"，明文字母"B"对应着密文字母"R"，两个字母之间的偏移不再是一个固定值，而是由关键词决定的。这样的加密方式要比原来的凯撒密码更难破解。另外，关键词密码中的关键词并不一定要放在开头最左边位置，可以是字母表的任意位置。

2.1.3 仿射密码(Affine Cipher)

单表替换加密的另一种形式是仿射密码。它是凯撒密码的升级，大大提高了暴力破解的难度。在仿射密码中，将字母表中的字母从左至右分别赋予 0~25 之间的数字，即字母

"A"用 0 表示，字母"B"用 1 表示，依次类推，最后一个字母"Z"用 25 表示。仿射密码由一对密钥 (a,b) 构成，其中 a、b 的取值范围是 0～25 之间的整数。

仿射密码加解密对应的数学描述如下。

- 定义：$x, y, a, b \in Z_{26}$；
- 加密：$E_k(x) = ax + b \bmod 26$；
- 解密：$D_k(y) = a^{-1}(y-b) \bmod 26$。

需要说明的是，密钥 a 的选择是有限制条件的。a 要求满足 $\gcd(a, 26) = 1$，此处 $\gcd$ 表示计算最大公约数。在解密仿射密码的时候，需要求解 a 的逆 a^{-1}，然而 a^{-1} 存在需要满足 a 与模数 26 互素。因此，$\gcd(a, 26) = 1$ 式子成立，实际上就是寻找与 26 互素的数字。满足此条件的所有 a 为

$$a \in \{1, 3, 5, 7, 9, 11, 15, 17, 19, 21, 23, 25\}$$

【例 2-1】 首先选取密钥为 $(9, 13)$，然后选取明文为"GOD"。将"GOD"按照字母序号转换成对应的数字 6、14、3。

利用仿射密码的加密函数生成密文：

$$E_k(G) = (9 \times 6 + 13) \bmod 26 = 15$$
$$E_k(O) = (9 \times 14 + 13) \bmod 26 = 9$$
$$E_k(D) = (9 \times 3 + 13) \bmod 26 = 14$$

根据序号 15、9、14 对应的字母可知密文是"PJO"。同样可以计算出仿射密码的密钥空间是 $12 \times 26 = 312$。相比于凯撒密码来说，仿射密码的安全性已经有了明显提高。但是，随着现代计算机的计算能力提升，通过暴力破解的手段破译单表替换密码是一件非常简单的事。

仿射密码对应的 Python 实现代码如下：

```
1.import string
2.'''
3.key = (a,b)
4.'''
5.def Affine_encryption(plaintext:string, key:tuple)->string:
6.    reflection = list(enumerate(string.ascii_lowercase))
7.    cipher =""
8.    plaintext = plaintext.lower().replace(""," ")  #去空格和小写处理
9.    for i in plaintext:
10.        cipher += reflection[(key[0]*(ord(i)-ord("a"))+key[1])%26][1]
11.
12.        return cipher
```

2.1.4　单表替换密码分析

单表替换密码的特点是明文字母与密文字母的映射关系是固定的。而在英语中，每个字母都有自身的一些特性，例如，字母出现的频率、出现的位置，与其他字母的组合关系等。因此，明文字母被替换成为相应的密文字母以后，它本身的特性会在密文中保留并有所体现。

1. 频率分析

英文字母出现的频率统计是最容易捕获到的信息。在标准英语中，字母"e"出现的频率最高，字母"z"出现的频率则最低，如图 2.4 所示。当然，频率分析也需要一定数量的密文来做支撑，密文数量越多，频率分析越准确。

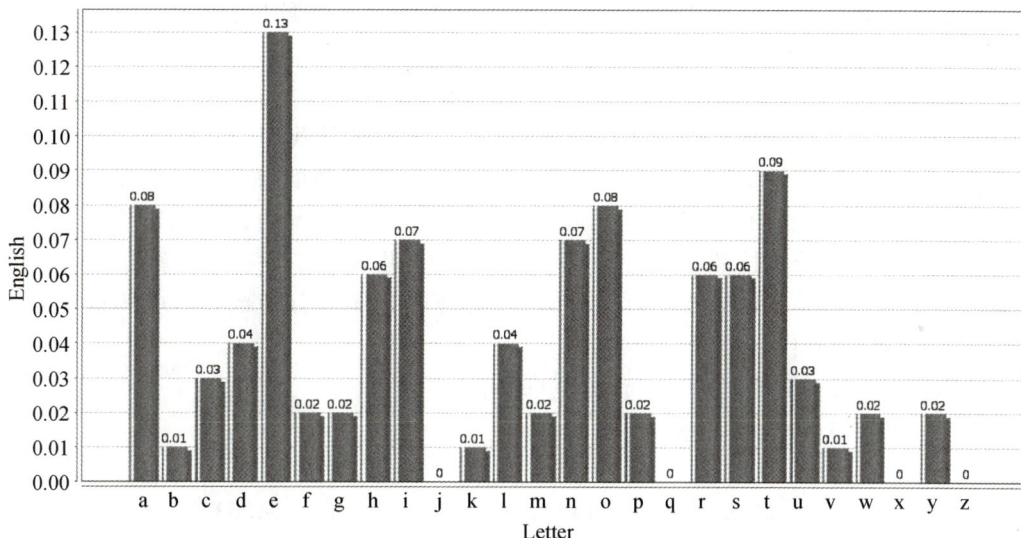

图 2.4　英语文本中的字母频数统计直方图

如果依靠字母出现的频率无法破解明密文的映射关系，还可以进一步利用字母出现的位置信息和字母之间的相邻关系作为猜测的依据。例如，在标准英语中，"th""he""er"的字母组合是经常出现的，而"hx""yz"则几乎没有。除此之外，通过对英语单词的统计分析，发现英文单词存在以下有用信息：

（1）字母"r"与不同的字母组成的字母对比其他字母多；

（2）元音字母组成的两个字母对中，"ea"的数量最多；

（3）字母"n"前面 80% 是元音字母，例如"-on""-un""-in"等；

（4）字母"h"经常出现在字母"e"前面，几乎不出现在其后面。

【**例 2 - 2**】 密码破解者 Eve 截获了一串密文(已知是替换密码):

oknqdbqmoq{kag_tmhq_xqmdzqp_omqemd_qzodkbfuaz}

其中,每个字母出现的次数如下:

- 0 次:"cijlrsvwy" 9 个字母
- 1 次:"efghnptux" 9 个字母
- 2 次:"ab" 2 个字母
- 3 次:"kz" 2 个字母
- 4 次:"do" 2 个字母
- 5 次:"m" 1 个字母
- 8 次:"q" 1 个字母

显然,字母"q"出现的频率最高,因此可以大胆猜测字母"q"很可能映射的是字母"e"。字母"q"到字母"e"的距离是 12,所以猜测替换密码的密钥是 12。根据上述信息进行破解,可得到明文:

cyberpeace{you_have_learned_caesar_encryption}

频率分析除了可以用来猜测明密文的映射关系,通常还是我们判断破解后的字符串是否是有语言意义的明文的重要依据。由于明文一定是一个完整的有意义的句子,所以它的每个字母对应频率相加后的数值一定是最大的。因此,在使用暴力破解的时候,不妨将每一组破解出来的明文分别按照频率打分(将破解出来的明文的每个字母频率相加),那么分数最高的明文分组就是我们想要的真正明文了。以下给出了计分函数和对应的自动判断凯撒密码密钥的 Python 代码实现:

```
1.  def get_english_score(input_bytes):
2.      """输入是密文字符串"""
3.      character_frequencies = {       # 以下是字母频率
4.          'a': .08167, 'b': .01492, 'c': .02782, 'd': .04253,
5.          'e': .12702, 'f': .02228, 'g': .02015, 'h': .06094,
6.          'i': .06094, 'j': .00153, 'k': .00772, 'l': .04025,
7.          'm': .02406, 'n': .06749, 'o': .07507, 'p': .01929,
8.          'q': .00095, 'r': .05987, 's': .06327, 't': .09056,
9.          'u': .02758, 'v': .00978, 'w': .02360, 'x': .00150,
10.         'y': .01974, 'z': .00074, ' ': .13000
11.     }
12.     return sum([character_frequencies.get(byte, 0) for byte in input_bytes.lower()])
13. c = 'oknqdbqmoq{kag_tmhq_xqmdzqp_omqemd_qzodkbfuaz}'  # 密文
```

```
14. for key in range(26):    ♯穷举
15.     p = ''
16.     score = 0
17.     for ch in c:
18.         if ch.isalpha():
19.             p += chr((ord(ch) - ord("a") - key) % 26 + ord('a'))
20.         else:
21.             p += ch
22.         score = get_english_score(p)    ♯打分
23.     print(key,"-->",score)
```

2. 卡方统计(Chi-squared Statistics)分析

卡方统计量是指数据的概率分布与所选择的预期或假设分布之间差异的度量，由英国统计学家 Pearson 在 1900 年提出。如果两种分布相同，那么其卡方统计量就等于零；否则，两种分布差异越大，其卡方统计量也越大。卡方统计量的计算公式如下：

$$x^2(C,E) = \sum_{i=a}^{i=z} \frac{(C_i - E_i)^2}{E_i}$$

其中，C_i 表示某个字母(a～z)出现的次数，注意不是概率；E_i 表示某个字母期望(或者理论上应该)出现的次数。

假设有密文是采用凯撒密码加密的，密文如下：

aoljhlzhyjpwolypzvulvmaollhysplzaruvduhukzptwslzajpwoly

zpapzhafwlvmzbizapabapvujpwolypudopjolhjoslaalypuaolwsh

pualeapzzopmalkhjlyahpuubtilyvmwshjlzkvduaolhswohila

按照卡方统计量的计算公式，需要计算两个统计量。一个是每个字母应该出现的理论次数，这可以利用英文字母的理论出现频率乘以上述密文长度来得到。例如，对于字母"a"，其出现概率是 0.082，上述密文长度为 162 个字符，因此期望字母"a"出现的次数就是 $162 \times 0.082 = 13.284$ 次。另一个是每个字母的实际出现次数，通过对上述密文中每个字母的计数就可以得到。例如，上述密文中字母"a"出现了 18 次，因此对于字母"a"，其对应的卡方统计量是：

$$\frac{(18 - 13.284)^2}{13.284} \approx 1.674$$

对所有的 26 个字母重复上述过程，就可以得到最终的该字符串所对应的卡方统计量，大约等于 1634.09。为了找到正确的解密密钥，逐一使用每个密钥对密文进行解密，然后对解密得到的明文计算卡方统计量，最小值对应的密钥应该就是真正的密钥。以下是上述密文的计算过程，如图 2.5 所示。

图 2.5　卡方统计量用于密码分析

显然，密钥 7 是正确的凯撒加密密钥。

频率分析和卡方统计分析针对破解单表替换密码十分有效。为了应对频率分析攻击，可以使用多个密文字母来替换同一个明文字母，这就是多表替换密码。

2.2　多表替换密码

2.2.1　Vigenere 密码

维吉尼亚(Vigenere)密码是对关键词密码的升级，其核心就是所谓的多个替换表。在前面的单表替换中，明文字母和密文字母之间的映射是固定的，例如，"A"永远被替换成"D"；但是，在维吉尼亚密码中，字母"A"可能被替换成其他任何一个字母，具体替换成哪个字母，取决于密钥。

【例 2-3】　有密钥关键词"THINK"，明文"THIS IS THE PLAINTEXT"，那么密钥-明文关系如图 2.6 所示。

由图 2.6 可知，同是明文中的字母"T"，会和不同的密钥字母进行替换。例如，第一个明文字母 T 与密钥字母"T"配对，而第七个明文字母"T"则与密钥字母"H"配对。另外，由于密钥长度一般都比明文短，因此密钥会被重复使用。

密钥 | T H I N K T H I N K T H I N K T H I

明文 | T H I S I S T H E P L A I N T E X T

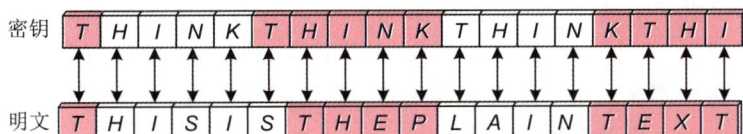

图 2.6　关键词的密钥-明文关系

建立密钥与明文对之间的映射关系需要维吉尼亚表，如图 2.7 所示。

明文

	A B C D E F G H I J K L M N O P Q R S T U V W X Y Z
A	A B C D E F G H I J K L M N O P Q R S T U V W X Y Z
B	B C D E F G H I J K L M N O P Q R S T U V W X Y Z A
C	C D E F G H I J K L M N O P Q R S T U V W X Y Z A B
D	D E F G H I J K L M N O P Q R S T U V W X Y Z A B C
E	E F G H I J K L M N O P Q R S T U V W X Y Z A B C D
F	F G H I J K L M N O P Q R S T U V W X Y Z A B C D E
G	G H I J K L M N O P Q R S T U V W X Y Z A B C D E F
H	H I J K L M N O P Q R S T U V W X Y Z A B C D E F G
I	I J K L M N O P Q R S T U V W X Y Z A B C D E F G H
J	J K L M N O P Q R S T U V W X Y Z A B C D E F G H I
K	K L M N O P Q R S T U V W X Y Z A B C D E F G H I J
L	L M N O P Q R S T U V W X Y Z A B C D E F G H I J K
M	M N O P Q R S T U V W X Y Z A B C D E F G H I J K L
N	N O P Q R S T U V W X Y Z A B C D E F G H I J K L M
O	O P Q R S T U V W X Y Z A B C D E F G H I J K L M N
P	P Q R S T U V W X Y Z A B C D E F G H I J K L M N O
Q	Q R S T U V W X Y Z A B C D E F G H I J K L M N O P
R	R S T U V W X Y Z A B C D E F G H I J K L M N O P Q
S	S T U V W X Y Z A B C D E F G H I J K L M N O P Q R
T	T U V W X Y Z A B C D E F G H I J K L M N O P Q R S
U	U V W X Y Z A B C D E F G H I J K L M N O P Q R S T
V	V W X Y Z A B C D E F G H I J K L M N O P Q R S T U
W	W X Y Z A B C D E F G H I J K L M N O P Q R S T U V
X	X Y Z A B C D E F G H I J K L M N O P Q R S T U V W
Y	Y Z A B C D E F G H I J K L M N O P Q R S T U V W X
Z	Z A B C D E F G H I J K L M N O P Q R S T U V W X Y

密钥

图 2.7　Vigenere 表

维吉尼亚表的映射关系：密钥字母确定表的行，明文字母确定表的列。例如，当密钥字母为"H"，明文字母为"T"时，对应的密文输出为"A"。通过查询维吉尼亚表，可得到图 2.6 所对应的明文和密钥对应的密文，如图 2.8 所示。

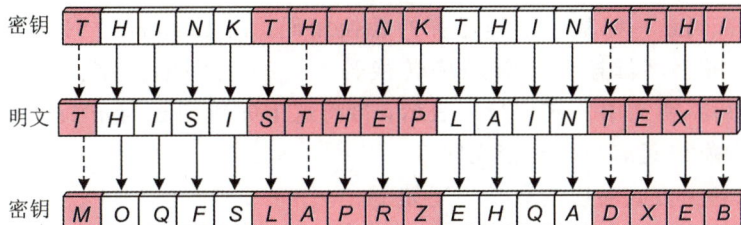

密钥 | T H I N K T H I N K T H I N K T H I

明文 | T H I S I S T H E P L A I N T E X T

密钥 | M O Q F S L A P R Z E H Q A D X E B

图 2.8　Vigenere 加密示例

显然，同样的明文字母"T"在多表替换加密中得到的密文各不相同，这很好地体现了多表替换加密的特征，即同一个明文字母可以用不同的密文字母进行替换。维吉尼亚解密则是利用已知密钥和密文，先是由密钥确定行，然后遍历该行，直到找到密文字母，该密文字母所在列的第一个字母就是明文字母。

维吉尼亚密码加密方式对应的数学描述如下。

- 替换表：$\pi = \pi_1 \pi_2 \cdots \pi_d$；
- 密钥：$k = (k_1 k_2 \cdots k_d) \in Z_q^d$；
- 加密：$c_{i+nd} = E_{k_i}(m_{i+nd}) = m_{i+nd} + k_i \bmod q$。

其中，d 是密钥长度，明文 m 按照密钥长度 d 进行分组，n 为分组数-1，密钥中的每个字母 $k_i (i=1,\cdots,d)$ 确定对应的替换表 π_i，就是第 $i+nd$ 个明文字母的偏移。

Vigenere 密码的 Python 实现代码如下：

```
1. import string
2. '''
3. key：keywords
4. d：the length of key
5. '''
6. def Vigenere_encryption(plaintext:string, key:string, d:int) ->string:
7.     cmap = list(enumerate(string.ascii_lowercase))
8.     cipher =""
9.     pt = plaintext.lower().replace(" ","")
10.    for i in range(len(pt)):
11.        cipher + = cmap[( (ord(pt[i]) - ord("a")) + (ord(key[i%d]) - ord("a")) ) % 26][1]
12.    return cipher
```

2.2.2 希尔密码

希尔（Hill）密码是一种基于矩阵运算的替换密码，由 Lester S. Hill 在 1929 年发明。希尔密码同样将每个字母按照字母顺序转换为 0~25 之间的数字："A"$=0$，"B"$=1$，"C"$=2$，$\cdots$，然后将明文用 n 维向量来表示，再将这个 n 维向量与 $n \times n$ 的加密矩阵相乘，对计算结果进行模 26 运算后输出密文向量。

Hill 密码加解密方式对应的数学描述如下。

- 明文分组：$\boldsymbol{m} = (m_1, m_2, \cdots, m_L)^{\mathrm{T}}$；
- 加密：$\boldsymbol{c} \equiv \boldsymbol{Km} \bmod q$；

- 解密：$\boldsymbol{m} \equiv \boldsymbol{K}^{-1}\boldsymbol{c} \bmod q$。

其中，$\boldsymbol{K}$ 是 $L \times L$ 阶满秩矩阵，L 是每个明文分组的长度。当 $\boldsymbol{K}$ 是单位方阵时，Hill 密码就退化为 Vigenere 密码。值得注意的是，用来加密的矩阵 $\boldsymbol{K}$ 并不是随意选取的，它需要满足 GCD$(|\boldsymbol{K}|, 26)=1$ 的条件。接下来通过实例进一步理解 Hill 密码加解密的过程。

1. 加密过程

【例 2-4】　指定明文"cat"，分组长度为 3，明文按照字母表顺序编号为 $(2,0,19)$，计算希尔加密密文。

建立明文向量：

$$\boldsymbol{m} = \begin{bmatrix} 2 & 0 & 19 \end{bmatrix}^{\mathrm{T}}$$

设置加密矩阵 $\boldsymbol{K}$ 为

$$\boldsymbol{K} = \begin{bmatrix} 6 & 24 & 1 \\ 13 & 16 & 10 \\ 20 & 17 & 15 \end{bmatrix}$$

检验加密矩阵是否可逆，即

$$\begin{vmatrix} 6 & 24 & 1 \\ 13 & 16 & 10 \\ 20 & 17 & 15 \end{vmatrix} = 441 \equiv 25 \bmod 26$$

加密过程：

$$\begin{bmatrix} 6 & 24 & 1 \\ 13 & 16 & 10 \\ 20 & 17 & 15 \end{bmatrix} \begin{bmatrix} 2 \\ 0 \\ 19 \end{bmatrix} = \begin{bmatrix} 31 \\ 216 \\ 325 \end{bmatrix} \equiv \begin{bmatrix} 5 \\ 8 \\ 13 \end{bmatrix} \bmod 26$$

所以，得到的密文是"fin"。

2. 解密过程

先根据加密矩阵求逆矩阵：

$$\begin{bmatrix} 8 & 5 & 10 \\ 21 & 8 & 21 \\ 21 & 12 & 8 \end{bmatrix}$$

将逆矩阵与密文相乘：

$$\begin{bmatrix} 8 & 5 & 10 \\ 21 & 8 & 21 \\ 21 & 12 & 8 \end{bmatrix} \begin{bmatrix} 5 \\ 8 \\ 13 \end{bmatrix} = \begin{bmatrix} 210 \\ 442 \\ 305 \end{bmatrix} \equiv \begin{bmatrix} 2 \\ 0 \\ 19 \end{bmatrix} \bmod 26$$

通过以上方式解密便得到明文"cat"。

Hill 密码的 Python 实现代码如下：

```
1.   import string
2.   import numpy as np
3.   import libnum
4.   '''key：密钥矩阵 例如，
5.      key = np.array([[6,24,1],[13,16,10],[20,17,15]])
6.      d = the length of block'''
7.   def Hill_encryption(plaintext:string, key:np.ndarray, d:int) ->string：
8.      cmap = list(enumerate(string.ascii_lowercase))
9.      cipher =""
10.     try：
11.         key_value = int(np.linalg.det(key))   # 计算|K|
12.
13.         if key_value ！=0：
14.             if libnum.gcd(key_value,26) == 1：
15.                 plaintext = plaintext.lower().replace(" ","")
16.                 length = len(plaintext)
17.                 fill = (d - length % d)
18.                 if fill != d：
19.                     plaintext += "a" * fill
20.                 for i in range(0,len(plaintext),d)：# 每 d 个字母一组
21.                     block - [(ord(j)-97) for j in plaintext[i:i+d]]
22.                     m = np.array(block).reshape(d,1)
23.                     middle_calu = np.dot(key,m) % 26
24.                     for j in range(d)：
25.                         cipher += cmap[middle_calu[j][0]][1]
26.
27.                 return cipher[:length]
28.             else：
29.                 raise Exception("GCD(|Key|,26)!=1")
30.         else：
31.             raise Exception("|Key| = 0!")
32.     except Exception as e：
33.         print(e.args[0])
```

2.2.3　PlayFair 密码

PlayFair 密码是一种一次替换两个字母(Digram)的密码,其加密算法如下。

(1)选取一个关键词作密钥,除去重复出现的字母后,依次将密钥的字母填入 5×5 的矩阵内,然后在剩下的矩阵单元中依 A~Z 的顺序加入尚未出现过的英文字母。由于 5×5 的矩阵只能容纳 25 个字母,可以将字母"Q"去除,或将字母"I"和字母"J"视为同一字母。

(2)把要加密的明文分隔为两个字母一组。若组内的字母相同,将字母"X"(或"Q")插入两字母之间,重新分组(例如,HELLO 将分成 HE LX LO)。若最后只剩下一个字母,可以补一个字母"X"。

(3)针对每一组的两个字母,按照以下规则找到对应的替换密文字母:

· 若两个字母在矩阵中的同一行,分别取这两个字母右侧的字母(若字母在最右侧,则取该行最左侧的字母);

· 若两个字母在矩阵中的同一列,分别取这两个字母下方的字母(若字母在最下方,则取该列最上方的字母);

· 若两个字母不在同一行或同一列,则应在矩阵中找出另外两个对角字母,使这四个字母组成一个长方形的四个角。

新找到的两个字母就是原本的两个字母的替换值。下面通过一个实例让读者更好地理解 PlayFair 密码的工作原理。

取关键词密钥为"playfair example",得加密矩阵,如图 2.9 所示,其中上面两行是密钥去重以后的结果。

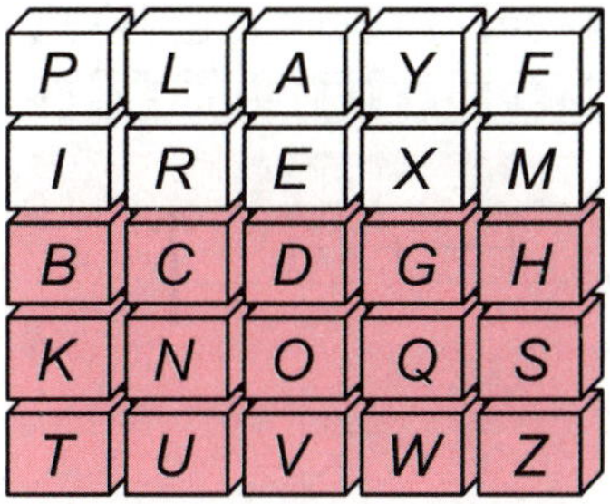

图 2.9　PlayFair 加密矩阵

明文是"Hide the gold in the tree stump",两两一组划分:

HI　DE　TH　EG　OL　DI　NT　HE　TR　EX　ES　TU　MP

接下来,只需要按照上述规则寻找每对明文分组在密钥矩阵的对应密文即可,根据它们的相对位置,寻找对应关系可得到密文为

BM　OD　ZB　XD　NA　BE　KU　DM　UI　XM　MO　UV　IF

2.2.4 多表替换密码分析

维吉尼亚这类多表密码的分析重点在于确定加密密钥的长度，一旦确定密钥长度，就可以利用加密时密钥重复使用这一特性，把多表密码分析问题降为单表密码分析问题。密钥长度确定主要有两种方法，分别是卡西斯基(Kasiski)方法和重合指数方法。

1. Kasiski 方法

该方法的原理基于密钥的重复部分和明文中的重复部分进行加密运算导致密文中也会产生重复的部分，如图 2.10 所示。

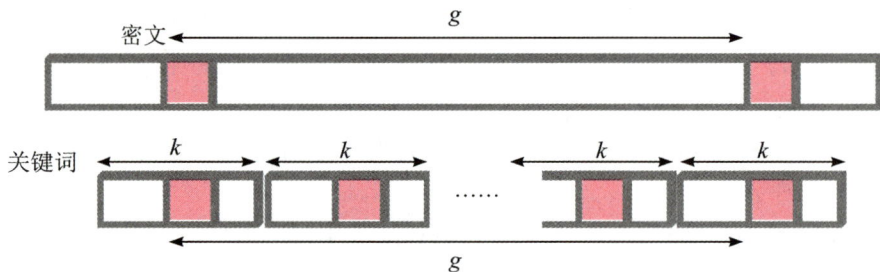

图 2.10 Kasiski 方法原理

考虑明文字符串"CRYPTO IS SHORT FOR CRYPTOGRAPHY"以及加密密钥"ABCD"，按照维吉尼亚加密算法，加密结果如图 2.11 所示。

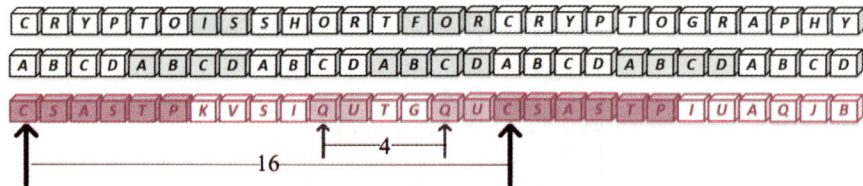

图 2.11 维吉尼亚加密

从图 2.11 中可知，密文中 2 个字符长度的子串"QU"出现了两次，距离为 4，分别是重复明文"OR"和重复密钥"CD"加密的结果；密文中 6 个字符长度的子串"CSASTP"出现了两次，距离为 16，分别是重复明文"CRYPTO"和重复密钥"ABCDAB"加密的结果。这两个距离给我们提供了密钥的长度信息，也就是 4 和 16 的公因子 4。明文消息越长，这种方法的准确性越高。

Kasiski 方法的整个计算过程如下：

(1) 找出密文中所有重复出现的字符串；

（2）计算相同字符串之间的距离；

（3）找出上述距离的公因子；

（4）上述公因子有可能就是密钥的长度。

2. 重合指数方法

重合指数（Index of Coincidence）是另一种估计密钥长度的方法，它是各个字母频数分布平坦（凹凸）程度的度量（Measure of Roughness，MR）。对于标准英语的各个字母频数分布，我们前面已经看到是凹凸不平的，或者说有高峰有低谷，而经过类似多表加密以后的密文字符分布，则可能要平滑得多，甚至是均匀分布的。

由 MR 的定义，对于平坦分布，所有的字母有相同的概率，那就是 1/26（大约 0.0385）。那么，每个字母出现的概率与平坦分布下的概率差为 $p_i-(1/26)$。例如，对于字母"E"，其概率之差为 $p_E-(1/26)=0.127-0.0385=0.0885$。所有字母的概率差平方和为

$$MR = \sum_{i=A}^{i=Z}\left(p_i - \frac{1}{26}\right)^2$$

由于每个字母的概率相比 1/26 有正有负，因此上式可采用平方来计算 MR。展开上式得到 MR 计算公式如下：

$$MR = \sum_{i=A}^{i=Z} p_i^2 - \frac{1}{26}$$

对于 p_i^2，可以理解为从密文中选取字母 i，然后从剩下的密文中再次选取字母 i 的概率。假设密文长度为 N，每个字母出现的次数为 f_i，那么 $p_i^2 = \frac{f_i}{N} \cdot \frac{f_i-1}{N-1}$，最终重合指数的计算公式如下：

$$IC = MR + \frac{1}{26} = \sum_{i=A}^{i=Z} p_i^2 = \frac{\sum_{i=A}^{i=Z} f_i(f_i-1)}{N(N-1)}$$

【例 2-5】 根据不同加密算法的 IC 取值范围，考虑以下明文：

THERE ARETW OWAYS OFCON STRUC TINGA SOFTW AREDE SIGNO NEWAY

ISTOM AKEIT SOSIM PLETH ATTHE REARE OBVIO USLYN ODEFI CIENC

IESAN DTHEO THERW AYIST OMAKE ITSOC OMPLI CATED THATT HEREA

RENOO BVIOU SDEFI CIENC IESTH EFIRS TMETH ODISF ARMOR EDIFF ICULT

各个字母的频数如图 2.12 所示。

A	B	C	D	E	F	G	H	I	J	K	L	M	N	O	P	Q	R	S	T	U	V	W	X	Y	Z
15	2	9	7	27	8	2	9	20	0	2	4	5	10	19	2	0	12	15	22	4	2	5	0	4	0

图 2.12　明文字母频数统计

根据 IC 计算公式可以得到其重合指数为 0.068101，其中出现次数最多的六个字母依次是"ETIOAS"，该重合指数值接近理想的英语统计结果 0.0686。

接下来对上述明文进行凯撒加密(密钥=3)，得到的密文如下：

WKHUH DUHWZ RZDBV RIFRQ VWUXF WLQJD VRIWZ DUHGH VLJQR QHZDB

LVWRP DNHLW VRVLP SOHWK DWWKH UHDUH REYLR XVOBQ RGHIL FLHQF

LHVDQ GWKHR WKKUZ DBLVW RPDNH LWVRF RPSOL FDWHG WKDWW KHUHD

UHQRR EYLRX VGHIL FLHQF LHVWK HILUV WPHWK RGLVI DUPRU HGLII LFXOW

上述密文中各个字母对应的频数如图 2.13 所示。

A	B	C	D	E	F	G	H	I	J	K	L	M	N	O	P	Q	R	S	T	U	V	W	X	Y	Z
0	4	0	15	2	9	7	27	8	2	9	20	0	2	4	5	10	19	2	0	12	15	22	4	2	5

图 2.13　凯撒密文字母频数统计

比较图 2.12 和图 2.13，可以发现凯撒加密后的密文字符统计是明文字符的统计移位三个位置的结果。上述结果可以从加密公式 $b=(a+k)\bmod 26$ 得到印证，字母"a"出现的次数和对应的字母"b"出现的次数相同。显然根据图 2.13 的统计计算得到的 IC 值也和明文的相同，等于 0.068101。

最后，对明文进行维吉尼亚加密，并同样统计密文中各个字母的出现次数，如图 2.14 所示。

A	B	C	D	E	F	G	H	I	J	K	L	M	N	O	P	Q	R	S	T	U	V	W	X	Y	Z
11	6	11	3	5	5	6	13	8	4	7	5	12	7	2	8	14	6	7	9	8	18	10	8	9	3

图 2.14　凯撒密文字母频数统计

根据上述各个字母的统计情况得到其 IC 值为 0.041989。根据上述明文字符串、凯撒密文字符串和维吉尼亚密文字符串的 IC 值，大致可以得到 IC 值和密钥长度的关系，如表 2.1 所示。

表 2.1　维吉尼亚密码密钥长度和 IC 值的关系

密钥长度	IC 值	密钥长度	IC 值
1	0.0660	6	0.0427
2	0.0520	7	0.0420
3	0.0473	8	0.0415
4	0.0450	9	0.0411
5	0.0436	10	0.0408

另外，由于随机字符串的 $IC_{Random} = 0.038466$ 是最小的，或者说 IC 值越小则可以认为测试的字符串越随机。而标准英文字符串 $IC_{English} = 0.0686$，也就是说 IC 值越接近 $IC_{English}$，测试字符串越有可能是标准的英文文本。

假设监听者 Eve 截获了以下密文消息：

QPWKALVRXCQZIKGRBPFAEOMFLJMSDZVDHXCXJYEBIMTRQWNMEAIZRVKCVKVLXNEIC

FZPZCZZHKMLVZVZIZRRQWDKECHOSNYXXLSPMYKVQXJTDCIOMEEXDQVSRXLRLKZHOV

Eve 可以假设密钥长度为 7，则可以把密文按列编写如下：

```
Q  P  W  K  A  L  V
R  X  C  Q  Z  I  K
G  R  B  P  F  A  E
O  M  F  L  J  M  S
D  Z  V  D  H  X  C
X  J  Y  E  B  I  M
          ...
```

然后 Eve 单独提取每列字符串，计算其 IC 值。如果密钥大小恰好与假定的列数相同，Eve 计算每列的重合指数，它应该在 0.067 左右；如果说选错了列数，其重合指数应该在 0.0385 左右。利用这个特性，Eve 可以较好地在 IC 值和密钥长度之间建立联系，准确地获取维吉尼亚密钥的长度。

一旦确定维吉尼亚密码的密钥长度，那么破解维吉尼亚密码就简化为单表替换密码分析问题，可以使用前述的暴力破解或者频率分析方法进行破解。

2.3 置换密码

置换密码的结果就是明文字符位置乱序的结果，其加密方式好像是洗牌，密钥是洗牌的顺序，密文是洗牌后的结果。

大多数的置换密码都涉及几何图形，比如正方形、等边三角形、矩形等。明文字母被分布在上述几何图形中，然后按照双方约定好的方向对字母进行读写，即可从图形中得到密文或者恢复明文。

置换密钥相对于替换密码的密钥来说比较特别。它一般由两个部分组成，一部分是几何图案和尺寸，另一部分是读写方向。几何图案和尺寸是告诉解密者明文被映射到哪一种形状里，读写方向则是告诉解密者如何正确地从密文中恢复明文。

2.3.1 栅栏密码

假如 Alice 想把明文"this is a test"发送给 Bob，可通过栅栏密码对明文进行加密，如图 2.15 所示。明文字母被安排在锯齿形的图案中，尺寸是 3，读写方向是按行读取。由此得出的密文是"tiehsstsiat"。Bob 获得密文后，按照相同的图案和读写方向便可以恢复明文。

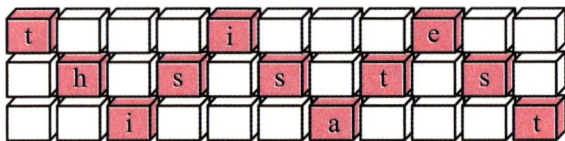

图 2.15　栅栏(Rail Fence)密码

2.3.2 列置换方法

把明文分割为一定长度的分组，长度等于 d。定义一种置换 1 到 d 的整数的方法 F，然后按照方法 F 对每个分组进行置换，此时的密钥就是 (d, F)。

举例：将明文字母"get the ball"进行置换加密。$d=5$，F 定义如图 2.16 所示。

F 表示的意思是第一个位置的字母放在第三个位置，第二个位置的字母放在第四个位置，依次类推。置换过程演示如图 2.17 所示。

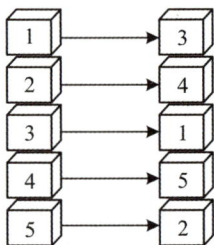

图 2.16　置换方法 F

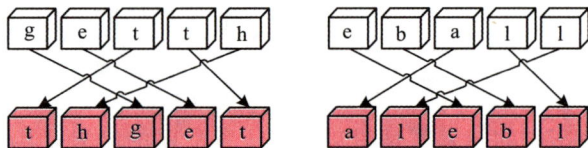

图 2.17　置换过程演示

2.3.3 列置换密码

基于上述列置换方法，我们可以设计更为复杂的列置换密码。它把明文填写在一个矩阵图案里，而密文则是由密钥所控制的顺序按列读取来生成。例如，假定我们将明文"encryption algorithms"写入 5 行 4 列的矩阵中：

$$\begin{bmatrix} e & n & c & r \\ y & p & t & i \\ o & n & a & l \\ g & o & r & i \\ t & h & m & s \end{bmatrix}$$

假如商定好以 4、1、2、3 的顺序生成密文，那么"4123"就是密钥。因此可知上述明文加密的结果是"rilis eyogt npnoh ctarm"。但是，这种列置换方式需要填满矩阵，如果明文不足以填满矩阵，则可以使用字母"x"或者字母"q"来填充。

我们继续进一步思考，如果明文很长怎么办？那就需要扩大矩阵的列数，但是矩阵的列数太长，对应的长数字密码序列就很难记忆。因此我们可以借鉴关键词密码的思想，用关键词的长度确定列数，关键词中的字母顺序决定读取矩阵列的顺序。

例如，关键词"title"有 5 个字母，这就意味着矩阵包含 5 列。由于字母"e"是"title"中字母序数最低的，因此数字 1 放在第 5 列；字母"i"次之，所以数字 2 放在第 2 列；字母"l"较次之，所以数字 3 放在第 4 列。第一个字母 t 使得数字 4 放在第 1 列，最后一个字母 t 使得数字 5 放在第 3 列。最后的结果如图 2.18 所示。

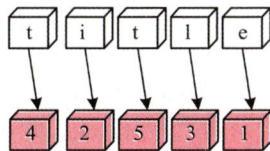

图 2.18　列置换规则

因此，由关键词"title"给定的读取列顺序为 4、2、5、3、1。

由于列置换密码的密钥空间比多表替换密码的密钥空间小，因此列置换密码的破译相对容易。例如，攻击者 Eve 截获了使用列置换密码加密的密文，第一步是先确定列的大小。如果 Eve 截获了 153 个字符的密文，153 可以分解为 3×51、51×3、17×9 或者 9×17。第二步是还原列顺序，这里最常用的方法是利用双字母和三字母之间的组合关系进行分析。

习　　题

1. 用 key＝(3，5)，采用仿射密码算法加密明文"Affine Cipher"。

2. 编程实现卡方统计量计算，并验证图 2.5 的计算结果。

3. 用 Hill 密码加密消息，密钥矩阵 $\boldsymbol{K} = \begin{bmatrix} 11 & 8 \\ 3 & 7 \end{bmatrix}$，写出密文恢复成明文的解密过程，并编程实现 Hill 密码的解密代码。

4. 用 key＝"best"，采用维吉尼亚密码加密明文"You have learned Vigenere"。

5. 使用密钥"BOY"对以下明文完成维吉尼亚加密，并验证 Kasiski 方法是否有效。

MICHI	GANTE	CHNOL	OGICA	LUNIV	ERSIT	Y
BOYBO	YBOYB	OYBOY	BOYBO	YBOYB	OYBOY	B
NWAIW	EBBRF	QFOCJ	PUGDO	JVBGW	SPTWR	Z

6. 考虑以下两个密文，其中第一个是用替换密码加密得到的，第二个是用维吉尼亚加密（密钥长度＝6）得到的，绘制字母出现次数的统计直方图，并计算两个密文的 IC 值。

wmzfxtdhzfngfwxwnwxjevxdmzoxfkvxdmzowmkwmkfgzzexenfzpjotkebmneloz
lfjpbzkofxwvjefxfwfjpfngfwxwnwxeszyzobdhkxewzawvmkokvwzopjoklxppz
ozewvxdmzowzawvmkokvwzoxwlxppzofpojtvkzfkovxdmzoxewmkwwmzvxdmzokh
dmkgzwxfejwfxtdhbwmzkhdmkgzwfmxpwzlxwxfvjtdhzwzhbrntghzl
vptzmdrttzysubxaykkwcjmgjmgpwreqeoiivppalrujtlrzpchljftupucywvsyi
uuwufirtaxagfpaxzxjqnhbfjvqibxzpotciiaxahmevmmagyczpjxvtndyeuknul
vvpbrptygzilbkeppyetvmgpxuknulvjhzdtgrgapygzrptymevppaxygkxwlvtia
wlrdmipweqbhpqgngioirnxwhfvvawpjkglxamjewbwpvvmafnlojalh

参考答案：$IC_{Substitution} = 0.066$；$IC_{Vigenere} = 0.042$。

7. 给出 MR、IC 和卡方统计量的关系。

参考答案：

卡方统计量用于比较两个不同概率分布，而 IC 用于比较某个概率分布和均匀分布的差异。MR 和 IC 的关系为 $IC = MR + 1/26$，MR 和卡方统计量的关系为（U 为均匀分布，$P_i = 1/26$）：

$$MR(P) = \frac{1}{26}\chi^2(P, U)$$

$$\chi^2(P, U) = \sum_{i=A}^{i=Z} \frac{(P_i - U_i)^2}{U_i}$$

8. 用栅栏密码加密明文"THERE IS A CIPHER"。

参考答案：TEESCPEHRIAIHR。

9. 解密列置换密文：TTNAAPTMTSUOAODWCOIXKNLYPETZ。

参考答案：attackpostponeduntiltwoamxyz，密钥：4312567。

第3章 分组密码

分组密码在现代密码学和信息安全中扮演着重要角色，它是一种把消息明文划分为固定长度的分组，然后分别进行加解密处理的对称密码算法。本章首先学习分组密码的基本模型、设计原则和密码结构，然后讨论 DES(Data Encryption Standard)密码算法的加解密过程并分析其安全性。

3.1 分组密码概述

3.1.1 分组密码模型

在分组密码中，明文 P 被分割成长度为 n 的分组，加密时各分组使用相同的算法和密钥 K 生成密文分组 C，并且明文和密文长度相同。加密和解密使用的是同一个密钥，相同的明文用相同的加密密钥永远得到相同的密文。

一个分组密码系统(Block Cipher System，BCS)可以用一个五元组来表示，即 BCS＝{P，C，K，E，D}。其中，P(Plaintext)、C(Ciphertext)、K(Key)、E(Encryption)、D(Decryption)分别表示明文、密文、密钥、加密算法和解密算法。分组密码系统的模型如图 3.1 所示。

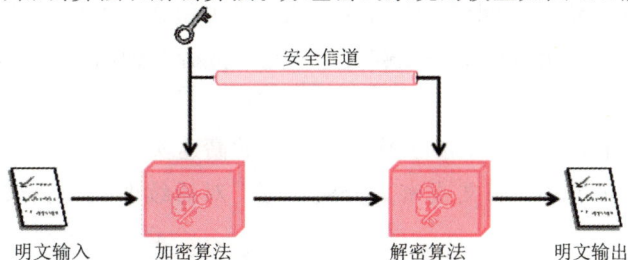

安全信道

明文输入　加密算法　解密算法　明文输出

图 3.1　分组密码模型

（1）明文：待加密的消息。明文消息会划分为固定长度的分组。分组通常是二进制表示的序列，比如 DES 密码算法的分组长度是 64 个比特（位），相当于 8 个字符。明文消息的长度通常不是分组长度的倍数，此时加密前需要进行填充处理。

（2）密文：每个明文分组加密后的密文分组组合得到的消息。根据分组操作模式的不同，每个密文分组可以只和对应的明文分组有关，也可以和之前的所有的明文分组有关，这取决于加密采用的操作模式。

（3）加密算法：在密钥控制下，通过某种变换隐藏明文消息的含义，使得未授权用户无法获得明文消息内容。

（4）解密算法：在密钥控制下，还原密文中的明文消息。通常解密算法和加密算法是一致的，而且是公开的。

（5）密钥：由安全信道分发给参与加解密运算的各方。各方使用相同密钥对消息加解密。整个密码系统的安全性只依赖于密钥，而不是加解密算法。

3.1.2　分组密码设计

为了保证分组密码的安全强度，防止密钥通过逆推被破解、明文被破译，分组密码的设计应遵循以下基本原则。

（1）分组长度足够长，防止明文穷举攻击。例如 DES、IDEA（International Data Encryption Algorithm）等分组密码算法，分组块大小为 64 bit，在生日攻击下用 2^{32} 组密文，破解成功的概率达到 0.5，同时要求 $2^{32} \times 64$ bit $= 2^{15}$ MB 大小的存储空间，也就是 32G 内存，因此分组长度在 64 比特情况下的密码系统在现今计算能力下已经没有安全性可言。而 AES 明文分组为 128 bit，同样在生日攻击下需要 2^{64} 组密文，破解成功概率达到 0.5，同时要求存储空间大小为 $2^{64} \times 128$ bit $= 2^{48}$ MB，所以采用穷举攻击 AES（Advanced Encryption Standard）算法在计算上不可行。

（2）密钥空间足够大，同时需要尽可能消除弱密钥的使用，防止密钥穷举攻击，但是由于对称密码体制存在密钥管理问题，密钥的存储、传输和管理本身就是一个大的安全隐患。

（3）产生子密钥的密钥调度算法足够复杂，能够抵御各种已知攻击，如差分攻击、线性攻击、侧信道攻击等。

（4）加密和解密的运算简单，易于软硬件系统的高速实现。

（5）差错传播尽可能小，明文或密文分组出错，对后续明文或密文的加解密影响应尽可能小。

（6）混淆和扩散是香农在遵循柯克霍夫原则（即使密码系统的加解密算法细节公开，只要密钥未泄漏，密码系统也是安全的）前提下，提出的设计密码系统的两个基本方法，目的是抗击攻击者对密码系统的统计分析。混淆要求密码的设计应使得明文、密文、密钥之间的依赖关系非常复杂，即使攻击者得到了密文的统计特性，也无法推测密钥。扩散则要求将明文的统计特性（如每个字母出现的频度）散布到密文中去，模糊化明文统计结构和规律，防止密钥被反推出来。

（7）非线性：在分组密码中，实现非线性运算的部件是 S 盒。例如，AES 密码 S 盒使用的有限域上元素求逆就是典型的非线性操作。

（8）雪崩性：改变明文或者密钥的任意一个比特，会影响对应密文的多个比特，且是随机的。如图 3.2 所示的 DES 加密，可使用轮函数 f 达到的雪崩效应。

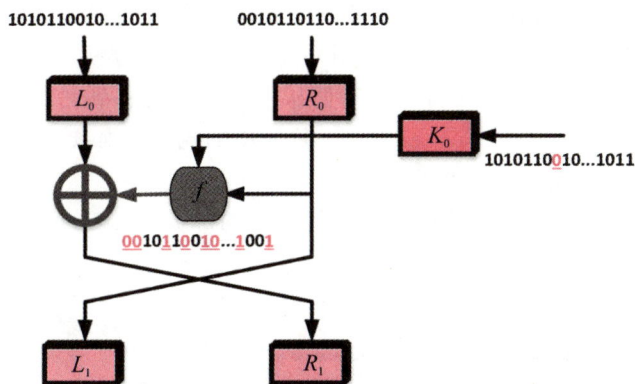

图 3.2　雪崩效应

图 3.2 中，由于子密钥 K_0 的第八个比特位发生了变化（反转），导致该轮加密中轮函数的计算结果相比于正常结果发生了多个比特的反转（带下画线表示发生反转的二进制位）。

3.1.3　分组密码结构

香农在 1949 年的论文 *A Mathematical Theory of Communication* 中提出了一种乘积密码，以实现混淆和扩散。所谓的乘积密码就是一连串的替换和置换操作。现代分组密码也是采用了类似的结构设计，重复替换和置换步骤，只不过每个步骤的操作都由密钥来控制。我们把多重替换变换（S）和置换变换（P）称为替换-置换网络（SPN），如图 3.3 所示。S 替换操作起到混淆的作用，P 置换操作起到扩散的作用。

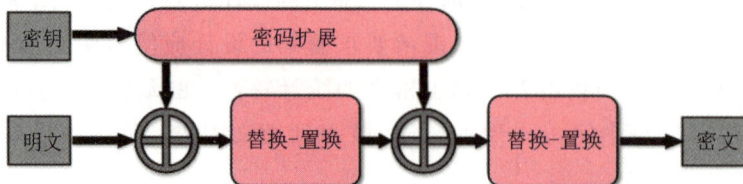

图 3.3　替换-置换网络

在 SP 网络中，输入的明文消息和子密钥进行运算，运算一般采用异或方式。运算之后的结果进入一轮的替换和置换操作以进一步实现信息加扰。

在密码设计中使用替换（混淆）可以使算法对差分和线性密码分析的抵抗力更强。替换功能必须可逆以实现解密功能。现代分组密码中的 S 盒提供的就是替换功能。

仅仅使用替换的密码无法抵御频率分析攻击，此时就需要通过置换实现信息的扩散。置换操作实际上都非常简单，将比特（字符）值从一个位置挪移到另一个位置即可。

SP 网络的一个典型代表是 Feistel 网络，其采用的轮结构如图 3.4 所示，对应算法为

- 将明文分组分为等长的左右两部分 L_i、R_i；
- 使用高度非线性函数 f，计算下一轮的左右两部分 L_{i+1}、R_{i+1}，即

$$L_{i+1} = R_i$$
$$R_{i+1} = L_i \oplus f(R_i, K_i)$$

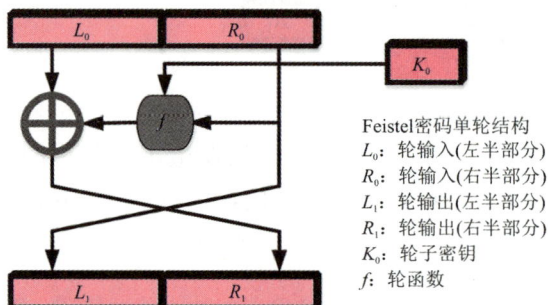

Feistel密码单轮结构
L_0：轮输入(左半部分)
R_0：轮输入(右半部分)
L_1：轮输出(左半部分)
R_1：轮输出(右半部分)
K_0：轮子密钥
f：轮函数

图 3.4　单轮（层）Feistel 网络

Feistel 网络结构与以下的参数和特性有关。

（1）分组大小：分组越大，安全性越高，加密速度越慢。分组大小通常不小于 64 比特。

（2）密钥大小：密钥越长，安全性越高，加密速度越慢。密钥长度通常为 128 比特。

（3）轮数：多轮结构可以提高安全性，一般轮数取 16。

（4）子密钥生成算法：该算法的复杂性越大，则密码分析的困难性也越大。

（5）轮函数 f：轮函数 f 复杂性越大，密码分析的困难也越大。

现代分组密码大量采用了 Feistel 网络结构，读者可结合实际的加密算法进行学习。

3.2　DES 算法

DES 全称为 Data Encryption Standard，是由 IBM 公司在 1972 年研发的对称加密算法。DES 密钥长度为 64 位，有效密钥长度是 56 位，另外 8 位作为校验位。明文和密文按 64 位进行分组。算法使用 16 轮的 Feistel 网络结构实现混淆和扩散，使用 8 个 S 盒实现非线性变换。整个 DES 加密包含 16 轮运算，每轮的子密钥由密钥调度算法（Key Schedule Algorithm）生成。算法加密过程如图 3.5 所示。

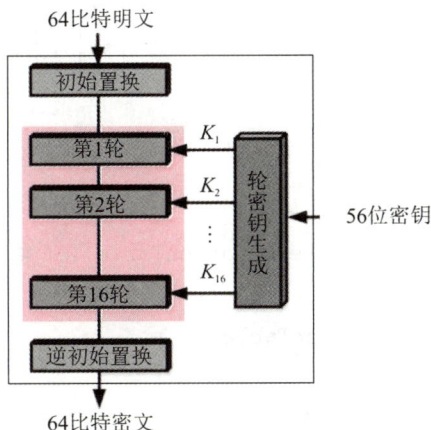

图 3.5　DES 加密过程

图 3.5 中的 DES 加密过程可以分为三个部分：分别是互逆的初始置换（IP）和逆初始置换（IP^{-1}）操作，中间是 16 轮相同结构的 Feistel 网络，每轮子密钥由密钥调度算法产生。为便于学习 DES 算法的核心思想和整个工作流程，接下来将以实际例子来讲解 DES 密码。

令明文 $P = 897\text{A}57\text{B}439\text{DE}18\text{FE}$，密钥 $K = 823452593\text{FBCDDE}7$，其中 P 和 K 都是十六进制表示。若以二进制分别表示 P 和 K，则为

$P = 1000\ 1001\ 0111\ 1010\ 0101\ 0111\ 1011\ 0100\ 0011\ 1001\ 1101\ 1110\ 0001\ 1000\ 1111\ 1110$

$K = 1000\ 0010\ 0011\ 0100\ 0101\ 0010\ 0101\ 1001\ 0011\ 1111\ 1011\ 1100\ 1101\ 1101\ 1110\ 0111$

3.2.1　初始置换和逆初始置换

初始置换是 DES 算法的第一步，根据初始置换表改变明文比特位的位置，即重新组织

明文内容。初始置换表如图 3.6(a)所示。初始置换表是一个 8×8 的表格，含有 64 个元素，每个元素代表一个位置，分别是 1~64。例如，表中的第一个元素是 58，表示明文消息的第 58 位比特置换到密文输出的第 1 位；表中的最后一个元素值是 7，表示明文消息的第 7 位比特是密文输出的最后一位（第 64 位）。

58	50	42	34	26	18	10	2
60	52	44	36	28	20	12	4
62	54	46	38	30	22	14	6
64	56	48	40	32	24	16	8
57	49	41	33	25	17	9	1
59	51	43	35	27	19	11	3
61	53	45	37	29	21	13	5
63	55	47	39	31	23	15	7

(a)

40	8	48	16	56	24	64	32
39	7	47	15	55	23	63	31
38	6	46	14	54	22	62	30
37	5	45	13	53	21	61	29
36	4	44	12	52	20	60	28
35	3	43	11	51	19	59	27
34	2	42	10	50	18	58	26
33	1	41	9	49	17	57	25

(b)

图 3.6 初始置换和逆初始置换

初始置换对应的 Python 代码实现如下：

```
1.def Permutation(binaryStr，PermutationTable)：  #根据给定的置换表格置换二进制串
2.    length = len(PermutationTable)
3.    PermutatedList = []
4.    for i in range(0，length)：
5.        PermutatedList.extend(binaryStr[PermutationTable[i] - 1])
6.    return PermutatedList
7.
8.def IP (M_0)：
9.    IPResult = Permutation(M_0，IPnTable)  #根据初始置换表格置换二进制串
10.    L_0 = IPResult[0:int((len(IPResult)/2))]   #左半部分
11.    R_0 = IPResult[int((len(IPResult)/2)):int(len(IPResult))]   #右半部分
12.    return L_0, R_0
```

将初始置换应用于之前给定的明文 P，则得到输出 IP：

P = 1000 1001 0111 1010 0101 0111 1011 0100 0011 1001 1101 1110 0001 1000 1111 1110

IP = 1010 0110 1111 1110 1010 1100 0001 0101 1010 1001 1001 1010 1111 0011 1010 0110

逆初始置换是 DES 算法的最后一步,它是初始置换的逆变换,其置换顺序如图 3.6(b)所示。原来明文消息的第 1 位被放到了第 40 位,因此在逆置换时,把第 40 位放回到第一位,这就是逆置换表的第一个元素值 40,剩下位读者可自行验证互逆关系。

逆初始置换的 Python 代码实现如下:

```
1.def InvP (R_16_L_16):
2.    cipherText =""
3.    cipherText = Permutation(R_16_L_16, IPTable)  #根据逆初始置换表格置换二进制串
4.    return cipherText
```

将逆初始置换应用于之前给定的 IP,则得到最初的明文 P。

IP = 1010 0110 1111 1110 1010 1100 0001 0101 1010 1001 1001 1010 1111 0011 1010 0110

IP^{-1} = 1000 1001 0111 1010 0101 0111 1011 0100 0011 1001 1101 1110 0001 1000 1111 1110

3.2.2 子密钥生成

DES 算法由 64 位初始密钥生成 16 个 48 位子密钥,这 16 个子密钥分别用在 16 轮 DES 运算中。子密钥的产生过程如图 3.7 所示。

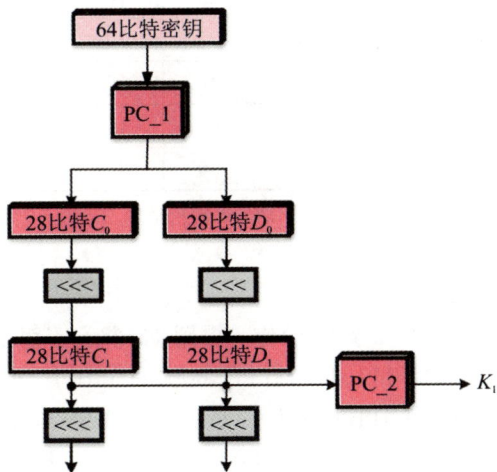

图 3.7 DES 密钥调度算法

64 位初始密钥首先进行如图 3.8 所示的 PC_1 置换,去掉 8 个奇偶校验位后,密钥长度降至 56 位。56 位数据分成左右两半:C_i(28 位)和 D_i(28 位)。

例如,原始 64 位密钥 K = 823452593FBCDDE7,经 PC_1 置换得到 56 位的初始密钥 K'。

PC_1							
57	49	41	33	25	17	9	1
58	50	42	34	26	18	10	2
59	51	43	35	27	19	11	3
60	52	44	36	63	55	47	39
31	23	15	7	62	54	46	38
30	22	14	6	61	53	45	37
29	21	13	5	28	20	12	4

图 3.8 PC_1 置换表

$K = 10000010\ 00110100\ 01010010\ 01011001\ 00111111\ 10111100\ 11011101\ 11100111$

$K' = 1111000\ 0110011\ 0010101\ 0101111\ 0101010\ 1011001\ 1001111\ 0001111$

接下来分别是 16 轮的循环移位加置换操作得到 16 个子密钥。

第一轮对 C_0 和 D_0 循环左移后生成 C_1 和 D_1，C_1 和 D_1 通过如图 3.9 所示的 PC_2 置换生成子密钥 K_1。其中，第 1、2、9、16 轮运算只循环左移一位，其他轮都是左移两位。

PC_2							
14	17	11	24	1	5	3	28
15	6	21	10	23	19	12	4
26	8	16	7	27	20	13	2
41	52	31	37	47	55	30	40
51	45	33	48	44	49	39	56
34	53	46	42	50	36	29	32

图 3.9 PC_2 置换表

第二轮对 C_1 和 D_1 循环左移后形成 C_2 和 D_2，C_2 和 D_2 再通过 PC_2 置换生成子密钥 K_2。以此类推，得到 16 个子密钥。

经过一系列的循环左移和 PC_2 置换操作，得到 16 个子密钥如下：

$K_1 = 000010\ 010000\ 011011\ 111011\ 011110\ 000111\ 001101\ 110100$

$K_2 = 011110\ 011110\ 001011\ 011000\ 110111\ 101100\ 100011\ 100101$

$K_3 = 000101\ 001101\ 110110\ 101010\ 000000\ 101110\ 111111\ 011101$

$K_4 = 111100\ 100010\ 100101\ 010111\ 101110\ 111011\ 010110\ 010001$

$K_5 = 001011\ 011110\ 111000\ 000101\ 101110\ 110100\ 011100\ 100011$

$K_6 = 010000\ 110011\ 010110\ 111110\ 010111\ 100110\ 101100\ 001110$

$K_7 = 111111\ 001000\ 010011\ 110001\ 111101\ 000101\ 000111\ 011100$

$K_8 = 110101\ 111100\ 101000\ 101010\ 110000\ 011011\ 001011\ 101011$

$K_9 = 101001\ 001010\ 101111\ 101011\ 011010\ 011110\ 011111\ 011001$

$K_{10} = 101100\ 110111\ 011000\ 000111\ 001110\ 111101\ 010000\ 001111$

$K_{11} = 011010\ 010001\ 111111\ 010000\ 110011\ 100101\ 010110\ 100110$

$K_{12} = 010101\ 001111\ 000011\ 111101\ 100011\ 000110\ 101111\ 101101$

$K_{13} = 100101\ 111100\ 010101\ 010010\ 111100\ 101101\ 101011\ 010001$

$K_{14} = 011011\ 100100\ 101110\ 100111\ 110100\ 111000\ 011100\ 111011$

$K_{15} = 101110\ 111011\ 000100\ 001101\ 100111\ 110011\ 111100\ 001000$

$K_{16} = 110010\ 110001\ 110011\ 001111\ 000111\ 010001\ 011011\ 100111$

对应的 DES 密钥调度算法的 Python 实现代码如下：

```
1. def createSonKey(SecretKey):
2.     # 提取密钥中的非校验位
3.     str_56 = list(SecretKey)
4.     sonKeyList = []
5.     # PC_1 置换
6.     PC1_result_C, PC1_result_D = PC_1_Permutation(str_56)
7.     C_i = []
8.     D_i = []
9.     for i in range(1, 17):
10.        if i == 1 or i == 2 or i == 9 or i == 16:
11.            # 循环左移
12.            C_i = shiftLeft(PC1_result_C,1)
13.            D_i = shiftLeft(PC1_result_D,1)
14.        else:
15.            C_i = shiftLeft(PC1_result_C,2)
16.            D_i = shiftLeft(PC1_result_D,2)
17.        CD = C_i + D_i
18.        # PC_2 置换
19.        sonKey_i = PC_2_Permutation(CD)
20.        sonKeyList.append(sonKey_i)
21.        PC1_result_C = C_i
22.        PC1_result_D = D_i
23.        if i == 16:
24.            break
25.    return sonKeyList
```

3.2.3　轮函数 f 运算

经过初始置换和子密钥生成之后，后续就是 16 轮的轮函数计算。DES 算法的轮结构如图 3.10 所示，整个过程分为四步：E 扩展置换盒、子密钥异或、S 替换盒运算、P 置换盒。

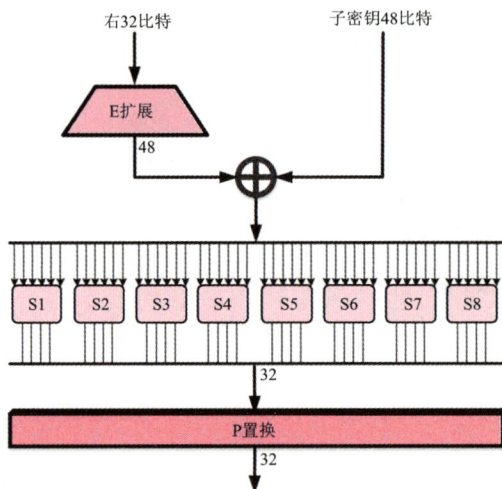

图 3.10　f 函数运算

E 扩展置换把明文数据的右半部分 R_i 从 32 比特扩展到 48 比特，目的就是为了和 48 比特的子密钥保持长度一致以便于进行异或运算。类似的，扩展置换同样是根据扩展置换表(E-Box)改变比特位的次序，并增加比特位。E 扩展置换如图 3.11 所示。

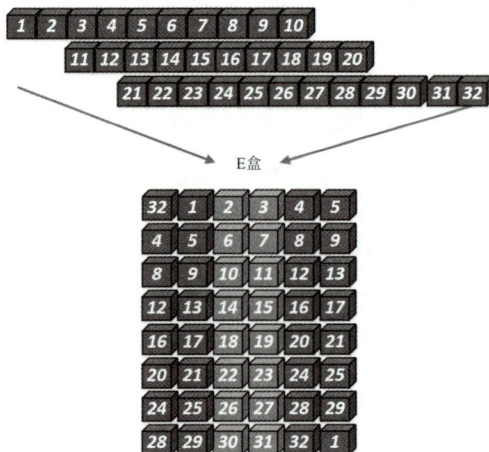

图 3.11　E 扩展置换

从 E 扩展置换能看到最左边两列（共 16 位）的比特位是被重复使用的。经过置换扩展后的明文右边 32 位和子密钥进行异或，然后送入 DES 算法的非线性操作部分，就是 S 盒替换运算。

S 盒是 DES 算法中用来实现高度非线性化的部件。数据被送入 S 盒后，会执行替换运算。替换运算过程是由 8 个不同的 S 盒实现的。每个 S 盒都是 6 比特位输入 4 比特位输出。

在输入的 6 个比特当中，第 1 和第 6 比特表示对应 S 盒的行，第 2、3、4、5 比特表示 S 盒的列。例如，对于 S2 替换盒，其第 1 和第 6 比特是 00，表示第 0 行；第 2 至第 5 比特为 1111，表示第 15 列，对应的表项就是 10，转换为二进制是 1010。因此，输入的 6 个比特"011110"替换操作的结果就是"1010"，如图 3.12 所示。

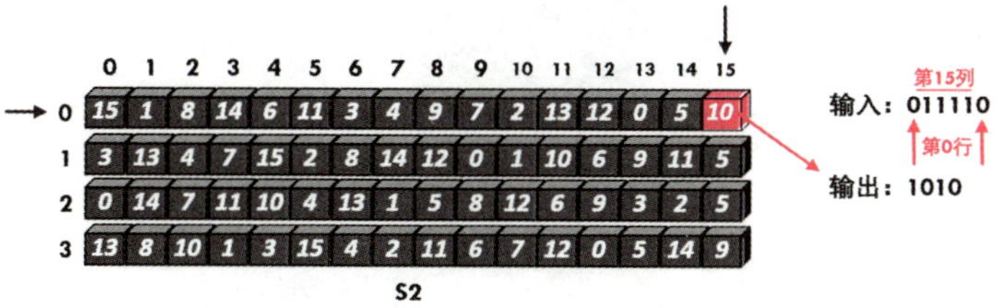

图 3.12　S2 替换盒

DES 分组密码算法的 8 个 S 盒分别如下（见图 3.13）：

S1 盒

14,4,13,1,2,15,11,8,3,10,6,12,5,9,0,7,
0,15,7,4,14,2,13,1,10,6,12,11,9,5,3,8,
4,1,14,8,13,6,2,11,15,12,9,7,3,10,5,0,
15,12,8,2,4,9,1,7,5,11,3,14,10,0,6,13,

S2 盒

15,1,8,14,6,11,3,4,9,7,2,13,12,0,5,10,
3,13,4,7,15,2,8,14,12,0,1,10,6,9,11,5,
0,14,7,11,10,4,13,1,5,8,12,6,9,3,2,15,
13,8,10,1,3,15,4,2,11,6,7,12,10,5,14,9,

S3 盒

10,0,9,14,6,3,15,5,1,13,12,7,11,4,2,8,
13,7,0,9,3,4,6,10,2,8,5,14,12,11,15,1,
13,6,4,9,8,15,3,0,11,1,2,12,5,10,14,7,
1,10,13,0,6,9,8,7,4,15,14,3,11,5,2,12,

S4 盒

7,13,14,3,0,6,9,10,1,2,8,5,11,12,4,15,
13,8,11,5,6,15,0,3,4,7,2,12,1,10,14,9,
10,6,9,0,12,11,7,13,15,1,3,14,5,2,8,4,
3,15,0,6,10,1,13,8,9,4,5,11,12,7,2,14,

S5 盒

2,12,4,1,7,10,11,6,8,5,3,15,13,0,14,9,
14,11,2,12,4,7,13,1,5,0,15,10,3,9,8,6,
4,2,1,11,10,13,7,8,15,9,12,5,6,3,0,14,
11,8,12,7,1,14,2,13,6,15,0,9,10,4,5,3,

S6 盒

12,1,10,15,9,2,6,8,0,13,3,4,14,7,5,11,
10,15,4,2,7,12,9,5,6,1,13,14,0,11,3,8,
9,14,15,5,2,8,12,3,7,0,4,10,1,13,11,6,
4,3,2,12,9,5,15,10,11,14,1,7,6,0,8,13,

S7 盒

4,11,2,14,15,0,8,13,3,12,9,7,5,10,6,1,
13,0,11,7,4,9,1,10,14,3,5,12,2,15,8,6,
1,4,11,13,12,3,7,14,10,15,6,8,0,5,9,2,
6,11,13,8,1,4,10,7,9,5,0,15,14,2,3,12,

S8 盒

13,2,8,4,6,15,11,1,10,9,3,14,5,0,12,7,
1,15,13,8,10,3,7,4,12,5,6,11,0,14,9,2,
7,11,4,1,9,12,14,2,0,6,10,13,15,3,5,8,
2,1,14,7,4,10,8,13,15,12,9,0,3,5,6,11,

图 3.13　S 盒

P 盒置换是 f 函数的最后一步，对 8 个 S 盒输出的 32 比特中间结果进行置换操作。P 盒置换如图 3.14 所示。

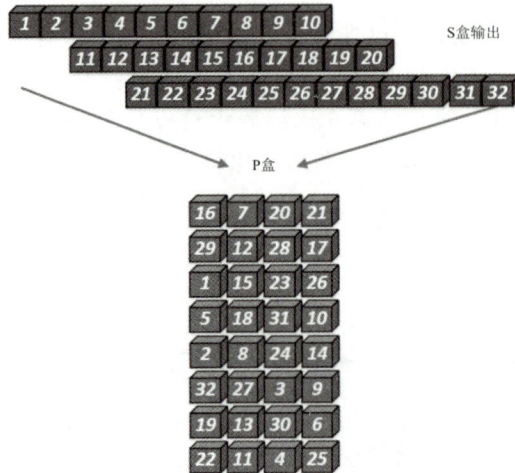

图 3.14 P 盒置换

至此，整个 f 函数运算结束，其 Python 代码实现如下：

```
1.def Feistel(R_i_1, K_i):
2.    E_ExpandResult = E_Expand(R_i_1)   ♯E扩展置换
3.    xorResult = XOROperation(E_ExpandResult, K_i)   ♯置换结果同子密钥异或
4.    str_32_bits = []
5.    for i in range(8):   ♯8个S盒替换
6.    str_6_bits = xorResult[i * 6：i * 6 + 6]
7.    str_32_bits += S_Box_Transformation(str_6_bits, i + 1)
8.    return "".join(P_Permutation(str_32_bits))   ♯P置换
```

根据此前计算得到的明文和子密钥，给出了第一轮运算的结果如下：

$L_0 =$ 1010 0110 1111 1110 1010 1100 0001 0101

$R_0 =$ 1010 1001 1001 1010 1111 0011 1010 0110

$f(R_0, K_1) =$ 0100 1010 1111 0001 1110 0000 1110 0000

$L_1 = R_0 =$ 1010 1001 1001 1010 1111 0011 1010 0110

$R_1 = L_0 \oplus f(R_0, K_1) =$ 1110 1100 0000 1111 0100 1100 1111 0101

接下来进行 16 轮的 Feistel 网络迭代。注意在最后一轮，左右两部分不交换，而是直接合并形成 $R_{16}L_{16}$，然后进行逆初始置换 IP^{-1} 操作。

3.2.4　DES 解密

DES 解密过程和加密过程类似，同样是经过初始置换、16 轮轮函数运算、逆初始置换。唯一不同的是加密和解密应用子密钥的顺序正好相反，其解密过程如图 3.15 所示。

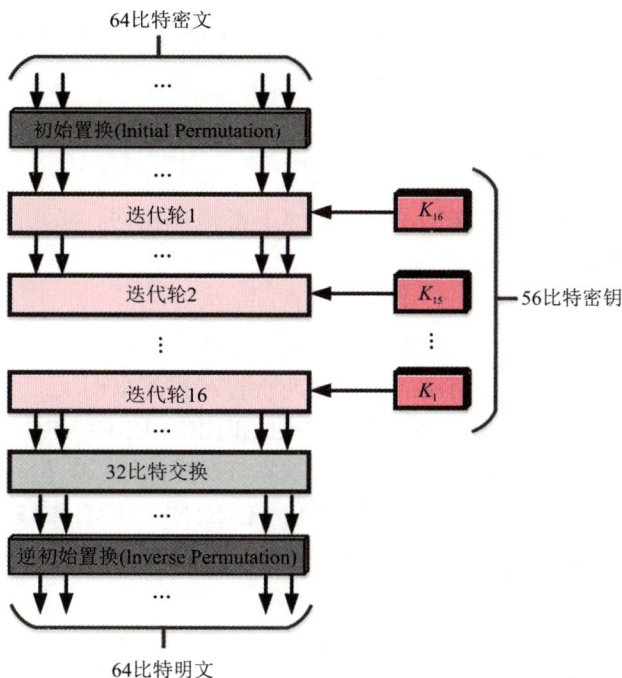

图 3.15　DES 解密

3.3　DES 安全性分析

DES 作为一个经典的分组加密算法，其安全缺陷也是很明显的。下面将从互补性和弱密钥两个方面说明 DES 的安全问题。

3.3.1　互补性

由 DES 加密算法可知，$C = E_K(P)$。若明文 P 逐位取补（反），密钥 K 也逐位取补，则

加密所得的结果 C' 是 C 的补。这就是 DES 算法的互补性。若攻击者采取选择明文攻击，分别对明文 P 及其补 P' 进行加密，则有

$$C_1 = E_K(P) \qquad\qquad (3.1)$$
$$C_2 = E_K(P') \qquad\qquad (3.2)$$

由式 (3.2) 得，$C_2' = E_{K'}(P)$，当暴力破解 K 时，若输出密文是 C_1，则说明密钥是正确的；若输出密文是 C_2'，则此时的密钥是正确密钥的补。因此，互补性的弱点会让攻击者破解的工作量减半。

3.3.2　弱密钥和半弱密钥

如果给定初始密钥 K，最后产生的 16 轮的子密钥都相同，那么这个初始密钥 K 就是弱密钥。弱密钥 K 有以下性质：

$$E_K(E_K(P)) = P$$
$$D_K(D_K(P)) = P$$

即使用弱密钥 K 对明文 P 加密两次或者解密两次皆可恢复出明文。

DES 算法有四个弱密钥，分别是 FEFEFEFEFEFEFEFE、0101010101010101、E0E0E0E0F1F1F1F1、1F1F1F1F1F1F1F1F。若不考虑校验位，0000000000000000、FFFFFFFFFFFFFFFF、E1E1E1E1E1E1E1E1、1E1E1E1E1E1E1E1E 也属于弱密钥。

下面以弱密钥 FEFEFEFEFEFEFEFE 为例，查看 16 个子密钥和连续加密两次的结果。

首先是弱密钥的 16 个子密钥都相同，即

$K_1 = 111111111111111111$

$K_2 = 111111111111111111$

$\vdots$

$K_{16} = 111111111111111111$

加密的结果为

$E_K(P) = 010101110001100110010111010110010101111111010111100110101001101$

$E_K(E_K(P)) = 10001001011110100101011110110100001110011101111000011000111$
$1110 = 897A57B439DE18FE = P$

上述弱密钥产生的 16 个子密钥都是相同的，还有一些称为半弱密钥的密钥，其所产生的子密钥只有两种可能：SK_1 和 SK_2。每一个子密钥在运算的过程中分别使用 8 次。若两个半弱密钥 K_1 和 K_2 生成的子密钥恰好是对称的，那么由一个半弱密钥加密的信息可以通过另一个半弱密钥再次加密来解密，即 $E_{K1}(E_{K2}(P)) = P$。

半弱密钥总共有 6 组，分别是 011F011F010E010E 和 1F011F010E010E01，01E001E

001F101F1 和 E001E001F101F101，01FE01FE01FE01FE 和 FE01FE01FE01FE01，1FE01
FE00EF10EF1 和 E01FE01FF10EF10E，1FFE1FFE0EFE0EFE 和 FE1FFE1FFE0EFE0E，
E0FEE0FEF1FEF1FE 和 FEE0FEE0FEF1FEF1。

以半弱密钥 $K_1 = 011F011F010E010E$ 和 $K_2 = 1F011F010E010E01$ 为例，查看 K_1 和 K_2 的子密钥及使用 K_1 和 K_2 连续加密两次明文的结果。

K_1 只产生两种子密钥：

$SK_1 = 000000000000000000000001000011000110011101111101$

$SK_2 = 000000000000000000000001011110011100110010000010$

K_2 也只产生两种子密钥：

$SK_1 = 000000000000000000000001011110011100110010000010$

$SK_2 = 000000000000000000000001000011000110011101111101$

$E_{K2}(P) = 1110110100000011010000000010000110110100011000000010001100111000$

$E_{K1}(E_{K2}(P)) = 1000100101111010010101110110100001110011101111000011000111$
$11110 = 897A57B439DE18FE = P$

3.4 多重 DES

随着现代计算机水平的高速发展，传统 DES 加密算法的安全性已经无法得到保证。但是，作为曾经被广为使用的分组加密算法，很多软硬件系统还在继续使用 DES 算法，因此有必要对 DES 算法进行改进以增强其安全性。目前主要的改进有多重加密和密钥漂白两种技术。多重加密就是对明文使用多次 DES 加密，而密钥漂白则是使用多个密钥参与加密。

3.4.1 双重加密和中间相遇攻击

双重加密（或二重 DES 加密）就是采用两个加密密钥 K_1 和 K_2 对明文进行两次加密：用第一个加密密钥 K_1 加密后，再用另一个密钥 K_2 进行第二次加密。解密则先用第二个加密的密钥 K_2 解密，然后再用第一次加密的密钥 K_1 进行解密，二重 DES 加密过程如图3.16 所示。

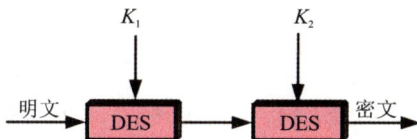

图 3.16 二重 DES 加密

但二重 DES 的密钥总长度并不是我们所期望的 112 比特，事实上破译双重 DES 的难度为 2^{57} 量级。这种破译方法就是中间相遇攻击（Meet In The Middle Attack），属于分治法攻击。假设攻击者有一对（明文、密文），攻击者首先暴力破解左边的加密，用所有可能的密钥 K_1 对明文进行加密得到中间结果 Z_1，整个计算需要的攻击次数为 2^{56} 次。然后攻击者再对右边的密文进行解密暴力破解，用所有可能的密钥 K_2 对密文进行解密得到中间结果 Z_2，需要的攻击次数也是 2^{56} 次。如果中间结果 Z_1 和 Z_2 当中的一条记录相等，则对应的 K_1 和 K_2 就是正确结果，整个攻击的复杂度为 $2^{56}+2^{56}=2^{57}$。对应的数学描述和图示（见图3.17）如下。

若有明文、密文对 $(P，C)$ 满足 $C=E_{K2}(E_{K1}(P))$，则有 $Z=E_{K1}(P)=D_{K2}(C)$。

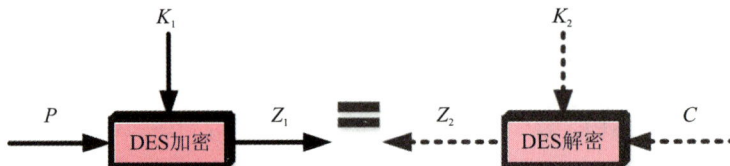

图 3.17　中间相遇攻击

整个中间相遇攻击的实现步骤：

（1）给定明文、密文对 $(P，C)$，以密钥 K_1 的所有 2^{56} 个可能的取值对明文 P 加密，并将密文 C 按顺序存储在表中；

（2）从密钥 K_2 所有可能的 2^{56} 个值中选出一个对密文 C 解密，并将解密结果 Z 在上述表中查找相匹配的值，一旦找到，则可确定密钥 K_1 和 K_2；

（3）用上述 K_1 和 K_2 依次对 P 进行加密，若结果为 C，则获得正确密钥。

以下 Python 代码给出了二重加密的中间相遇攻击实例。密码算法的明文分组长度和密钥长度都是 24 比特。第 37 行和 50 行函数分别完成单次加解密函数。第 62 行的加密函数采用两个密钥对明文数据加密两次。假设攻击者已知明文消息 plain_text = b'humensec:'，对应的密文是 cipher_text = b'\xbd\xa6\x99F\xd2\x0b\xd2f\x01'，利用中间相遇攻击恢复两个密钥。

```
1.    #02mitm2desattack.py
2.    from sys import argv, exit
3.    import struct,binascii
4.    SBoxes = [    #S盒
5.        [15, 1, 7, 0, 9, 6, 2, 14, 11, 8, 5, 3, 12, 13, 4, 10],
6.        [3, 7, 8, 9, 11, 0, 15, 13, 4, 1, 10, 2, 14, 6, 12, 5],
7.        [4, 12, 9, 8, 5, 13, 11, 7, 6, 3, 10, 14, 15, 1, 2, 0],
```

```
8.        [2, 4, 10, 5, 7, 13, 1, 15, 0, 11, 3, 12, 14, 9, 8, 6],
9.        [3, 8, 0, 2, 13, 14, 5, 11, 9, 1, 7, 12, 4, 6, 10, 15],
10.       [14, 12, 7, 0, 11, 4, 13, 15, 10, 3, 8, 9, 2, 6, 1, 5]
11. ]
12. SInvBoxes = [       # 逆 S 盒
13.       [3, 1, 6, 11, 14, 10, 5, 2, 9, 4, 15, 8, 12, 13, 7, 0],
14.       [5, 9, 11, 0, 8, 15, 13, 1, 2, 3, 10, 4, 14, 7, 12, 6],
15.       [15, 13, 14, 9, 0, 4, 8, 7, 3, 2, 10, 6, 1, 5, 11, 12],
16.       [8, 6, 0, 10, 1, 3, 15, 4, 14, 13, 2, 9, 11, 5, 12, 7],
17.       [2, 9, 3, 0, 12, 6, 13, 10, 1, 8, 14, 7, 11, 4, 5, 15],
18.       [3, 14, 12, 9, 5, 15, 13, 2, 10, 11, 8, 4, 1, 6, 0, 7]
19. ]
20. PBox = [13,3,15,23,6,5,22,21,19,1,18,17,20,10,7,8,12,2,16,9,14,0,11,4]   # P 盒
21. PInvBox = [21,9,17,1,23,5,4,14,15,19,13,22,16,0,20,2,18,11,10,8,12,7,6,3]   # 逆 P 盒
22. def S(block, SBoxes):
23.       output = 0
24.       for i in range(0, len(SBoxes)):
25.           output |= SBoxes[i][(block >> 4 * i) & 0b1111] << 4 * i
26.       return output
27. def permute(block, pbox):
28.       output = 0
29.       for i in range(24):
30.           bit = (block >> pbox[i]) & 1
31.           output |= (bit << i)
32.       return output
33. def encrypt_data(data, key):      # 加密
34.       enc = b""
35.       for i in range(0, len(data), 3):
36.           block = int(data[i:i+3].hex(),16)
37.           for j in range(0, 3):
38.               block ^= key
39.               block = S(block, SBoxes)
40.               block = permute(block, PBox)
```

```
41.          block ^ = key
42.          # 将 10 进制整数转换为 6 个字符长度的 16 进制，然后解码
43.          enc += binascii.unhexlify(("%06x" % block).encode())
44.      return enc
45.
46. def decrypt_data(data, key):   # 解密
47.      dec = b""
48.      for i in range(0, len(data), 3):
49.          block = int(data[i:i+3].hex(), 16)
50.          block ^ = key
51.          for j in range(0, 3):
52.              block = permute(block, PInvBox)
53.              block = S(block, SInvBoxes)
54.              block ^ = key
55.          dec += binascii.unhexlify(("%06x" % block).encode())
56.      return dec
57.
58. def encrypt(data, key1, key2):
59.      encrypted = encrypt_data(data, key1)    # 用 key1 加密一次
60.      encrypted = encrypt_data(encrypted, key2)    # 用 key2 加密第二次
61.      return encrypted
62. def decrypt(data, key1, key2):
63.      decrypted = decrypt_data(data, key2)
64.      decrypted = decrypt_data(decrypted, key1)
65.      return decrypted
```

根据二重分组加密代码，中间相遇攻击的过程如图 3.18 所示。

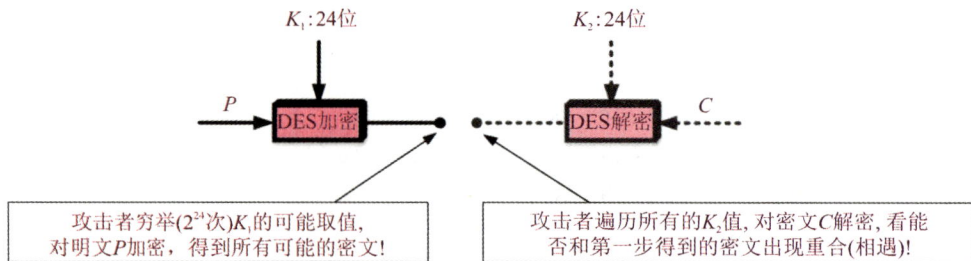

图 3.18　中间相遇攻击恢复密钥

首先对明文进行穷举计算，并把结果保存到字典 table 当中。其中密码是 3 个字符，表示成 16 进制，就是 6 个字符，因此以下暴力破解代码用的是 16^6。字典 table 是以密文为键（Key）、密钥为数值（Value）进行保存，便于后续搜索比对。左边爆破代码如下：

```
1.    plain_text = b'humensec:'
2.    cipher_text = b'\xbd\xa6\x99F\xd2\x0b\xd2f\x01'
3.    table = dict()
4.    for i in range(16 * * 6):    # 第一重加密，尝试所有可能密钥
5.        table[encrypt_data(plain_text, i)] = i    # 保存到字典，后续查询用
```

计算得到所有可能的 K_1 以及密文，接着从已知密文开始，穷举 K_2 的所有可能值。针对每个 K_2，解密密文，并把解密结果同 table 中的结果进行比对，一旦有匹配的，说明对应的密钥是正确的。右边解密爆破代码如下：

```
1.    for i in range(16 * * 6):
2.        try:
3.            print('{0:x}___{1:x}'.format(data[decrypt_data(cipher_text, i)], i))
4.        except KeyError:
5.            pass
```

3.4.2　三重加密

由于二重 DES 加密存在中间相遇攻击，一种更为安全的解决方法就是三重 DES（3DES）。3DES 使用 3 个 56 位的密钥（K_1、K_2、K_3）对数据进行三次加密，其加密过程如图 3.19 所示。

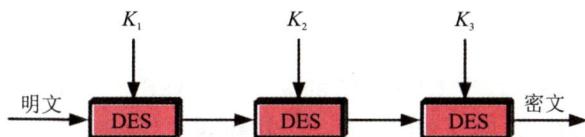

图 3.19　三重加密

相较 DES 而言，3DES 的安全增强主要体现在以下两点：

（1）三次使用 DES 加密，攻击者很难通过密码分析直接攻击。

（2）总密钥位更长，使得可能的密钥空间更大，暴力破解变得不切实际。

在图 3.18 所示的三重加密方案中，三个密钥各不相同，但并不意味着其密钥空间就是 $3 \times 56 = 168$ 位。由于中间相遇攻击的存在，通常认为三重加密的有效密钥长度为 112 位。正因为如此，人们更多使用两个不同的密钥，也就是 $K_1 = K_3$，此时密钥的有效长度仍然是

112 位。因此实际采用的 3DES 加密方案是加密-解密-加密方案，简记为 EDE，加解密公式如下：

加密公式为

$$C = E_{K3}(D_{K2}(E_{K1}(M)))$$

解密公式为

$$M = D_{K1}(E_{K2}(D_{K3}(C)))$$

对应的 3DES 方案如图 3.20 所示。

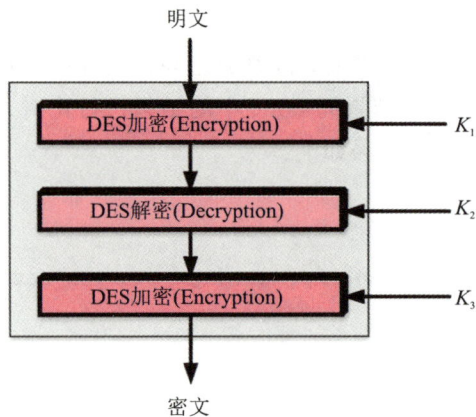

图 3.20　3DES 方案

上述 3DES 实现可以同时执行三重加密和单重加密。当 $K_1 = K_2 = K_3$ 时，密钥的有效长度是 56 位，相当于 DES 运算，第一次加密和第二次解密相抵消，最后等同于最后单次加密的效果。同时可以让现有的软硬件系统中使用的 DES 密码不用更改，继承性高。

3.4.3　密钥漂白

除了在加密次数上提高现有 DES 算法的安全性以外，还可以对密钥本身进行改进和完善，这就是密钥的漂白技术（Key Whitening），其基本方案如图 3.21 所示。

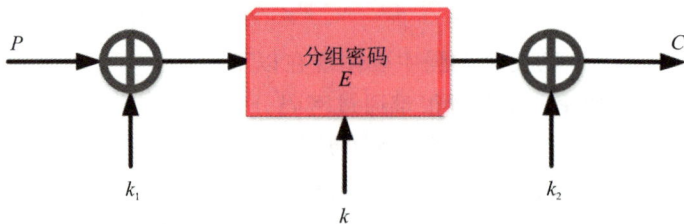

图 3.21　密钥漂白

密钥漂白最常用的方法就是**异或**＋**加密**＋**异或**的组合，就是在分组加密之前和之后分别增加一次异或运算。对应的加密和解密公式如下。

$$加密：C = E_{(k,k_1,k_2)}(P) = E_k(P \oplus k_1) \oplus k_2$$

$$解密：P = E_{(k,k_1,k_2)}^{-1}(C) = E_k^{-1}(C \oplus k_2) \oplus k_1$$

密钥漂白的作用主要是增加暴力破解密钥的难度，对于差分和线性分析攻击并没有太大帮助。针对上述密钥漂白的密码系统，其暴力破解密钥的次数通常需要 2^{k+2n} 次，k 表示密钥长度，n 表示分组长度，这对于原来的 DES 密码算法来说，其安全性大大增强。

习　　题

1. 对于 DES 分组密码，取明文 P 为"897A57B439DE18FE"，密钥 K 为"11111100001101000101001001010001001111111011110011111111111100111"，得到加密结果 C。然后改变密钥的第一个比特位为 0，得到密钥为 K_1，比对加密结果 C_1，说明雪崩效应。如果取明文 P_1 为"11001100001101000101001001010001001111111011110011111111111100111"，密钥仍为 K，观察密文 C_2 变化情况。

参考答案：

$C = 0110011110001101010100011011100111100000110111011001010110111100$

$K_1 = 01111100001101000101001001010001001111111011110011111111111100111$

$C_1 = 0110110111010110011000111011111010110001011010011110001101110111$

$C_2 = 0100011100110111000101010110111000100001010001001001011010010101$

2. 胡小门基于 DES 算法设计了一种密码算法，但他不太确定该密码算法是否足够安全。以下给出的就是他设计的密码算法，并给出了一段用该密码算法加密的密文。你能恢复出对应的明文吗？加密密钥 Key ＝"Mu"，参数 $R = 2$，密文 $C = 01100101\ 00100010\ 10001100\ 01011000\ 00010001\ 10000101$。密码算法如下：

(1) Choose a plaintext that is divisible into 12bit 'blocks'

(2) Choose a key at least 8bits in length

(3) For each block from $\boxed{i=0}$ while $\boxed{i<N}$ perform the following operations

(4) Repeat the following operations on block $\boxed{i}$, from $\boxed{r=0}$ while $\boxed{r<R}$

(5) Divide the block into 2 6bit sections $\boxed{Lr,Rr}$

(6) Using $\boxed{Rr}$, "expand" the value from 6bits to 8bits. Do this by remapping the

values using their index，e. g.

1 2 3 4 5 6 —> 1 2 4 3 4 3 5 6

(7) XOR the result of this with 8bits of the $\boxed{\text{Key}}$ beginning with $\boxed{\text{Key}[iR+r]}$ and wrapping back to the beginning if necessary.

(8) Divide the result into 2 4bit sections $\boxed{S1，S2}$

(9) Calculate the 2 3bit values using the two "S boxes" below，using S1 and S2 as input respectively.

S1	0	1	2	3	4	5	6	7
0	101	010	001	110	011	100	111	000
1	001	100	110	010	000	111	101	011
S2	0	1	2	3	4	5	6	7
0	100	000	110	101	111	001	011	010
1	101	011	000	111	110	010	001	100

(10) Concatenate the results of the S-boxes into 16bit value

(11) XOR the result with $\boxed{\text{Lr}}$

(12) Use $\boxed{\text{Rr}}$ as $\boxed{\text{Lr}}$ and your altered $\boxed{\text{Rr}}$ (result of previous step) as $\boxed{\text{Rr}}$ for any further computation on block $\boxed{\text{i}}$

(13) increment $\boxed{\text{i}}$

3. 2018 年 SharifCTF 题，题目给出了一个文本文件(known_plaintexts. txt)，里面包含大量的明文和密文对，内容如下所示(部分内容)：

$$89bc8acb348c1ecc —> 9e31e5f5a8cef6540$$
$$102708d526ce86e3 —> 2c1268d98e66b343$$
$$f325c207d9562460 —> c35b2a05892c529b$$
$$a87d70390084a3c3 —> 0cb354caa06c7190$$
$$24d5ce59b0522da8 —> 9f8976c9ae13387f$$
$$9b2debc8c31054b1 —> 0acc0f066a499584$$

其中所有的明文都用的同一个加密密钥进行 ECB 模式加密，要求找到该密钥(64 比特)。

参考答案：

题目给定了大量的明密文对，要求找到密钥。首先猜测是否存在弱密钥问题，弱密钥会使得 DES 生成的 16 个子密钥完全相同，并且 E(E(M))＝M。

编写代码验证有没有出现两次的数据：

```
1. with open('known_plaintexts.txt','r') as f:
2.     s = f.read().split('\n')[2:]
3. arr = []
4. for i in range(len(s)):
5.     s2 = s[i].split(' ->')
6.     for j in s2:
7.       if arr.count(j) > 0:
8.         print(j)
9.       else:
10.        arr.append(j)
```

发现了两条数据: f084cae61e607b05, ef17ae3946ebae4c。用已知的四条弱密钥逐一加密尝试即可。

```
1. from Crypto.Cipher import DES
2. keys = ["0101010101010101","FEFEFEFEFEFEFEFE","E0E0E0E0F1F1F1F1","1F1F1F1F0E0E0E0E"]
3. for key in keys:
4.     key = bytes.fromhex(key)
5.     cipher = DES.new(key,DES.MODE_ECB)
6.     plaintext = bytes.fromhex('f084cae61e607b05')
7.     if bytes.fromhex('ef17ae3946ebae4c') == cipher.encrypt(plaintext):
8.         print(key.hex().upper())
```

最后的 flag 就是 SharifCTF{key}, 即 SharifCTF{E0E0E0E0F1F1F1F1}。

4. 证明 DES 的加密算法也是解密算法。

参考答案:

DES 算法用公式表示, 即

$$C = \mathrm{IP}^{-1}(f\{\mathrm{IP}(P)\})$$

其中, C 表示密文, IP^{-1} 表示最后的逆置换操作, f 表示加密过程中的 16 轮运算组合, IP 表示最开始的置换操作, P 表示明文。

假设 DES 解密算法也是 DES 加密算法, 则其可表示为

$$P = \mathrm{IP}^{-1}(f\{\mathrm{IP}(C)\})$$

将解密算法公式展开如下:

$$P = \mathrm{IP}^{-1}(f\{\mathrm{IP}(\mathrm{IP}^{-1}(f\{\mathrm{IP}(P)\}))\})$$

由初始置换操作 IP 和逆置换操作 IP^{-1} 的关系, 解密算法公式可进一步化简如下:

$$P = \mathrm{IP}^{-1}(f\{f\{\mathrm{IP}(P)\}\})$$

现在需要推导两次 f 函数运算后的关系。由于加密算法中，f 操作的其中一轮如下：

$$L_{i+1}=R_i$$
$$R_{i+1}=L_i\oplus f(R_i,K_i)$$

在解密算法中，令 $R'_i=L_{i+1}$，$L'_i=R_{i+1}$，则

$$L'_{i+1}=R'_i=L_{i+1}=R_i$$

$$R'_{i+1}=L'_i\oplus f(R'_i,K_i)=R_{i+1}\oplus f(L_{i+1},K_i)=L_i\oplus f(R_i,K_i)\oplus f(R_i,K_i)=L_i$$

经过相同的一轮运算之后，密文可以还原回明文。因此，经过 16 轮运算的结果也是如此。经过两次 f 操作后，消息保持不变，即

$$P=\mathrm{IP}^{-1}(f\{f\{\mathrm{IP}(P)\}\})=\mathrm{IP}^{-1}(\mathrm{IP}(P))=P$$

DES 加密算法也是 DES 解密算法。

第4章 AES算法

高级加密标准（Advanced Encryption Standard，AES）由比利时密码学家 Joan Daemen 和 Vincent Rijmen 设计发明，也称为 Rijndael 密码。Rijndael 密码在 1997 年美国国家标准与技术研究院遴选 AES 算法的活动中胜出并成为最终标准（FIPS PUB 197）。本章对 AES 算法相关的数学基础、算法组成和主要操作进行学习和讨论。

4.1 数学基础

4.1.1 群和域

群指的是元素集合 G 和 G 内任意两个元素的联合操作（·）的集合。群具有以下特征：

（1）群操作是**封闭**的，即对所有元素 $a,b \in G$，$a \cdot b = c \in G$ 恒成立。

（2）群操作是**可结合**的，即对所有 $a,b \in G$，$a \cdot (b \cdot c) = (a \cdot b) \cdot c$ 恒成立。

（3）存在一个元素 $e \in G$，对于所有 $a \in G$ 都有 $a \cdot e = e \cdot a = a$，此元素 e 被称为**单位元**。

（4）对于每一个 $a \in G$，都存在一个元素 $i \in G$ 使得 $a \cdot i = i \cdot a = e$，这个 i 称为 a 的**逆元**。

（5）如果在满足以上特征的基础上，对于所有的 $a,b \in G$ 都有 $a \cdot b = b \cdot a$，则称此群为**阿贝尔群（或交换群）**。

【例 4-1】 连续整数集合 $\{0,1,2,\cdots,m-1\}$ 与操作加法模 m 组成一个群，单位元为 0，每个元素的逆元都存在：$1+(m-1)=0 \bmod m$，$2+(m-2)=0 \bmod m$，$\cdots$。但连续整数集合 $\{0,1,2,\cdots,m-1\}$ 与操作乘法模 m 不一定能组成一个群，因为不是每一个元素都存在逆元。

域（Field）是一种可以进行加、减、乘、除（除 0 以外）的代数结构，域定义了两种代数运算"＋"和"＊"，且满足以下性质：

(1) 域中所有的元素形成一个**加法交换群**，对应的群操作为＋，单位元为 0。

(2) 域中除了 0 以外的所有元素构成一个**乘法交换群**，对应的群操作为 ＊，单位元为 1。

(3) 当混合使用这两种操作时，**分配律**应始终成立，即对所有的 $a, b, c \in F$，都有 $a * (b+c) = (a*b) + (a*c)$。

域要求元素(除零以外)可以进行除法运算，即每个非零的元素都要有乘法逆元。整数集合不存在乘法逆元(1/3 不是整数)，所以整数集合不是域。有理数、实数、复数可以形成域，分别叫有理数域、实数域、复数域。

【例 4－2】 实数集就是一个域，其加法群中的单位元为 0，任意元素 a 的逆元为 $-a$；乘法群中的单位元为 1，除 0 以外任意元素 a 的逆元为 $1/a$。注意：减法可以通过和加法逆元相加来定义，除法可以通过和乘法逆元相乘来定义。

4.1.2 有限域的基本概念

有限域(Galois Field)也称伽罗瓦域，它是包含有限个元素，能进行加、减、乘、除运算的集合。域中包含元素的个数 m 称为域的阶，只有当 m 是一个素数幂时，即 m 可以表示为 $m = p^n$ 的形式，其中 p 为素数，n 是正整数，则阶为 m 的域才存在，同时也称 p 为这个有限域的特征。

有限域内的运算规则如下：

(1) 加法和乘法都是通过模 p 实现的，从而域内元素个数有 p 个；

(2) 任何一个元素 a 的加法逆元 $-a$ 满足 $a + (-a) = 0 \pmod{p}$，类似"相反数"；

(3) 任何一个非零元素 a 的乘法逆元 a^{-1} 定义为 $a \cdot a^{-1} = 1$，类似"倒数"。

有限域中 $n = 1$ 的域称为素域，表示为 $GF(p)$，其中的元素可以用整数 0、1、$\cdots$、$p-1$ 来表示。例如，在有限域 $GF(7) = \{0, 1, 2, 3, 4, 5, 6\}$ 中，5 的加法逆元为 2，因为 $2 + 5 \pmod 7 = 0$；5 的乘法逆元为 3，因为 $5 \cdot 3 \pmod 7 = 1$。

最小的有限域是 $GF(2)$，其元素只有 0 和 1，而且其加法(模 2 加法)与异或门(XOR)等价，而乘法与逻辑与门(AND)等价，域内的加法和乘法规则如图 4.1 所示。

```
0+0=0  mod 2                    0*0=0  mod 2
0+0=1  mod 2                    0*0=0  mod 2
1+0=1  mod 2                    1*0=0  mod 2
1+1=0  mod 2                    1*1=1  mod 2
```

图 4.1　$GF(2)$加法和乘法

AES 算法处理的最小单位是一个字节，即 8 位无符号二进制表示的整数。但是，由于

$2^8 = 256$ 不是素数，因此域内的加法和乘法运算不能再用整数加法模 p 和整数乘法模 p 来表示，而是需要使用不同的符号来表示有限域内的元素，使用不同的规则执行域内元素的算术运算。在有限域 $GF(2^m)$ 中，元素并不是用整数表示的，而是用系数为域 $GF(2)$ 中元素 $\{0,1\}$ 的多项式表示。这个多项式最大的度（幂）为 $m-1$，所以每个元素共有 m 个系数，在 AES 算法使用的域 $GF(2^8)$ 中，每个元素 $A \in GF(2^8)$ 都可以表示为

$$A(x) = a_7 x^7 + a_6 x^6 + \cdots + a_1 x + a_0 \quad a_i \in GF(2) = 0, 1$$

在域 $GF(2^8)$ 中这样的多项式共有 256 个，这 256 个多项式组成的集合就是有限域 $GF(2^8)$。每个多项式都可以按这样的数值形式存储：$A = (a_7, a_6, a_5, a_4, a_3, a_2, a_1, a_0)$。像 x^7、x^6 等因子都无须存储，因为从位的位置就可以清楚地判断出每个系数对应的幂次。

使用多项式来表示有限域 $GF(2^m)$ 中的元素有以下好处：

(1) 对于很长的二进制串，如果写成对应的多项式，非常直观；

(2) 二进制数与多项式是"一一对应"的关系。

(3) 多项式可按照"一定规则"参与四则运算。

以下给出的例子是 $GF(2^3)$，其中多项式与二进制之间的关系如图 4.2 所示。

$$
\begin{aligned}
GF(2^3) &= \{000, \quad 001, \quad 010, \quad 011, \quad 100, \quad 101, \quad 110, \quad 111\} \\
&= \{0, \qquad 1, \qquad 2, \qquad 3, \qquad 4, \qquad 5, \qquad 6, \qquad 7\} \\
&= \{0, \qquad 1, \qquad x, \qquad x+1, \quad x^2, \quad x^2+1, \quad x^2+x, \quad x^2+x+1\}
\end{aligned}
$$

图 4.2　$GF(2^3)$ 中多项式与二进制关系

4.1.3　有限域内的运算操作

由于有限域 $GF(2^m)$ 内的元素都是用多项式来表示的，因此域内的运算都是以多项式作为操作的对象。以下重点学习有限域 $GF(2^m)$ 内的多项式加、减、乘、除操作，并用 Python 代码实现。

1. 多项式运算

这里所说的多项式运算和中学课本里的多项式运算有一些区别，主要差异表现在以下几点。

(1) 多项式的系数只能是 0 或者 1。当然，对于 $GF(p^n)$，例如 p 等于 3，那么系数可以取 0、1 和 2。

(2) 合并同类项时，对应的系数进行异或运算，而不是通常的加法运算。比如，$x^4 + x^4$ 等于 $0 \cdot x^4$，因为两个系数都为 1，进行异或后等于 0。

(3) 减法和加法统一。比如，$x^4 - x^4$ 就等于 $x^4 + x^4$，$-x^3$ 就是 x^3。

【例 4-3】　计算以下两个多项式的加、减、乘、除法。

$f(x)=x^6+x^4+x^2+x+1$ ，$g(x)=x^7+x+1$。

加法：$f(x)+g(x)=x^7+x^6+x^4+x^2+(1+1)x+(1+1)1=x^7+x^6+x^4+x^2$。

减法：$f(x)-g(x)=f(x)+g(x)$。

乘法：$f(x)\cdot g(x)=(x^6+x^4+x^2+x+1)(x^7+x+1)=(x^{13}+x^{11}+x^9+x^8+x^7)+(x^7+x^5+x^3+x^2+x)+(x^6+x^4+x^2+x+1)=x^{13}+x^{11}+x^9+x^8+x^6+x^5+x^4+x^3+1$。

除法：如图 4.3 所示，除法得到的余数，也就是 mod 操作的结果。

$$
\begin{array}{r}
x^2+x \\
x^8+x^4+x^3+x+1 \enclose{longdiv}{x^{10}+x^9+x^2+x+1} \\
x^{10}+x^6+x^5+x^3+x^2 \\
\hline
x^9+x^6+x^5+x^3+x+1 \\
x^9+x^5+x^4+x^2+x \\
\hline
x^6+x^4+x^3+x^2+1
\end{array}
$$

图 4.3　多项式除法

2. 加法和减法 Python 实现

如上所述，多项式加法和减法其实就是对应多项式系数相加后模 2 运算，多项式对应的二进制按位异或。

以 $GF(2^8)$ 为例，$(x^6+x^4+x^2+x+1)+(x^7+x+1)=(0101\ 0111)+(1000\ 0011)=(1101\ 0100)$。

Python 实现代码如下：

```
1. #加法/减法
2. def dec2bin(dec):
3.     result = ''
4.     if dec:
5.         result = dec2bin(dec //2)
6.         return result + str(dec % 2)
7.     else:
8.         return result
9.
10. def add(a,b):
11.     # 异或运算，得到结果(十进制整数)
12.     dec = int(a,2) ^ int(b, 2)
```

```
13.     return dec2bin(dec)   ♯ 十进制整数转为二进制字符串
14. if __name__ = = '__main__':
15.     print('请输入 f(x)、g(x)和不可约多项式 m(x)的二进制表示：')
16.     a = input('f(x) = ')
17.     b = input('g(x) = ')
18.     c = input('m(x) = ')
19.     a = str(a).rjust(8,'0')   ♯ 不够 8 位左补 0
20.     b = str(b).rjust(8,'0')
21.     print('f(x) + g(x) = ', add(a,b))
```

3. 乘法

两个多项式相乘，其运算结果有可能是次数大于 $n-1$ 的多项式，此时必须用某个次数为 n 的不可约多项式 $m(x)$ 进行约化，即用 $m(x)$ 去除并取余式。这里的不可约多项式 $m(x)$ 类似整数中的素数，不能表示为其他两个多项式相乘的乘积，相当于素多项式。计算有限域 $GF(2^m)$ 内多项式的除法同样也需要不可约多项式 $m(x)$。

AES算法中的不可约多项式 $m(x)=x^8+x^4+x^3+x+1$。AES 算法的列混淆（MixColumn）和字节代换（SubBytes）操作的核心就是乘法和除法。

【例 4-4】 在扩展域 $GF(2^8)$ 中，计算 $(x^5+x^2+x)\otimes(x^7+x^4+x^3+x^2+x)$ 的结果。

解：使用 $\otimes$ 表示扩展域中多项式乘法，不可约多项式为 $m(x)=x^8+x^4+x^3+x+1$。

若 $A(x)=(x^5+x^2+x)$，$B(x)=(x^7+x^4+x^3+x^2+x)$，那么

$$A(x)\otimes B(x)=(x^5+x^2+x)\otimes(x^7+x^4+x^3+x^2+x)$$
$$=(x^{12}+x^9+x^9+x^8+x^8+x^7+x^6+x^6+x^5+x^5+x^4+x^4+x^3+$$
$$x^3+x^2)\bmod m(x)$$
$$=(x^{12}+x^7+x^2)\bmod(x^8+x^4+x^3+x+1)。$$

除法运算如图 4.4 所示。

$$
\begin{array}{r}
x^4+1 \\
x^8+x^4+x^3+x^1+1\overline{\smash{\big)}\,x^{12}+x^7+x^2} \\
\underline{x^{12}+x^8+x^7+x^5+x^4} \\
x^8+x^5+x^4+x^2 \\
\underline{x^8+x^4+x^3+x^1+1} \\
x^5+x^3+x^2+x^1+1
\end{array}
$$

余数

图 4.4　除法运算

最终结果：$A(x)\otimes B(x)=x^5+x^3+x^2+x+1$。因此，$A(x)\otimes B(x)=26\otimes 9E=2F$。

对于有限域 $GF(2^m)$ 中的多项式运算，多项式系数的值是属于 $GF(2)$ 中的，即系数的运算是模 2，而单项式幂的运算则是模次数为 m 的素多项式。

例 4-4 是通过常规的多项式运算的方法来计算 $GF(2^m)$ 内的乘法，相对比较繁琐。但是从中可以看出多项式的乘法是 $A(x)$ 中的每一项和 $B(x)$ 相乘然后相加，也就是 $x^5 \cdot B(x) \otimes x^2 \cdot B(x) \otimes x^1 \cdot B(x)$，最后再对 $m(x)$ 取模。而 $x^i \cdot B(x)$ 可以通过对 $x \cdot B(x)$ 的多次快速幂计算得到，以下讨论 $GF(2^8)$ 内素多项式 $m(x) = x^8 + x^4 + x^3 + x + 1$ 的快速多项式计算。

由 $m(x) = x^8 + x^4 + x^3 + x + 1$ 得：
$$x^8 = x^8 + m(x) = x^4 + x^3 + x + 1 \bmod m(x)$$

设 $GF(2^8)$ 中多项式的一般式为
$$f(x) = b_7 x^7 + b_6 x^6 + b_5 x^5 + b_4 x^4 + b_3 x^3 + b_2 x^2 + b_1 x + b_0$$

从而有
$$x f(x) = b_7 x^8 + b_6 x^7 + b_5 x^6 + b_4 x^5 + b_3 x^4 + b_2 x^3 + b_1 x^2 + b_0 x$$

如果 $b_7 = 0$，则有
$$x f(x) = b_6 x^7 + b_5 x^6 + b_4 x^5 + b_3 x^4 + b_2 x^3 + b_1 x^2 + b_0 x + 0 = (b_6, b_5, b_4, b_3, b_2, b_1, b_0, 0)$$

即原系数的二进制表示左移 1 位，末位补零。例如，
$$x(x^6 + x^4 + x^2 + x + 1) = (00000010) \cdot (01010111) = (10101110)$$

如果 $b_7 = 1$，则有
$$x f(x) = x^8 + b_6 x^7 + b_5 x^6 + b_4 x^5 + b_3 x^4 + b_2 x^3 + b_1 x^2 + b_0 x$$
$$= (x^4 + x^3 + x + 1) + (b_6 x^7 + b_5 x^6 + b_4 x^5 + b_3 x^4 + b_2 x^3 + b_1 x^2 + b_0 x)$$
$$= (00011011) \oplus (b_6, b_5, b_4, b_3, b_2, b_1, b_0, 0)$$

即原系数的二进制表示左移 1 位，末位补零后与 (00011011)（16 进制表示为 1B）按位异或，例如，
$$x(x^7 + x^4 + x^2 + x + 1) = (00000010) \cdot (10010111)$$
$$= (00101110) \oplus (00011011)$$
$$= (00110101)$$

因此，可以通过将多项式转换为二进制来进行乘法运算。

【**例 4-5**】 令域 $GF(2^8)$ 中所有元素的多项式表示构成集合 $F[x]$，选用的素多项式为 $m(x) = x^8 + x^4 + x^3 + x + 1$，$f(x), g(x) \in F[x]$，且 $f(x) = x^6 + x^4 + x^2 + x + 1$，$g(x) = x^7 + x + 1$。用二进制运算法求 $f(x) \cdot g(x)$。

解：
$$f(x) = x^6 + x^4 + x^2 + x + 1 = (0101\ 0111)$$
$$g(x) = x^7 + x + 1$$
$$x f(x) = x(0101\ 0111) = (1010\ 1110)$$

$$x^7 f(x) = x^7(0101\ 0111) = x^6(1010\ 1110)$$

$$= x^5 \binom{0101\quad 1100}{0001\quad 1011} = x^5(0100\ 0111)$$

$$= x^4(1000\ 1110)$$

$$= x^3 \binom{0001\quad 1100}{0001\quad 1011} = x^3(0000\ 0111)$$

$$= x^2(0000\ 1110) = x(0001\ 1100) = (0011\ 1000) = x^5 + x^4 + x^3$$

$$f(x) \cdot g(x) = (0011\ 1000) \oplus (1010\ 1110) \oplus (0101\ 0111)$$

$$= (1001\ 0110) \oplus (0101\ 0111)$$

$$= (1100\ 0001) = x^7 + x^6 + 1$$

对于乘法运算，Python 实现代码如下所示。

```
1.   # num2 的某个项乘以 num1
2.   def mul_(cnt, num1, mx):
3.       res = num1.copy()
4.       if cnt == 0:   # num2 的这个项是 1
5.           return res
6.       for i in range(cnt):
7.           # 如果 b7 == 0，则 num1 整体右移 1(列表和字符串是相反的)，list[0] = 0
8.           # 如果 b7 == 1，则 num1 整体右移 1，list[0] = 0，再和 m(x) - x^8
9.           if res[7] == 0:
10.              for j in range(7):
11.                  res.insert(len(res),res[0])
12.                  res.remove(res[0])
13.              res[0] = 0
14.          else:
15.              for j in range(7):
16.                  res.insert(len(res),res[0])
17.                  res.remove(res[0])
18.              res[0] = 0
19.              for i in range(len(res)):
20.                  res[i] = res[i] ^ mx[i]
21.      return res
22.  # 乘法
23.  def mul(a,b,c):
```

```
24.    # 将输入的二进制字符串转换为 list, 并倒序, 使得下标对应次数, 最后转成整
数 list
25.        num1 = list(map(int,list(a)[::-1]))   # 乘数 1
26.        num2 = list(map(int,list(b)[::-1]))   # 乘数 2
27.        mx = list(map(int,list(c)[::-1]))
28.
29.        counts = []   # 存储 num1 中不为零的项
30.        # 循环查看乘数 2 有哪些项, 并存储下标在 counts 列表中
31.        for idx, val in enumerate(num2):
32.          if val != 0:
33.              counts.append(idx)
34.
35.        items = []   # 存放 num2 每一项乘以 num1 的结果
36.        for count in counts:
37.          item = mul_(count, num1, mx)
38.          str_item = [str(x) for x in item]
39.          items.append("".join(str_item[::-1]))
40.
41.     res = items[0]
42.     for i in range(1,len(items)):
43.          res = add(res, items[i])
44.     return res
45.
46.  if __name__ == '__main__':
47.     print('请输入 f(x)、g(x) 和素多项式 m(x) 的二进制表示:')
48.     a = input('f(x) = ')
49.     b = input('g(x) = ')
50.     c = input('m(x) = ')
51.     a = str(a).rjust(8,'0')   # 不够 8 位左补 0
52.     b = str(b).rjust(8,'0')
53.     #print('f(x) + g(x) = ', add(a,b))
54.     print('f(x) * g(x) = ', mul(a,b,c))
```

4. 除法

在 AES 解密中, 需要用到乘法逆元。根据乘法逆元的定义, 有 $A^{-1}(x) \cdot A(x) =$

$1 \bmod m(x)$。下面给出三种求乘法逆元的方法。

方法一　穷举法

把 $GF(2^8)$ 的每一个非零元素用乘法遍历，运算 65025 次，找到其中等于 1 的，就能确定各自的乘法逆元。这种方法只适用于阶数较低的情况。

方法二　生成元法

首先在乘法的基础上定义 $GF(2^8)$ 的幂运算为 $(A(x))^n = A(x) \times A(x) \times \cdots \times A(x)$，其中等号右边共有 n 个 $A(x)$ 相乘，零次幂运算为 $(A(x))^0 = 1$。

$GF(2^8)$ 中的一些元素自身的幂次会循环地遍历 $GF(2^8)$ 的每一个非零元素(不一定按顺序)，这种元素称为乘法群的生成元。例如，$Y(x) = x+1$，指数范围在 0～254 时可逐一遍历 $GF(2^8)$ 的每一个元素。循环遍历过程如图 4.5 所示。

$$(Y(x))^0 = (x+1)^0 = 1$$
$$(Y(x))^1 = (x+1)^1 = x+1$$
$$(Y(x))^2 = (x+1)^2 = x^2+1$$
$$(Y(x))^3 = (x+1)^3 = x^3+x^2+x+1$$
$$(Y(x))^4 = (x+1)^4 = x^4+1$$
$$\vdots$$
$$(Y(x))^{253} = (x+1)^{253} = x^6+x^4+x$$
$$(Y(x))^{254} = (x+1)^{254} = x^7+x^6+x^5+x^4+x^2+x$$
$$(Y(x))^{255} = (x+1)^{255} = 1$$
$$(Y(x))^{256} = (x+1)^{256} = x+1$$
$$\vdots$$

图 4.5　循环遍历过程

易得 $A^{-1}(x) \times A(x) = (Y(x))^a \times (Y(x))^b = (Y(x))^{a+b} = 1 \bmod m(x)$，即 $a+b = 255$。所以，首先在计算机中算出指数与幂的对应关系表(也被称为"对数表")，在需要要求 $A(x)$ 的逆元时，查询 $A(x)$ 对应的指数 b，再算出 $a = 255-b$ 后查询到对应的 $(Y(x))^a$，即为 $A^{-1}(x)$。

方法三　扩展欧几里得算法

还有一种计算乘法逆元的方法叫作扩展欧几里得算法。这种算法本身被用于求两个正整数 r_0、r_1 的最大公约数以及方程 $\gcd(r_0, r_1) = s \cdot r_0 + t \cdot r_1$ 的两个系数 s、t。

假设 $r_0 > r_1$，数学上已经证明对于连续自然数 $\{0,1,2,\cdots,r_0-1\}$ 和乘法模 r_0 构成的群，在 $\gcd(r_0, r_1) = 1$ 时任意元素的逆元一定存在，此时上式可改写为 $t \cdot r_1 = 1 \bmod r_0$，即 t 是 r_1 模 r_0 下的逆元。

对于有限域也是一样：$s(x) * m(x) + t(x) * A(x) = \gcd(m(x), A(x)) = 1$，$t(x) * A(x) = 1 \bmod m(x)$。因为 $m(x)$ 是一个不可约多项式，故 $\gcd$ 总是等于 1。

【例 4 - 6】 计算 $m(x) = x^3 + x + 1$ 的有限域 $GF(2^3)$ 中 $A(x) = x^2$ 的逆元。

首先设定初始值：$t_0(x) = 0$，$t_1(x) = 1$，$r_0(x) = m(x)$，$r_1(x) = A(x)$。

然后迭代处理：

第 1 轮，将 $r_0(x)$ 改写作 $r_0(x) = q_1(x) \times r_1(x) + r_2(x)$ 的形式（就是用竖式除法，求 $r_0(x)$ 除以 $r_1(x)$ 的商式和余式，商式记作 $q_1(x)$，余式记作 $r_2(x)$），计算 $t_2(x) = t_0(x) - q_1(x) \times t_1(x)$。这里 $x^3 + x + 1 = x \times x^2 + (x + 1)$，$t_2(x) = 0 - x \times 1 = x$。

第 2 轮，将 $r_1(x)$ 改写作 $r_1(x) = q_2(x) \times r_2(x) + r_3(x)$ 的形式，计算 $t_3(x) = t_1(x) - q_2(x) \times t_2(x)$。这里 $x^2 = x \times (x + 1) + x$，$t_3(x) = 1 - x \times x = x^2 + 1$。

第 3 轮，将 $r_2(x)$ 改写作 $r_2(x) = q_3(x) \times r_3(x) + r_4(x)$ 的形式，计算 $t_4(x) = t_2(x) - q_3(x) \times t_3(x)$。这里 $x + 1 = 1 \times x + 1$，$t_4(x) = x - 1 \times (x^2 + 1) = x^2 + x + 1$。

第 4 轮，将 $r_3(x)$ 改写为 $r_3(x) = q_4(x) \times r_4(x) + r_5(x)$ 的形式，这里 $x = x \times 1 + 0$，因为 $r_5(x) = 0$，停止运算。

最终，最后一个 $t_i(x)$ 即为 $A^{-1}(x)$。本例中 $t_4(x) = x^2 + x + 1$。

总结一下，设定初始变量后，不断迭代：第 $[i]$ 轮中，先求 $r_{i-1}(x) = q_i(x) \times r_i(x) + r_{i+1}(x)$ 中的 $q_i(x)$、$r_{i+1}(x)$，再计算 $t_{i+1}(x) = t_{i-1}(x) - q_i(x) \times t_i(x)$，直到 $r_{i+1}(x) = 0$ 时停止，然后取 $t_i(x)$ 作为求逆元的结果。（r_i 就是最大公约数）

```
1.   #求最高幂次数
2.   def Nonzero_MSB(value):
3.     v2str = '{:09b}'.format(value)
4.     for i in range(9):
5.       if int(v2str[i]):
6.         return 9 - i
7.   def Mode2_div(fx, gx):     # 模 2 除法
8.     n = Nonzero_MSB(fx)
9.     m = Nonzero_MSB(gx)   # 被除数
10.    if n < m:
11.      return [0, fx]
12.    deg = n - m
13.    fx = fx ^ (gx << deg)
14.    [q, r] = Mode2_div(fx, gx)    #q:商, r:余数
15.    return [(1 << deg)|q, r]
16.  def Calculate(v1, q3, v2):   # v3 = v1 - q3 * v2
17.    value = 0
```

```
18.    for i in range(32)：
19.       if(q3 & (1<<i))：
20.          value = value ^ (v2<<i)
21.    return v1^value
22.
23.  def poly_gcd(r1，r2，v1 = 1，v2 = 0，w1 = 0，w2 = 1)：
24.     if r2 = = 0 or r2 = = 1：  return w2
25.     q3，r3 = Mode2_div(r1，r2)  ＃ q3(x) = r1(x)｜r2(x)，r2(x) = r1(x) mod r2(x)
26.     v3 = Calculate(v1，q3，v2)  ＃ v3 = v1 - q3 * v2
27.     w3 = Calculate(w1，q3，w2)  ＃ w3 = w1 - q3 * w2
28.     return poly_gcd(r2,r3,v2,v3,w2,w3)
29.
30.  def dec2bin(dec)：
31.     result = ''
32.     if dec：
33.        result = dec2bin(dec //2)
34.        return result + str(dec % 2)
35.     else：
36.        return result
37.
38.  if __name__ = = '__main__'：
39.     xstr = input('请输入多项式 f(x)的二进制表示：')
40.     print('- - - - 多项式乘法逆元求解完成 - - - -')
41.     print('>>输入的多项式：'，xstr)
42.     print('>>默认的素多项式：'，dec2bin(283))
43.     print('>>输出的乘法逆元：'，dec2bin(poly_gcd(283，int(str(xstr),2))))
```

4.2　AES 密码

4.2.1　AES 加解密简介

AES 密码是 DES 密码的替代者，也是现代对称分组密码的标准。在 AES 算法中，明文分组固定是 128 位，但是密钥可以是 128 位、192 位或 256 位。密钥长度不同，加密的轮数也不同，AES 算法的输入、输出及轮数关系如图 4.6 所示。

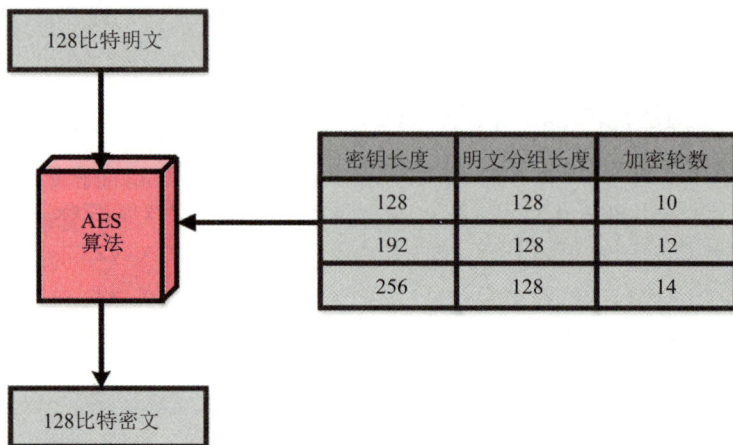

密钥长度	明文分组长度	加密轮数
128	128	10
192	128	12
256	128	14

图 4.6　AES 算法参数

本小节以 128 位密钥 K 和 128 位明文 P 为例。在加密运算之前明文 P 和密钥 K 被分成 16 个字节，分别记为 $P = P_0 P_1 \cdots P_{15}$ 和 $K = K_0 K_1 \cdots K_{15}$。例如，明文分组 $P =$ "ABC-DEFGHIJKLMNOP"，字母"A"对应 P_0，字母"P"对应 P_{15}。明文分组用字节为单位的正方形矩阵描述，即所谓的状态矩阵。需要注意的是，状态矩阵是按列存取的，也就是明文分组的最初四个字节 P_0、P_1、P_2、P_3 组成状态矩阵的第一列，如图 4.7 所示。图中的显示结果是字符的十六进制 ASCII 表示。

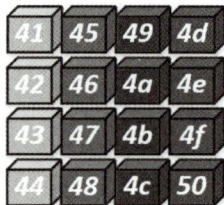

图 4.7　明文状态矩阵

加密的第 1 轮到第 9 轮操作完全一样，都包含四个操作，即字节替换(SubBytes)、行位移(ShiftRows)、列混合(MixColumns)和轮密钥加(AddRoundKey)。第 10 轮唯独没有列混合，其他操作都一样。

AES 算法的加解密过程如图 4.8 所示。

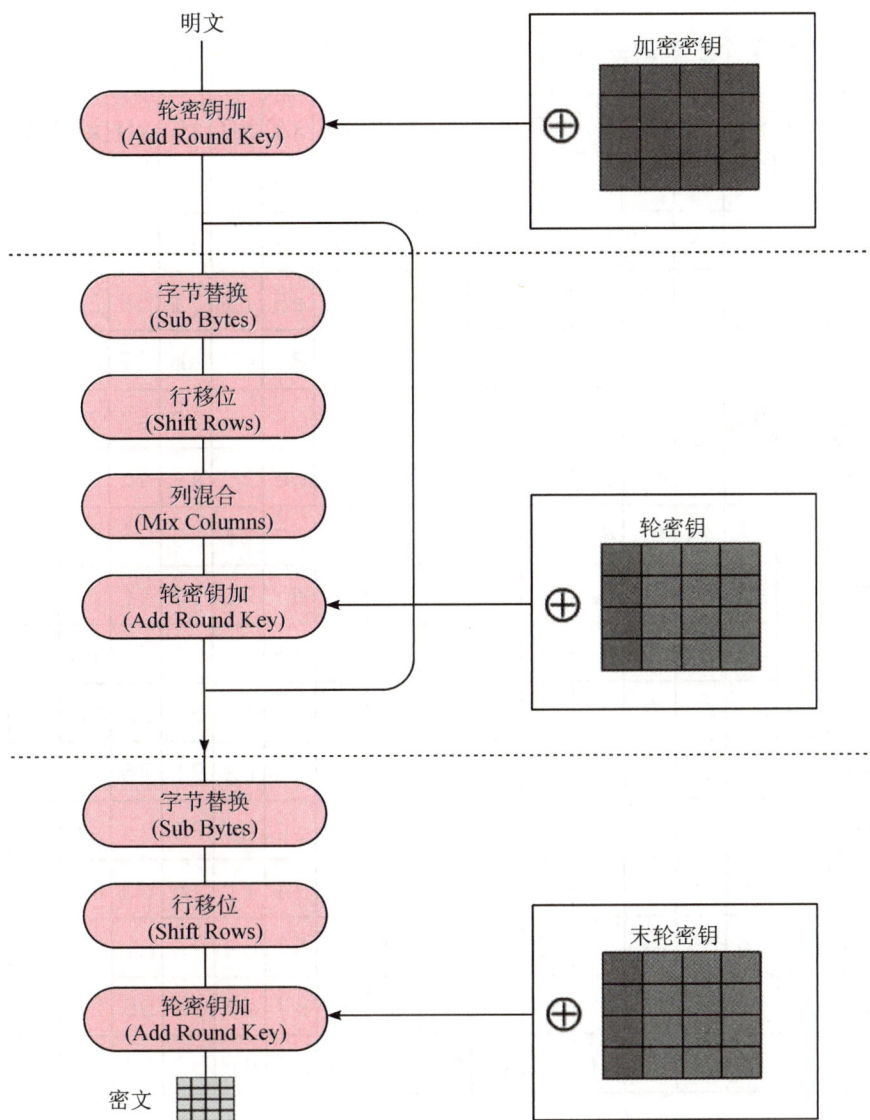

图 4.8 AES算法的加解密过程

下面介绍 AES算法加解密过程中的几个重要操作步骤。

4.2.2 字节替换和行移位操作

AES 定义了一个 S 盒，字节替换就是参照 S 盒查表。状态矩阵中每个元素的高 4 位作为行下标，低 4 位作为列下标，对应行和列查表得到对应替换结果。图 4.9 给出了 AES 算法的替换表，实现单个字节的一对一映射。

	x0	x1	x2	x3	x4	x5	x6	x7	x8	x9	xA	xB	xC	xD	xE	xF
0x	63	7c	77	7b	f2	6b	6f	c5	30	01	67	2b	fe	d7	ab	76
1x	ca	82	c9	7d	fa	59	47	f0	ad	d4	a2	af	9c	a4	72	c0
2x	b7	fd	93	26	36	3f	f7	cc	34	a5	e5	f1	71	d8	31	15
3x	04	c7	23	c3	18	96	05	9a	07	12	80	e2	eb	27	b2	75
4x	09	**83**	2c	1a	1b	6e	5a	a0	52	3b	d6	b3	29	e3	2f	84
5x	53	d1	00	ed	20	fc	b1	5b	6a	cb	be	39	4a	4c	58	Cf
6x	d0	ef	aa	fb	43	4d	33	85	45	f9	02	7f	50	3c	9f	a8
7x	51	a3	40	8f	92	9d	38	f5	bc	b6	da	21	10	ff	f3	d2
8x	cd	0c	13	ec	5f	97	44	17	c4	a7	7e	3d	64	5d	19	73
9x	60	81	4f	dc	22	2a	90	88	46	ee	b8	14	de	5e	0b	Db
Ax	e0	32	3a	0a	49	06	24	5c	c2	d3	ac	62	91	95	e4	79
Bx	e7	c8	37	6d	8d	d5	4e	a9	6c	56	f4	ea	65	7a	ae	08
Cx	ba	78	25	2e	1c	a6	b4	c6	e8	dd	74	1f	4b	bd	8b	8a
Dx	70	3e	b5	66	48	03	f6	0e	61	35	57	b9	86	c1	1d	9e
Ex	e1	f8	98	11	69	d9	8e	94	9b	1e	87	e9	ce	55	28	Df
Fx	8c	a1	89	0d	bf	e6	42	68	41	99	2d	0f	b0	54	bb	16

图 4.9　AES 替换 S 盒

【例 4 - 7】　计算明文分组 P = "ABCDEFGHIJKLMNOP"的替换结果。

明文分组中第一个字母"A"的十六进制表示是 0x41，对应图 4.9 中的替换 S 盒的第 5 行第 2 列，就是 0x83。同理，字母"B"的十六进制表示是 0x42，对应的是第 5 行第 3 列的元素，就是 0x2c。以此类推，可以得到明文分组中各个字母的替换值，最终替换结果如图 4.10 所示。

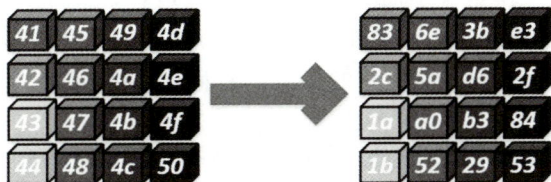

图 4.10　S盒替换操作

AES 还定义了逆 S 盒，完成密文字符向明文字符的逆替换，例如，根据图 4.11 所示的 AES 逆替换 S 盒，0x83 对应的替换结果就是 0x41，即字母"A"，这和前述替换结果刚好互逆。

	x0	x1	x2	x3	x4	x5	x6	x7	x8	x9	xA	xB	xC	xD	xE	xF
0x	52	09	6a	d5	30	36	a5	38	bf	40	a3	9e	81	f3	d7	Fb
1x	7c	e3	39	82	9b	2f	ff	87	34	8e	43	44	c4	de	e9	Cb
2x	54	7b	94	32	a6	c2	23	3d	ee	4c	95	0b	42	fa	c3	4e
3x	08	2e	a1	66	28	d9	24	b2	76	5b	a2	49	6d	8b	d1	25
4x	72	f8	f6	64	86	68	98	16	d4	a4	5c	cc	5d	65	b6	92
5x	6c	70	48	50	fd	ed	b9	da	5e	15	46	57	a7	8d	9d	84
6x	90	d8	ab	00	8c	bc	d3	0a	f7	e4	58	05	b8	b3	45	06
7x	d0	2c	1e	8f	ca	3f	0f	02	c1	af	bd	03	01	13	8a	6b
8x	3a	91	11	**41**	4f	67	dc	ea	97	f2	cf	ce	f0	b4	e6	73
9x	96	ac	74	22	e7	ad	35	85	e2	f9	37	e8	1c	75	df	6e
Ax	47	f1	1a	71	1d	29	c5	89	6f	b7	62	0e	aa	18	be	1b
Bx	fc	56	3e	4b	c6	d2	79	20	9a	db	c0	fe	78	cd	5a	f4
Cx	1f	dd	a8	33	88	07	c7	31	b1	12	10	59	27	80	ec	5f
Dx	60	51	7f	a9	19	b5	4a	0d	2d	e5	7a	9f	93	c9	9c	ef
Ex	a0	e0	3b	4d	ae	2a	f5	b0	c8	eb	bb	3c	83	53	99	61
Fx	17	2b	04	7e	ba	77	d6	26	e1	69	14	63	55	21	0c	7d

图 4.11　AES 逆替换 S 盒

加密运算的行移位操作是一个简单的左循环移位运算，如图 4.12 所示，矩阵第 0 行左移 0 字节，第 1 行左移 1 字节，以此类推。AES 解密时采用的是行移位逆变换，将状态矩阵中的每一行执行右循环移位操作，矩阵的第 0 行右移 0 字节，第 1 行右移 1 字节。

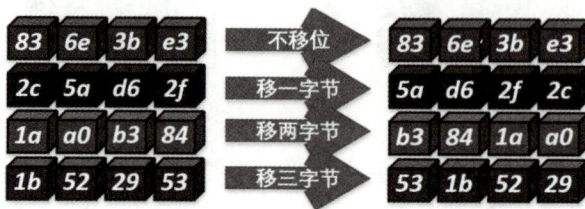

图 4.12　行移位

4.2.3　列混合操作和轮密钥加

列混合变换是通过矩阵相乘实现的，经行移位后的状态矩阵和固定矩阵相乘，得到混淆后的状态矩阵。固定矩阵取值和列混合变换如图 4.13 所示。

$$
\begin{bmatrix}
s'_{0,0} & s'_{0,1} & s'_{0,2} & s'_{0,3} \\
s'_{1,0} & s'_{1,1} & s'_{1,2} & s'_{1,3} \\
s'_{2,0} & s'_{2,1} & s'_{2,2} & s'_{2,3} \\
s'_{3,0} & s'_{3,1} & s'_{3,2} & s'_{3,3}
\end{bmatrix}
=
\begin{bmatrix}
2 & 3 & 1 & 1 \\
1 & 2 & 3 & 1 \\
1 & 1 & 2 & 3 \\
3 & 1 & 1 & 2
\end{bmatrix}
\begin{bmatrix}
s_{0,0} & s_{0,1} & s_{0,2} & s_{0,3} \\
s_{1,0} & s_{1,1} & s_{1,2} & s_{1,3} \\
s_{2,0} & s_{2,1} & s_{2,2} & s_{2,3} \\
s_{3,0} & s_{3,1} & s_{3,2} & s_{3,3}
\end{bmatrix}
$$

图 4.13　列混合变换

状态矩阵中的第 j 列（$0 \leqslant j \leqslant 3$）的列混合可以表示如图 4.14 所示。

$$s'_{0,j} = (2 \times s_{0,j}) \oplus (3 \times s_{1,j}) \oplus s_{2,j} \oplus s_{3,j}$$
$$s'_{1,j} = s_{0,j} \oplus (2 \times s_{1,j}) \oplus (3 \times s_{2,j}) \oplus s_{3,j}$$
$$s'_{2,j} = s_{0,j} \oplus s_{1,j} \oplus (2 \times s_{2,j}) \oplus (3 \times s_{3,j})$$
$$s'_{3,j} = (3 \times s_{0,j}) \oplus s_{1,j} \oplus s_{2,j} \oplus (2 \times s_{3,j})$$

图 4.14　第 j 列的列混合

【例 4-8】　设 $S_1 = (a_7, a_6, a_5, a_4, a_3, a_2, a_1, a_0)$，计算 $0x02 \otimes S_1$。

当 $a_7 = 0$ 时，

$$(10) \times (a_7, a_6, a_5, a_4, a_3, a_2, a_1, a_0) = (a_6, a_5, a_4, a_3, a_2, a_1, a_0, 0)$$

当 $a_7 = 1$ 时，

$$(10) \times (a_7, a_6, a_5, a_4, a_3, a_2, a_1, a_0) = (a_6, a_5, a_4, a_3, a_2, a_1, a_0, 0) \otimes (00011011)$$

类似地，S_1 乘以 (100) 可以拆分成两次乘以 (10) 的运算：

$$(100) \times (a_7, a_6, a_5, a_4, a_3, a_2, a_1, a_0) = (10) \times (10) \times (a_7, a_6, a_5, a_4, a_3, a_2, a_1, a_0)$$

乘以 (11) 可以拆分成先分别乘以 (01) 和 (10)，再将两个乘积结果异或相加即可：

$$(11) \times (a_7, a_6, a_5, a_4, a_3, a_2, a_1, a_0) = [(10) \times (01)] \times (a_7, a_6, a_5, a_4, a_3, a_2, a_1, a_0)$$

$$= [(10) \times (a_7, a_6, a_5, a_4, a_3, a_2, a_1, a_0)] \otimes$$

$$(a_7, a_6, a_5, a_4, a_3, a_2, a_1, a_0)$$

因此，只需要实现乘以 2 的函数，其他数值的乘法可以通过组合得到。

经过列混合后，状态矩阵 S' 如图 4.15 所示。

图 4.15 列混合后的状态矩阵

解密使用的是逆向列混合变换，逆向列混合变换使用如图 4.16 所示的矩阵乘法定义。

$$\begin{bmatrix} s'_{0,0} & s'_{0,1} & s'_{0,2} & s'_{0,3} \\ s'_{1,0} & s'_{1,1} & s'_{1,2} & s'_{1,3} \\ s'_{2,0} & s'_{2,1} & s'_{2,2} & s'_{2,3} \\ s'_{3,0} & s'_{3,1} & s'_{3,2} & s'_{3,3} \end{bmatrix} = \begin{bmatrix} 0E & 0B & 0D & 09 \\ 09 & 0E & 0B & 0D \\ 0D & 09 & 0E & 0B \\ 0B & 0D & 09 & 0E \end{bmatrix} \begin{bmatrix} s_{0,0} & s_{0,1} & s_{0,2} & s_{0,3} \\ s_{1,0} & s_{1,1} & s_{1,2} & s_{1,3} \\ s_{2,0} & s_{2,1} & s_{2,2} & s_{2,3} \\ s_{3,0} & s_{3,1} & s_{3,2} & s_{3,3} \end{bmatrix}$$

图 4.16 列混合逆变换

轮密钥加是将 128 位的轮密钥 K_i 和状态矩阵中的数据进行逐位异或操作。其中，密钥 K_i 中每个字 $W_{[4i]}$、$W_{[4i+1]}$、$W_{[4i+2]}$、$W_{[4i+3]}$ 都是 32 位比特字（4 个字节）。以第 1 列为例，轮密钥加可以看成 $S'_{0,0} S'_{1,0} S'_{2,0} S'_{3,0}$ 组成的 32 位与 $W_{[4i]}$ 的异或操作，如图 4.17 所示。

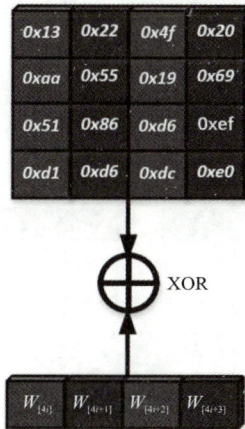

图 4.17 轮密钥加

因为异或的逆操作是其本身，所以轮密钥加的逆运算和正向的轮密钥加运算一样。

4.2.4 密钥调度

AES 算法通过密钥调度算法来推导轮加密所需的子密钥。AES 算法支持 128、192、256 三种不同长度的密钥，以下以 128 比特密钥长度为例介绍 AES 算法的密钥调度过程。

AES 密钥调度算法首先将第 16 个字节（128 比特）长度的初始密钥 K_0 填充到一个 4×4 的状态矩阵中，如图 4.18 所示。接着，把状态矩阵中每一列的 4 个字节（32 比特）组成 1 个字，矩阵 4 列的 4 个字依次命名为 W_0、W_1、W_2 和 W_3。例如，设密钥 K_0 为"abcdefghijklmnop"，则 $W_0 =$ "abcd"、$W_1 =$ "efgh"、$W_2 =$ "ijkl"、$W_3 =$ "mnop"。

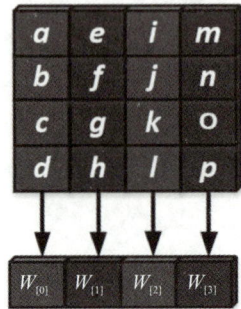

图 4.18 初始密钥状态矩阵

然后进行 10 轮循环处理（见图 4.19），生成 44 个 W_i。每 4 个为一组，组合得到一个子

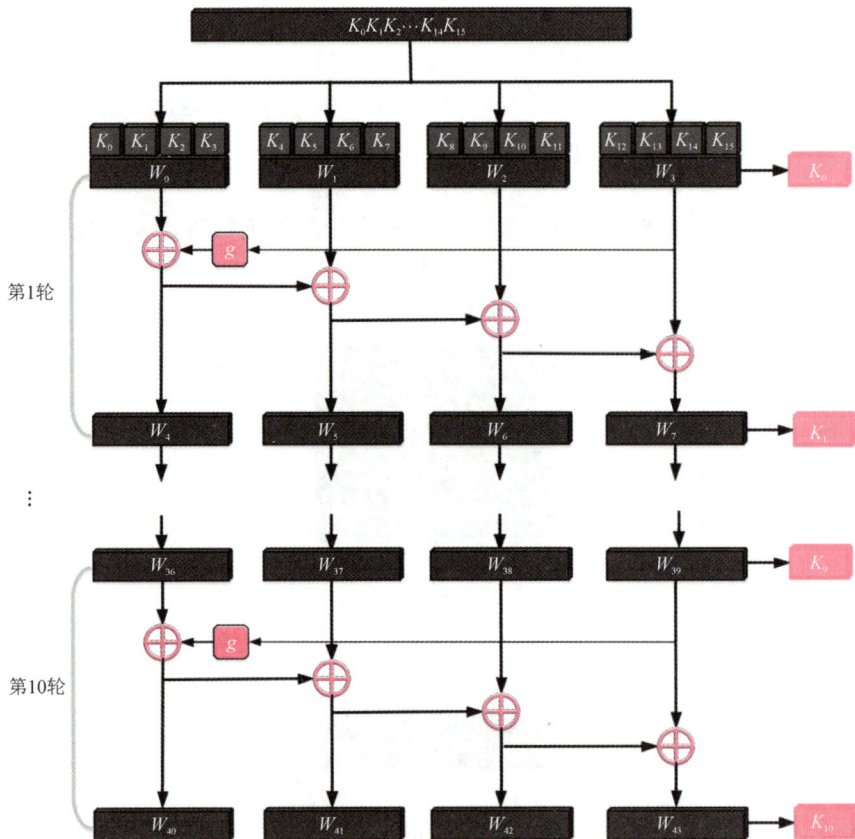

图 4.19 128 比特密钥编排

密钥 K_i，共生成 11 个子密钥 K_0、K_1、K_2、$\cdots$、K_{10}，用于加密、解密过程轮中的轮密钥加操作。生成子密钥的数量比 AES 算法的轮数多一个，因为第一个子密钥 K_0 其实就是初始密钥。对于每一轮 $i=1,2,\cdots,10$，其公式如下：

$$W_{4*i}=W_{4*i-4}\oplus g(W_{4*i-1},RC[i])$$

$$W_{4*i+1}=W_{4*i-3}\oplus W_{4*i}$$

$$W_{4*i+2}=W_{4*i-2}\oplus W_{4*i+1}$$

$$W_{4*i+3}=W_{4*i-1}\oplus W_{4*i+2}$$

其中，函数 g 和轮系数 $RC[i]$ 如图 4.20 所示。轮系数 $RC[i]$ 是 10 个元素的一维数组，每个元素为 1 个字节。函数 g 由三部分组成：字循环、字节代换和轮系数异或，这三部分的过程分别如下所述。

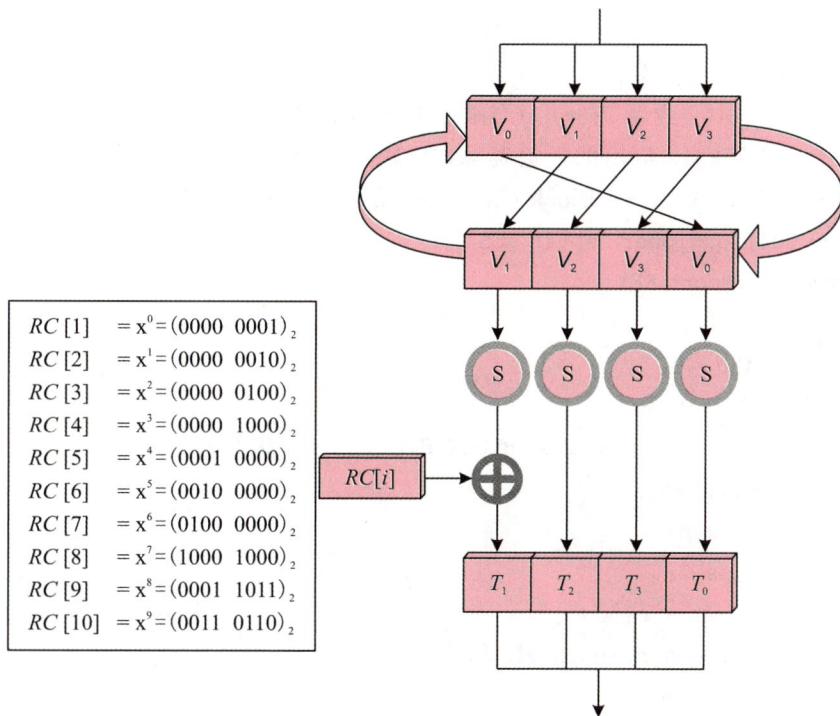

图 4.20　函数 g 和轮系数 $RC[i]$

（1）字循环：将第 1 个字中的 4 个字节循环左移 1 个字节。即将输入字 $[V_0,V_1,V_2,V_3]$ 变换成 $[V_1,V_2,V_3,V_0]$。

（2）字节替换：对字循环的结果使用 AES 的 S 盒进行字节替换。

（3）轮系数异或：将前两步的结果同轮系数 $RC[i]$ 进行异或，其中 i 表示轮数。

函数 g 存在的目的有两个，一是增加密钥编排中的非线性，二是消除 AES 结构中的对称性，这都是为了抵抗某些分组密码攻击。

4.3 AES 安全实践

Python 密码库 Crypto 库提供了各种密码算法组件，其中的 Cipher 算法模块内置 AES 分组密码算法，其使用遵循如下几个步骤。

（1）导入 AES 模块；

（2）创建一个 AES 对象，即 AES.new(密钥，操作模式)，其中密钥的长度必须是 16 字节的倍数，操作模式规定了多个明文分组及其密文分组如何互相链接，AES 支持的操作模式可以通过 dir(AES)查看；

（3）使用 encrypt( )或者 decrypt( )函数进行加密或解密。

以下是 PicoCTF2019 给出的一道赛题，出题人在 AES 加密算法的基础上，对密文分组进行额外加法链接（Addition Block Chaining）操作。以下是题目给出的代码：

```
1.    from Crypto.Cipher import AES
2.    from key import KEY
3.    import os
4.    import math
5.    BLOCK_SIZE = 16
6.    UMAX = int(math.pow(256, BLOCK_SIZE))   #128 位
7.    def to_bytes(n):   #
8.        s = hex(n)
9.        s_n = s[2:]
10.       if 'L' in s_n:
11.           s_n = s_n.replace('L', '')
12.       if len(s_n) % 2 ! = 0:
13.           s_n = '0' + s_n
14.       decoded = s_n.decode('hex')
15.       pad = (len(decoded) % BLOCK_SIZE)
16.       if pad ! = 0:
17.           decoded = "\0" * (BLOCK_SIZE - pad) + decoded
18.       return decoded
```

```
19. def remove_line(s):
20.        # returns the header line, and the rest of the file
21.        return s[:s.index('\n') + 1], s[s.index('\n') + 1:]
22. def parse_header_ppm(f):
23.        data = f.read()
24.        header = ""
25.        for i in range(3):
26.            header_i, data = remove_line(data)
27.            header += header_i
28.        return header, data
29. def pad(pt):
30.        padding = BLOCK_SIZE - len(pt) % BLOCK_SIZE
31.        return pt + (chr(padding) * padding)
32. def aes_abc_encrypt(pt):   #加密
33.        cipher = AES.new(KEY, AES.MODE_ECB)    #KEY 未知，ECB 模式
34.        ct = cipher.encrypt(pad(pt))
35.        blocks = [ct[i * BLOCK_SIZE:(i + 1) * BLOCK_SIZE]for i in range(len
(ct)/BLOCK_SIZE)]
36.        iv = os.urandom(16)   #IV: 128 位
37.        blocks.insert(0, iv)
38.        for i in range(len(blocks) - 1):   #相邻分组值模加
39.            prev_blk = int(blocks[i].encode('hex'), 16)
40.            curr_blk = int(blocks[i + 1].encode('hex'), 16)
41.            n_curr_blk = (prev_blk + curr_blk) % UMAX
42.            blocks[i + 1] = to_bytes(n_curr_blk)
43.        ct_abc = "".join(blocks)
44.        return iv, ct_abc, ct
45. if __name__ == "__main__":
46.        with open('flag.ppm', 'rb') as f:
47.            header, data = parse_header_ppm(f)
48.        iv, c_img, ct = aes_abc_encrypt(data)   #只加密图片数据，文件头不加密
49.        with open('body.enc.ppm', 'wb') as fw:
50.            fw.write(header)
51.            fw.write(c_img)
```

首先题目加密的对象是 PPM 格式的图片文件。PPM 图片文件包含两部分，分别是文件头部分和图像数据部分。文件头部分又由三个部分组成，各个部分之间通过换行或空格进行分割。

- 第 1 部分：P3 或 P6，表示 PPM 的编码格式。
- 第 2 部分：图像的宽度和高度
- 第 3 部分：最大像素值，0～255，字节表示。

代码第 22 行的 parse_header_ppm( ) 函数就是提取文件头内容和剩下的图像数据，并分别保存到 header 和 data 变量中。

主函数第 48 行代码的加密函数 aes_abc_encrypt( ) 使用 AES-ECB 模式对明文加密，也就是每个明文分组独立进行加密，互相之间没有关联。加密密钥和初始化向量（IV）都是未知或者随机生成的。独立加密产生的密文分组被转换为十进制整数，并和上一密文分组的整数模 UMAX 相加，最后将相加结果转换为字节型，然后拼接在一起输出。加密函数工作过程如图 4.21 所示。

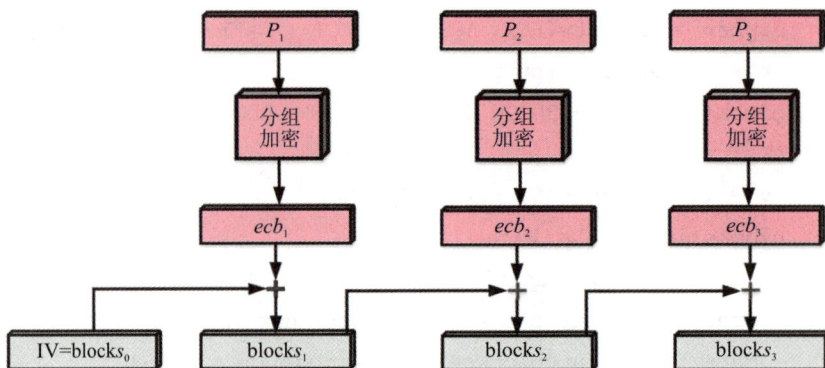

图 4.21 aes_abc_encrypt( ) 流程

可以看出，$blocks_i = (blocks_{i-1} + ecb_i) \% UMAX$，第 n 个块代表前 n 个块的总和。

由上述加密过程，可以从 $blocks_i$ 恢复出所有 ecb_i，计算公式如下：

$$ecb_i = k * UMAX + blocks_i - blocks_{i-1}$$

由于 UMAX 长度是 128 位，分组长度也是 128 位，因此（$blocks_{i-1} + ecb_i$）不超过 2 倍的 UMAX，k 取值只能是 0 或者 1，恢复代码如下：

```
1.  import binascii
2.  f = open('body.enc.ppm','rb').read()[16:]   # 取掉文件头
3.  enc_blocks = [f[i:i+16] for i in range(0,len(f),16)]
4.  enc = [int(binascii.hexlify(b),16) for b in enc_blocks]
```

5. ecb_blocks = [(enc[n] − enc[n − 1]) % (256 ∗ ∗ 16) for n in range(1, len(enc))]

恢复密文分组 ecb_blocks 以后，需要考虑的就是如何恢复明文，由于不知道加密密钥，因此解密是不可能的，更多的是明文是图片这一信息，也就是图片中的相同像素内容会加密成相同的密文值，这可以从密文的统计分析发现，例如用 Python 命令：set(ecb_{blocks})。最终的解题代码如下：

```
1. import sys
2.
3. class key(object):
4.     @staticmethod
5.     def KEY():
6.         return None
7. if __name__ == "__main__":
8.     sys.modules['key'] = key
9.     from aes_abc import parse_header_ppm, to_bytes, BLOCK_SIZE, UMAX
10.     with open('body.enc.ppm', 'rb') as f:
11.         header, data = parse_header_ppm(f)
12.         blocks = [data[i * BLOCK_SIZE:(i + 1) * BLOCK_SIZE] for i in range(len(data) / BLOCK_SIZE)]
13.         new_blocks = []
14.
15.         for i in range(len(blocks) − 1):
16.             prev_blk = int(blocks[i].encode('hex'), 16)
17.             curr_blk = int(blocks[i + 1].encode('hex'), 16)
18.
19.             n_curr_blk = (curr_blk − prev_blk)
20.             if n_curr_blk < 0:
21.                 n_curr_blk += UMAX
22.             new_blocks.append(to_bytes(n_curr_blk))
23.
24.         joined = "".join(new_blocks)
25.         with open('ecb.ppm', 'wb') as fw:
26.             fw.write(header)
27.             fw.write(joined)
```

最后，从恢复的图片中可看出本题的解题旗帜（flag）为 picoCTF {d0Nt_r0ll_yoUr_

0wN_aES}。

习　题

1. 给出 $GF(2^3)$ 的所有多项式，并以 x^3+x+1 为素多项式，计算所有元素的逆多项式。

参考答案：

次数小于 3 的多项式有 8 个，分别是 0、1、x、$x+1$、x^2、x^2+1、x^2+x、x^2+x+1。对于 $GF(2^3)$，取素多项式为 x^3+x+1，那么多项式 x^2+x 的乘法逆元就是 $x+1$。系数对应的二进制分别为 110 和 011，此时就认为对应的十进制数 6 和 3 互为逆元。即使模 8 不能构成一个域，但通过上面的对应映射，1～7 这 7 个数就有了对应的乘法逆元(0 没有乘法逆元)。

2. 计算 AES 算法下的 57×83。

参考答案：

$$(x^6+x^4+x^2+x+1) \cdot (x^7+x+1) \bmod m(x)$$
$$=x^{13}+x^{11}+x^9+x^8+x^6+x^5+x^4+x+1 \bmod (x^8+x^4+x^3+x+1)$$
$$=x^7+x^6+1$$

注 1：

$$(x^6+x^4+x^2+x+1) \cdot (x^7+x+1)$$
$$=x^{13}+x^{11}+x^9+x^8+x^7+x^7+x^5+x^3+x^2+x+x^6+x^4+x^2+x+1$$
$$=x^{13}+x^{11}+x^9+x^8+2x^7+x^6+x^5+x^4+x^3+2x+1$$
$$=x^{13}+x^{11}+x^9+x^8+x^6+x^5+x^4+x^3+1$$

注 1 中第一个步骤可以理解普通的多项式乘法。

注 1 中第二个步骤消去系数为偶数的项目，系数为奇数项则系数设置为 1，二进制计算，系数不能为非 0 和 1 的其他数。

注 2：mod 的求余数的计算过程，是多项式除法结合异或运算的过程，如图 4.22 所示。

$$\begin{array}{r} x^5+0+x^3 \\ x^8+x^4+x^3+x+1 \overline{\smash{\big)}\, x^{13}+0x^{12}+x^{11}+0x^{10}+x^9+x^8+0x^7+x^6+x^5+x^4+x^3+0x^2+0x+1} \end{array}$$

$$x^{13}+0x^{12}+0x^{11}+0x^{10}+x^9+x^8+0x^7+x^6+x^5$$

$$x^{11}+0x^{10}+0x^9+0x^8+0x^7+0x^6+0x^5+x^4+x^3$$

$$x^{11}+0x^{10}+0x^9+0x^8+x^7+x^6+0x^5+x^4+x^3$$

①异或运算，所以是 $x^7 \longrightarrow x^7+x^6+0x^5+0x^4+0x^3+0x^2+0x+1$

②余项为 x^7+x^6+1

图 4.22　多项式除法

结果为 11000001，可以用 C_1 来描述。

3. 计算 57×13。

参考答案：

$57 \cdot 01 = 57 = 01010111$

$57 \cdot 02 = \text{xtime}(57) = \text{xtime}(01010111) = 10101110 = \text{AE}\cdots\cdots(b_7 = 0，左移一位，末位补 0)$

$57 \cdot 03 = 57 \cdot (01 + 02) = 57 \oplus \text{xtime}(57) = 01010111 \oplus 10101110 = 11111001 = \text{F9}$

$57 \cdot 04 = 57 \cdot 02 \cdot 02 = \text{AE} \cdot 02 = \text{xtime}(\text{AE}) = \text{xtime}(10101110) = 01000111 = 47\cdots\cdots$ ($b_7 = 1$，左移一位，末位补 0，异或 1B)

$57 \cdot 08 = 57 \cdot 04 \cdot 02 = 47 \cdot 02 = \text{xtime}(47) = \text{xtime}(01000111) = 10001110 = 8\text{E}\cdots\cdots$ ($b_7 = 0$，左移一位，末位补 0)

$57 \cdot 10 = 57 \cdot 08 \cdot 02 = 8\text{E} \cdot 02 = \text{xtime}(8\text{E}) = \text{xtime}(10001110) = 00000111 = 07\cdots\cdots$ ($b_7 = 1$，左移一位，末位补 0，异或 1B)

所以，$57 \cdot 13 = 57 \cdot (10 + 02 + 01) = 57 \cdot 10 \oplus 57 \cdot 02 \oplus 57 \cdot 01 = 00000111 \oplus 10101110 \oplus 01010111 = 11111110 = \text{FE}$。

4. 4.3 节的 PicoCTF2019 AES-CBC 题目加密的是 PPM 图片，其中文件头内的图片大小信息是如何影响解题结果的？如果图片文件头也被加密，是否还能解题？

参考答案：

```
1.>>>from PIL import Image
2.>>>bkgd = 170711812579352817628051274266082219019
3.>>>def create(w, h):
4....    im = Image.new('RGB', (w,h))
5....    im.putdata([(0,0,0) if b = = bkgd else (255,255,255) for b in ecb_blocks])
6....    im.save('flags/flag' + str(w) + '.png')
7.>>>for i in range(1,1000):
8....    create(i,len(ecb_blocks)//i + i)
```

5. 安全通信，选自 DDCTF 2018 习题。

题目代码：

```
1.import sys
2.import json
3.from Crypto.Cipher import AES
```

```
4. from Crypto import Random
5. def get_padding(rawstr):
6.     remainder = len(rawstr) % 16
7.     if remainder ! = 0:
8.       return '\x00' * (16 - remainder)
9.     return ''
10. def aes_encrypt(key, plaintext):
11.        plaintext + = get_padding(plaintext)
12.        aes = AES.new(key, AES.MODE_ECB)
13.        cipher_text = aes.encrypt(plaintext).encode('hex')
14.        return cipher_text
15. def generate_hello(key, name, flag):
16.        message = "Connection for mission: {}, your mission's flag is: {}".
format(name, flag)
17.        return aes_encrypt(key, message)
18. def get_input():
19.        return raw_input()
20. def print_output(message):
21.        print(message)
22.        sys.stdout.flush()
23. def handle():
24.        print_output("Please enter mission key:")
25.        mission_key = get_input().rstrip()
26.        print_output("Please enter your Agent ID to secure communications:")
27.        agentid = get_input().rstrip()
28.        rnd = Random.new()
29.        session_key = rnd.read(16)
30.        flag = '<secret>'
31.        print_output(generate_hello(session_key, agentid, flag))
32.        while True:
33.           print_output("Please send some messages to be encrypted, 'quit' to
exit:")
```

```
34.            msg = get_input().rstrip()
35.            if msg == 'quit':
36.                print_output("Bye!")
37.                break
38.            enc = aes_encrypt(session_key, msg)
39.            print_output(enc)
40. if __name__ == "__main__":
41.     handle()
```

参考答案：

从函数 get_padding( ) 和 aes_encrypt( ) 可得出此题考查 AES ECB 的 256 位加密。加密密钥是 16 字节随机生成，ECB 明文分组相同，所以对应的密文分组也相同。可以通过改变 agentid 的长度，使 flag 中的字符依次落入已知明文分组中，最后逐字节暴力破解。

```
1.   from pwn import *
2.   import string
3.   LOG = False
4.   flag = ''
5.   mission_key = 'b9ba15b341c847c8beba85273f9b7f90'
6.   agent_id = ''
7.   while True:
8.       r = remote('116.85.48.103', 5002)
9.       r.recvuntil('mission key:')
10.      r.sendline(mission_key)
11.      r.recvuntil('communications:')
12.      agent_id = 'a' * (13 + 16 * 8 - len(flag))
13.      r.sendline(agent_id)
14.      r.recvline()
15.      enc = r.recvline().rstrip()[32 * 11:32 * 12]
16.      if LOG: print 'enc = %s' % enc
17.      for i in string.printable[:-5]:
18.          r.recvuntil('to exit:')
19.          message = 'Conn for mission: %s, ur mission\'s flag is: %s' %
(agent_id, flag + i)
20.          r.sendline(message[-16:])
```

```
21.        r.recvline()
22.        enc_tmp = r.recvline().rstrip()
23.        if LOG: print 'enc_tmp = %s' % enc_tmp
24.        if enc_tmp == enc:
25.            flag += i
26.            break
27.    r.close()
28.    if flag[-1:] == '}': break
29.    print 'flag = %s' % flag
30.
31.  print 'Flag: %s' % flag
```

flag 为 DDCTF{87fa2cd38a4259c29ab1af39995be81a}

6. coffee_break，选自 SECCON CTF 2019 习题。题目描述如下：

The program "encrypt.py" gets one string argument and outputs ciphertext.

Example：

$ python encrypt.py "test_text"

gYYpbhlXwuM59PtV1qctnQ==

The following text is ciphertext with "encrypt.py".

FyRyZNBO2MG6ncd3hEkC/yeYKUseI/CxYoZiIeV2fe/Jmtwx＋WbWmU1gtMX9m905

附件代码：

encrypt.py

```
1.  ♯04exercise06.py
2.  import sys
3.  from Crypto.Cipher import AES
4.  import base64
5.  def encrypt(key, text):
6.    s = ''
7.    for i in range(len(text)):
8.      s += chr(((((ord(text[i]) - 0x20) + (ord(key[i % len(key)]) - 0x20)) % (0x7e - 0x20 + 1)) + 0x20)
9.    return s
10.
11. key1 = "SECCON"
12. key2 = "seccon2019"
```

```
13. text = sys.argv[1]
14.
15. enc1 = encrypt(key1, text)
16. cipher = AES.new(key2 + chr(0x00) * (16 - (len(key2) % 16)), AES.MODE_
ECB)
17. p = 16 - (len(enc1) % 16)
18. enc2 = cipher.encrypt(enc1 + chr(p) * p)
19. print(base64.b64encode(enc2).decode('ascii'))
```

参考答案：

由题可得 key1 是函数 encrypt 的密钥，key2 是 AES 的密钥，且 key1、key2 已知，题目将 flag 先做一次 encrypt，然后对结果做 padding，再进行 AES 加密（采用 ECB 模式，同时对 key2 也进行 padding）。由于 key2 和 padding 的规则均已知，则容易恢复出 enc1，接下来就是写 encrypt 函数的逆 decrypt 函数。

```
1.  import sys
2.  from Crypto.Cipher import AES
3.  import base64
4.  prob = 'FyRyZNBO2MG6ncd3hEkC/yeYKUseI/CxYoZiIeV2fe/Jmtwx + WbWmU1gtMX
9m905'
5.  key1 = "SECCON"
6.  key2 = "seccon2019"
7.  key = key2 + chr(0x00) * (16 - (len(key2) % 16))
8.  cipher = AES.new(key, AES.MODE_ECB)
9.
10.  enc2 = base64.b64decode(prob.encode('cp949'))
11.  # 编码
12.  before_enc2 = cipher.decrypt(enc2)
13.  print(before_enc2)
14.  # 和 enc1 + chr(p) * p 等价
15.  # p = 0x05
16.  # print("_____ we get 'p' = 0x05 _____")
17.  enc1 = "'jff~|0x9'34G9#g52F? 489>B% |)173~) % 8. 'jff~|Q"
18.  # print(enc1)
19.  flag = ''
20.  for i in range(len(enc1)):
```

21. $tmp = chr(((((ord(enc1[i]) - 0x20) + (0x7e - 0x20 + 1)) - (ord(key1[i\%6]) - 0x20)) + 0x20)$

22. $if(ord(tmp) > 127)$:

23. $flag += chr(ord(tmp) - 95)$

24.   else:

25. $flag += tmp$

26. print(flag)

flag 为 SECCON{Success_Decryption_Yeah_Yeah_SECCON}。

7. MyOwnCBC，选自 AFCTF2018 习题。

参考答案：

本题考查 ECB 模式下的 AES，对每个分组分别进行 AES ECB 加密，每一组 AES 加密的 key 为上一组加密结果的密文。最后直接在 AES ECB 模式下解密，即可得到 flag。

```
1.  04exercise07.py
2.  from Crypto.Cipher import AES
3.  from Crypto.Random import random
4.  from Crypto.Util.number import long_to_bytes
5.  f = open("flag_cipher","rb")
6.  st = f.read()
7.  print(len(st))
8.  def MyOwnCBC(key, plain):
9.     cipher_txt = b""
10.    cipher = AES.new(key, AES.MODE_ECB)
11.    cipher_txt = cipher.decrypt(plain)
12.    return cipher_txt
13.  #for i in range(len(st)//32):
14.  flag = ""
15.  for i in range(1,10):
16.    plain = MyOwnCBC(st[(52-i-1)*32:(52-i)*32],st[(52-i)*32:(53-i)*32])
17.    flag = plain.decode() + flag
18.  print(flag)
```

此题 flag 为 afctf{Do't_be_fooled_by_yourself}。

第 5 章　分组密码工作模式

前述章节讨论分组密码算法更多的是对单个明文分组的加解密运算，但是在实际应用中，明文往往包含多个分组，而且明文总长度不是分组长度的倍数。本章首先是对多个明文分组的多次分组密码算法的迭代应用，也就是对其工作模式进行讨论，然后对分组的填充进行学习，最后对工作模式及填充的安全性进行分析。

5.1　工作模式简介

因为多次使用相同的密钥加密明文分组会产生许多安全问题，所以在应用分组密码算法时有不同的工作模式用以增强密码算法的安全性。分组密码主要的工作模式有电子密码本（Electronic Code Book，ECB）模式、密文分组链接（Cipher Block Chaining，CBC）模式、密文反馈（Cipher FeedBack，CFB）模式、输出反馈（Output FeedBack，OFB）模式和计数器（CountTeR，CTR）模式。这些工作模式的基本信息和典型应用，如表 5.1 所示。

表 5.1　分组密码工作模式分类

模式	基 本 信 息	典 型 应 用
ECB	用相同密钥对明文分组独立进行加密	短数据的安全传输（如密钥）
CBC	加密算法的输入是上一个密文分组和当前明文分组的异或	面向分组的通用传输；认证
CFB	上一密文分组作为加密算法的输入，加密得到的密文作为伪随机数，与明文异或后作为下一单元的密文，一次处理分组中的 s 比特	面向数据流的通用传输；认证
OFB	与 CFB 类似，只是加密算法的输入是上一次加密的输出，且使用整个分组	噪声信道上的数据流的传输（如卫星通信）
CTR	对计数器加密，结果和明文异或	ATM 网络安全和 IPSec

5.1.1 电子密码本(ECB)模式

在 ECB 工作模式下,待处理明文会被分割为固定长度的分组,然后对每一分组进行独立的加解密处理。

ECB 模式操作简单、易于实现,可并行加解密不同分组。但是只要密钥不变,相同的明文分组总是产生相同的密文分组,难以抵抗统计分析攻击。此外,每个分组的加密和解密都是独立的,和之前的分组没有任何关系。如果攻击者将密文重新排序,可能会得到有效的明文。

ECB 模式下的加密过程如图 5.1 所示。

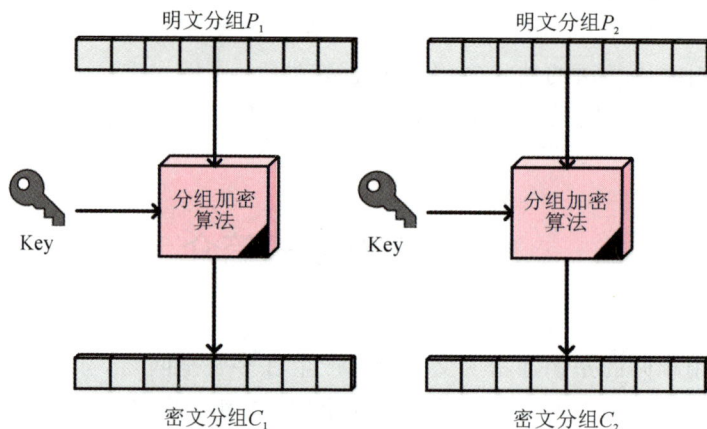

图 5.1　ECB 加密

由上图可知,ECB 模式具有如下特点:

(1) 操作简单,主要用于内容较短且随机报文的加密传递。

(2) 相同的明文(在相同密钥下)得出相同的密文,即明文中的重复内容可能在密文中表现出来,易受到统计分析攻击、分组重放攻击和代换攻击。

(3) 链接依赖性,各分组的加密都独立于其他分组,可实现并行处理。

(4) 错误传播,单个密文分组中有一个或多个比特错误只会影响本身分组的解密结果。

对于上述 ECB 模式的特点,以经典的企鹅图片加密举例说明。图 5.2 所示的企鹅图片背景和腹部部分图像包含了大面积的纯色区域,我们采用 ECB 模式下的 AES 算法对其进行加密,看看会有什么发现。

图 5.2　实例图片(tux.bmp)

对应的图像 Python 加密实现代码如下：

```
1.   0501imageecbt.py
2.   from Crypto.Cipher import AES
3.   key = b"aaaabbbbccccdddd"
4.   cipher = AES.new(key,AES.MODE_ECB)   #ECB 模式的 AES 加密
5.
6.   with open("tux.bmp","rb") as f:
7.       clear = f.read()
8.   clear_trimmed = clear[64:-2]   #图片总长 943794，16 取模后 == 2
9.   ciphertext = cipher.encrypt(clear_trimmed)
10.  ciphertext = clear[0:64] + ciphertext + clear[-2:]
11.
12.  with open("tux_ecb.bmp","wb") as f:
13.      f.write(ciphertext)
```

由于使用的是 AES 算法，明文长度必须模 16 等于 0，待加密的图像字节长度模 16 为 2，因此必须对明文进行"修剪"（代码的第 8 行）。这里跳过前 64 个字节（图像文件头）和后 2 个字节对明文加密。最后把加密所得的密文和跳过的明文字节合并起来作为最后密文。最终加密得到的图片如图 5.3 所示。

图 5.3　tux_ecb.bmp

显然，从图中可以泄露原图的很多信息，原因是：相同的明文分组加密得到相同的密文分组。那么我们是否有办法解决 ECB 模式下的安全问题？我们知道，AES 加密算法有很好的扩散特性（Diffusion），也就是明文分组中一个比特的变化都可能导致密文一半的比特发生改变，因此可以通过对图像中的像素增加一点"噪声"来防止上述信息泄露。我们在此留作本章习题 1 供有兴趣的读者去实践。

【例 5-1】　无密码登录网站管理员账号，某网站只允许管理员账户（admin）才能访问特定页面内容。网站本身提供了账号注册（Register）和登录（Login）功能，但是普通用户不能注册管理员账户。网站主页如图 5.4 所示。

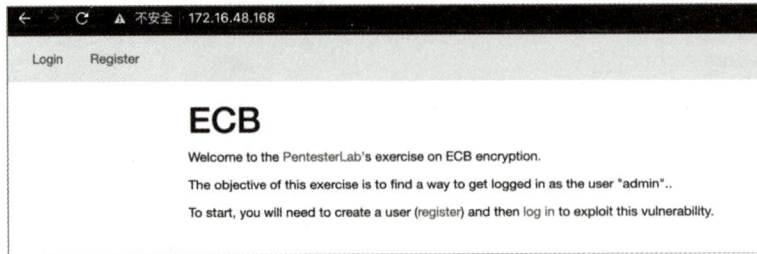

图 5.4 网站主页及示例说明

为了试探该网站的身份认证机制，首先创建一个账号并使用该账号登录，发现浏览器的 cookie 值“auth= * * * * * *”和身份认证有关，估计账号和密码就保存在 cookie 中。重复用同一个账号登录两次，发现发送的 cookie 保持不变，如图 5.5 所示。

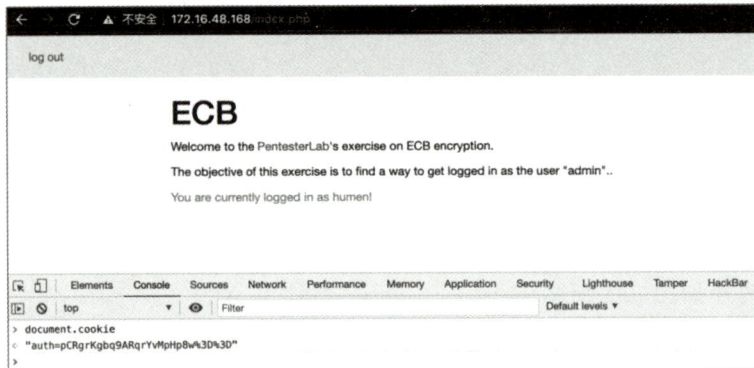

图 5.5 两次发送的 cookie 值不变

而且注意到，cookie 最后的“%3D%3D”是两个等号“==”的 URL 编码，而“==”作为 cookie 的后缀容易猜测出 cookie 值采用了 Base64 编码。因此，使用 Python 先进行 URL 解码，然后进行 Base64 解码，得到的结果如图 5.6 所示，看起来 cookie 是被加密了。

```
> python
Python 3.7.2 (default, Dec 29 2018, 00:00:04)
[Clang 4.0.1 (tags/RELEASE_401/final)] :: Anaconda, Inc. on darwin
Type "help", "copyright", "credits" or "license" for more information.
>>> import urllib.parse
>>> url_base64 = 'pCRgrKgbq9ARqrYvMpHp8w%3D%3D'
>>> urllib.parse.unquote(url_base64)
'pCRgrKgbq9ARqrYvMpHp8w=='
>>> import base64
>>> base64.b64decode('pCRgrKgbq9ARqrYvMpHp8w==')
b'\xa4$`\xac\xa8\x1b\xab\xd0\x11\xaa\xb6/2\x91\xe9\xf3'
```

图 5.6 Python URL 和 Base64 解码

接下来可以用相同的密码“123456”创建两个不同账号 test1 和 test2，并比较发送的 cookie，以分析其组成结构。两个账号对应的 cookie 如图 5.7、图 5.8 所示。

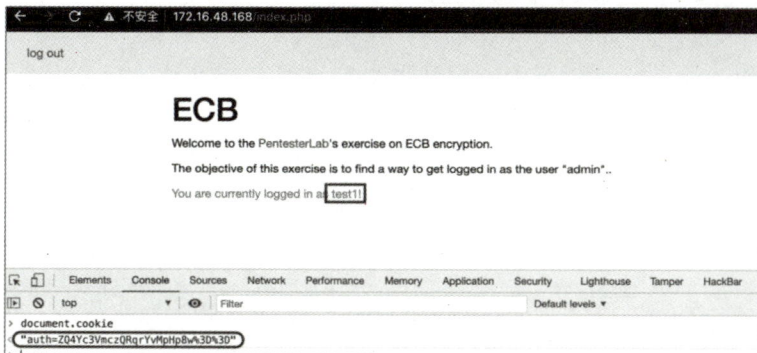

图 5.7　账号 test1 的 cookie 值

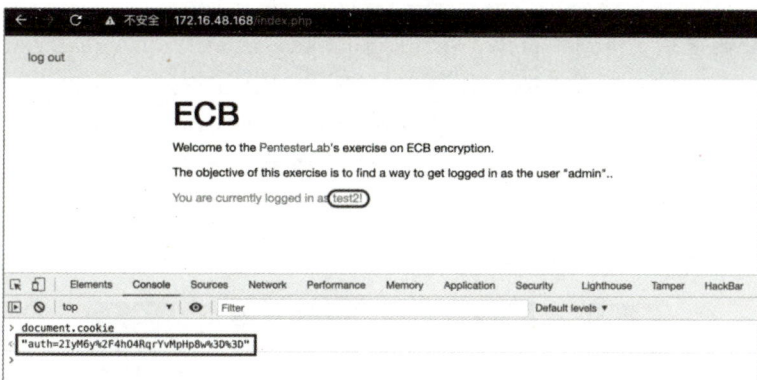

图 5.8　账号 test2 的 cookie 值

在对两个 cookie 进行 URL 解码之后，得到如下字符串。

账号	test1	test2
cookie	ZQ4Yc3VmczQRqrYvMpHp8w==	2lyM6y/4hO4RqrYvMpHp8w==

再对两个 cookie 值进行 Base64 解码，得到如下字符串，可以发现，两个字符串中有部分内容是一样的，且长度是 8 字节的倍数。

账号	test1	test2
decoded cookie	e\x0e\x18sufs4\x11\xaa\xb6/2\x91\xe9\xf3	\xd8\x8c\x8c\xeb/\xf8\x84\xee \x11\xaa\xb6/2\x91\xe9\xf3

然后创建一个账号和密码相同，即都是 20 个字符"a"的用户，并查看返回的 cookie 值，如图 5.9 所示。

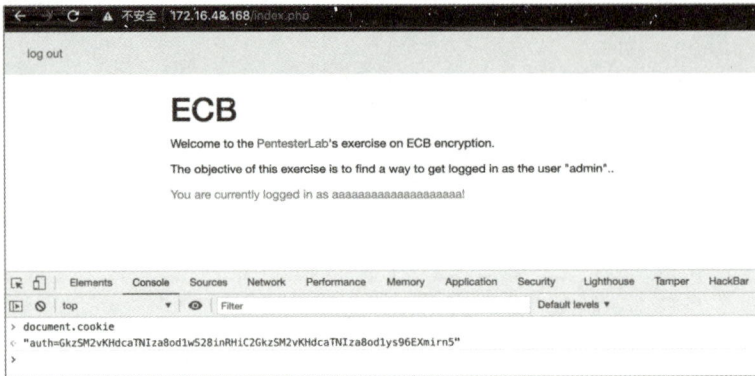

图 5.9　账号和密码都是"a" * 20 的 cookie 值

对其进行解码之后，得到字符串：\x1aL\xd23k\xca\x1d\xd7\x1aL\xd23k\xca\x1d\xd7\x04\xb6\xf2)\xd1\x1e\xb6\x1aL\xd23k\xca\x1d\xd7\x1aL\xd23k\xca\x1d\xd7＋=\xe8E\xe6\x8a\xb9\xf9。可以发现，密文中的字符串"\x1aL\xd23k\xca\x1d\xd7"重复多次，可判断分组长度是 8 个字节，而且采用的是 ECB 工作模式。

解码信息还显示账号名和密码没有直接连接在一起，可能是中间添加了分隔符的原因。判断明文的组合方式有两种可能，如图 5.10 所示。

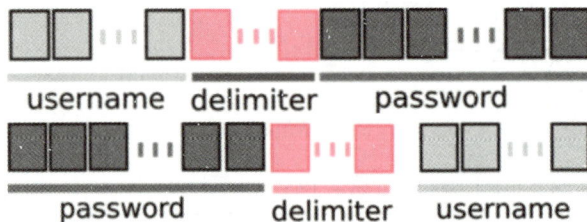

图 5.10　明文分组的组合方式

为了确定是哪一种模式，可以通过使用长用户名（20 个"b"）和短密码（5 个"b"）创建另一个用户，cookie 值为 yKPAtVttBtrIo8C1W20G2pzqZ8r％2FI％2FyGQzWTdbv4Dvc％3D，解码得到字符串为\xc8\xa3\xc0\xb5[m\x06\xda\xe8\xa3\xe0\xb5[m\x06\xda\x9c\xeag\xca\xff♯\xfc\x86C5\x93u\xbb\xf8\x0e\xf7。由此可以确定使用的模式为

用户名 | 分隔符 | 密码

这也可以解释前述账号名不同（test1 和 test2）但是密码相同（"123456"）的加密结果。

现在尝试确定分隔符的长度，使用如表 5.2 所示不同长度的用户名和密码，得到不同的解码结果。

表 5.2　结果对比表

用户名长度	密码长度	（用户名 ＋ 密码）总长度	cookie 长度（解码后）
2	3	5	8
3	3	6	8
3	4	7	8
4	4	8	16
4	5	9	16

可以看到，当"用户名＋密码"的长度大于 7 时，经过解码的 cookie 长度从 8 字节变为 16 字节。由此可以推断出分隔符是一个字节，因为加密是按每 8 字节的块进行分组的。

接下来，需要确定身份认证同 cookie 的哪一部分有关。创建一个用户名和密码都为 7 个"a"的用户，得到 cookie 值为"fAgjhvHG6xQLrioAA％2F8d5g％3D％3D"，解码得到字符串为"|\x08♯\x86\xf1\xc6\xeb\x14\x0b\xae＊\x00\x03a|w\x98"，删除最后 8 个字节（即密码部分），重新编码得到 fAgjhvHG6xQL。使用插件 EditThisCookie 修改 cookie 后，重新加载页面，可以看到仍然是通过身份验证的。所以，服务端只使用 cookie 中的用户名进行身份验证，没有使用密码。只需要构造"admin＋分隔符"所对应的 cookie，就可以通过服务端的身份验证，如图 5.11 所示。

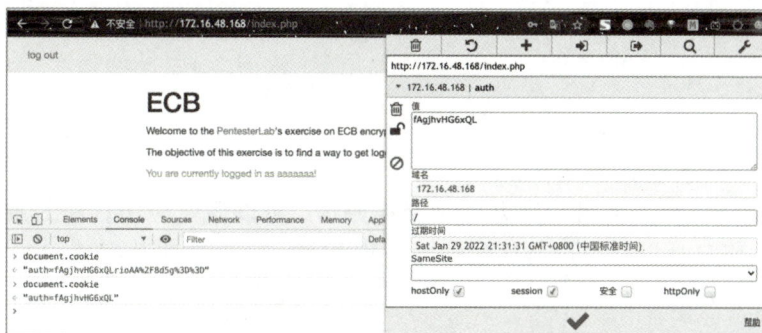

图 5.11　构造用户名和密码都是"a"＊7 的 cookie 值

构造方法一：删除分组

获得 admin 访问权限的最简单方法是利用 ECB 模式的特点删除一些加密分组。已经知道服务端计算 cookie 的字符串格式为"用户名＋单个分隔符＋密码"，并且只有用户名参与身份验证。根据 ECB 加密模式的特点，可以创建一长度为 13 的用户名，其最后 5 个字符是 admin，例如"aaaaaaaaadmin"对应的 cookie 为"GkzSM2vKHdeYMhBvxnBx5Nbot4DcmKe6"，解码得到"\x1aL\xd23k\xca\x1d\xd7\x982\x10o\xc6pq\xe4\xd6\xe8\xb7\x80\xdc\x98\xa7\xba"。

可以看到，前 8 个字节"\x1aL\xd23k\xca\x1d\xd7"在前文中是用户名为 20 个"a"时的 cookie 里频繁出现的，其实就是 8 个"a"加密之后的密文。所以，可以删除前 8 个字节的信息，删除后为"\x982\x10o\xc6pq\xe4\xd6\xe8\xb7\x80\xdc\x98\xa7\xba"，重新编码得到一个新的 cookie，即"mDIQb8ZwceTW6LeA3Jinug％3D％3D"。

使用插件 EditThisCookie 修改 cookie 之后重新加载网页，将新的 cookie 值发送给服务端，发现登录的账号已经变成 admin，如图 5.12 所示。

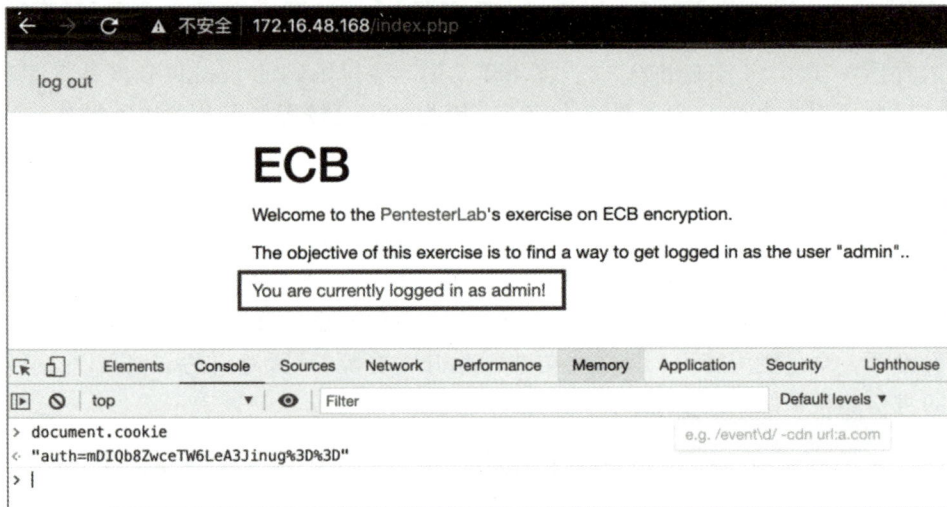

图 5.12 "admin"账号名对应 cookie 值

构造方法二：交换分组

获得 admin 访问权限的另一种方法是交换分组。可以假设应用程序是使用 SQL 查询来检索信息的，而且是根据用户名从数据库查询信息。对于某些数据库（MySQL 5.7 及以下版本），当使用数据类型 VARCHAR 时，下面两条查询语句将给出相同的结果。

SELECT * FROM users WHERE username='admin';

SELECT * FROM users WHERE username='admin   ';

在字符串比较期间，会忽略值 admin 后面的空格。可以利用这个特点来处理加密的分组。目标是最终得到这样的加密数据：ECB(用户名[分隔符]admin[空格])。

因为分隔符只由一个字节组成，所以只需要构造以下形式的用户名和密码来交换块数据以得到正确的伪造值。

（1）用户名＋分隔符的长度是块长度（8 字节）的整数倍；

（2）密码以 admin 开头；

（3）密码对应的密文应该位于单独的块中。

　　基于此,构造用户名和密码如下:用户名为 8 字节的密码+7 个空格,密码为 admin+3 个空格。最终密文的结构如图 5.13 所示。

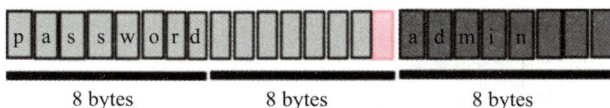

图 5.13　加密信息结构

　　在将前 8 个字节和后 8 个字节交换后,会得到如图 5.14 所示的密文。

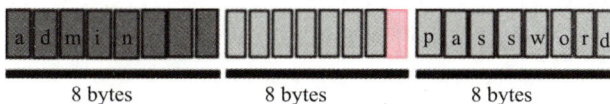

图 5.14　交换字节后所得加密信息结构

　　基于上述分析,创建一个用户名为"aaaaaaaa　　　　"(8 个"a"后接 7 个空格),密码为 "admin　　　"("admin"后接 3 个空格),接收到 cookie 值为"GkzSM2vKHdelBlFFazd3eshx6u XNvSnx",解码得到结果为"\x1AL\xD23k\xCA\x1D\xD7\xB5\x06QEk7wz\xC8q\xEA\xE5\xCD\ xBD)\xF1";然后交换最起始和最末尾 8 个字节的数据,得到"\xC8q\xEA\xE5\xCD\xBD)\ xF1\ xB5 \ x06QEk7wz \ x1AL \ xD23k \ xCA \ x1D \ xD7",重新编码得到新的 cookie 值为 "yHHq5c29KfGlBlFFazd3ehpM0jNryh3X",如图 5.15 所示。

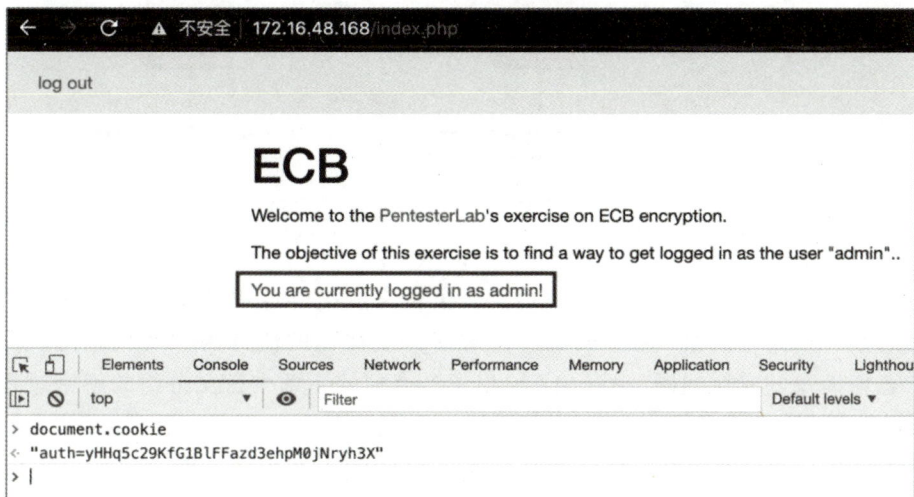

图 5.15　交换方法 cookie 值

　　使用插件 EditThisCookie 修改 cookie 值之后,重新加载网页,发现登录的账号变成了 admin。因为数据库查找"admin"和"admin　"结果是一样的，所以使用"admin　"能拿到最后权限。

5.1.2 密文分组链接(CBC)模式

在 CBC 工作模式中，明文分组会和上一个加密所得的密文进行异或操作，之后再使用密码算法加密。但是对于第一个明文分组，由于没有前续密文，因此明文分组会和一个初始化向量进行异或。

加密后的密文分组不仅与当前明文分组有关，而且还与之前的明文分组及初始化向量有关，所以明文的统计规律在密文中得到了隐藏。如果密文分组中有一些比特丢失或者翻转，将导致无法正确解密，而且会影响后续密文解密。

CBC 工作模式下如图 5.16 所示，图中给出了两个明文分组的加密操作过程。第一个明文分组需要和初始化向量进行异或运算，然后送入分组加密算法进行加密操作。第二个明文分组则和第一个密文分组进行异或运算后再进行加密。

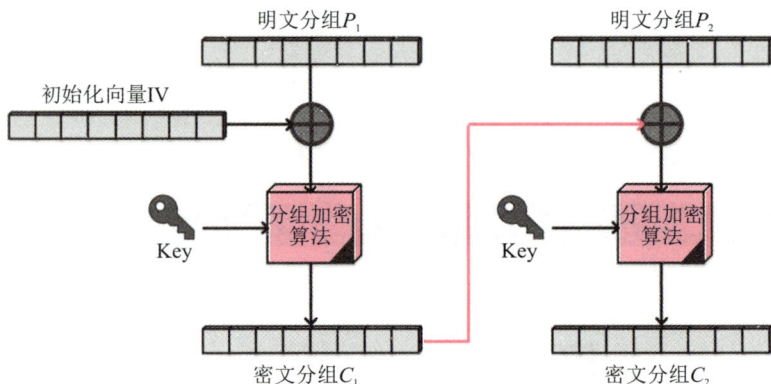

图 5.16　CBC 加密

CBC 模式解密时密文分组先解密再和上一个密文分组异或以恢复明文。第一个密文分组在解密后是和初始化向量异或。密文经由解密算法得到的值称为中间状态值，后续会说到中间状态值涉及的安全问题。图 5.17 给出了 CBC 模式下两个密文分组的解密过程。

CBC 模式具有如下特点：

(1) 链接是一种反馈机制，每个密文分组不仅依赖于产生它的明文分组，还依赖于之前的所有明文分组。

(2) 链接导致明文和密文的加解密处理无法并行处理。

(3) 在相同明文、相同密钥下，密文分组也不一定相同，隐藏了明文的统计特性。

（4）密文分组中的一个比特错误将影响本分组和下一个分组的解密，错误传播距离为两个分组。

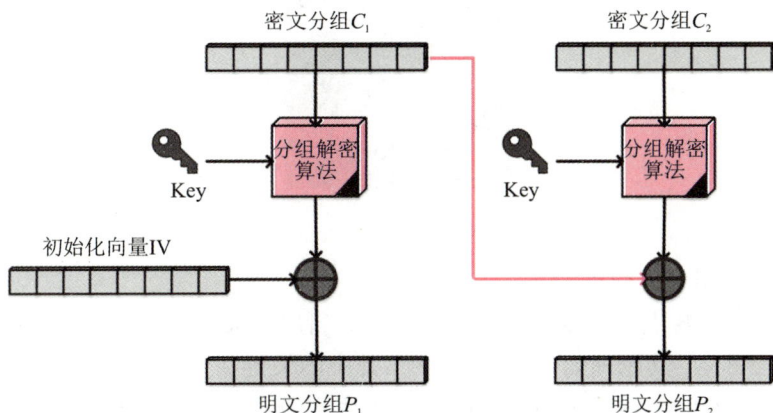

图 5.17　CBC 解密

（5）初始化向量 IV 不需要保密，以明文形式随密文一起传送。

【例 5-2】　CBC 模式下企鹅图像加密。

显然，ECB 模式下加密图像后仍能看出图像轮廓，没有任何保密性，现在以 CBC 模式实现图像的加密运算，具体 Python 实现代码如下：

```
1.  0502imagecbc.py
2.  from Crypto.Cipher import AES
3.  iv = b"0000111122223333"
4.  key = b"aaaabbbbccccdddd"
5.  cipher = AES.new(key,AES.MODE_CBC,iv)
6.  with open("tux.bmp","rb") as f:
7.    clear = f.read()
8.  clear_trimmed = clear[64:-2]
9.  ciphertext = cipher.encrypt(clear_trimmed)
10. ciphertext = clear[0:64] + ciphertext + clear[-2:]
11. with open("tux_cbc.bmp","wb") as f:
12.   f.write(ciphertext)
```

CBC 模式加密后的企鹅图像如图 5.18 所示，可以看到，在 CBC 模式下加密的图像已经完全隐藏了图像的轮廓信息，所以 CBC 模式比 ECB 模式更适合加密图像。

图 5.18   tux_cbc.bmp

【例 5-3】   字节反转攻击。

字节反转攻击的特点是改变密文中的比特位，利用 CBC 模式的解密特点，影响下一密文分组解密出的明文，其原理如图 5.19 所示。其中的关键在于密文经过解密操作得到的是图中的中间状态(分组)，然后中间状态同前一个密文分组进行异或得到明文。根据异或的特点，前一密文分组中如果某个比特位发生反转，将影响明文分组的值。注意：攻击中的密文分组对于攻击者通常是有机会修改的，这种攻击常用来绕过某些过滤器实现提权，例如"guest"解密为"admin"。

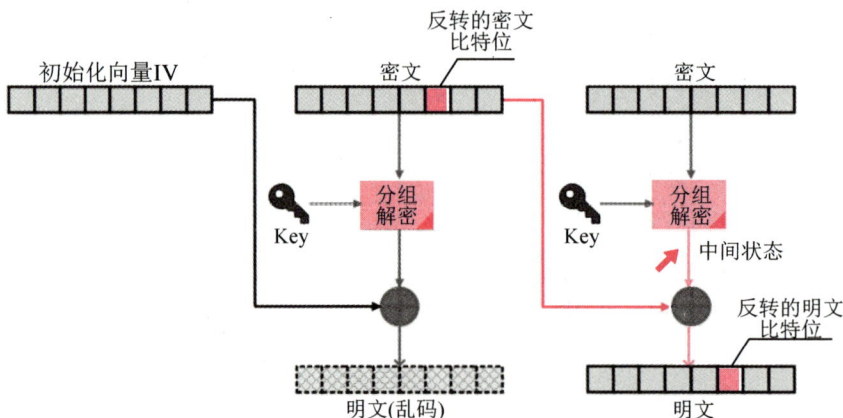

图 5.19   字节反转攻击

有以下 Python 代码实现 AES 密码算法的 CBC 模式加密和解密功能。

```
1.    ♯0503BitFlipAttack.py
2.    from Crypto.Cipher import AES
3.    from Crypto.Random import get_random_bytes
4.    import base64
5.    with open('./flag.txt','r') as f:
```

```
6.    FLAG = f.readline().strip()
7.   # print(FLAG)
8.   BLOCK_SIZE = 16
9.   IV = get_random_bytes(BLOCK_SIZE)
10.   key = get_random_bytes(BLOCK_SIZE)
11.   pad = lambda s: s + (BLOCK_SIZE - len(s) % BLOCK_SIZE) * chr(BLOCK_SIZE-
len(s) % BLOCK_SIZE).encode()
12.   unpad = lambda s: s[: - ord(s[len(s) - 1:])]
13.   prefix = "flag = " + FLAG + "&userdata = "
14.   suffix = "&user = guest"
15.   def menu():
16.     print ("1. encrypt")
17.     print ("2. decrypt")
18.     return input("> ")
19.
20.   def encrypt():
21.     data = input("your data: ")
22.     plain = (prefix + data + suffix).encode()
23.     aes = AES.new(key, AES.MODE_CBC, IV)
24.     print (base64.b64encode(aes.encrypt(pad(plain))))
25.
26.   def decrypt():
27.     data = input("input data: ").encode()
28.     aes = AES.new(key, AES.MODE_CBC, IV)
29.     plain = unpad(aes.decrypt(base64.b64decode(data)))
30.     # print (b'DEBUG = = = = > ' + plain)
31.     if plain[ - 5:] = = b"admin":
32.         print (plain)
33.     else:
34.         print ("you are not admin")
35.   def main():
36.     for i in range(10):
37.         cmd = menu()
38.         if cmd = = "1":
```

```
39.              encrypt()
40.          elif cmd = = "2":
41.              decrypt()
42.          else:
43.              exit()
44.  if __name__ = = "__main__":
45.      main()
```

首先，上述 Python 代码采用的是 AES 的 CBC 模式加解密，分组长度为 16 字节（第 23 行代码）。第 9 行和第 10 行随机生成 128 位的初始化向量和加解密密钥。第 11 行代码是分组的填充，确保加密之前的明文分组长度是 16 字节的整数倍。第 12 行代码刚好相反，它是去掉解密后明文当中的填充。

代码中加密的输入来自于代码行 5、13、14、21、22，明文组成为 prefix＋data＋suffix，其中的 flag 由代码行 6 从文件中读取并拼接在 prefix 中。prefix 之后是用户可控的输入 data，而 suffix 则是最后的固定输入的字符串"&user＝guest"，其中的 guest 应该是我们要修改（反转）的目标，也就是将"guest"解密为"admin"。

1. 暴力破解 flag 长度

首先，flag 的内容是从文件中读取的，其内容和长度都未知，特别是长度信息，需要逐个尝试。因为该长度值会影响组装后的明文长度，从而影响"guest"字符串的位置。因此编程实现时外围的大循环就是暴力破解 flag 长度。针对每个长度，组装明文送给服务器加密（代码第 37 行 cmd 选 1），获取返回的密文，然后修改密文值再返回给服务器解密，从解密结果中判断攻击是否成功（第 31 行）。

2. 确定 guest 首字母的位置（后续攻击代码中的变量 idx）

这一步是根据假定的 flag 长度计算"guest"字符串的位置，即字符串"flag＝&userdata＝&user＝"的长度＋flag 长度＋data 长度，其对应代码如下：

idx = (21 + x + pad) % BLOCK_SIZE + ((21 + x + pad) // BLOCK_SIZE - 1) * BLOCK_SIZE

3. 确定 idx 之后，修改密文的"guest"为"admin"

cipher[idx + 0] = chr(ord(cipher[idx + 0]) ^ ord('g') ^ ord('a'))

cipher[idx + 1] = chr(ord(cipher[idx + 1]) ^ ord('u') ^ ord('d'))

cipher[idx + 2] = chr(ord(cipher[idx + 2]) ^ ord('e') ^ ord('m'))

cipher[idx + 3] = chr(ord(cipher[idx + 3]) ^ ord('s') ^ ord('i'))

cipher[idx + 4] = chr(ord(cipher[idx + 4]) ^ ord('t') ^ ord('n'))

经过上述对密文分组的 5 个字符的替换操作，如果解密出来的明文分组的最后 5 个字符是"admin"，则输出明文内容，其中就包含 flag。完整的解题代码如下：

```
1.   #0504bitflipattack.py
2.   from pwn import *
3.   import base64
4.   import binascii
5.
6.   context.log_level = 'debug'
7.   pad = 16
8.   data = b'a' * pad
9.   #r = remote("127.0.0.1",10050)
10.
11.  for x in range(10,100):
12.      r = remote("127.0.0.1",10050)
13.      r.sendlineafter(b'> ', b'1')
14.      r.sendlineafter(b"your data:", data)
15.      #time.sleep(0.5)
16.      temp = r.recvline().decode()[2:]
17.      #print(temp)
18.      cipher = list(base64.b64decode(temp))
19.
20.      BLOCK_SIZE = 16
21.      prefix = b'flag=' + b'a' * x + b'&userdata='
22.      suffix = b'&user=guest'
23.      plain = prefix + data + suffix
24.
25.      idx = (22 + x + pad) % BLOCK_SIZE + ((22 + x + pad) // BLOCK_SIZE - 1 ) * BLOCK_SIZE
26.      #print(idx)
27.      cipher[idx + 0] = cipher[idx + 0] ^ ord('g') ^ ord('a')
28.      cipher[idx + 1] = cipher[idx + 1] ^ ord('u') ^ ord('d')
29.      cipher[idx + 2] = cipher[idx + 2] ^ ord('e') ^ ord('m')
30.      cipher[idx + 3] = cipher[idx + 3] ^ ord('s') ^ ord('i')
31.      cipher[idx + 4] = cipher[idx + 4] ^ ord('t') ^ ord('n')
32.
```

```
33.   #print(cipher)
34.   stemp = [binascii.unhexlify(hex(i)[2:].zfill(2).encode()) for i in cipher]
35.   stemp1 = b''
36.   for i in stemp:
37.   stemp1 += i
38.   r.sendlineafter(b'> ',b'2')
39.   r.sendlineafter(b'input data: ', base64.b64encode(stemp1))
40.   msg = r.recv().decode()
41.   #print(msg)
42.   #pause()
43.   if 'you are not admin' not in msg:
44.       print(msg)
45.       break
46.   r.close()
```

5.1.3 密文反馈(CFB)模式

CFB 模式是把明文和加密算法的输出进行异或运算得到密文的。整个加密算法相当于伪随机数生成器,由加密算法产生的比特序列称为密钥流。明文和密钥流进行逐个比特异或加密,因此,可以将 CFB 看作是一种使用分组密码实现的流密码加密。

在 CFB 模式下,加密算法包含一个与分组长度相同的移位寄存器,并使用 IV 对移位寄存器进行初始化。加密是对移位寄存器的输出内容进行的,从加密结果选取高 r 位同明文中的 r 位进行异或得到密文,再把密文的部分比特位反馈给移位寄存器,以更新移位寄存器的值,CFB 模式加密解密示意图如图 5.20 所示。

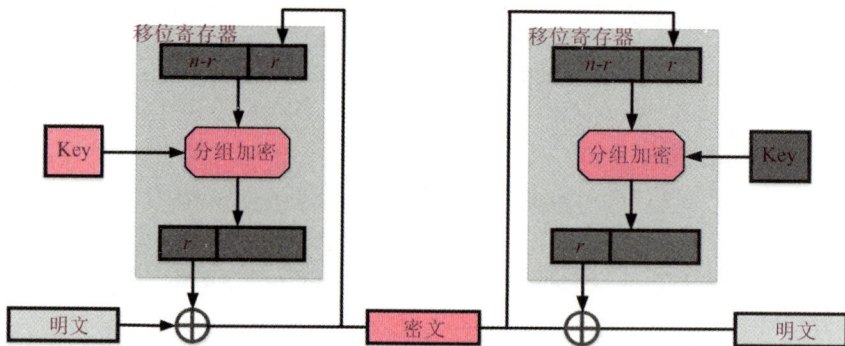

图 5.20 CFB 加解密

解密过程与加密过程相似，使用 IV 初始化寄存器，对移位寄存器内容加密，将结果的高 r 位与密文异或得到明文，再将密文移入寄存器进行更新。

改变 IV 会导致相同的明文得到不同的加密输出。若某个密文分组在传输中出现一位或多位的错误，将会引起当前分组和后续部分分组的解密错误。

CFB 模式具有如下特点：

（1）消息被看作比特流，不需要整个数据分组，在接收完后才能进行加解密。

（2）可用于自同步序列密码。

（3）具有 CBC 模式的优点。

（4）对信道错误较为敏感，且容易造成错误传播。

（5）数据加解密的速率低，相应的数据传输率低。

【例 5 - 4】　2015 年 HITCON CTF 赛题 Simple 解析。

原题是用 ruby 语言编写的，在此改为 PHP 语言实现。

服务器端加密所需的 IV 是由函数 get_random_iv( ) 随机产生的（代码行 10），并接收用户发送的信息。若发现用户发送的是用户名和密码，则使用 aes-128-cfb 加密，生成的密文和 IV 设置在 cookie 中。否则使用 aes-128-cfb 解密 cookie 的密文，判断明文是否存在用户名 admin，存在则输出 flag。

题目源码如下：

```
1.   <! DOCTYPE html>
2.   <html>
3.   <head>
4.     <title></title>
5.   </head>
6.   <? php
7.   //error_reporting(0);
8.   define("SECRET_KEY", 'kH3LH3sk45HLsd3n');
9.   define("METHOD", "aes-128-cfb");
10.  function get_random_iv() {
11.      $ random_iv = '';
12.      for( $ i = 0; $ i < 16; $ i + + ){
13.          $ random_iv . = chr(rand(1, 255));
14.      }
15.      return $ random_iv;
16.  }
17.  $ username = @ $ _POST['user'];
```

```
18.        $ password = @ $ _POST['pass'];
19.        if(isset( $ username) && isset( $ password)) {
20.            $ iv = get_random_iv();
21.            $ info = array(
22.                'username' = > $ username,
23.                'password' = > $ password,
24.            );
25.            $ info = json_encode( $ info);
26.            $ cipher = openssl_encrypt( $ info, METHOD, SECRET_KEY, OPENSSL_RAW_
DATA, $ iv);
27.            setcookie('iv', $ iv);
28.            setcookie('auth', $ cipher);
29.            header('Location: cfb.php');
30.        } else {
31.            if(isset( $ _COOKIE['auth']) && isset( $ _COOKIE['iv'])){
32.                $ cipher = $ _COOKIE['auth'];
33.                $ iv = $ _COOKIE['iv'];
34.                $ info = openssl_decrypt( $ cipher, METHOD, SECRET_KEY, OPENSSL_
RAW_DATA, $ iv);
35.                $ info = (array)json_decode( $ info);
36.
37.                if( $ info['admin'] = = = true){
38.                    exit('flag{123456}');
39.                }else {
40.                    echo 'Hello '. $ info['username'];
41.                }
42.            } else {
43.                echo '<body>
44.                    <form action = "" method = "post">
45.                        <input type = "text" name = "user"><br>
46.                        <input type = "password" name = "pass"><br>
47.                        <input type = "submit" value = "register">
48.                    </form>
49.                </body>';
```

```
50.          }
51.        }
52.    ? >
53.  </html>
```

运行程序后,注册界面如图 5.21 所示。

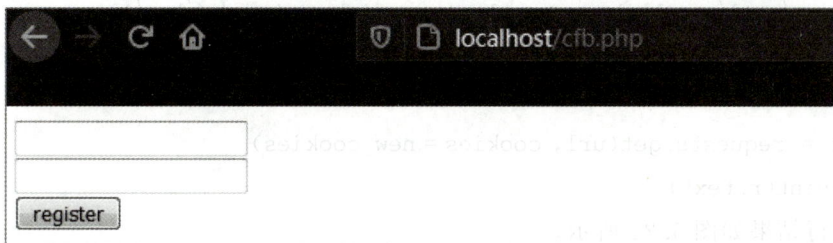

图 5.21　注册界面

上述注册界面的后台处理脚本将输入的用户名($ username)和密码($ password)一起构造出数组 $ info,然后进行 aes-128-cfb 模式加密,并由 cookie 返回 IV 和密文给浏览器。也就是说用户是可以得到 IV 和密文信息的;由此,根据 CFB 的工作模式还可以得到加密后的 IV(密文⊕明文即可)。把加密后的 IV 和明文"admin"异或得到新的密文。把新的密文和未加密的 IV 作为 cookie 发送到服务器端,服务器端会解密密文,判断存在用户名admin,最后得到 flag。

解题代码:

```
1.   import requests; import base64; import urllib
2.
3.   url = 'http://localhost/cfb.php'   # 根据自己的环境更换 url
4.   cookies = requests.post(url, data = {'user': '1', 'pass': '123456'}, allow_
redirects = False).cookies
5.   old_iv = urllib.unquote(cookies['iv']).encode('hex')
6.   cipher = urllib.unquote(cookies['auth']).encode('hex')
7.   first_block = cipher[0:32]   # 取第一个密文分组
8.   plain = '{"username":"1",'   # 与上面对应的明文分组
9.   # 注意看上面的加密过程,iv 是先经过加密之后再与明文进行 xor 得到密文
10.   # 这个加密过程不知道,可以通过密文 ^ 明文得到加密后的 iv
11.   encrypted_iv = hex(int(plain.encode('hex'), 16) ^ int(first_block, 16))
[2:-1]
```

```
12.   #修改明文获取新的密文
13.   new_plain = '{"admin": true }'
14.   new_cipher = hex(int(encrypted_iv,16) ^ int(new_plain.encode('hex'),16))
[2:-1]
15.   new_cookies = {
16.       'auth': urllib.quote_plus(new_cipher.decode('hex')),
17.       'iv'  : cookies['iv'],
18.   }
19.   r = requests.get(url, cookies = new_cookies)
20.   print(r.text)
```

代码运行结果如图 5.22 所示。

```
E:\cfb>python cfb_exp.py
<!DOCTYPE html>
<html>
<head>
    <title></title>
</head>
flag{123456}
```

图 5.22　运行结果

5.1.4　输出反馈(OFB)模式

OFB 模式和 CFB 模式大致一样,唯一不同的是移位寄存器内容加密后立即被反馈到移位寄存器中。

密钥流独立于明文,改变 IV 同样会导致相同的明文得到不同的加密结果。密文中单个或者多个比特出错仅会影响上述比特对应的字符解密。虽然不会出现比特错误传播,但是密文有没有被恶意篡改很难检测。OFB 加解密模式如图 5.23 所示,其模式具有如下特点:

(1) OFB 模式是 CFB 模式的改进,克服由错误传播带来的问题,但对密文被篡改难以检测。

(2) OFB 模式不具有自同步能力,要求系统保持严格的同步,否则难以解密。

(3) 初始化向量 IV 无须保密,但各条消息必须选用不同的 IV。

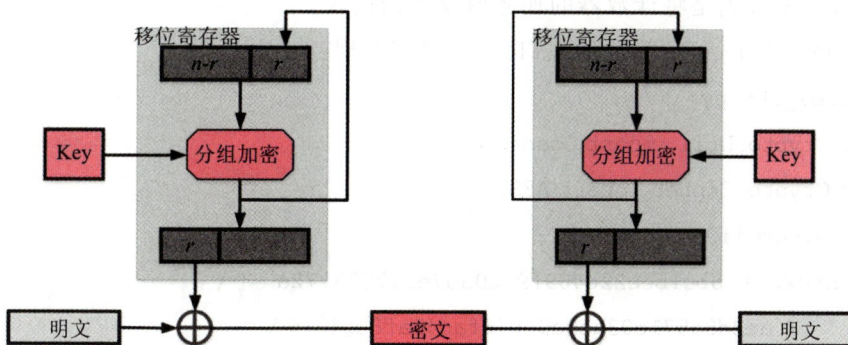

图 5.23　OFB 加解密模式

5.1.5　计数器(CTR) 模式

　　CTR 模式中，每个明文分组都对应着一个逐次累加的计数器(Counter)，先对计数器进行加密再和明文分组异或生成密文，对应的加密流程如图 5.24 所示。

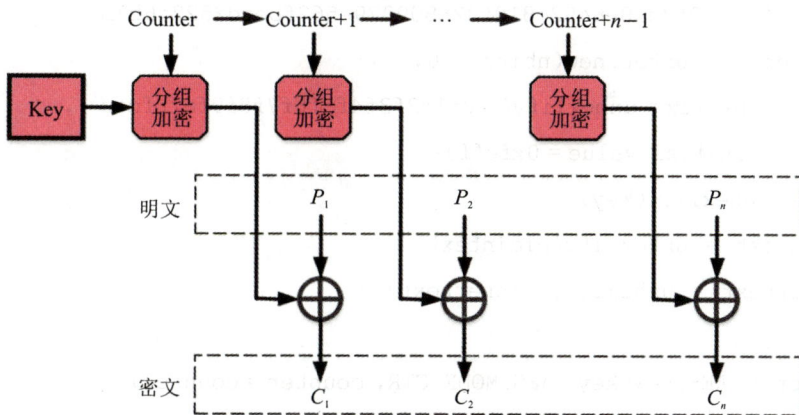

图 5.24　CTR 加密模式

　　计数器通常由初始化向量(有时也称为 nonce)和计数值(01，02，03，…)两部分拼接得到。在 CTR 模式中，输入明文和输出密文长度相同。

　　CTR 模式具有如下特点：

　　(1) CTR 模式的加密和解密使用一样的结构，在代码实现上简单方便。

　　(2) CTR 模式和 OFB 模式一样，都属于流密码。但 OFB 模式是将加密的输出反馈到输入，而 CTR 模式则是将计数器的加密值反馈到输入。

以下代码给出了 AES 算法的 CTR 模式典型实现：

```
1. #05aes_ctr.py
2. from Crypto.Util import Counter
3. from Crypto.Cipher import AES
4. from binascii import *
5. plaintext = '6bc1bee22e409f96e93d7e117393172a' + \
6.          'ae2d8a571e03ac9c9eb76fac45af8e51' + \
7.          '30c81c46a35ce411e5fbc1191a0a52ef' + \
8.          'f69f2445df4f9b17ad2b417be66c3710'
9. ciphertext = '1abc932417521ca24f2b0459fe7e6e0b' + \
10.           '090339ec0aa6faefd5ccc2c6f4ce8e94' + \
11.           '1e36b26bd1ebc670d1bd1d665620abf7' + \
12.           '4f78a7f6d29809585a97daec58c6b050'
13. key = '8e73b0f7da0e6452c810f32b809079e562f8ead2522c6b7b'
14. counter = Counter.new(nbits = 16,
15.           prefix = unhexlify('f0f1f2f3f4f5f6f7f8f9fafbfcfd'),
16.           initial_value = 0xfeff)
17. key = unhexlify(key)
18. plaintext = unhexlify(plaintext)
19. ciphertext = unhexlify(ciphertext)
20.
21. cipher = AES.new(key, AES.MODE_CTR, counter = counter)
22. print(cipher.encrypt(plaintext) = = ciphertext)
```

上述代码的第 14 行创建计数器对象，其中 nbits 表示计数（可变）值的比特长度，在此为 16 比特（2 字节），prefix 表示计数值的前缀字符串，在此为 14 个字节，nbits 长度和 prefix 长度之和应当为分组大小的倍数。

剩下就是第 21 行代码直接初始化一个 AES 对象，然后在 22 行调用 encrypt( ) 函数进行加密。

5.2 分组填充及其安全性

5.2.1　填充规则

在分组加密中，通常要求明文的长度必须是分组长度的整数倍，否则加密运算时将报错，如图 5.25 所示。

```
>>> from Crypto.Cipher import DES
>>> x=DES.new(b"12345678",DES.MODE_ECB)
>>> x.encrypt(b"abcdabcd")
b'u\x8a\x9aw\xc9\xa2\xcc\x1d'
>>> x.encrypt(b"abcdabcda")
Traceback (most recent call last):
  File "<stdin>", line 1, in <module>
  File "C:\Users\ThinkPad\AppData\Local\Programs\Python\Python38\lib\site-p
ackages\Crypto\Cipher\_mode_ecb.py", line 140, in encrypt
    raise ValueError("Data must be aligned to block boundary in ECB mode")
ValueError: Data must be aligned to block boundary in ECB mode
>>>
```

图 5.25　明文总长度必须满足分组长度的整数倍关系

因此，在对分组进行加密运算之前填充（Padding）是必须完成的第一步。需要注意的是，即使消息的长度已经是分组大小倍数的情况下仍然需要填充。目前已有的对明文分组进行填充的方式主要是 PKCS5 填充和 PKCS7 填充（PKCS5/7 Padding）。

PKCS5 填充和 PKCS7 填充规定了明文分组需要填充的内容和长度。PKCS5 填充只定义了分组长度为 8 字节情况下的填充方式，而 PKCS7 填充则定义了分组长度在 1～255 字节之间的填充方式。

明文分组加密之前，明文分组总字节长度对分组长度 n（例如 DES 为 8，AES 为 16）取余，余数为 m。若 $m>0$，则补充 $n-m$ 个字节，字节数值为 $n-m$，即差几个字节就补几个字节，字节数值即为补充的字节数；若 $m=0$，则补充 n 个字节。

例如，对于分组长度为 8 字节的 DES 加密，明文字符串为"AAA"，差 5 个字节，则填充的字符串为"\x05\x05\x05\x05\x05"；若明文字符串为"CCCCCCCC"，差 0 个字节，则填充后的明文字符串为"CCCCCCCC\x08\x08\x08\x08\x08\x08\x08\x08"。

对应的 Python 实现代码如下：

```
1.def pad(block_size,text):          #text 必须是字节类型
2.    text_length = len(text)
```

```
3.    amount_to_pad = block_size - (text_length % block_size)
4.    print(amount_to_pad)
5.    if amount_to_pad = = 0:
6.       amount_to_pad = block_size
7.    return text + bytes([amount_to_pad] * amount_to_pad)
```

解密时需要移除填充内容，此时只需要取最后一个字节，假设其值为 m，则从数据尾部删除 m 个字节，剩余数据即为加密前的明文信息。

读者可自行验证以下 DES 密码填充和加密结果实例：

KEY	= 01 23 45 67 89 AB CD EF
DES INPUT BLOCK	= for _ _ _ _ _
(IN HEX)	66 6F 72 05 05 05 05 05
DES OUTPUT BLOCK	= FD 29 85 C9 E8 DF 41 40

除了 PKCS5 填充和 PKCS7 填充，还有 10 填充（One And Zeroes Padding）、X923 填充、ISO10126 填充、全 0 填充和全空格填充，举例如下：

KEY	= 01 23 45 67 89 AB CD EF	
DES INPUT BLOCK	= for _ _ _ _ _	
(10 填充)	66 6F 72 80 00 00 00 00	♯补一个 0x80 和若干 0 字节
(X923 填充)	66 6f 72 00 00 00 00 05	♯补 0＋填充的字节数
(全 0 填充)	66 6f 72 00 00 00 00 00	
(全空格填充)	66 6f 72 20 20 20 20 20	
(ISO10126 填充)	66 6f 63 7F 20 3D 80 05	♯随机字符＋填充的字节数

5.2.2   分组填充安全性分析

填充从某种意义上给攻击者提供了额外判断密码运算对错的信息，因此可以针对一些使用不当的填充进行攻击。

以下服务端代码读取 flag.txt 文件内容，并对 flag 加密。加解密函数在 ECB 操作模式基础上对各个密文分组进行了某种形式的链接。当攻击者连接到服务器时，会先打印输出 flag 的密文，然后可依次进行一次加密和一次解密操作，而且输入的明文或密文都有长度限制，只接受前 16 字节，就是一个分组块。

```
1.    ♯ 05server.py
2.    from Crypto.Cipher import AES
3.    from Crypto.Util.Padding import pad, unpad
4.    from Crypto.Util.strxor import strxor
```

```
5.   from os import urandom
6.
7.   flag = open('./flag.txt', 'rb').read().strip()
8.   KEY = urandom(16)
9.   IV = urandom(16)
10.
11.  def encrypt(msg, key, iv):
12.    msg = pad(msg,16)
13.    blocks = [msg[i:i+16] for i in range(0, len(msg), 16)]
14.    out = b''
15.    for i, block in enumerate(blocks):
16.        cipher = AES.new(key, AES.MODE_ECB)
17.        enc = cipher.encrypt(block)
18.        if i > 0:
19.            enc = strxor(enc, out[-16:])
20.        out += enc
21.    return strxor(out, iv * (i + 1))
22.
23. def decrypt(ct, key, iv):
24.    blocks = [ct[i:i+16] for i in range(0, len(ct), 16)]
25.    out = b''
26.    for i, block in enumerate(blocks):
27.        dec = strxor(block, iv)
28.        if i > 0:
29.            dec = strxor(dec, strxor(ct[(i-1)*16:i*16],iv))
30.        cipher = AES.new(key, AES.MODE_ECB)
31.        dec = cipher.decrypt(dec)
32.        out += dec
33.    return out
34. # 主流程
35. flag_enc = encrypt(flag, KEY, IV).hex()
36. print('Welcome! You get 1 block of encryption and 1 block of decryption.')
37. print('Here is the ciphertext for some message you might like to read:', flag_
enc)
```

```
38. try：  ＃加密前 16 字节
39.     pt = bytes.fromhex(input('Enter plaintext to encrypt (hex)：'))
40.     pt = pt[:16]   ＃ only allow one block of encryption
41.     enc = encrypt(pt, key, IV)
42.     print(enc.hex())
43. except：
44.     print('Invalid plaintext! ;(')
45.     exit()
46. try：＃解密前 16 字节
47.     ct = bytes.fromhex(input('Enter ciphertext to decrypt (hex)：'))
48.     ct = ct[:16]   ＃ only allow one block of decryption
49.     dec = decrypt(ct, key, IV)
50.     print(dec.hex())
51. except：
52.     print('Invalid ciphertext! ;(')
53.     exit()
54. print('Goodbye! ;)')
```

上述代码实现的加密函数流程如图 5.26 所示。每个明文分组 P_i 采用的是 AES-ECB 模式加密。加密以后的结果，除第一个分组以外，首先和前一个分组 AES-ECB 模式加密的结果进行异或，最后再和 IV 进行异或得到最终的密文分组 C_i。

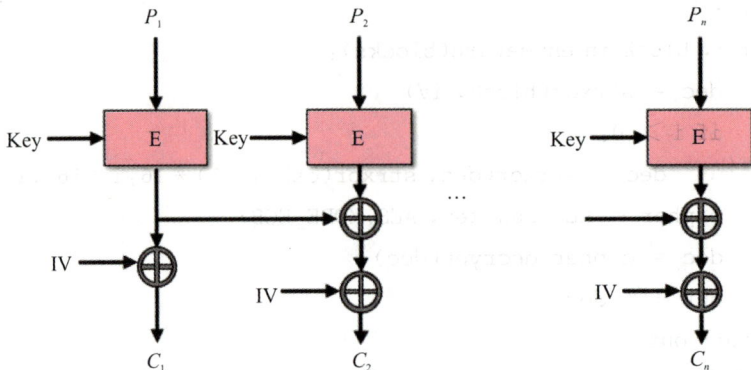

图 5.26　加密函数流程

解密时，第一个密文分组 C_1 同 IV 异或后进行 AES-ECB 模式解密得到明文分组 P_1。其他密文分组 C_i 先和 IV 异或，然后把相邻的异或后的结果再一次异或送入 AES-ECB 模式解密得到明文分组 P_i，即 $P_i = D_{Key}(C_i \oplus IV \oplus C_{i-1} \oplus IV) = D_{Key}(C_i \oplus C_{i-1})$。解密流程

如图 5.27 所示。

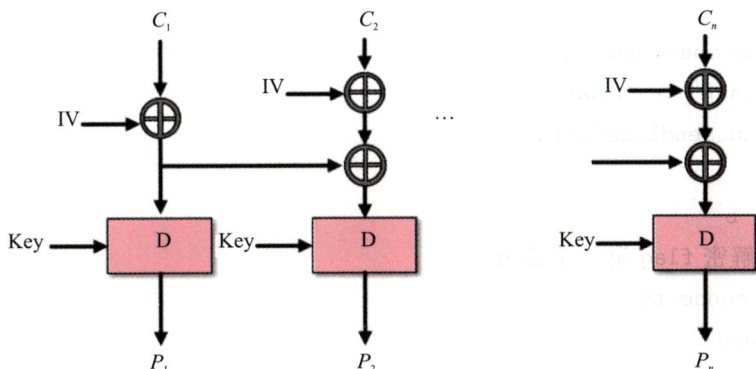

图 5.27 解密流程

服务端代码的工作流程相对简单，首先提供 flag 的密文，然后分别一次加密和一次解密。需要注意的是，加密和解密都只接受一个分组。flag 的第一个分组可以直接由解密功能得到，无须知道密钥 Key 和初始化向量 IV。

由解密过程可以发现，密文分组 C_i 的解密公式为

$$P_i = D_{Key}(C_i \oplus IV \oplus C_{i-1} \oplus IV) = D_{Key}(C_i \oplus C_{i-1}),\ i \geqslant 2$$

由于解密代码只接受第一个分组解密，此时可以构造密文"$C_i \oplus IV \oplus C_{i-1}$"，而且该密文长度为 16 个字节，对应的也是解密的第一个分组，此时解密得到 $P_i = D_{Key}(C_i \oplus C_{i-1})$，因此 flag 后续密文分组都可以通过解密流程的第一个密文分组解密得到明文。

构造密文"$C_i \oplus IV \oplus C_{i-1}$"时需要得到初始化向量 IV，而且每次连接服务端时，初始化向量 IV 都是不一样的。这可以利用填充规则来得到。发送 16 字节的"\x10"，根据 PKCS7 填充规则，会另外填充 16 个字节的"\x10"。把这两个分组分别记作 P_1 和 P_2，且 $P_1 = P_2$。根据加密流程，则有 $C_2 = E_{Key}(P_1) \oplus E_{Key}(P_2) \oplus IV = IV$，因此从 C_2 就可以得到 IV 的值。

最终的解题代码如下：

```
1.  from pwn import remote,xor
2.  from Crypto.Util.Padding import unpad
3.
4.  def connect():
5.      return remote('0.0.0.0', 1337)
6.
7.  defrecv(conn):
8.      o = conn.recvline().decode()
9.      print('[<]', o)
```

```
10.        return o
11.
12. def send(conn, data):
13.      print('[>]', data)
14.      conn.sendline(data)
15.
16. flag = b''
17. ### 解密 flag 第一个部分
18. conn = connect()
19. recv(conn)
20. ciphertext = recv(conn).split('read: ')[1]
21. num_blocks = len(ciphertext)//32
22. send(conn, 'aa' * 16)
23. recv(conn)
24. send(conn, ciphertext[:32])
25. flag += bytes.fromhex(recv(conn).split(': ')[1])
26. conn.close()
27. ### 解密 flag 剩下部分
28. for i in range(1, num_blocks):
29.      conn = connect()
30.      recv(conn)
31.      ciphertext = bytes.fromhex(recv(conn).split('read: ')[1])
32.      # 求解 IV
33.      send(conn, (b'\x10' * 16).hex())    # 通过构造相同的两个明文分组求解 IV
34.      IV = bytes.fromhex(recv(conn).strip()[-32:])
35.      to_decrypt = xor(xor(IV, ciphertext[(i-1) * 16:i * 16]), ciphertext[i * 16:(i+1) * 16])    # 构造(Ci ⊕ (Ci-1 ⊕ IV))
36.      send(conn, to_decrypt.hex())
37.      flag += bytes.fromhex(recv(conn).split(': ')[1])
38.      conn.close()
39. print('[*]', unpad(flag, 16).decode())
```

5.2.3　分组填充(Padding Oracle)攻击

根据分组加密的填充规则,在明文加密之前,会检查其长度是否满足要求。若不满足分组长度的倍数要求，则在最后一个分组中将不足的字节数作为字节值进行填充，然后进行加密处理，如图 5.28 所示的 PKCS ♯5/♯7 填充。

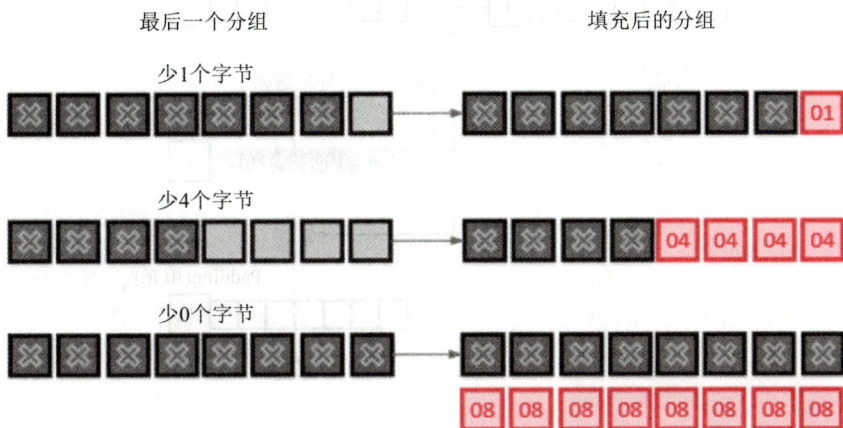

图 5.28　PKCS ♯5/♯7 填充举例

服务器接收到密文信息后进行解密，通常解密的结果有以下几种情况：

（1）密文无法正常解密；

（2）密文可以正常解密但解密结果有误，如不满足填充规则；

（3）密文可以正常解密并且解密结果比对正确。

相应的，上述三种情况的返回值也不一样，攻击者可以利用服务器返回的不同响应来判断提交的内容能否正常解密，从而获得额外信息。利用分组的填充规则实施的攻击称为分组填充（Padding Oracle）攻击。

Padding Oracle 攻击的核心思想如图 5.29 所示。图中第二个密文分组 C_2 由解密算法处理后得到中间状态 I_2，然后同密文分组 C_1 异或恢复明文分组 P_2。在这个过程中，攻击者可以修改密文分组 C_1 的值来影响最终的明文分组 P_2（CBC 模式的特性）；另一方面，如果知道明文分组 P_2 的某些字节，可以推导出中间状态 I_2 对应的字节信息（异或的特性）。

以图 5.29 中所示的最后一个字节为例，攻击通过枚举找到密文分组 C_1 的最后一个字节 A 的值，使得解密后的明文分组 P_2 的最后一个字节 P 满足填充规则，从而计算出中间状态 I_2 的最后一个字节 $X = A \oplus P$。最后利用真实的 C_1 的最后一个字节和中间状态 I_2 的最后一个字节 X 异或得到真正的明文分组的最后一个字节值。

分组填充攻击的核心在于推导中间值。攻击的适用条件如下：

（1）针对 CBC 链接模式的攻击；

（2）攻击者能够获得密文，以及附带在密文前面的 IV；

（3）攻击者能够触发密文的解密过程，且能够知道密文的解密结果是否正确。

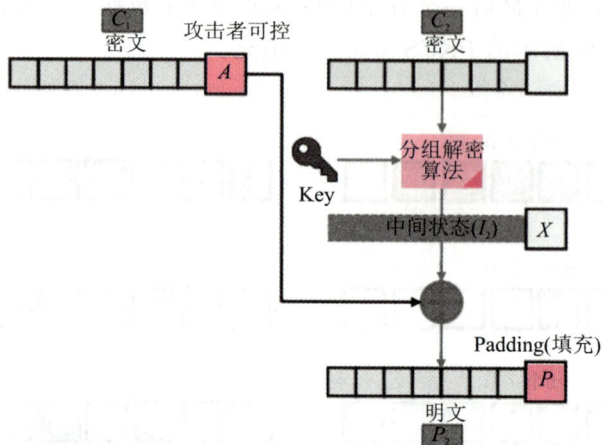

图 5.29　分组填充攻击的中间状态

　　下面举例说明如何通过 Padding Oracle 攻击恢复明文分组，例子中使用的参数如表 5.3 所示。

表 5.3　**Padding Oracle 攻击参数**

参 数 名	作 用	攻击者是否可控
$P_1 = $ "Hello Wo"	明文分组 1	×
$P_2 = $ "rld\x05\x05\x05\x05\x05"	明文分组 2	×
$C_1' = $ "\x00\x00\x00\x00\x00\x00\x00\x00"	暴力破解每个字节的值，计算明文	√
Key $= $ "mydeskey"	DES 加密密钥	×
$C_1 = $ "\x83\xe1\x0d\x51\xe6\xd1\x22\xca"	密文分组 1	√
$C_2 = $ "\x3f\xaf\x08\x9c\x7a\x92\x4a\x7b"	密文分组 2	√

　　分组填充攻击从第二个（最后一个）密文分组 C_2 开始。首先构建 C_2 的前一密文分组 $C_1' = $ "\x00\x00\x00\x00\x00\x00\x00\x00"，拼接 C_1' 和 C_2 得到 $C_1' \parallel C_2 = $ "\x00\x00\x00\x00\x00\x00\x00\x00\x3f\xaf\x08\x9c\x7a\x92\x4a\x7b"。把该字符串发送给服务器，根据 CBC 工作模式会先解密第二个分组 C_2，其中中间值 I_2 值和 C_1' 异或，得到明文分组 P_2。

　　第一步，先破解中间值 I_2 的最后一个字节 $I_2[8]$。暴力枚举 C_1' 的最后一个字节，当最后一个字节值是 "\xce" 时，明文的填充值 $P_2'[8]$ 是 "\x01"，说明 C_1' 构建正确，则中间值 $I_2[8] = P_2'[8] \oplus C_1'[8] = 0\text{xcf}$。

　　第二步，根据破解得到的中间字节 $I_2[8]$ 和真正的密文分组字节 $C_1[8]$ 异或恢复明文最后一个字节。明文最后一个字节是 $P_2[8] = I_2[8] \oplus C_1[8] = 0\text{xcf} \oplus 0\text{xca} = 5$，计算过程如图 5.30 所示。

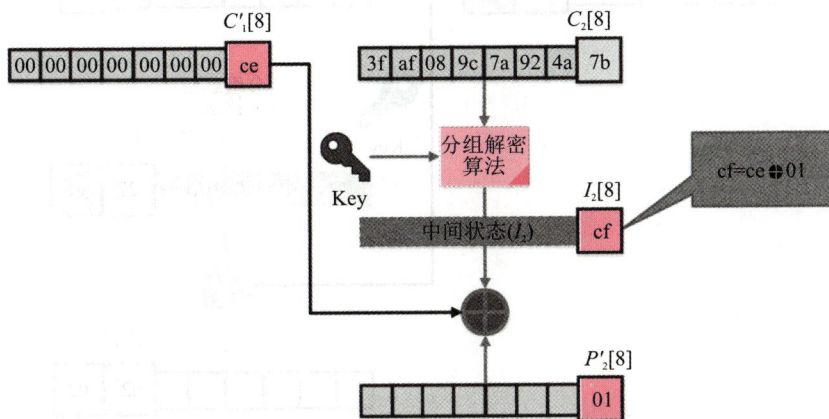

图 5.30-　破解明文最后一个字节

接着破解第二组明文倒数第二个字节。此时明文填充值应该是两个"\x02"，由于填充值的不同，构建的密文分组最后一个字节也要相应发生更改：$C'_1[8] = P'_2[8] \oplus P_2[8] \oplus C_1[8] = 0\text{x}02 \oplus 0\text{x}05 \oplus 0\text{xca} = 0\text{xcd}$，此时计算过程如图 5.31 所示。

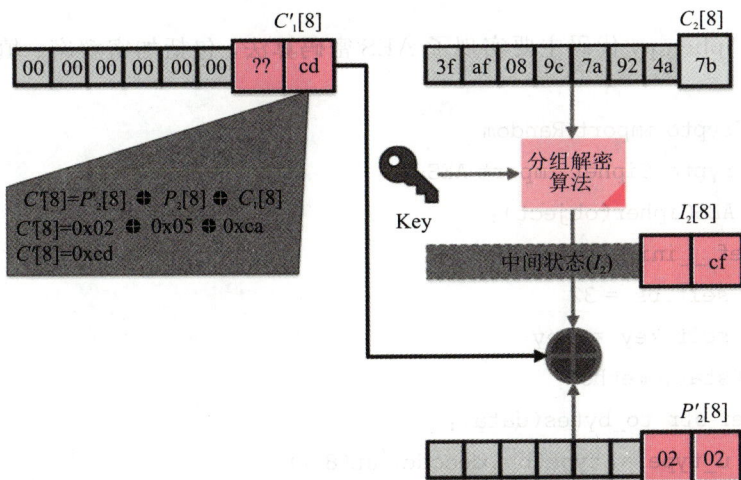

图 5.31　计算密文分组最后一个字节

然后暴力破解 C'_1 倒数第二个字节，当 $C'_1[7] = 0\text{x}25$ 时，明文的填充值是两个"\x02"，中间状态 I_2 的倒数第二个字节 $I_2[7] = P'_2[7] \oplus C'_1[7] = 0\text{x}27$，第二组明文的倒数第二个字节是 $P_2[7] = I_2[7] \oplus C_1[7] = 0\text{x}27 \oplus 0\text{x}22 = 5$，计算过程如图 5.32 所示。

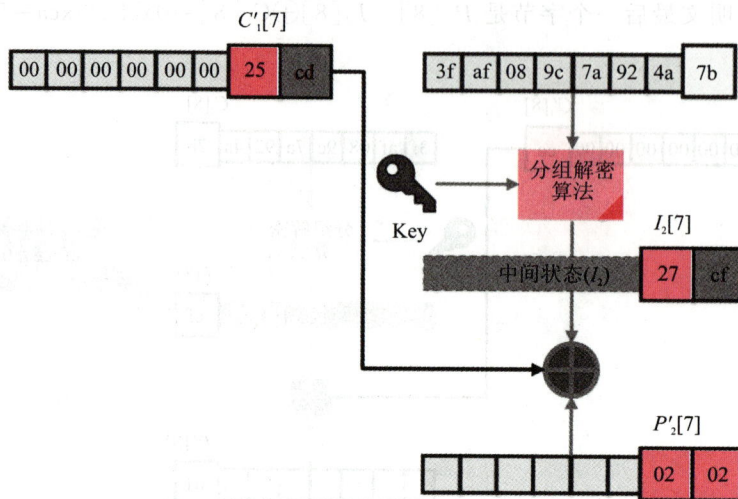

图 5.32　破解明文倒数第二个字节

依次类推，可以求解全部明文。

接下来我们具体看一道 CTF 赛题。该题给了三个文件，加密工具文件 AESCipher.py、加密文件 lockfile.py 和生成的密文文件 flag.encrypted。要求：解密 flag.encrypted 文件，得到 flag。

以下 AESCipher.py 代码主要实现了 AES 密码算法，包括加密解密、填充和解填充等功能。

```
1.   from Crypto import Random
2.   from Crypto.Cipher import AES
3.   class AESCipher(object):
4.       def __init__(self, key):
5.           self.bs = 32
6.           self.key = key
7.       @staticmethod
8.       def str_to_bytes(data):
9.           u_type = type(b''.decode('utf8'))
10.          if isinstance(data, u_type):
11.              return data.encode('utf8')
12.          return data
13.      def _pad(self, s):
14.          return s + (self.bs - len(s) % self.bs)
```

```
15.             ) * AESCipher.str_to_bytes(chr(self.bs - len(s) % self.bs))
16.     @staticmethod
17.     def _unpad(s):
18.         return s[:-ord(s[len(s) - 1:])]
19.     def encrypt(self, raw):  # 加密函数: AES-CBC
20.         raw = self._pad(AESCipher.str_to_bytes(raw))
21.         iv = Random.new().read(AES.block_size)
22.         cipher = AES.new(self.key, AES.MODE_CBC, iv)
23.         return iv + cipher.encrypt(raw)
24.     def decrypt(self, enc):  # 解密函数
25.         iv = enc[:AES.block_size]
26.         #print(self.key,iv)
27.         cipher = AES.new(self.key, AES.MODE_CBC, iv)
28.         #print(len(enc))
29.         return cipher.decrypt(enc[AES.block_size:])
```

代码 lockfile.py 的功能是对文件内容进行加密。首先确保输入的 key 长度为 8 字节，接着将其分为四组并分别使用 SHA256 算法对其进行哈希操作。加密算法为 CBC 模式的 AES 算法，然后分别使用四组 key 加密，采用的方法是下一轮对上一轮加密得到的密文进行再加密。

```
1 .#052lockfile.py
2.  import sys
3.  import hashlib
4.  from AESCipher import *
5.  class FileLocker(object):
6.      def __init__(self, keys):
7.          assert len(keys) == 4
8.          self.keys = keys
9.          self.ciphers = []
10.         for i in range(4):
11.             self.ciphers.append(AESCipher(keys[i]))
12.#加密函数，调用 AESCipher 类的加密函数对明文加密四次
13.     def enc(self, plaintext):
14.         stage1 = self.ciphers[0].encrypt(plaintext)
15.         stage2 = self.ciphers[1].encrypt(stage1)
```

```
16.            stage3 = self.ciphers[2].encrypt(stage2)
17.            ciphertext = self.ciphers[3].encrypt(stage3)
18.            return ciphertext
19. ♯ 解密函数，调用 AES Cipher 类的解密函数对密文解密
20.        def dec(self, ciphertext):
21.            stage3 = AESCipher._unpad(self.ciphers[3].decrypt(ciphertext))
22.            stage2 = AESCipher._unpad(self.ciphers[2].decrypt(stage3))
23.            stage1 = AESCipher._unpad(self.ciphers[1].decrypt(stage2))
24.            plaintext = AESCipher._unpad(self.ciphers[0].decrypt(stage1))
25.            return plaintext
26. if __name__ == "__main__":
27.        if len(sys.argv) != 3:
28.            ♯ PASSWORD 是可打印字符
29.            print("Usage: ./lockfile.py plainfile password")
30.            exit()
31.    filename = sys.argv[1]    ♯ 获取明文文件名
32.    plaintext = open(filename,"rb").read()    ♯ 读取明文
33.
34.    password = sys.argv[2].encode('utf-8')    ♯ 得到 key
35.    assert len(password) == 8    ♯ 确保输入的 key 是 8 个字符
36.    i = int(len(password)/4)    ♯ 把输入的 key 分为四组
37.    keys = [    ♯ 把分组后的每两个字符分别哈希
38.        hashlib.sha256(password[0:i]).digest(),
39.        hashlib.sha256(password[i:2 * i]).digest(),
40.        hashlib.sha256(password[2 * i:3 * i]).digest(),
41.        hashlib.sha256(password[3 * i:4 * i]).digest(),
42.    ]
43.    s = FileLocker(keys)    ♯ 哈希后的 keys 作为参数生成 FileLocker 对象 s
44.
45.    ciphertext = s.enc(plaintext)    ♯ 加密 s：明文加密四次，得到密文
46.
47. open(filename + ".encrypted", "wb+").write(ciphertext)
```

为生成密文文件 flag.encrypted，需要在终端里切换到上面两个文件所在目录，然后执行如下命令。

```
1. echo"flag{hmsec - padding - oracle}" > flag   # 生成明文文件
2. /lockfile.py flag humensec   # 加密明文文件,得到密文文件
```

显然,直接暴力破解密钥的 8 个字符是不可能的。考虑到每一轮加密的密钥实际上只有 2 个字符,若有办法验证每一轮的两个密钥字符是否正确,那么每一轮最多只要 256×256 次猜解即可。于是根据填充规则,每一轮可以通过判断解密后的最后填充来判断密钥位是否正确,下面是判断填充正确与否的代码:

```
1. def checkPadding(raw):
2.     s = raw[-1]   # 最后一个字符
3.     if s == chr(0) or s == chr(1):   # 排除最后一个字符为 0 或者 1 的情况
4.         return False
5.     if raw[len(raw) - ord(s):] == ord(s) * s:
6.         return True
7.     else:
8.         return False
```

如果最后一个字节是 chr(0),则肯定是错误的。如果最后一个字节是 chr(1),则有可能是正确的,但只会发生在填充最原始的明文的时候,因为从第二轮开始加密的都是上一轮的密文,它们肯定是 AES 分组大小的倍数,不可能差一个字节,而且判断为错误的概率比判断为正确的概率大,所以在代码里直接返回 False。只有在最后运行不出结果时,才考虑原始明文最后一个字节是 chr(1) 的情况。

参考解题代码如下:

```
1.    # - * - coding:utf - 8 - * -
2.    import hashlib
3.    import string
4.    import libnum
5.    from AESCipher import *
6.    def checkPadding(raw):
7.        s = raw[-1]
8.        if s == chr(0) or s == chr(1):
9.            return False
10.       if raw[len(raw) - ord(s):] == ord(s) * s:
11.           return True
12.       else:
13.           return False
14.   flag_enc = open("flag.encrypted","rb + ").read()
```

```
15.
16.   dict = []
17.   for x in string.printable：　# 把可打印字符两两组合作为密钥的两位
18.   for y in string.printable：
19.         dict.append(hashlib.sha256((x + y).encode()).digest())
20.
21.   cipher = flag_enc
22.   for i in range(4)：　# 四次
23.       for key in dict：
24.           raw = AESCipher(key).decrypt(cipher)
25.           if checkPadding(raw)：
26.                cipher = AESCipher._unpad(raw)
27.                break
28.   print('flag',cipher)
```

习　　题

1. 图像加噪加密实验：试着修改图像像素的最低有效位，从而避免 ECB 加密模式的信息泄露问题，请编程实现。

2. 完成 ECB/CBC 操作模式检测的函数，要求如下：

(1) 生成随机的 16 字节 AES 密钥。

(2) 根据上述随机密钥进行加密，加密前在明文的前后各添加 5～10 字节随机值，操作模式随机选取 ECB 或 CBC，如果是 CBC，还需要选择随机的 IV。

(3) 编写一个函数，能够判断被加密的密文块是使用 CBC 还是 ECB 模式加密得到的。

3. 雪崩效应：对于 DES 分组加密，取明文为"encryption"，密钥为"1111111011111 1101111111101111111011111110111111101111111001111110"，给出加密结果，然后改变密钥的第一个比特位为 0，比对加密结果，说明雪崩效应。如果取明文为"cncryption"，密钥保持不变，观察密文变化情况。

参考答案：雪崩效应(见图 5.33)指明文或密钥的少量变化会引起密文的大量变化。雪崩效应是指当输入发生最微小的改变(例如，反转一个二进制位)时，也会导致输出的剧变(例如，输出中有一半的二进制位发生反转)。在高品质的块密码中，无论密钥或明文的任何细微变化，都应当引起密文的剧烈改变。

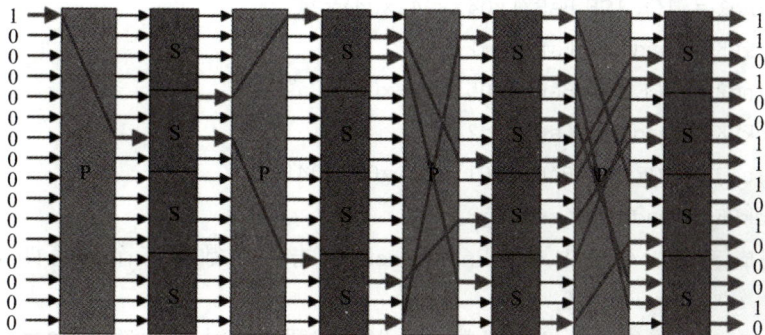

图 5.33　雪崩效应

密钥变：6dfeac13295a2f0ce8fc80d0b2cee5ee 和 68503697f0bd04e4769ef9e4f307b7ef

明文变：6dfeac13295a2f0ce8fc80d0b2cee5ee 和 df8c3f815c191cd9e8fc80d0b2cee5ee

4. PKCS♯7 填充：使用 Python 编写代码，实现功能；检查一段文本是否为有效的 PKCS♯7 填充，如果是，则去掉填充。示例如下：

string1＝"ICE ICE BABY\x04\x04\x04\x04" 是有效填充，结果为"ICE ICE BABY"。

string2＝"ICE ICE BABY\x05\x05\x05\x05" 不是有效填充。

string3＝"ICE ICE BABY\x01\x02\x03\x04" 不是有效填充。

参考答案：

（1）提取字符串最后一位 c，转化为十进制数，即为填充长度（对应变量：paddingCount）。

（2）比较字符串的倒数 paddingCount 的位置上的字符是否等于 c，如果相等，则为有效填充。

```
1.   def checkPKCS7padding(string):
2.       l = len(string)
3.       c = string[l - 1]
4.       paddingCount = ord(c)
5.       for i in range(paddingCount):
6.           if string[l - 1 - i] ! = c:
7.               print ("PKCS7padding invalid!")
8.               return False
9.       print ("check ok!")
10.      return True
11.
```

```
12.   string1 = "ICE ICE BABY\x04\x04\x04\x04"
13.   checkPKCS7padding(string1)
14.   string2 = "ICE ICE BABY\x05\x05\x05\x05"
15.   checkPKCS7padding(string2)
16.   string3 = "ICE ICE BABY\x01\x02\x03\x04"
17.   checkPKCS7padding(string3)
```

5. 继续完成 5.2.3 小节中 Padding Oracle 攻击的倒数第三个和第四个明文字节的恢复。

6. 若把 5.2.2 小节的例题解密函数改为以下代码，此时该如何解题？

```
1.   def decrypt(ct, key, iv):
2.       blocks = [ct[i:i + 16] for i in range(0, len(ct), 16)]
3.       out = b''
4.       for i, block in enumerate(blocks):
5.          dec = strxor(block, iv)
6.          if i > 0:
7.              dec = strxor(dec, ct[(i - 1) * 16:i * 16])
8.          cipher = AES.new(key, AES.MODE_ECB)
9.          dec = cipher.decrypt(dec)
10.         out += dec
11.      return out
```

第6章 密码分析学

密码分析和密码编码是密码学领域中两个相互对立又互相关联的学科。作为安全密码的设计人员和使用人员，应随时从攻击者角度来审视密码的安全性。本章重点学习分组密码的差分分析和线性分析方法，最后对分组密码的侧信道分析和滑板攻击进行讨论。

6.1 密码分析学概述

密码分析学是以破解密码系统为目标的一门科学。成功的密码分析可以通过发现和利用密码算法的弱点恢复消息明文或者密钥。与此同时，密码分析可以验证密码体制的安全性，通过破译安全性差的密码算法，从而设计出更加安全的密码算法。

密码学中，有关密码分析学的相关内容如图 6.1 所示。

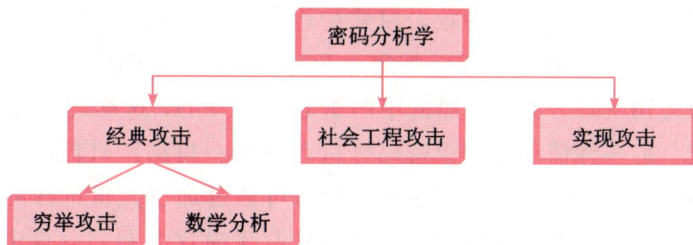

```
                        密码分析学
                            │
        ┌───────────────────┼───────────────────┐
        │                   │                   │
     经典攻击            社会工程攻击           实现攻击
        │
   ┌────┴────┐
   │         │
 穷举攻击   数学分析
```

图 6.1　密码分析学细分图

（1）经典攻击（Classical Attacks）分为穷举攻击和数学分析两类。穷举攻击尝试所有可能的密钥，直到找到正确匹配的为止，攻击过程中加密算法被看作是一个黑盒子；数学分析则重在对加密算法的内在结构进行分析，如本章重点讲解的差分分析和线性分析。

（2）社会工程攻击（Social Engineering Attacks）是指针对用户的攻击。例如利用钓鱼邮件、诈骗短信等手段诱骗用户泄露密码。

(3) 实现攻击(Implementation Attacks)主要和密码算法的使用不当、配置不当或者实现漏洞有关,例如侧信道分析。

在大多数情况下,密码分析学主要研究加密算法的缺陷。一个合格的密码算法必定能够抵抗大量的密码分析攻击。根据"执行破解密码时,攻击者所拥有的资源"进行分类,密码分析攻击被分为四大类:

(1) 唯密文攻击(Ciphertext Only Attacks):密码分析者仅从截获的密文进行分析,尽可能地恢复多的明文或者推算出加密消息的密钥。可以想象,密码分析者虽然截获了密文数据流,但是并不知道密文对应的明文,因此破译密码十分困难。穷举法属于一种唯密文攻击,一般在设计算法时都会考虑到穷举法攻击的危险。

(2) 已知明文攻击(Known Plaintext Attacks):密码分析者除了有截获的密文外,还知道一些已知的明文-密文对,通过对加密信息的分析推出明文或者加密的密钥。这种密码攻击的强度要比唯密文攻击的强度大。分析者在已知明文-密文对的情况下,使用统计分析的方式对已知明文-密文对进行研究,并将找出的规律应用在大量密文中,实现密码破译。希尔密码依赖唯密文攻击较难破解,而通过已知明文攻击则容易攻破。另一种著名的分析方法——线性攻击,也是已知明文攻击;攻击者需要获得足够多的明文-密文对来获取线性逼近表达式,需要说明的是,明文-密文对没有特殊的要求。

(3) 选择明文攻击(Chosen Plaintext Attacks):密码分析者不仅可以得到一些消息的密文和与之对应的明文,而且还可以对被加密的明文进行选择。选择明文攻击比已知明文攻击更有效。从分析者拥有的资源上来讲,若密码分析者拥有加密黑盒子,则可加密任意明文得到相应密文。因此,分析者可选择能产生更多密钥信息的特定的明文块进行加密,从而达到推导未知密钥的目的。这种攻击模式初看起来并不现实,因为很难想象攻击者可以选择任意的信息并要求加密系统进行加密。不过,在公钥密码学中,这就是一个很实用的模式。这是因为公钥密码方案中,加密用的钥匙是公开的,这样攻击者就可以直接用它来加密任意的信息。另一种情形是假设密码分析者临时获得加密机器的访问权,但加密密钥被安全嵌入在设备中,攻击者得不到密钥,此时可通过加密大量选择的明文,然后利用产生的密文来推测密钥。典型的选择明文攻击方法有碰撞攻击和差分攻击等。差分攻击为了获得特定的差分输出,需要精心选择两个明文以获得特定的差分输入。如果不能控制明文的选择,那么就不能获得所需的明文差分,差分攻击也就无法实施。

(4) 选择密文攻击(Chosen Ciphertext Attacks):密码分析者能选择不同的密文,并可得到对应解密后的明文。选择密文攻击是这几类攻击中强度最高的。从分析者拥有的资源上来讲,密码分析者拥有解密黑盒子,可解密任意密文得到相应的明文。公钥体制下,类似于选择明文攻击,密码分析者可以得到任意多的密文对密码进行分析。

6.2　差分密码分析

差分密码分析方法最早是由 Eli Biham 和 Adi Shamir 在 1990 年公开发表的。但早在 1974 年 IBM 就已经使用该分析方法了，只不过 IBM 将差分密码分析定为机密而没有公开。差分分析方法是一种选择明文攻击，其基本思想是通过分析特定明文之间的差分与对应密文之间的差分关系来获得可能性最大的密钥。它主要适用于攻击迭代类型的密码体制，其算法步骤如下所示：

(1) 收集大量的明文-密文对；

(2) 生成差分分布表；

(3) 根据概率最大原则选取一个固定的差分对$(X_\triangle, Y_\triangle)$；

(4) 遍历所有收集到的明文-密文对，寻找 X、X^*，使得 $X \oplus X^* = X_\triangle$；

(5) 创建 4 元组(X, X^*, Y, Y^*)，其中，$Y = \text{SBox}(X)$，$Y^* = \text{SBox}(X^*)$；

(6) 生成基于差分对$(X_\triangle, Y_\triangle)$可能出现的中间值(Value)，并记录个数(Max)；

(7) 根据 Max 值遍历所有可能的密钥，如果存在 $E(P_i, K_0, K_1) = C_i$，则密钥被破解，反之，回到第(3)步。

本节以玩具密码(Toy Cipher)为例来分析差分攻击方法。图 6.2 给出了玩具密码的加密流程。

玩具密码由两个部分组成，一个是异或运算，另一个是 S 盒结构。首先密钥 K 被分为两个子密钥 K_0 和 K_1，其次明文分组 P_i 与子密钥 K_0 异或的结果作为 S 盒的输入，其输出值与子密钥 K_1 异或，然后输出密文 C_i。

密码分析者如果单纯地使用穷举的方式去破解密钥，则需要花费很长的时间(如果密钥是 k 比特，则需要尝试 2^k 次)。然而，如果能合理猜测出一对 S 盒输入值和 S 盒输出值，那么将大大减少破解 K_0 和 K_1 所花费的时间。

差分攻击寻找 S 盒的两个明文的差分(异或)输入与两个密文之间的差分输出的关系，基于上述关系寻求密钥的合理猜测。

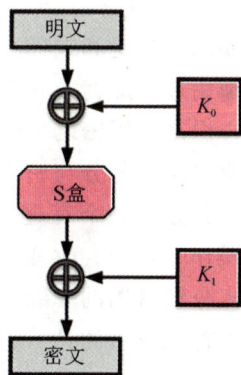

图 6.2　玩具密码

所谓差分就是两个二进制比特序列对的异或值，例如，"000"和"111"的差分是 7。需要注意的是，同一个差分值有很多序列对，例如，差分值为 7 的比特序列对还有"001"和"110"、"010"和"101"等。

下面来分析玩具密码中的异或和 S 盒对差分的影响。

异或运算在玩具密码里扮演着重要的角色。对于简单的异或加密，其加密运算如下：

$$C_i = P_i \oplus K \tag{6.1}$$

例如，

$$\text{密钥：}00110010$$
$$\text{明文：}01110100$$
$$\text{密文：}01000110$$

现在使用同一个密钥 K 对两个明文分组 P_1、P_2 进行加密，加密后的密文分组分别为 C_1、C_2，则有：

$$C_1 \oplus C_2 = P_1 \oplus K \oplus P_2 \oplus K \tag{6.2}$$

根据异或性质有：

$$C_1 \oplus C_2 = P_1 \oplus P_2 \tag{6.3}$$

例如，

$$\text{明文 } P_1：01010100 \qquad \text{明文 } P_2：11010011$$
$$\text{密钥 } K：00110010 \qquad \text{密钥 } K：00110010$$
$$\text{密文 } C_1：01100110 \qquad \text{密文 } C_2：11100001$$

显然有：

$$C_1 \oplus C_2 = 10000111$$
$$P_1 \oplus P_2 = 10000111$$

以上结论和式(6.3)说明，异或运算下明文对与密文对的差分是一样的，使用异或运算与密钥进行加密，不会改变差分值。

但是分组密码中的 S 盒是一种非线性变换，该操作可以使得明文对的差分与密文对的差分变得不同。如图 6.3 所示，这是差分分析一个有趣的性质：异或运算不会影响差分，但是 S 盒操作(运算)会改变差分。

分组密码的非线性特性是由 S 盒的结构决定的，因此差分攻击首先分析的是 S 盒的统计特性。通过统计分析建立输入差分与输出差分的关系。统计分析的结果是构造差分分布表 (Difference Distribution Table, DDT)，如图 6.4 所示，纵坐标是 X_Δ (输入差分，输入是 4 个比特，差分值范围 0～15)，横坐标是 Y_Δ (输出差分，输出同样是 4 个比特，差分值范围 0～15)。单元格里的值代表某差分值出现的次数。例如，当输入差分为 4，输出差分为 7 时，单元格的值是 6，代表(4,7)出现了 6 次(最多为 16 次)。

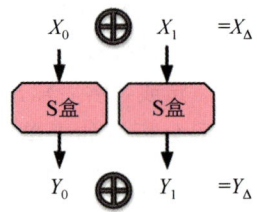

图 6.3　S 盒差分分析

输出差分 Y_Δ

16	0	0	0	0	0	0	0	0	0	0	0	0	0	0	0
0	2	0	4	0	0	0	2	0	0	0	2	0	6	0	0
0	2	2	0	2	0	0	2	0	2	0	2	0	2	0	2
0	0	2	0	2	0	0	0	0	2	4	0	4	0	0	2
0	0	0	0	2	4	0	6	0	0	0	0	2	0	0	2
0	0	2	0	0	0	2	2	2	0	4	0	0	0	0	2
0	2	2	0	2	2	2	0	4	0	0	0	0	0	2	0
0	0	0	2	0	2	0	0	2	0	0	4	0	0	2	4
0	2	0	0	0	6	0	0	2	2	0	2	0	0	2	0
0	0	2	2	2	2	4	0	4	0	0	0	0	0	0	0
0	2	0	0	2	0	0	0	2	2	2	0	0	0	2	0
0	4	0	2	0	0	0	0	0	4	2	2	2	2	2	0
0	2	4	0	2	0	0	0	0	2	2	2	0	0	0	0
0	2	0	2	0	0	2	2	0	2	2	0	0	0	0	4
0	0	0	2	0	0	2	0	0	2	0	4	2	0	0	0
0	0	0	0	2	0	4	2	0	0	0	0	0	2	6	0

输入差分 X_Δ

图 6.4　差分分布表

从差分分布表可以很清晰地看到分布的不均匀性。如果输入的两个明文相同，那么输出的两个密文肯定也是相同的(差分值＝0)，也就是左上角的 16。另外需要注意的是，分布表中的每一列元素总和等于 16。分布的这种不均匀性有助于更快地破解密钥 K。

首先，建立玩具密码的差分分布表，寻找概率最大的差分对。按照图 6.4 所给出的差分分布表，我们使用差分对(4，7)。由于异或不改变差分，所以 S 盒的输入差分是 4、输出差分是 7。对于输入差分值 4 来说，S 盒的输入明文对存在六种可能，即(0，4)、(1，5)、(4，0)、(5，1)、(9，13)、(13，9)；那么，对应的 S 盒的输出密文对也存在六种可能，即(3，4)、(14，9)、(4，3)、(9，14)、(11，12)、(12，11)。此时，玩具密码算法的相关信息(差分分析过程)如图 6.5 所示。

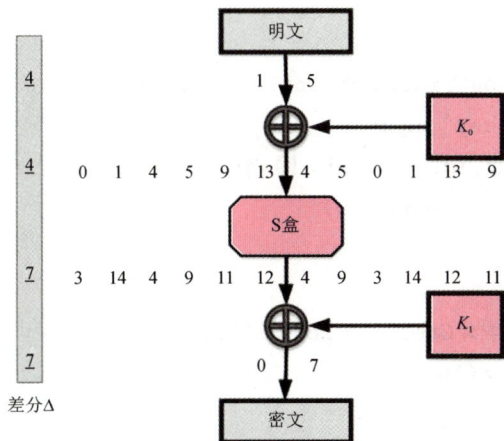

图 6.5　差分分析过程

其次，差分密码分析是一种选择明文攻击密码分析方法，需要找到满足特定差分值的明文-密文对。在此就是输入差分值为 4，输出差分值为 7 的明文-密文对。对应的实现见代码 genPairs 函数和 findGoodPair 函数。

最后，将 S 盒输入与明文 P_i 异或可破解 K_0，将 S 盒输出与密文 C_i 异或可破解 K_1。由此可见，使用差分攻击来破解密钥 K，只需要针对 S 盒输入进行枚举即可，这大大减少了破解密钥 K 的时间。

玩具密码差分分析(Python 语言实现)代码如下：

```
1. '''
2. Differential Cryptanalysis Toy Implementation
3. 参考源 C 代码地址：http://theamazingking.com/diff.c
4. '''
5. import random
6. sbox = [3, 14, 1, 10, 4, 9, 5, 6, 8, 11, 15, 2, 13, 12, 0, 7]
7. sboxRev = [14, 2, 11, 0, 4, 6, 7, 15, 8, 5, 3, 9, 13, 12, 1, 10]
8. chars = [[0 for i in range(16)] for j in range(16) ]
9. chardat0 = [0 for i in range(16)]
10. KnowP0 = [0 for i in range(16)]
11. KnowP1 = [0 for i in range(16)]
12. KnowC0 = [0 for i in range(16)]
13. KnowC1 = [0 for i in range(16)]
14. goodP0 = goodP1 = goodC0 = goodC1 = chardatmax = 0
15. numPairs = 8
16.
17. def roundFunc(input:int, key:int) -> int:
18.     return sbox[key^input]
19. def encrypt(input:int, K0:int, K1:int) -> int:
20.     x0 = roundFunc(input,K0)
21.     return x0^k1
22. def findDiffs():
23.     print("####Creating Xor differential table####")
24.     for c in range(16):
25.         for d in range(16):
26.             chars[c^d][sbox[c]^sbox[d]] += 1
27.     for c in range(16):
```

```
28.          for d in range(16):
29.              print(" % d " % chars[c][d], end = " ")
30.          print("\n")
31. def genCharData(indiff:int, outdiff:int):
32.     print("生成可能的中间值，基于差分对( % d - > % d ):" % (indiff,outdiff))
33.     chardatmax = 0
34.     for f in range(16):
35.         myComp = f ^ indiff
36.         if sbox[f] ^ sbox[myComp] = = outdiff:
37.             print("Possible: % d + % d - > % d + % d" % (f,myComp,sbox[f],
sbox[myComp]))
38.             chardat0[chardatmax] = f
39.             chardatmax + = 1
40.     return chardatmax
41. def genPairs(indiff:int):
42.     print("Generating % d known pairs with input differentia of % d." % (num-
Pairs,indiff))
43.     realK0 = random.randint(1,1000) % 16    # 正式密钥 K0
44.     realK1 = random.randint(1,1000) % 16    # 正式密钥 K1
45.
46.     print("Real K0 = % d" % realk0)
47.     print("Real K1 = % d" % realk1)
48.     for i in range(16):
49.         KnowP0[i] = random.randint(1,1000) % 16
50.         KnowP1[i] = KnowP0[i] ^ indiff
51.         KnowC0[i] = encrypt(KnowP0[i],realk0,realk1)
52.         KnowC1[i] = encrypt(KnowP1[i],realk0,realk1)
53. def findGoodPair(outdiff:int):
54.     print("Searching for good pair:")
55.     for i in range(16):
56.         if KnowC0[i] ^ KnowC1[i] = = outdiff:
57.             goodC0 = KnowC0[i]
58.             goodC1 = KnowC1[i]
59.             goodP0 = KnowP0[i]
```

```
60.              goodP1 = KnowP1[i]
61.              print("FountGoodPair:(P0 = %d, P1 = %d) --> (C0 = %d,C1
= %d)" % (goodP0,goodP1,goodC0,goodC1))
62.              return goodP0,goodC0
63.      print("NO GOOD PAIR FOUND!")
64. def testKey(testK0:int,testK1:int):
65.      # 测试猜测的密钥值是否为真正的密钥
66.      crap = 0
67.      for c in range(numPairs):
68.          if (encrypt(KnowP0[c],testK0,testK1) != KnowC0[c]) and (encrypt
(KnowP1[c],testK0,testK1) != KnowC1[c]):
69.              crap = 1
70.              break
71.      if crap == 0:
72.          return 1
73.      else:
74.          return 0
75. def crack(goodP0:int, goodC0:int,chardatmax:int):
76.      print("Brute forcing reduced keyspace:")
77.      for f in range(chardatmax):
78.          testK0 = chardat0[f] ^ goodP0
79.          testK1 = sbox[chardat0[f]] ^ goodC0
80.          if testKey(testK0,testK1) == 1:
81.              print(" Key(√) (%d,%d)" % (testK0,testK1))
82.          else:
83.              print(" (%d,%d)" % (testK0,testK1))
84. def main():
85.      findDiffs()  # 构建差分表
86.      chardatmax = genCharData(4,7)   # 找出符合特定输入输出差分对
87.      genPairs(4)  # 生成已知明文对(选择明文攻击)
88.      goodP0,goodC0 = findGoodPair(7)
89.      crack(goodP0,goodC0,chardatmax)   # 使用 good pairs 寻找 Real key
90. if __name__ == '__main__':
91.      main()
```

6.3　线性密码分析

线性密码分析是一种已知明文攻击，由 M. Matsui 和 A. Yamagishi 在分析 FEAL 和 DES 算法时首次提出。线性密码分析的基本思想是通过寻找密码算法的有效线性近似表达式来破译密码系统，通过将算法部件的输入和输出进行某种关联，建立并求解线性方程组，得到用于加密的密钥相关信息。

因此，线性密码分析的关键在于分析 S 盒的线性特性，发现明文比特、密文比特和密钥比特之间可能存在的概率线性关系，即存在一个比特子集使得其中元素的异或表现出非随机的分布，从而实现密码分析的方法。

6.3.1　线性近似和偏差

线性近似表达式一般如下式所示：

$$X_{i_1} \oplus X_{i_2} \oplus \cdots \oplus X_{i_u} \oplus Y_{i_1} \oplus Y_{i_2} \oplus \cdots \oplus Y_{i_v} = 0 \qquad (6.4)$$

其中：X_i 代表输入 $X = [X_1, X_2, \cdots]$ 的第 i 比特位，Y_i 则表示输出 $Y = [Y_1, Y_2, \cdots]$ 的第 i 比特位，符号 $\oplus$ 表示异或，因此，所谓的线性近似是在二进制 $(0,1)$ 比特位异或运算下的线性表示。式 (6.4) 表示 u 个输入比特位和 v 个输出比特位的异或和为 0（也可以是 1，意义相同）。

线性密码分析主要针对随机性较差的分组密码。如果对于任意的输入和输出值，难以找到满足上述线性关系的表达式，则说明此密码随机性好。但是对于某个密码算法，如果能以较高的概率满足（或者不满足）某种输入输出的组合线性关系，则说明此密码随机性较差。

所谓的随机性好，那就是随机选取 $u+v$ 位的值代入式 (6.4) 中，则该表达式成立的概率是 $1/2$。线性密码分析中利用的是找到某些表达式，其成立的概率与 $1/2$ 的偏差，其中偏差的形象表述是式 (6.4) 成立的概率和 $1/2$ 的差值。距离越远，偏差就越大，线性密码分析的适用性就越好，攻击所需的已知明文就越少。

考虑如图 6.6 所示的分组密码 S 盒，4 比特输入 $X = \{X_1, X_2, X_3, X_4\}$ 和 4 比特输出 $Y = \{Y_1, Y_2, Y_3, Y_4\}$ 的 S 盒结构。

S 盒的非线性映射替换关系如表 6.1 所示。

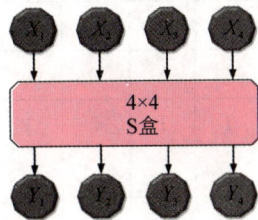

图 6.6　S 盒映射

表 6.1   S 盒表示(十六进制)

输入	0	1	2	3	4	5	6	7	8	9	A	B	C	D	E	F
输出	9	B	C	4	A	1	2	6	D	7	3	8	F	E	0	5

接下来针对上述 S 盒，找到偏差较大的类似式(6.4)的近似表达式。

对于线性表达式 $X_1 \oplus X_3 \oplus Y_2 = 0$，通过遍历 16 种可能的 S 盒输入值 X，可以得到相应地 S 盒输出 Y，如表 6.2 所示。在所有的 16 种可能的输入情况下，使得该表达式成立的概率为 14/16。因此，概率偏差为 $14/16 - 1/2 = 3/8$。

而对于线性表达式 $X_3 \oplus X_4 \oplus Y_2 \oplus Y_3 = 0$，发现其概率偏差为 0。

同样，对于线性表达式 $X_1 \oplus Y_2 \oplus Y_4 = 0$，其概率偏差为 $4/16 - 1/2 = -1/4$。

三种情况比较下来，最好的线性近似是第一种情况。正如之前所说的，攻击成功的关键就在于偏差的大小。

表 6.2   S 盒的输入输出关系和部分线性近似表达式

X_1	X_2	X_3	X_4	Y_1	Y_2	Y_3	Y_4	$X_1 \oplus X_3$	Y_2	$X_3 \oplus X_4$	$Y_2 \oplus Y_3$	X_1	$Y_2 \oplus Y_4$
0	0	0	0	1	0	0	1	0	0	0	0	0	1
0	0	0	1	1	0	1	1	0	0	1	1	0	1
0	0	1	0	1	1	0	0	1	1	1	1	0	1
0	0	1	1	0	1	0	0	1	1	0	1	0	1
0	1	0	0	1	0	1	0	0	0	0	1	0	0
0	1	0	1	0	0	0	1	0	0	1	0	0	1
0	1	1	0	0	0	1	0	1	0	1	1	0	0
0	1	1	1	0	1	1	0	1	1	0	0	0	1
1	0	0	0	1	1	0	1	1	1	0	1	1	0
1	0	0	1	0	1	1	1	1	1	1	0	1	0
1	0	1	0	0	0	1	1	0	0	1	1	1	1
1	0	1	1	1	0	0	0	0	0	0	0	1	0
1	1	0	0	1	1	1	1	1	1	0	0	1	0
1	1	0	1	1	1	1	0	1	1	1	0	1	1
1	1	1	0	0	0	0	0	0	0	1	0	1	0
1	1	1	1	0	1	0	1	0	1	0	1	1	0

6.3.2　堆积引理

在实际的分组密码算法中，往往有多个 S 盒，主要体现在两个方面。

(1) 分组密码算法通常采用的多轮结构，会反复使用 S 盒对明文输入进行替换操作；

(2) 每一轮当中也会包含多个 S 盒，对明文的不同比特进行替换操作。

因此，上述对单个 S 盒的偏差计算需要扩展到多个 S 盒的偏差计算，此时需要引入堆积引理(Piling-Up Lemma)。

假设有两个随机的二进制变量 X_1 和 X_2，考虑如下所示的简单关系线性表达式：

$$X_1 \oplus X_2 = 0 \tag{6.5}$$

上述等式表示 X_1 和 X_2 相等，假定两个变量的概率分别为

$$\Pr(X_1 = i) = \begin{cases} p_1, & i = 0 \\ 1 - p_1, & i = 1 \end{cases} \tag{6.6}$$

$$\Pr(X_2 = i) = \begin{cases} p_2, & i = 0 \\ 1 - p_2, & i = 1 \end{cases} \tag{6.7}$$

如果这两个变量相互独立，则

$$\Pr(X_1 = i, X_2 = j) = \begin{cases} p_1 p_2, & i = 0, j = 0 \\ p_1(1 - p_2), & i = 0, j = 1 \\ (1 - p_1)p_2, & i = 1, j = 0 \\ (1 - p_1)(1 - p_2), & i = 1, j = 1 \end{cases} \tag{6.8}$$

由此可以推导出

$$\begin{aligned} \Pr(X_1 \oplus X_2 = 0) &= \Pr(X_1 = X_2) \\ &= \Pr(X_1 = 0, X_2 = 0) + \Pr(X_1 = 1, X_2 = 1) \\ &= p_1 p_2 + (1 - p_1)(1 - p_2) \end{aligned} \tag{6.9}$$

令：

$$p_1 = \frac{1}{2} + \varepsilon_1, \quad p_2 = \frac{1}{2} + \varepsilon_2 \tag{6.10}$$

其中，ε_1、ε_2 分别是 X_1 和 X_2 的概率偏差，取值范围在 $\left[-\frac{1}{2}, \frac{1}{2}\right]$，因此线性表达式成立的概率可以表示为

$$\Pr(X_1 \oplus X_2 = 0) = \frac{1}{2} + 2\varepsilon_1 \varepsilon_2 \tag{6.11}$$

对应的表达式 $X_1 \oplus X_2 = 0$ 的偏差 $\varepsilon_{1,2}$ 的值为

$$\varepsilon_{1,2} = 2\varepsilon_1 \varepsilon_2 \tag{6.12}$$

由此类推，n 个独立的随机变量 X_1、X_2、$\cdots$、X_n 异或等于 0 的概率为

$$\Pr(X_1 \oplus \cdots \oplus X_n = 0) = \frac{1}{2} + 2^{n-1} \prod_{i=1}^{n} \varepsilon_i \tag{6.13}$$

式(6.13)就是堆积引理的推导式。这里需要注意：对于所有的 i，如果 $p_i = 0$ 或 1，那么 $\Pr(X_1 \oplus \cdots \oplus X_n = 0) = 0$ 或 1；如果 $p_i = 1/2$，那么 $\Pr(X_1 \oplus \cdots \oplus X_n = 0) = 1/2$。

有了上述堆积引理的计算式，利用 X_i 表示 S 盒的关系就不再是一个复杂的问题。

例如，有 4 个独立的随机变量 X_1、X_2、X_3 和 X_4。令 $\Pr(X_1 \oplus X_2 = 0) = 1/2 + \varepsilon_{1,2}$，$\Pr(X_2 \oplus X_3 = 0) = 1/2 + \varepsilon_{2,3}$。若要计算 $\Pr(X_1 \oplus X_3 = 0)$，则先需要利用异或运算的性质简化，然后再使用堆积引理。因此，$\Pr(X_1 \oplus X_3 = 0) = \Pr([X_1 \oplus X_2] \oplus [X_2 \oplus X_3] = 0) = 1/2 + 2\varepsilon_{1,2}\varepsilon_{2,3}$。

6.3.3 完整密码算法的线性近似

本节以玩具密码(Toy Cipher) II 为例，进一步讨论线性分析攻击。玩具密码 II 流程如图 6.7 所示，明文分组 P_i 大小是 4 比特，密钥 K 是 16 比特(其中包含 4 个子密钥，分别为 4 比特)。如果使用枚举的方式破解密钥 K，需要尝试 65536 种(2^{16})可能的密钥值。倘若使用线性密码分析，利用线性近似替代非线性的思想，将能更快地破解玩具密码 II。

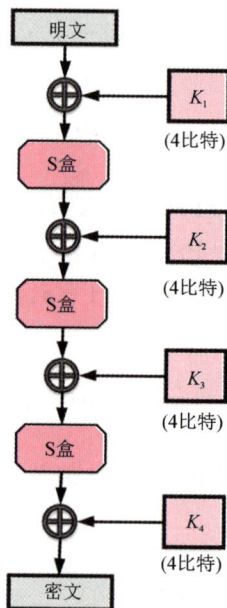

图 6.7 玩具密码 II 流程

玩具密码 II 采用的 S 盒同表 6.1，对于 S 盒输入的线性组合，可以通过 $a_1 X_1 \oplus a_2 X_2 \oplus$

$a_3 X_3 \oplus a_4 X_4$ 表示，其中 $a_i \in \{0,1\}$。例如，输入系数 $A = 10$，对应的二进制表示为 1010，那么相应的输入表达式为 $X_1 \oplus X_3$。同样的 S 盒输出的线性组合可以通过 $b_1 Y_1 \oplus b_2 Y_2 \oplus b_3 Y_3 \oplus b_4 Y_4$ 表示，其中 $b_i \in \{0,1\}$。例如，输出系数 $B = 4$，对应的二进制表示为 0100，相应的输出表达式为 Y_2。综合起来，就是输入 10，输出 4 情况下的线性表达式为 $X_1 \oplus X_3 = Y_2$。

　　玩具密码 II 的 S 盒所有可能的线性近似表达式及所对应的偏差（次数）如图 6.8 所示。图中，列和行分别表示输入系数和输出系数，行和列交集处的值表示对应输入和输出所表示的线性表达式匹配的次数减去均值 8 的值。

　　例如，输入系数 $A = 10$，输出系数 $B = 4$，查表得到对应的偏差值为 6 或者概率偏差为 $6/16 = 3/8$，也就是表达式 $X_1 \oplus X_3 = Y_2$ 满足的概率为 $1/2 + 3/8 = 7/8$。

输出系数(B)

8	0	0	0	0	0	0	0	0	0	0	0	0	0	0	0
0	0	0	0	2	2	-2	-2	-2	2	-2	2	4	0	0	4
0	-4	-2	-2	0	0	2	-2	-4	0	2	2	0	0	2	-2
0	0	2	-2	-2	2	0	0	-2	2	0	0	-4	-4	-2	2
0	-2	2	4	0	-2	-2	0	-2	0	-4	2	-2	0	0	-2
0	-2	2	-4	-2	-4	0	2	0	-2	-2	0	0	0	0	2
0	-2	0	-2	0	0	2	0	2	0	-2	0	2	4	2	0
0	2	4	-2	2	0	2	0	0	2	0	2	2	0	-2	-4
0	2	0	-2	2	-4	-2	-4	0	2	0	-2	-2	0	2	0
0	2	0	-2	0	2	0	-2	-2	-4	-2	0	-2	4	-2	0
0	-2	2	0	6	0	0	2	0	-2	2	0	-2	0	0	2
0	2	-2	0	0	-2	2	0	2	0	0	6	-2	0	0	2
0	0	2	2	-2	-2	0	0	-2	2	4	0	0	-4	-2	2
0	0	2	2	0	0	6	-2	0	0	-2	0	0	0	2	2
0	0	-4	0	2	-2	2	2	-2	2	-2	0	0	0	-4	0
0	-4	0	0	0	0	0	-4	4	0	0	0	0	0	-4	0

图 6.8　线性近似表达式及所对应的偏差

图 6.8 的构建代码如下：

```
1.  #06LinearAppTable.py
2.  def applyMask(value:int, mask:int) -> int:
3.      value = bin(value)[2:].zfill(4)
4.      mask = bin(mask)[2:].zfill(4)
5.      value_list = [int(x) for x in value]   # value_list 就是 Xi|Yi
6.      mask_list = [int(x) for x in mask]   # mask_list 就是系数 ai|bi
7.
8.      total = 0
```

```
9.        for i in range(4):     #循环4次，系数相乘
10.           total = value_list[i] * mask_list[i] ^ total
11.       if total == 0:
12.          return total
13.
14. def findApprox():
15.       for c in range(16):
16.          for d in range(16):      #外二重循环c, d共同确定某个表达式
17.             for e in range(16):      #针对每个线性表达式，计算是否匹配
18.                if (applyMask(e,d) == applyMask(sbox[e],c)):
19.                   approxTable[d][c] += 1
```

根据图 6.8 的偏差分布，考虑 S_1、S_2 使用的近似线性表达式如下。

$$S_1 : X_1 \oplus X_3 \oplus X_4 = Y_1 \oplus Y_3 \oplus Y_4 \qquad (6.14)$$

$$S_2 : X_1 \oplus X_3 \oplus X_4 = Y_1 \oplus Y_3 \oplus Y_4 \qquad (6.15)$$

其中，式(6.14)、式(6.15)成立的概率都是 7/8，偏差都是 3/8。

令 $U_i(V_i)$ 表示 4×4 结构 S 盒的第 i 轮输入(输出)，$U_{i,j}(V_{i,j})$ 表示第 $U_i(V_i)$ 分组的第 j 位。类似的，令 K_i 表示第 i 轮输入的子密钥。因此对第一轮利用线性近似关系，可以得到

$$\begin{aligned} V_{1,1} \oplus V_{1,3} \oplus V_{1,4} &= U_{1,1} \oplus U_{1,3} \oplus U_{1,4} \\ &= (P_1 \oplus K_{1,1}) \oplus (P_3 \oplus K_{1,3}) \oplus (P_4 \oplus K_{1,4}) \end{aligned} \qquad (6.16)$$

在第二轮可得到

$$V_{2,1} \oplus V_{2,3} \oplus V_{2,4} = U_{2,1} \oplus U_{2,3} \oplus U_{2,4} \qquad (6.17)$$

又因为 $U_{2,1} = V_{1,1} \oplus K_{2,1}$，$U_{2,3} = V_{1,3} \oplus K_{2,3}$，$U_{2,4} = V_{1,4} \oplus K_{2,4}$ 成立，可以推出

$$V_{2,1} \oplus V_{2,3} \oplus V_{2,4} = V_{1,1} \oplus V_{1,3} \oplus V_{1,4} \oplus K_{2,1} \oplus K_{2,3} \oplus K_{2,4} \qquad (6.18)$$

从图 6.9 可看出，存在关系：$U_{3,1} = V_{2,1} \oplus K_{3,1}$，$U_{3,3} = V_{2,3} \oplus K_{3,3}$，$U_{3,4} = V_{2,4} \oplus K_{3,4}$，因此可得出

$$U_{3,1} \oplus U_{3,3} \oplus U_{3,4} \oplus P_1 \oplus P_3 \oplus P_4 \oplus \sum K = 0 \qquad (6.19)$$

其中，$\sum K = K_{1,1} \oplus K_{1,3} \oplus K_{1,4} \oplus K_{2,1} \oplus K_{2,3} \oplus K_{2,4} \oplus K_{3,1} \oplus K_{3,3} \oplus K_{3,4}$。根据堆积引理，式(6.19)成立的概率为 25/32，偏差为 9/32。

到目前为止，已经构造出玩具密码Ⅱ的前两轮的线性近似表达式，接下来就是如何利用上述偏差恢复密钥位。

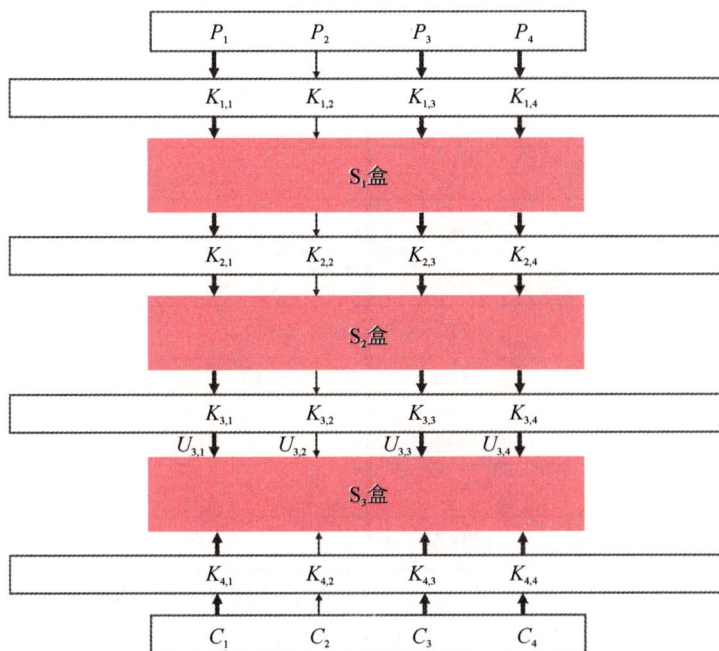

图 6.9　线性近似分析

6.3.4　提取密钥比特位

一旦确定了一个包含 R 轮密码的前 $R-1$ 轮的大偏差线性近似表达式，下来就可以着手恢复最后一轮的子密钥。在本例当中，就是密钥 K_4。

上述分析之所以不针对最后的 S_3 盒做线性逼近，是因为要根据 S_3 盒进行密文反推来验证上述近似线性表达式的对错。也就是说，破解玩具密码 II 接下来将从密文和 K_4 反推开始。对于图 6.9 给出的子密钥 $[K_{4,1}, K_{4,2}, K_{4,3}, K_{4,4}]$，从密文 $[C_1, C_2, C_3, C_4]$ 恢复 $[V_{3,1}, V_{3,2}, V_{3,3}, V_{3,4}]$。再通过 S_3 盒的逆变换，求解出 $[U_{3,1}, U_{3,2}, U_{3,3}, U_{3,4}]$，然后代入式(6.19)可算出符合线性表达式的次数。如果猜测的目标子密钥正确，那么式(6.19)式成立的概率会偏离 $1/2$。

而其他不正确的子密钥，将会造成式(6.19)成立的概率接近 $1/2$。

因此，针对每一个明密文对，尝试 $16(2^4)$ 种可能的 K_4。对于每种可能的 K_4 计算式(6.19)成立的次数，其中偏离 $1/2$ 最远的就是正确解(正向偏移或者反向偏移都可)。

最终用下列公式统计 10000 组已知的明密文对的偏移：

$$|\text{bias}| = \frac{|\text{count} - 5000|}{10000}$$

得到如表 6.3 所示的结果。

表 6.3　线性攻击的实验结果

猜测的 K_4	偏移	猜测的 K_4	偏移
0	0.1311	8	0.0077
1	0.1237	9	0.0023
2	0.0023	10	0.1237
3	0.0077	11	0.1311
4	0.0059	12	0.1346
5	0.1343	13	0.2506
6	0.2506	14	0.1343
7	0.1346	15	0.0059

从表 6.3 可以看出，当猜测的 K_4 的值是 6 或 13 时，偏差达到最大。因此，子密钥 K_4 的值大概率就是 6 或者 13。剩余的子密钥可继续通过上述分析进行破解，最后通过已知明文-密文对进行验证。

猜测 K_4 的代码如下：

```
1.    #06GuessK4.py
2.    def bruteforce(intputApprox:int, outputApprox:int):
3.        print("Brute force K4")
4.        K3_list = {x: 0 for x in range(16)}
5.        for c in range(16):
6.          for d in range(numKnown):
7.            tmp = KnowC0[d] ^ c
8.            _rev = revsbox[tmp]
9.            if (applyMask(KnowP0[d], intputApprox) = = applyMask(_rev, out-
putApprox)):
10.               K4_list[c] + = 1
11.        bias = {i:0 for i in range(16)}
12.        for key in K4_list:
13.          bias_num = abs(K4_list[key] - 15) / 30
14.          bias[key] = bias_num
15.        maxscore = 0
```

```
16.        for key in bias:
17.           if maxscore < bias[key]:
18.               maxscore = bias[key]
19.        goodK4 = []
20.        for key in bias:
21.           if maxscore = = bias[key]:
22.               goodK4.append(key)
23.        print("Possible K4 :", goodK4)
24.        return goodK4
```

6.4　Feal-4 密码分析

6.4.1　Feal 密码算法

　　Feal 密码算法由日本 NTT 公司于 1987 年提出，该算法的全称是 Fast data Encryption Algorithm。Feal 密码的最初版本是 Feal-4，后来又陆续推出了 Feal-8 和 Feal-N。该算法提出后，密码分析学者便陆续发现了该算法的一些脆弱性，在此作为密码分析的学习案例。

　　本节主要讨论 Feal-4 密码，重点分析该密码算法的脆弱性并使用差分攻击破解密钥 K。差分攻击正是密码分析学者通过对 Feal-4 的研究首次提出，之后又被拓展到 DES 密码算法中。自此以后，抗差分分析成了密码设计的一部分，是密码分析的基本方法。因为 Feal-4 自身的设计特点，所以差分攻击对 Feal-4 非常有效，不需要大量的选择明文就可以实现。

　　Feal-4 属于分组加密算法，采用 Feistel 结构。密钥长度和分组长度都是 8 字节、64 比特。Feal-4 密码算法对一个分组的加密过程如图 6.10 所示。

　　首先，8 字节的密钥 K 经过子密钥生成算法，扩展为 6 个 4 字节的子密钥 $K_0 \sim K_5$，加密过程使用的就是这样 6 个 4 字节子密钥。因此，如果能恢复出子密钥，不需要恢复原始密钥，就能够完成对 Feal-4 的解密。

　　分组在加密过程中，首先 8 字节明文分组被分成左右两半。左半部与子密钥 K_4 异或运算，右半部与子密钥 K_5 异或运算。两个半部再次异或作为右半部。接着进入 4 轮组成的轮函数。每一轮里，右半部直接成为下一轮的左半部。

第一轮里,右半部与 K_0 异或,然后进入 f 函数,f 函数实现非线性部分,并将输出结果与左半部异或运算,令其成为下一轮的右半部。后 3 轮同理,依次使用子密钥 K_1、K_2、K_3。

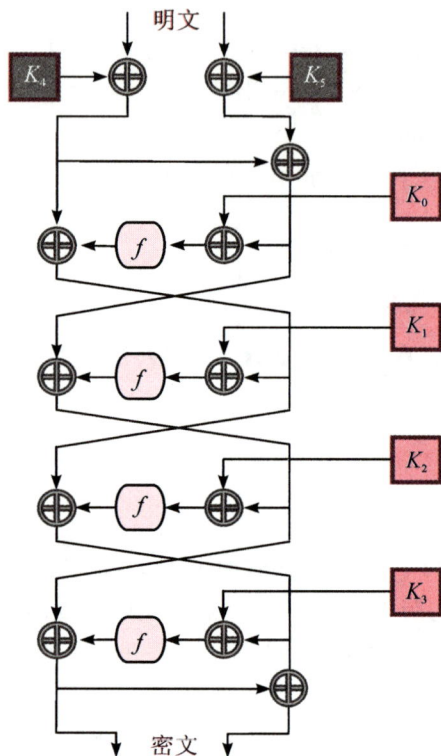

图 6.10 Feal-4 密码算法加密流程

4 轮操作完成后,左半部是密文分组的左半部,左半部与右半部异或运算的结果成为密文分组的右半部。这是一个明文分组的加密过程,解密过程就是上述过程的逆过程。

6.4.2 轮函数

Feal-4 密码的轮函数就是所谓的 f 函数,也是其脆弱性所在。轮函数 f 实现 32 比特对 32 比特的映射。轮函数中使用了一个名为 G 函数的操作,G 函数有两种定义,如下:

$$G_0(a,b) = ((a+b+0) \bmod 256) <<< 2 \tag{6.20}$$

$$G_1(a,b) = ((a+b+1) \bmod 256) <<< 2 \tag{6.21}$$

其中,G_0 和 G_1 接收两个参数 a 和 b,将 $a+b$ 的值加 0 或加 1,模 256 后(避免超出一个字节的长度)进行循环左移 2 位。轮函数 f 内部逻辑运算可用图 6.11 描述。

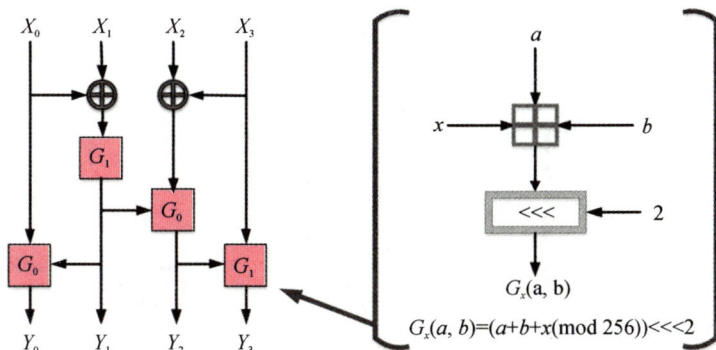

图 6.11　轮函数内部操作（X_i、Y_i 都是一个字节）

6.4.3　Feal–4 密码的差分分析

接下来对 Feal–4 密码进行差分攻击，目标是恢复加密的子密钥，即破解 K_0、K_1、K_2、K_3、K_4 和 K_5。在 Feal–4 密码中，轮函数 f 有两个显著"特征"。第一个特征，同样的输入经过轮函数 f 一定产生同样的输出，即当 f 函数的输入差分为 0x00000000 时，f 函数的输出差分一定是 0x00000000，概率为 1；第二个特征，当 f 函数的输入差分为 0x80800000 时，f 函数的输出差值一定是 0x02000000，概率为 1。Feal–4 差分行为如图 6.12 所示。

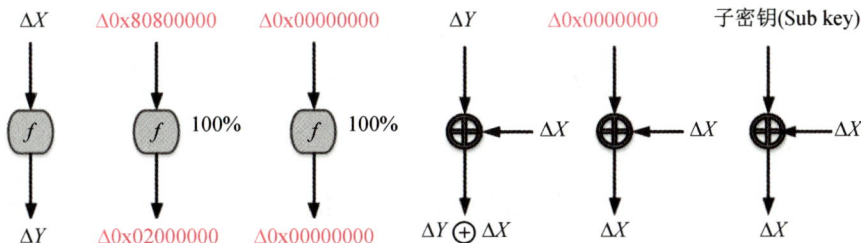

图 6.12　Feal–4 差分行为

基于上述特征，进一步追踪明文输入差分等于 0x8080000080800000 时，Feal-4 加密的差分传播行为。

首先任意选择一个明文分组 P_0，然后与 0x8080000080800000 异或，得到明文分组 P_1，P_0 与 P_1 构成明文对，差分为 0x8080000080800000，P_0 与 P_1 对应的密文分组分别是 C_0 和 C_1，记明文和密文差分如下：

$$P_\Delta = P_0 \oplus P_1 \tag{6.22}$$

$$C_\Delta = C_0 \oplus C_1 \tag{6.23}$$

基于图 6.12 的差分行为，差分特征 P_Δ 在 Feal-4 中的传播过程如图 6.13 所示。

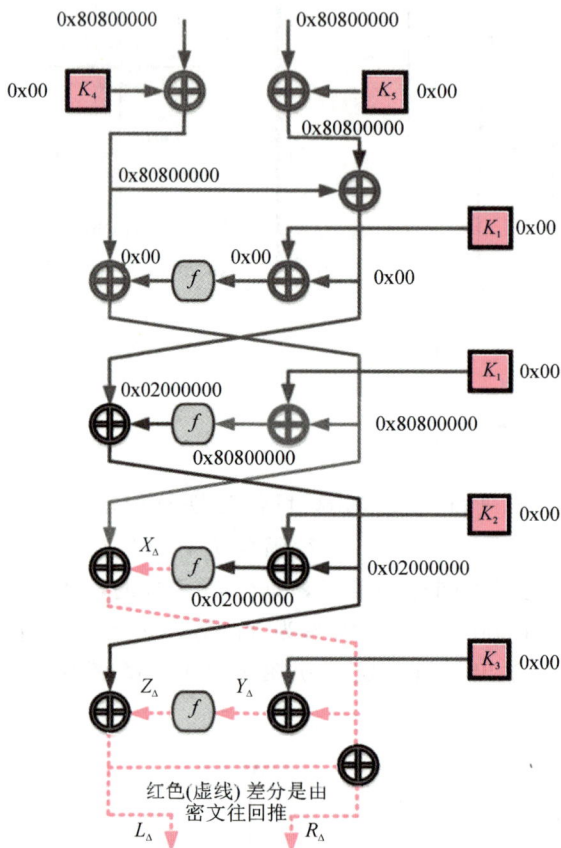

图 6.13 追踪差分特征过程

上述差分进入 Feal-4 后，差分只能追踪到第三轮。因为差分 0x02000000 对应的轮函数差分值不确定，所以就此中断。但是，密文分组是知道的（选择明文攻击），也就是密文左半部分 L_Δ 和右半部分 R_Δ 是已知的，我们可以从密文往回倒推，于是有如下等式成立。

$$Y_\Delta = L_\Delta \oplus R_\Delta \tag{6.24}$$

$$Z_\Delta = 0x02000000 \oplus L_\Delta \tag{6.25}$$

$$X_\Delta = 0x80800000 \oplus Y_\Delta \tag{6.26}$$

根据已知信息，易轻松推导出 X_Δ。于是，整个流程里的差分信息 L_Δ、R_Δ、X_Δ、Y_Δ、Z_Δ 都是已知信息。结合实际的如图 6.14 所示的最后一轮加密流程，可以得到 Z_0、Z_1 和密钥 K_3 的关系如下。

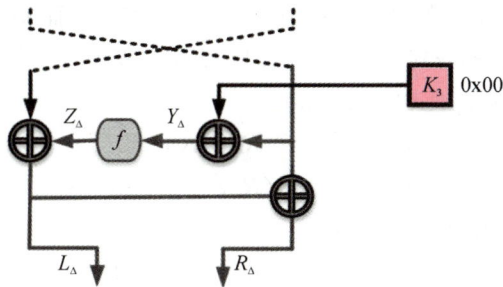

图 6.14　Feal-4 第四轮实际加密流程图

$$Y_0 = L_0 \oplus R_0 \qquad\qquad (6.27)$$

$$Y_1 = L_1 \oplus R_1 \qquad\qquad (6.28)$$

$$Z_0 = F(Y_0 \oplus K_3) \qquad\qquad (6.29)$$

$$Z_1 = F(Y_1 \oplus K_3) \qquad\qquad (6.30)$$

$$Z_\Delta = 0\text{x}02000000 \oplus L_\Delta \qquad\qquad (6.31)$$

$$Z_\Delta = Z_0 \oplus Z_1 = F(Y_0 \oplus K_3) \oplus F(Y_1 \oplus K_3) \qquad\qquad (6.32)$$

由此可以通过验证 K_3 是否能够使得上述方程成立来进行暴力破解。暴力破解出 K_3 后，便可以根据已知信息，进一步恢复出第三轮加密的结果。

暴力破解 K_2 需要改变差分特征，如图 6.15 所示。

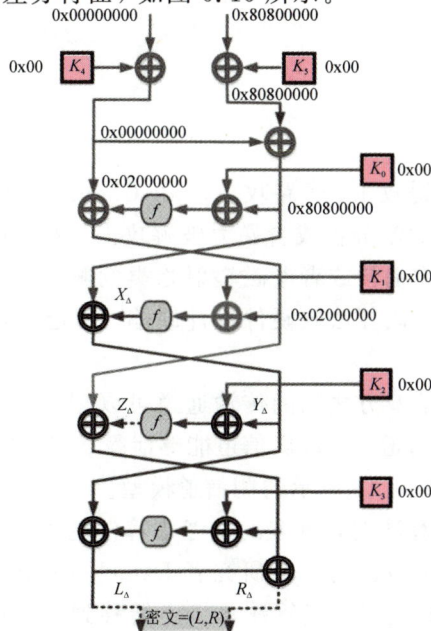

图 6.15　暴力破解 K_2 示意图

暴力破解 K_3 使用的差分特征是 0x8080000080800000，而暴力破解 K_2 使用差分特征 0x0000000080800000。同理，根据 K_3 的方程形式来构造 K_2 的方程。

由于 K_3 已知，可以算出此时的 Y_0 和 Y_1：

$$Y_0 = L_0 \oplus F(R_0 \oplus K_3 \oplus L_0) \tag{6.33}$$

$$Y_1 = L_1 \oplus F(R_1 \oplus K_3 \oplus L_1) \tag{6.34}$$

同理，可以由差分数据流得到 Z_Δ：

$$Z_\Delta = 0x02000000 \oplus L_\Delta \oplus R_\Delta \tag{6.35}$$

暴力破解 K_2，构建 Z' 的方程：

$$Z_\Delta = 0x02000000 \oplus L_\Delta \oplus R_\Delta \tag{6.36}$$

$$Z_\Delta = F(Y_0 \oplus K_2) \oplus F(Y_1 \oplus K_2) \tag{6.37}$$

暴力破解出 K_2 后，暴力破解 K_1、K_0 的方式也是同理。暴力破解 K_1、K_0 使用的差分特征是 0x0000000002000000。K_4、K_5 就只能通过暴力破解的方式，然后使用选择明文分组验证其正确性。

基于 C 语言实现 Feal-4 密码差分分析代码可参考网站 theamazingking。

6.5 侧信道密码分析

6.5.1 侧信道概述

侧信道攻击也称为边信道攻击、旁路攻击(Side Channel Attack，SCA)。不同于本章前述的针对密码学算法进行的数学分析或者暴力破解攻击，侧信道攻击是一种对加密算法在运行过程中的时间消耗、功率消耗或者电磁辐射之类的侧信道信息进行利用，从而获取密码信息的方法，是一种针对密码算法软硬件设计缺陷，剑走偏锋而且往往能出奇制胜的攻击方式。

在信息传输模型中，通信双方之间的传输通道可以理解为主信道，除此以外的任何信息传输路径都可以理解为侧信道，通过侧信道能够泄露或者观察到的信息包括声音、功耗、执行时间、电磁辐射等，如图 6.16 所示的侧信道模型。

通常在设计各种(密码)算法时，更多的是考虑算法的输入、输出和功能实现。密歇根大学的计算机科学家、侧信道攻击的主要研究者 Daniel Genkin 说："计算机不是在纸面上运行的，而是在物理设备上运行的。当算法从纸上转移到物理设备上时，就会有各种各样的物理效应的产生，如时间、能量、声音等"。侧信道攻击就是利用其中的一种效应来获取更多的信息，并搜集算法中的秘密。

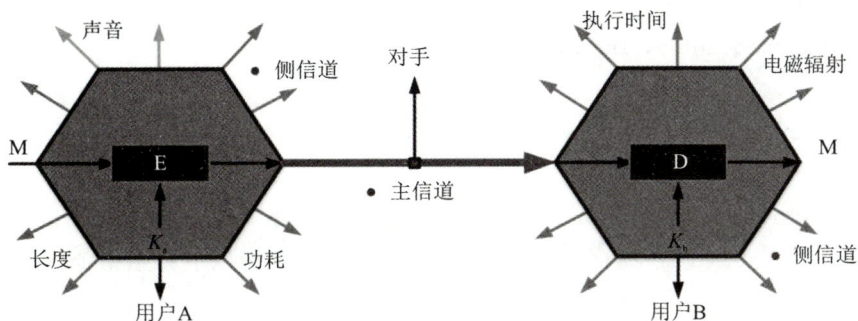

图 6.16 侧信道模型

6.5.2 侧信道功耗分析

本节以 HITB2017 HACK IN THE CARD I 的一道题为例，讨论基于功耗的侧信道攻击技术。题目给出了智能卡中密码芯片在用私钥进行解密运算时的电压变换曲线图，侧信道攻击的目的就是分析该曲线然后恢复出密钥。

题目的描述文字和对应的测压电路图如图 6.17 所示。

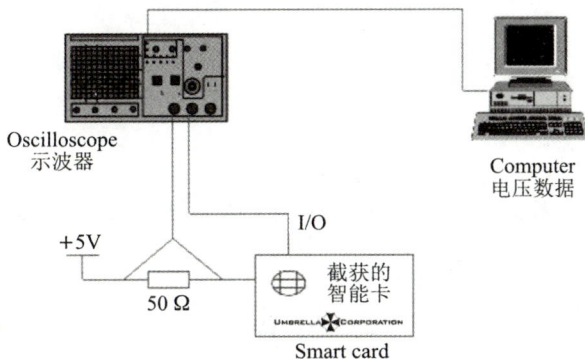

图 6.17 HITB 2017 示意图

题目所给 RSA 公钥密码算法的核心计算是快速幂的取余算法：

- d 为偶数时，

$$c^d \bmod n = (c^{2^{\frac{d}{2}}}) \bmod n \qquad (6.38)$$

- d 为奇数时，

$$c^d \bmod n = (c \times c^{2^{\frac{d}{2}}}) \bmod n \qquad (6.39)$$

其中，d 就是要恢复的私钥，c 相当于是密文，n 是模数，注意上式当中的除法是整除。对应的 C 程序代码如下：

```
1. int PowerMod(int c, int d, int n)
2. {
3.        int ans = 1;
4.        c = c % n;
5.        while(d) {
6.            if(d % 2 == 1) // d为奇数，额外执行以下算术指令
7.                ans = (ans * c) % n;
8.            d = d/2;
9.            c = (c * c) % n;
10.        }
11.        return ans;
12.    }
```

显然，从以上代码和式子可以看出，私钥 d 的奇偶变换会影响计算强度，反应在电压上就是高低变化，如图 6.18 所示。

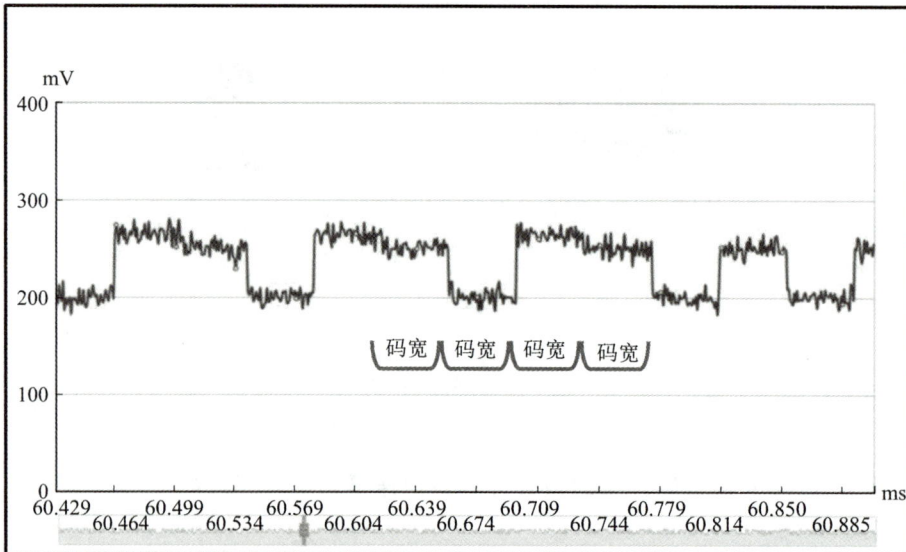

图 6.18　解密运算对应的电压变化

接下来只要根据上述波形数据（保存在变量 data 中）解码即可。需要关注的解码参数有：

- 电压范围从图 6.18 的纵坐标获取。
- 码宽是指每个"0"或"1"符号对应的图形宽度。

最终的解码代码如下：

```
1.    #06hitbincard.py(https://tradahacking.vn/hitb-gsec-singapore-2017-ctf-write-ups-crypto-category-803d6c770103)(http://www.dyf.ink/crypto/asymmetric/rsa/rsa_side_channel/)
2.    data = [264.502,270.405,257.615,264.075,...]
3.    output = []
4.    _min = 0
5.    limit = 225
6.    if data[0] >= limit:
7.        v = 'h'
8.    else:
9.        v = 'l'
10.    for i in range(len(data)):
11.        if (v == 'h' and data[i] < limit):
12.            output.append((1, i - _min + 1))
13.            _min = i
14.            v = 'l'
15.        elif (v == 'l' and data[i] >= limit):
16.            output.append((0, i - _min + 1))
17.            _min = i
18.            v = 'h'
19.
20.    if v == 'h':
21.        output.append((1, i - _min + 1))
22.    else:
23.        output.append((0, i - _min + 1))
24.
25.    s = ''
26.    for o in output:
27.        c = str(o[0])
28.        if o[1] == 101:
29.            c = c + c
```

```
30.         s + = c
31.
32.    s = '0' + s
33.    new_s = ''
34.    t_s = ''
35.    i = 0
36.    while i < = len(s):
37.        if s[i:i + 3] = = '011':
38.            new_s + = '1'
39.            t_s + = s[i:i + 3]
40.            i + = 3
41.        else:
42.            new_s + = '0'
43.            t_s + = s[i:i + 2]
44.            i + = 2
45.
46.    new_s = new_s[::-1]
47.    d = int(new_s,2)
48.
49.    print(len(bin(d)) - 2)
50.    print("d = ", d)
```

6.5.3 压缩加密侧信道分析

PlaidCTF 2013 有一道名为"压缩 compression"的密码题目。题目的关键在于压缩编码和加密的组合。题目给出的代码如下，其中代码的第 16 行，也就是对 data 进行加密前，调用了 zlib 库当中的 compress 函数进行压缩处理。

```
1.    #06aescompression.py
2.    import os
3.    from struct import pack,unpack
4.    from socketserver import StreamRequestHandler,ThreadingMixIn,TCPServer
5.    import zlib
6.    from Crypto.Cipher import AES
7.    from Crypto.Util import Counter
```

```
8.
9.    # Not the real keys!
10.  ENCRYPT_KEY = b'****Not the real key****'    #24 字节
11.  #flag 组成：小写字母和下画线
12.  flag = b'humen{secretflag}'
13.
14.  def encrypt(data, ctr):
15.      aes = AES.new(ENCRYPT_KEY, AES.MODE_CTR, counter = ctr)
16.      return aes.encrypt(zlib.compress(data))
17.
18.  class CTFHandler(StreamRequestHandler):
19.      def handle(self):
20.          nonce = os.urandom(8)
21.          self.wfile.write(nonce)
22.          ctr = Counter.new(64, prefix = nonce)
23.          while True:
24.              data = self.rfile.read(4)
25.              if not data:
26.                  break
27.              try:
28.                  length = unpack('I', data)[0]
29.                  if length > (1<<20):
30.                      break
31.                  data = self.rfile.read(length)
32.                  data += flag
33.                  ciphertext = encrypt(data, ctr)
34.                  self.wfile.write(pack('I', len(ciphertext)))
35.                  self.wfile.write(ciphertext)
36.              except:
37.                  break
38.  class ReusableTCPServer(ThreadingMixIn,TCPServer):
39.      allow_reuse_address = True
40.  if __name__ == '__main__':
41.      HOST ='0.0.0.0'
```

```
42.      PORT = 4433
43.      TCPServer.allow_reuse_address = True
44.      server = ReusableTCPServer((HOST, PORT), CTFHandler)
45.      server.serve_forever()
```

上述服务端代码的加密采用的是 AES 的流密码模式,计数器的初始值为前缀随机数(8 个字节)加上一个计数器(8 字节)。流密码的最大特点就是保留了明文的长度,也就是加密之前、压缩之后的明文长度和密文长度相同,该长度将为攻击者提供额外的破解信息。

其次压缩之前的数据部分(代码第 32 行)是由攻击者提供(可控)的字符串+flag,也就是攻击者可以控制字符串中的字符是否包含 flag 中的字符来影响压缩后的字符串长度。

最后就是 Python zlib 库使用的哈夫曼前缀编码和 LZ77 压缩算法,使得攻击者可以试探字符串和 flag 中是否有相同前缀来暴力破解 flag。示例如下:

```
>>>flag          #原始 flag,注意第一个字母是'h'
b'humen{ secretflag}'
>>>len(zlib.compress(b'' + flag))        #flag 压缩编码后的长度
25
>>>len(zlib.compress(b'h' + flag))       #b'hhumen….'
26
>>>len(zlib.compress(b'hh' + flag))      #b'hhhumen….'
27
>>>len(zlib.compress(b'hhh' + flag))     #b'hhhhumen….'
28
>>>len(zlib.compress(b'hhhh' + flag))    #b'hhhhhumen….'
27
>>>len(zlib.compress(b'hhhhh' + flag))   #b'hhhhhhumen….'
27
>>>
```

由上述示例可以看出,某个字母连续出现 5 次,将导致压缩编码后的长度缩短,此后保持不变。因此可以先行尝试所有单个字符 * 5 和 flag 的组合,然后观察其压缩编码后(也就是加密后)的长度来确定第一个字符的值。

依据上述思路,最终的解题代码如下:

```
1. import struct
2. import socket
3. def oneround(val):
4.    sock = socket.socket(socket.AF_INET, socket.SOCK_STREAM)
```

```
5.    sock.connect((HOST, PORT))
6.    nonce = sock.recv(8)
7.    sock.send(struct.pack('I', len(val)))
8.    sock.send(val)
9.    data = sock.recv(4)
10.   recv_len = struct.unpack('I', data)[0]
11.   data = sock.recv(recv_len)
12.   # return (nonce, data, len(data))
13.   return len(data)
14.
15. def allinone(prefix):
16.   sys.stdout.flush()
17.   candidates = 'abcdefghijklmnopqrstuvwxyz{_}'
18. for i in range(20):
19.     samples = {}
20.     for c in candidates:
21.       val = prefix + c.encode()
22.       samples[val] = oneround(val * 5)
23.     clist = list(samples.values())
24.     candichar = candidates[clist.index(min(clist))]
25.
26.     if clist.count(min(clist)) > 1:
27.       clist[clist.index(min(clist))] = 100
28.       candichar = candidates[clist.index(min(clist))]
29.     prefix += candichar.encode()
30.
31.   return prefix
```

这里读者要注意的是连续的"h"以及"hu"和 flag 的组合压缩后的长度是一样的，这有可能导致上述解题代码判断有误，除非 flag 中没有连续重复的字符串或者模式。

```
>>> len(zlib.compress(b'hhhhh' + flag))
```

27

```
>>> len(zlib.compress(b'huhuhuhuhu' + flag))
```

27

6.5.4 加密延时侧信道分析

加解密操作属于计算量较大的、计算密度较高的过程，在加解密过程中对某些运算的时间不恒定，就有可能意外泄露明文或者密钥的部分敏感信息。以下给出的是两个口令字比较函数的关键代码，在逐个字符进行比较过程中（代码第 9 行），如果某两个字符不相等，就会执行 time. sleep() 函数暂停（休眠）执行一定的时间。

```
1.  # 存在缺陷的关键代码
2.  def guess_password(s)：
3.      print("Password guessing % s" % s)
4.      typed_password = ""
5.      correct_password = True
6.      for i in range(len(password)):
7.          user_guess = input("Guess character at position password[ % d] = %
s? \n" % (i, typed_password))
8.          typed_password + = user_guess
9.          if user_guess ! = password[i]:
10.             # 如果口令错误
11.             temp = "0123456789abcdef". index(password[i])
12.             time. sleep(0.3 * temp)      # 休眠一定的时间
13.             correct_password = False    # 比对是否正确标志
14. # to get the flag, please supply all 8 correct characters for the password..
15.     if correct_password：
16.         cat_flag()
17.     return correct_password
```

上述程序在口令字比对时，休眠的时间长度和口令字内容有关。口令字的组成是十六进制符号"0123456789abcdef"，如果比对有误，则休眠的时间是该字符对应的索引位置乘以 0.3 s，或者就是该口令字符对应的十六进制值乘以 0.3 s，代码如下：

```
1.  # convert hex char to a number
2.  # '0' = 0, 'f' = 15, '9' = 9...
3.  def character_position_in_hex(c):
4.      string = "0123456789abcdef"
5.      return string. find(c[0])
```

因此，根据上述时间间隔可以恢复正确的口令。

6.6　滑　动　攻　击

密码研究人员普遍认为，即使一个弱密码，只要增加轮数，都可以增加其安全性能。这从当时 AES 高级加密标准的候选算法可见一斑。但事实并非如此，这一节要讨论的滑动攻击(Slide Attack)就是针对大轮数弱轮函数的密码攻击方法，属于已知明文攻击和选择明文攻击。

在介绍具体的滑动攻击之前，先认识一下攻击的对象，就是如图 6.19 所示的称为玩具 100 的密码算法。

图 6.19　玩具 100 加密算法

玩具 100 密码算法有几个显著特点：

一是轮数多，上述玩具 100 密码算法总共有 100 轮；

二是密钥总共就 2 个，交替使用，没有复杂的密钥调度算法；

三是每一轮的轮函数内部很简单。

上述玩具 100 密码的轮函数结构如图 6.20 所示，输入分组、输出分组长度都是 8 比特，S 盒输入、输出是 4 个比特，两个子密钥长度都是 8 比特。

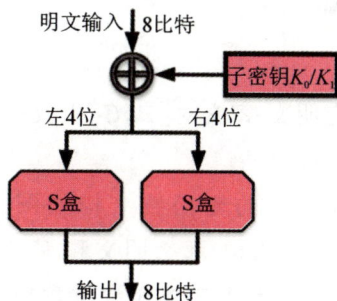

图 6.20　玩具 100 轮函数

S 盒实际参数以及对应的替换操作 C 代码如下：

```
unsigned int sbox[16] = {2,6,1,13,0,5,8,7,14,10,15,11,4,9,3,12};
unsigned int fullSbox(unsigned int a)   //S 盒替换，a 的取值范围 0 - 15
{
    unsigned int left = (a >> 4) & 0xf;
    unsigned int right = a & 0xf;
    left = sbox[left];
    right = sbox[right];
    return left << 4 | right;
}
unsigned int oneRound(unsigned int a,unsigned int k) //一轮加密
{
    return fullSbox(a ^ k);
}
```

因此，理论上爆破玩具 100 密码也不难，但本节从另外的角度来攻击该密码算法。具体到滑动攻击，通常需要满足以下三个条件。

(1) 整个密码算法容易分解为一系列相同的组件的串联。

对于玩具密码算法，100 轮的轮函数是一样的，但是每轮的子密钥不同，如果把相邻（奇偶）两轮合并为新的一轮，则新轮的结构完全相同，如图 6.21 所示。

图 6.21　两轮合并满足第一个条件

(2) 有一个弱的轮函数，给定明文-密文对 $[P,C]$ 以及一个轮函数 f，无论密钥是什么，要从密文 C 反向推导明文 P 是容易的。

对于玩具 100 密码，两轮合并后的轮函数结构如图 6.22 所示，对于给定一轮的明文-密文对，攻击者可以先猜测某个 K_0，那么明文和 K_0 异或再经过第一个 S 盒替换得到一个中间值 x，而从密文出发，经过第二个 S 盒逆替换可以得到一个中间值 y，因此 $K_1 = x \oplus y$。所以对于任何一对明文/密文，都可以得到 256 个可能的密钥集合 $\{K_0, K_1\}$。再次强调，这是某一轮的明文-密文对，不是整个玩具 100 密码的明文-密文对。

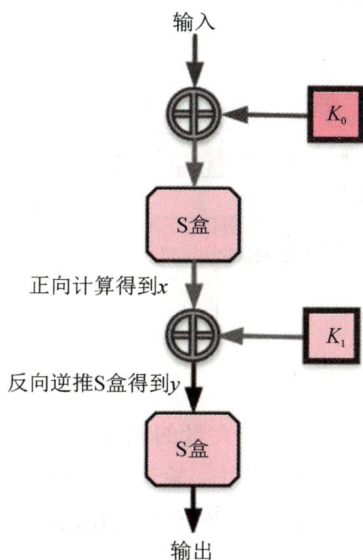

图 6.22 轮函数容易反推

对于玩具 100 密码对应的逆 S 盒替换 C 语言代码如下:

```
unsigned int revSbox[16] = {4,2,0,14,12,5,1,7,6,13,9,11,15,3,8,10};
unsigned int fullRevSbox(unsigned int a)
{
    unsigned int left = (a >> 4) & 0xf;
    unsigned int right = a & 0xf;
    left = revSbox[left];
    right = revSbox[right];
    return left << 4 | right;
}
```

以下则是假设遍历 K_0,得到相应的 K_1 代码,注意代码中的输入输出都是密文分组,详情如图 6.22 所示。

```
unsigned int k1 = fullSbox(cipher1 ^ k0) ^ fullRevSbox(cipher2);
```

(3) 攻击者可以获得大量同一密钥加密的明文-密文对。

对于上述三个条件,滑动攻击的思路就是利用密码算法的轮函数相似性(条件 1),从大量的明文-密文对(条件 3)找到一对所谓的滑动对,然后利用条件 2 找到可能的密钥。

显然滑动对的查找是滑动攻击的关键,所谓滑动对,就是有两对明文-密文对,分别是 $[P_0,C_0]$ 和 $[P_1,C_1]$,满足 $P_1=F(P_0)$,则必有 $C_1=F(C_0)$,正好相差一轮,如图 6.23 所示。注意：此处 F 是单轮加密函数。

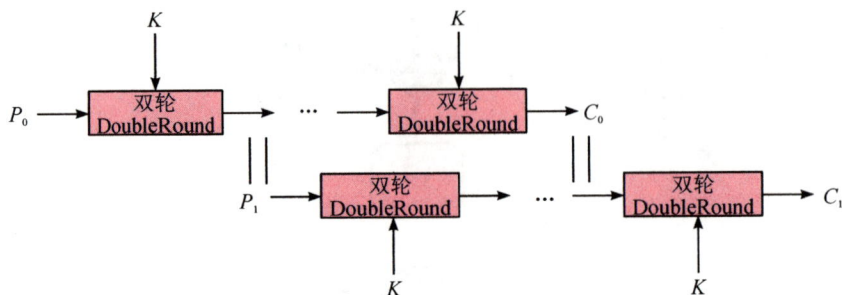

图 6.23　滑动对

需要注意的是，攻击者尽管可以拥有大量的明文-密文对，但并不意味着可以"看到"上图所示的中间轮的运算结果，比如 P_0 经过一轮运算的输出值 P_1 或者密文 C_1 最后一轮的输入值 C_0。攻击者拥有的都是密码算法的整体输入和输出。

滑动攻击的具体步骤如下：

① 给定两个明文密文对 $[P_0, C_0]$ 和 $[P_1, C_1]$，假设满足滑动对要求；

② 利用 $C_1 = F(C_0)$ 恢复（得到）256 个候选的 $\{K_0, K_1\}$，在此 C_0 相当于已知明文，C_1 为已知密文；

③ 遍历 256 个候选子密钥，验证 $P_1 = F(P_0)$ 是否成立；

④ 若成立，则找到一对滑动对和响应子密钥，进一步利用已知的明文-密文对验证子密钥是否正确，若不成立，则回到第一步另外挑选两个明文-密文对。

以下给出了针对玩具 100 密码的滑动攻击代码：

```
1.   UINT slidePair(UINT plain1,UINT cipher1,UINT plain2,UINT cipher2)
2.   {//传入两对(明文，密文)
3.       int K0;
4.       for(K0 = 0; K0 <= 0xff; k0 + +)   //遍历所有 K0
5.       {
6.           UINT K1 = fullSbox(cipher1 ^ K0) ^ fullRevSbox(cipher2);
7.           UINT testPlain2 = fullSbox(fullSbox(plain1 ^ K0) ^ K1);
8.
9.           if (testPlain2 = = plain2)   //找到滑动对
10.          {//VERIFY 验证
11.              int crapped = 0;
12.              int c;
```

```
13.                for(c = 0; c < 10; c + +)
14.                {
15.                  if (encrypt(plain[c], K0, K1) ! = cipher[c])
16.                   {
17.                      crapped = 1;
18.                      break;
19.                   }
20.                }
21.                if (crapped)
22.                  continue;
23.                //printf("REAL K0 =  % x K1 =  % x\n",realK0,realK1);
24.                //printf("  FOUND K0 =  % x   K1 =  % x\n", k0, k1);
25.                //printf("\n");
26.                  return 1;
27.            }
28.      }
29.      return 0;
30. }
31. int slideIt()
32. {
33.      int c, d;
34.      for(c = 0; c < 30; c + +)
35.      {
36.          for(d = 0; d < 30; d + +)
37.            if (c ! = d)
38.              if(slidePair(plain[c],cipher[c],plain[d],cipher[d]))
39.                  return 1;
40.      }
41.      return 0;
42. }
43. int main()
44. {
45.      srand(time(NULL));
46.      printf("Simple Slide Attack\n");
```

```
47.     int goodOnes = 0;
48.     int f;
49.     for(f = 0; f < 1000; f++)      //1000 次测试
50.     {
51.         realK0 = rand() &0xFF;   //产生两个随机密钥
52.         realK1 = rand() &0xFF;
53.         int c;
54.         for(c = 0; c < 200; c++)   //随机产生 200 对(明文-密文)
55.         {
56.             plain[c] = rand() &0xFF;
57.             cipher[c] = encrypt(plain[c], realK0, realK1);
58.         }
59.         if (slideIt())
60.             goodOnes++;
61.     }
62.     printf("PERCENTAGE FOUND = %i\n", goodOnes * 100 / f);
63.     return 0;
64. }
```

习　题

1. 针对 6.5.4 小节的口令字比对代码以及下述的主程序代码，补充完善剩余的代码并给出对应的解题代码。

```
1. # main function!
2. def main():
3.     init_password()
4.     print("Can you tell me what my password is?")
5.     print("We randomly generated 8 hexadecimal digit password (e.g., %s)"% sample_password)
6.     print("so please guess the password character by character.")
7.     print("You have only 2 chances to test your guess...")
8.     guess_password("Trial 1")
```

```
9.    if not guess_password("Trial 2"):
10.       print("My password was % s" % password)
```

2. 分析以下加密算法代码，画出其加密流程图，并给出用于滑动攻击的轮函数及其逆推代码。

```
1. M = 12
2. N = M * 2
3. K = N
4. numrounds = 2 * * 24   # Protip:would not bruteforce this if I were you.
5. def encrypt_block(plaintext, key):
6.     txt = plaintext
7.     l, r = (txt >> M) & ((1 << M) - 1), txt & ((1 << M) - 1)
8.     for x in xrange(numrounds):
9.     if x % 2 = = 0:
10.           l1 = r
11.           r1 = l ^ F(r, key[0])
12.           l, r = l1, r1
13.       else:
14.           l1 = l
15.           r1 = l ^ F2(r, key[1])
16.           l, r = l1, r1
17.     return l << M | r
```

3. 以下代码实现的是超级安全和高效的通信协议。服务端会根据用户的输入计算密文，计算公式类似于 aes-ctr-encrypt(deflate(flag＋input))，其中 flag 的组成样式为 dam\{[0-9a-f]{32}\}，服务端代码如下：

```
1.    # guess-secret.py
2.  import sys
3.  import zlib
4.  import binascii
5.  import secrets
6.  import hashlib
7.  from Crypto.Cipher import AES
8.  from Crypto.Util import Counter
9.   # make this script use unbuffered I/O
10. class Unbuffered(object):
```

```
11.        def __init__(self, stream):
12.            self.stream = stream
13.        def write(self, data):
14.            self.stream.write(data)
15.            self.stream.flush()
16.        def writelines(self, datas):
17.            self.stream.writelines(datas)
18.            self.stream.flush()
19.        def __getattr__(self, attr):
20.            return getattr(self.stream, attr)
21. sys.stdout = Unbuffered(sys.stdout)
22. # AES CBC ENCRYPTION object
23. class _AES(object):
24.     def __init__(self, key):
25.         self.bs = AES.block_size
26.         self.key = hashlib.sha256(key).digest()
27.         self.counter = secrets.randbits(128)
28.     def encrypt(self, plaintext):
29.         iv = self.counter.to_bytes(16, 'little')
30.          counter = Counter.new(128, initial_value = int(binascii.hexlify
(iv), 16))
31.         # create cipher
32.         cipher = AES.new(self.key,AES.MODE_CTR,counter = counter)
33.         self.counter += 1
34.         # return IV + encrypted_data!
35.         return iv + cipher.encrypt(plaintext)
36.     # no decryption, this is not easy!
37. def generate_packet(cookie, attacker_string):
38.     return (cookie) + attacker_string
39. def deflate_packet(packet):
40.     a = zlib.compress(bytes(packet, 'utf-8'))
41.     return a
42. def encrypt_packet(aes, packet):
43.     return aes.encrypt(packet)
```

```
44. def get_flag():
45.     with open('flag', 'rt') as f:
46.         flag = f.read()
47.     return flag
48. def heading():
49.     print("""Hi, we would like to introduce you a very secure and
50. efficient way to transfer a huge blobs of data over the Internet.
51. That is, compressing the data before encrypt and send out to the Internet.
52. We will enjoy the small size of data by applying loseless data compression,
53. making the communication efficient, and then applying encryption will make
54. the communication secure.
55. Does it look like we can have the cake and eat it too? We hope so.
56. In this crypto challenge,for a givin plaintext, what we will do is basically:
57.     compressed_data = deflate(plaintext) and
58.     encrypted_data = AES_CTR_128(compressed_data),
59. and we will let you do the following:
60.     You can give me a small text string. Then I will generously include
61.      the string in somewhere inmy plaintext (check the .py code).
62.     We will compose the plaintext like the following:
63.     plaintext: [flag] + [your_input]
64.     The flag format is: dam{[0-9a-f]+} (32 hexadecimal chars in {})
65.     We will let you know about the `encrypted_data`. Although you can
66.      never see the plaintext directly (we believe so), I hope this helps
67.     you to figure out the flag in the message.
68.     In this setup, can you steal my flag? If you do so, you can steal my website
cookie...
69.    (inspired by BEAST / CRIME / BREACH / HEIST)...
70. """)
71. def get_string():
72.     string = input("please give me your string...\n")
73.     return string
74. def main():
75.     aes = _AES(secrets.token_bytes(16))
76.     flag = get_flag()
```

```
77.     heading()
78.     while True：
79.         attacker_string = get_string()
80.         packet = generate_packet(flag, attacker_string)
81.         deflated = deflate_packet(packet)
82.         encrypted = encrypt_packet(aes, deflated)
83.         print(encrypted)
84. if __name__ = = '__main__'：
85.     main()
```

第 7 章　流　密　码

流密码和分组密码都属于对称密码。分组密码以一个分组作为加密处理单元，流密码则是以一个比特位作为基本的处理单元。本章首先从流密码的异或运算入手，介绍流密码和一次一密系统，然后围绕反馈移位寄存器和线性同余发生器分析伪随机数生成器的工作原理及其安全性，最后对 RC4 流密码算法和快速相关攻击进行学习。

7.1　异　或　运　算

异或是一种简单明了却又应用广泛的运算，本节讨论异或的运算法则，并结合流密码算法完成各种类型数据之间的异或运算。

7.1.1　异或简介

异或(Exclusive OR，XOR)也称为半加运算。异或的运算法则实际上就是不带进位的二进制加法。在实际运算时，需要把数据转换为二进制然后逐个比特进行异或运算，具体的按位异或运算法则如下：

$$0+0=0, \ 1+1=0$$
$$0+1=1, \ 1+0=1$$

人们习惯用"$\oplus$"符号来表示异或，因此上面的式子可以表示为

$$0\oplus0=0, \ 1\oplus1=0$$
$$0\oplus1=1, \ 1\oplus0=1$$

异或运算法则概括起来其实就是一句话：相同则为 0，相异则为 1。图 7.1 给出的是电路当中的异或门。

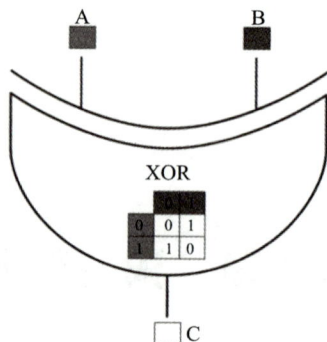

图 7.1　异或原理

从图 7.1 中可以看到，异或运算的输入有两个，分别用 A 和 B 表示，一个输出用 C 表示。当两个输入都是 0 或者都是 1 时，输出为 0；当两个输入是不同的数值时，输出为 1。

7.1.2　异或属性

异或具备很多流密码所需要的重要属性，主要有以下几个：

（1）交换性（Commutativity）：$a \oplus b = b \oplus a$，即变量的顺序不改变结果。

（2）结合性（Associativity）：$a \oplus (b \oplus c) = (a \oplus b) \oplus c$，可以改变异或的结合顺序。

（3）恒等性（Identity Element）：$a \oplus 0 = a$，即所有的比特位与 0 异或都得到它本身。

（4）自反性（Self-Inverse）：基本形式是 $a \oplus a = 0$，扩展形式是 $a \oplus b \oplus a = b$。运用自反性，可以在不引入第三个变量的情况下实现两个变量值的交换：

$$a = a \oplus b$$
$$b = b \oplus a$$
$$a = a \oplus b$$

正是异或具有上述特性，才使得其非常适合在流密码中使用，如图 7.2 所示。图中 P、K、C 分别表示明文、密钥和密文，下标 i 表示的是其中的一个比特位。流密码的加密就是对明文和密钥按位进行异或运算。

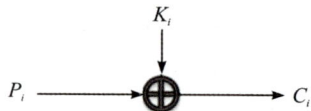

图 7.2　异或在流密码中的应用

图 7.2 中，左边的明文比特 P_i 和上方的密钥比特 K_i 作为异或的两个输入，输出加密后的密文比特为 C_i。显然有 $C_i = P_i \oplus K_i$。如果要对密文位 C_i 进行解密，那么只需要让

C_i 与密钥 K_i 进行异或，即

$$C_i \oplus K_i$$
$$= P_i \oplus K_i \oplus K_i \qquad (C_i = P_i \oplus K_i)$$
$$= P_i \oplus (K_i \oplus K_i) \qquad (结合性)$$
$$= P_i \oplus 0 \qquad\qquad (自反性)$$
$$= P_i \qquad\qquad\quad (恒等性)$$

其实在第一个等号时我们就发现，流密码解密过程最重要的就是运用了异或的自反性。

7.1.3　异或编程

编程语言都提供了实现异或运算的位运算符。Python 语言用"^"符号表示位异或运算。在 Python 语言中，异或只能处理 int 整型变量，不能处理 str 字符或者字符串等类型。

1. 整数异或

Python 在处理整数异或运算时，首先将整数转换为二进制表示，并让其长度相同（短的前面补 0），然后将两个二进制数按位异或，最后将结果转换回十进制数。

【例 7-1】　整数异或 $3 \oplus 5 = 6$。

计算时将整数转换为二进制，然后逐个比特进行异或操作，最后将计算结果转换为十进制数。Python 异或过程如图 7.3 所示。

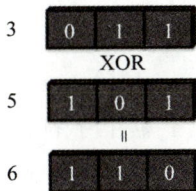

图 7.3　Python 异或

2. 字符异或

两个字符进行异或，其本质与按位异或是一样的。两个英文字符在异或时，首先把字符转换为其 ASCII 码对应的整数值，然后转换成 8 个比特的二进制数，之后进行按位异或运算。示例如下：

```
>>>bin(ord('a'))        # 0b110 0001
>>>bin(ord('b'))        # 0b110 0010
>>>bin(ord('a')^ord('b'))
'0b11'
```

上述代码通过 ord 函数将 str 类型转换成 int 类型，从而实现字符与字符的异或。

思考：如果是字节类型字符，该如何实现异或？

除此之外，还可以注意到一个有趣的现象：大写的字母"A"与空格进行异或后，得到了小写的字母"a"。示例如下：

```
>>>space = ' '
>>>type(space)
<class 'str'>
>>>letter_A = 'A'
>>>space^letter_A
Traceback (most recent call last):
    File "<stdin>", line 1, in <module>
TypeError: unsupported operand type(s)for ^:'str' and 'str'
>>>chr(ord(space)^ord(letter_A))
'a'
```

这里我们看到，字母"A"和字母"a"的 ASCII 码值，正好相差 32，也就是空格的 ASCII 码值。转换成二进制以后可以看出，"A"和"a"的二进制位只有第六位是不同的，其他的字母也有此特征，读者可以自行验证。而第六位正好对应的就是 $2^{6-1} = 2^5 = 32$，因此大写字母如果与空格进行异或，可以得到小写字母；同样，小写字母与空格异或也可以得到大写字母。

7.1.4 异或实践

根据异或运算，我们可以实现基于单个字符的异或密码。例如，有明文字符串"A stream cipher is a method of encryption where a pseudorandom cipher digit stream is combined with plain text digits."，密钥字符取"X"，那么对应的加密代码和结果如下：

```
1. k = 'X'
2. p = "A stream cipher is a method of encryption where a pseudorandom cipher digit stream is combined with plain text digits."
3. c = ''
4. for ch in p:
5.     c + = chr(ord(ch)^ord(k))
6. print(c)
7. #x + ,* = 95x;1(0 = *x1 + x9x5 = ,07<x7>x = 6;*! (,176x/0 = * = x9x( + = -<7*96<75x;1(0 = *x<1? 1,x + ,* = 95x1 + x;75;16 = <x/1,0x(4916x, = ,x<1?
```

1，+ v

8. import binascii

9. binascii.hexlify(c.encode())

10. #b'19782b2c2a3d3935783b3128303d2a78312b783978353d2c30373c78373e783d36
3b2a21282c313736782f303d2a3d783978282b3d2d3c372a39363c3735783b3128303d2a783c3
13f312c782b2c2a3d393578312b783b37353a31363d3c782f312c30782834393136782c3d202c7
83c313f312c2b76'

针对单字符的异或加密密文，如果要破解其密钥或者恢复其明文，本身没有什么难度，因为单个字符组成的密钥空间非常小。关键是在破解过程中涉及的一些知识点是需要读者掌握的。在此以 Cryptopals 第 4 道挑战题为例进行说明，题目描述如图 7.4 所示。

Detect single-character XOR

One of the 60-character strings in this file has been encrypted by single-character XOR.
Find it.

图 7.4　Cryptopals-set1-challenge4

附件提供的文件内容共有 327 行文本，每一行都是 60 个字符长度的字符串。根据题意，其中的某一行是由英文句子和某个字符异或得到的，题目要求找到这一行。文件的部分内容如图 7.5 所示。

```
314  561b0557403f5f534a574638411e2d3b3c133f79555c333215e6f5f9e7ec
315  6658f7210218110f00062752e305f21601442c5310162445ed4d175630f3
316  0e2154253c4a22f02e1b0933351314071b521513235031250c18120024a1
317  e03555453d1e31775f37331823164c341c09e310463438481019fb0b12fa
318  37eee654410e4007501f2c0e42faf50125075b2b46164f165a1003097f08
319  2a533214585155539265239655582e5b2f530d5d1e292046344feaed461517
320  583d2b06251f551d2f5451110911e6034147481a05166e1f241a5817015b
321  1f2d3f5c310c315402200010e24135592435f71b4640540a041012ee1b3f
322  5b2010060e2f5a4d045e0b36192f79181b0732183b4a261038340032f434
323  3a5557340be6f5315c35112912393503320f54065f0e275a3b5853352008
324  1c595d183539220eec1234785353371104247f90a355af44c267be848173f
325  41053f5cef5f6f56e4f5410a5407281600200b2649460a2e3a3c38492a0c
326  4c071a57e9356ee415103c5c53e254063f2019340969e30a2e381d5b2555
327  32042f46431d2c44607934ed180c1028136a5f2b26092e3b2c4e2930585a
```

图 7.5　题目附件中的部分文本行

首先，观察文件中的每一行，可以看到所有字符都在 0～9 和 a～f 的范围内，可以推测密文是十六进制表示。根据每行长度和每两个十六进制数表示一个字符，可知每一行有 30 个英文字符。

其次，加密密钥是单个字符，其范围在 0x00～0xff 之间，有 256 种可能，可以进行暴力破解。

最后，对于暴力破解结果是否正确，需要根据英文的语言特点进行自动化判定。这可以使用第 2 章中提到的频率分析方法。根据常见字母的出现频率对结果进行打分，分数越高越可能是有意义的英文句子。在此通过计算暴力破解出来的明文有多少是合法的字符（仅包含英文字母和数字以及空格）来实现，合法字符数量越多，越有可能是我们想要的答案。

根据以上思路，完整的 Python 代码如下：

```
1. # 自定义所有合法字符，注意最后的空格
2. legal_chars = '01234567890abcdefghijklmnopgrstuvwxyzABCDEFGHIGKLMN
OPQRSTUVWXYZ '
3. legal_part = 0.85                    # 合法字符的占比，手动设定，作为阈值
4. with open('./cipher.txt') as f:      # 打开文件
5.     for line in f:                   # 处理文件的每一行
6.         s = bytes.fromhex(line.strip())  # 十六进制数字转换成字节
7.         for i in range(256):         # 使用 256 种可能的字符进行尝试
8.             res = [chr(i^c) for c in s]  # 挨个进行异或
9.             legal_num = 0            # 合法字符的数量
10.            for c in res:            # 评判结果
11.                if c in legal_chars:
12.                    legal_num += 1
13.            if legal_num > legal_part * len(res)  # 合法字符数量大于阈值
14.                print('cipher:',line,end = '')
15.                print(s)
16.                print('key:',chr(i), ''.join(res),'\n')
```

上述代码的第 3 行给出的阈值是 0.85，也就是说，只要异或后的字符串当中有 85％是我们认为的合法字符，就输出对应的密文、密钥以及明文。从输出结果来看，共有 8 行达到了要求，可以明显看出，图 7.6 所示第二行是我们想要的结果。

因此，完整的明文是"Now that the party is jumping"，最后一个字符是"\n"换行符，而密钥是字符"5"，它的 ASCII 码值为 53。通过对文件进行检索还知道这行密文在 171 行。以第一个字符"N"为例，0x7b 是 123，123 与 53 异或得到 78，而 78 对应的就是字符"N"。

```
cipher: 2c1655342f02581c202b0a5c17a358291e1506f325550f05365e165c1c5f
b',\x16U4/\x02X\x1c +\n\\\x17\xa3X) \x1e\x15\x06\xf3%U\x0f\x056¯\x16\\\x1c_'
key: l @z9XCn4pLGf0{Ï4Eryj□9ciZ2z0p3

cipher: 7b5a4215415d544115415d5015455447414c155c46155f4058455c5b523f
b'{ZB\x15A]TA\x15A]P\x15ETGAL\x15\|F\x15_@XE\\[R?'
key: 5 Now that the party is jumping

cipher: 3f1b5a343f034832193b153c482f1705392f021f5f0953290c4c43312b36
b'?\x1bZ4?\x03H2\x19;\x15<H/\x17\x059/\x02\x1f_\tS)\x0cLC1+6'
key: z Ea NEy2HcAoF2Um CUxe%s)Sv69KQL

cipher: 51203f1e01e5563851284013514a565e53125223052f47100e5011100201
b'Q ?\x1e\x01\xe5V8Q(@\x13QJV˜S\x12R#\x05/G\x10\x0eP\x11\x10\x02\x01'
key: g 6GXyf□_60'̄t6-194u5DbH wi7vwef
```

图 7.6　暴力破解打分结果

7.2　一次一密及多次一密

一次一密(One Time Pad，OTP)顾名思义就是一次性的便签本(Pad)，如图 7.7 所示。便签本上记录了五个数字一组的随机数字序列。加密时随机从里面选取一部分数字作为密钥对明文消息进行加密。

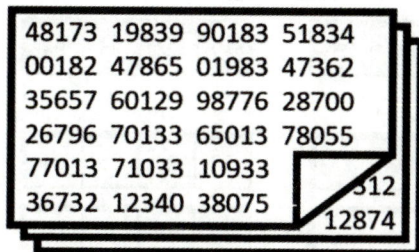

图 7.7　一次一密便签本

加密过程可以分两步实施：

(1) 原始消息转换为数字序列，例如按照 ASCII 码值转换；

(2) 从 Pad 中选取一组数字序列和明文数字序列进行某种简单的数学运算。

在此以某国的 OTP 为例，了解 OTP 的工作原理。

首先，赋予每个大写字母对应的数字，如图 7.8(a)所示。

依据图 7.8(a)，把明文消息的字母用对应的数字替换，如图 7.8(b)所示。

从图 7.7 中选择一组数字(在此从第一行开始取数)，然后分别同上述消息数字进行相加运算，如果和超过 100，则减去 100，如图 7.8(c)所示。

然后把密文数字序列按照 5 个数字一组进行发送(传输)，如下所示：

67224　92048　93233　92335　04224　29381

要解密密文，接收端从 Pad 的相同页选择相同的数字序列，并做减法运算(如果小于 0，需要加 100)，如图 7.8(d)所示。

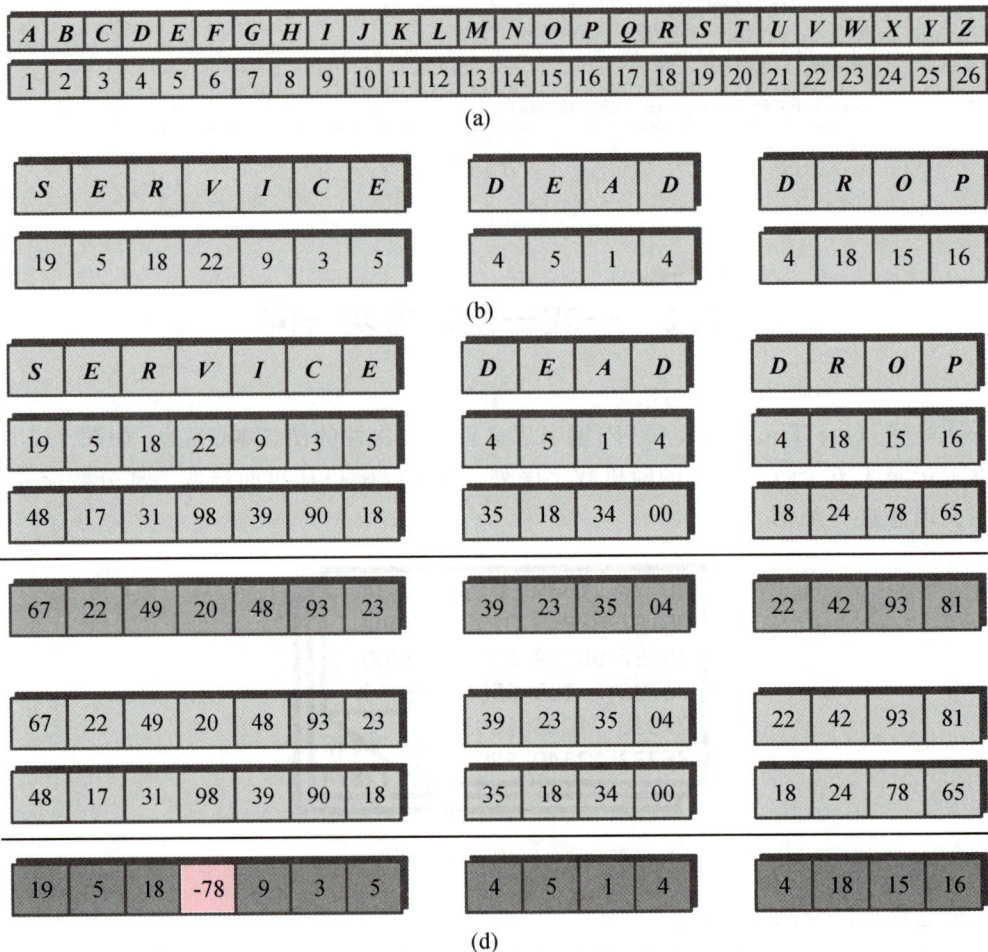

图 7.8　加密过程图示

最后把数字再转换为对应的大写字母，恢复出明文消息。

由上述实例，可以看出 OTP 的安全性主要依赖以下规则：

(1) OTP 需要真正随机的字符串作为密钥(噪声)；

(2) OTP 密钥长度不短于明文消息长度；

（3）只有两份 OTP 存在；

（4）OTP 只使用一次；

（8）用后及时销毁。

满足上述规则的一次一密是无条件安全的密码体制，也就是说破解 OTP 的最好办法就是暴力破解或者猜测。

一次一密的无条件安全性主要依赖两点：一是使用"真正完全随机"的密钥；二是只能使用"一次"，密钥不能在通信中重复使用。

7.2.1 真正随机密钥

事实上，随机数对于密码学来说至关重要，如密钥、初始化向量、nonce 等参数的产生都依赖随机数发生器。但通过计算机系统来获得真正的随机数非常困难，后续章节（7.4～7.7）会给出实例说明。真正的随机数通常由物理现象产生，如环境温度、电子元件噪声、核裂变和复杂的物理过程等，这些现象可以产生无规律的、无法预测的真随机数。现在流行的生成随机数的方法都是通过传入一个"比较随机"的"种子"（例如时间）生成"伪随机数"。在一次一密中，由于异或运算的特性，其安全性严重依赖于密钥流，如果未使用真正的随机数作为密钥，则攻击者可以预测出后续要使用的密钥流，从而破解密文。

7.2.2 多次一密

一次一密的另外一个安全隐患来自密钥的复用。如果重复使用加密密钥，那么一次一密就成了两次一密或者多次一密，也就是说两次或多次重复使用相同的密钥进行加密。以两次一密为例，只要将两次加密得到的密文进行异或计算就得到了两次明文的异或。

$$C_1 \oplus C_2$$
$$= (P_1 \oplus K) \oplus (P_2 \oplus K)$$
$$= P_1 \oplus K \oplus P_2 \oplus K$$
$$= P_1 \oplus P_2 \oplus K \oplus K$$
$$= P_1 \oplus P_2 \oplus 0$$
$$= P_1 \oplus P_2$$

此时，只要已知一个明文当中的部分信息，就可以恢复另外一个明文的部分信息。在此以两张图片作为明文来举例说明，图片如图 7.9、图 7.10 所示。

图 7.9　明文图片 P_1 　　　　　　图 7.10　明文图片 P_2

然后使用图 7.11 所示随机图片作为加密密钥，与上述两幅图片分别进行异或运算。

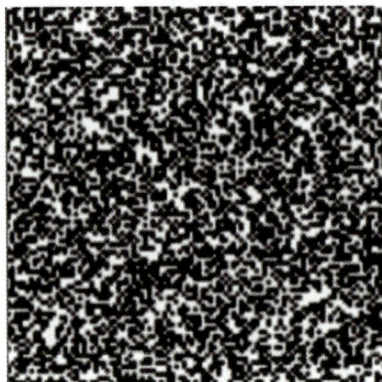

图 7.11　密钥图片 K

图片之间的异或运算的 Python 实现代码如下。代码通过 Python PIL 图像处理库读入图片内容，然后把像素信息转换成字节形式，再进行异或加密，最后将加密结果保存为图片形式即可。需要注意的是，明文图片和密钥图片的大小相同。

```
1.  from PIL import Image
2.  p = Image.open('d://p1.bmp')     # 打开要加密的图片。加密 p2 同理
3.  p_data = p.tobytes() # 返回字节类型的对象
4.  key = Image.open('d://key.bmp') # 与明文大小相同
5.  key_data = key.tobytes()
6.
7.  c = []
```

```
8.    for i in range(len(p_data)):
9.        c.append(p_data[i]^key_data[i])
10.
11.   c_data = bytes(c)
12.   #将字节形式的数据恢复成图片
13.   c1 = Image.frombytes(p.mode,p.size,c_data)
14.   c1.save('d://c1.bmp')
```

最终两张明文图片异或加密后的结果分别如图 7.12、图 7.13 所示。

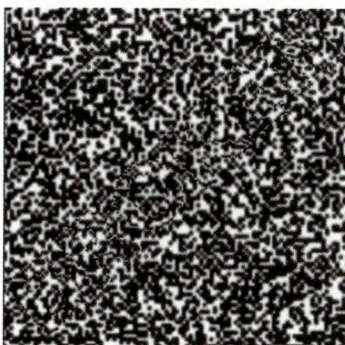

图 7.12　密文图片C_1　　　　　图 7.13　密文图片C_2

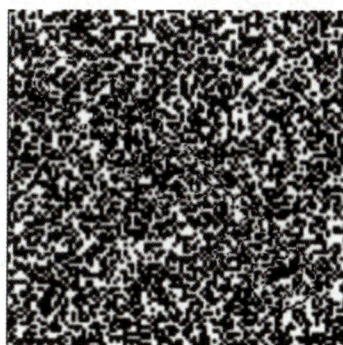

从表面上看，这两张图片是随机的，毫无意义，在不知道加密图片 K 的情况下很难恢复出明文图片。但是如果攻击者知道这两张图片是使用同一个密钥（图片）加密的，那么只需将这两张图片异或（在代码中更改第 2 行和第 4 行的文件名字即可），就能得到如图 7.14 所示的结果。

图 7.14　密文图片异或$C_1 \oplus C_2$

显然，异或后得到的图片包含了原来两张明文图片的所有信息。因此在一次一密加密方案中是严格禁止密钥重复使用的，否则就会泄露明文信息。

7.2.3 Crib-dragging 攻击

Crib-dragging 攻击是一种针对多次一密的攻击方法。

假设有多个明文 P_1、P_2、…及对应的密文 C_1、C_2、…，它们是经过同一个密钥 K 异或加密的结果，也就是多次一密。根据上一小节的结论：$C_1 \oplus C_2 = P_1 \oplus P_2$，如果我们猜测明文 P_1 包含常见英文短语"the"（因为在英语中，像" the "" of "这类小序列是经常出现的短语），那么由 $P_1 \oplus P_2 \oplus$"the"＝"the"$\oplus P_2 \oplus$"the"＝ P_2，得到的 P_2 也会是有意义的符合英文语法的短语片段，由此我们知道，假设的 P_1 有很大可能也是正确的，此时用 P_1 与 C_1 异或，或者 P_2 与 C_2 异或，都可以得到部分密钥 K_i。一旦得到部分密钥，可以继续使用部分密钥 K_i 同其他密文 C_i 进行异或，尝试得到更多的明文 P_i，继续该过程就可以恢复更多的密钥和明文信息。

下面以 ALEXCTF 2017-CR2 题目"Many time secrets"为例，对 Crib-dragging 技术进行讲解，其中密文内容如下：

1. 0529242a631234122d2b36697f13272c207f2021283a6b0c7908
2. 2f28202a302029142c653f3c7f2a2636273e3f2d653e25217908
3. 322921780c3a235b3c2c3f207f372e21733a3a2b37263b313012
4. 2f6c363b2b312b1e64651b6537222e37377f2020242b6b2c2d5d
5. 283f652c2b31661426292b653a292c372a2f20212a316b283c09
6. 29232178373c270f682c216532263b2d3632353c2c3c2a293504
7. 613c37373531285b3c2a72273a67212a277f373a243c20203d5d
8. 243a202a633d205b3c2d3765342236653a2c7423202f3f652a18
9. 2239373d6f740a1e3c651f207f2c212a247f3d2e65262430791c
10. 263e203d63232f0f20653f207f332065262c3168313722367918
11. 2f2f372133202f1426652126372222220733e383f2426386b

从题目名字"Many time secrets"可知，考察的是多次一密的相关知识。密文文件的内容有 11 行，那么可以大胆地猜测这 11 行密文都是通过与同一个密钥加密得到的，也就是"十一次一密"，并且根据 flag 的格式，密钥是以"ALEXCTF{"作为前缀的字符串。

首先要将这 11 行密文以十六进制形式解码，这里使用的是 binascii 库中的 unhexlify( ) 函数。

```
1. import binascii
```

```
2. lines = []
3. with open("msg", "r") as f：  ♯ 打开文件
4.     flines = f.readlines()♯ 读取文件
5.     for line in flines：    ♯ 以十六进制形式解码每一行
6.         lines.append(binascii.unhexlify(line[：-1]))
```

上述代码中，列表变量 lines 保存的是十六进制解码后的 11 行密文，内容如下(注意是字节串)：

1. b″\x05)$ * c\x124\x12 - +6i\x7f\x13′,\x7f！(：k\x0cy\x08″
2. b″/(* 0)\x14,e? <\x7f * &6′>? - e>%！y\x08″
3. b′2)！x\x0c：♯[<,? \x7f7.！s：：+7&；10\x12′
4. b′/16；+1 + \x1ede\x1be7″.77\x7f $ +k,-]′
5. b′(? e,+1f\x14&) + e：),7 * ／！ * 1k(<\t′
6. b″)♯！x7<′\x0fh,！e2&；-625<,< *)5\x04″
7. b″a<7751([< * r′：g！ * ′\x7f7：$ < =]″
8. b′ $ ：* c = [< - 7e4″6e：,t♯ /? e * \x18′
9. b″′97 = ot\n\x1e<e\x1f \x7f,！ * $ \x7f = .e& $ 0y\x1c′
10. b′&> = c♯/\x0f e? \x7f3 e&,1h17″6y\x18′
11. b′//7！3 /\x14&e！&7″″s>8? $ &8k′

接下来就是进行 Crib-dragging。由于密钥以"ALEXCTF{"开始，因此可将其作为起始切入点与密文进行异或。以下是字符串异或运算函数 dec(msg,key)。

```
1.  ♯步骤一：用"ALEXCTF{"作为密钥进行解密
2.  ♯注意：msg 是字节串，key 是字符串
3.  def dec(msg, key)：
4.      m = ""
5.      for i in range(0, min(len(msg),len(key)))：
6.        m + = chr(msg[i] ^ ord(key[i]))
7.      return m
8.  k = "ALEXCTF{"
9.  for line in lines：
10.     m = dec(line, k)   ♯ 前面的字符异或解密函数
11.     print(m)
```

输出的明文为：

1. Dear Fri

2. nderstoo

3. sed One

4. n scheme

5. is the o

6. hod that

7. proven

8. ever if

9. cure, Le

10. gree wit

11. ncryptio

可以看到破解出很多小序列（明文），将"Dear Fri"补齐为"Dear Friend"，再用该小序列与该行密文进行异或（目的是获得更多密钥的信息）。

1. ♯步骤二：补齐第一行"Dear Friend"，$P_0 \oplus C_2 = K$

2. k ="Dear Friend,"

3. m = dec(lines[0], k)

4. print(m)

得到了密钥更多的信息：

1. ALEXCTF{HERE_

以新的密钥作为起始切入点，重复上述步骤，不断地用密钥异或得到碎片化的明文，再用明文与对应密文异或得到更多的密钥信息。在迭代多次后最终得到完整的密钥"ALEXCTF{HERE_GOES_THE_KEY}"，并将其与密文异或得到以下明文：

1. Dear Friend, This time I u

2. nderstood my mistake and u

3. sed One time pad encryptio

4. n scheme, I heard that it

5. is the only encryption met

6. hod that is mathematically

7. proven to be not cracked

8. ever if the key is kept se

9. cure, Let Me know if you a

10. gree with me to use this e

11. ncryption scheme always

7.3　流 密 码

　　一次一密系统是一种绝对安全的密码系统，但它在现实当中是不可实现的。首先是密钥的完全随机难以实现，特别是在密码应用中，大量的随机数生成算法都是确定的，输出的序列不是统计随机的。其次是密钥的分发问题，一次一密系统事先需要将和明文长度相同的密钥通过安全信道传输给接收方。如果现实中存在这样一条安全的通信信道，那么完全可以直接将明文传输给接收方。

　　一次一密作为流密码的雏形，为流密码的产生奠定了基础。正如前述，一次一密无法实现的一个难题是无法找到真正随机的密钥，就算找到了这个与明文长度相等的密钥也无法很好地保存。因此我们常常将一个较小的"种子"传入一个黑盒中，让这个黑盒为我们产生一系列近似随机的比特串。我们称这个黑盒为伪随机数生成器（Pseudo Random Number Generator，PRNG）。通过 PRNG，只需要传入一个只有几个字节大小的"种子"，就可以生成 MB 甚至 GB 级别的密钥流。

　　流密码实际上就是使用一个 PRNG 来生成密钥流，然后对明文进行异或加密的。接收端采用相同的 PRNG 生成相同的密钥流，对密文进行异或解密恢复明文。流密码模型如图7.15 所示。

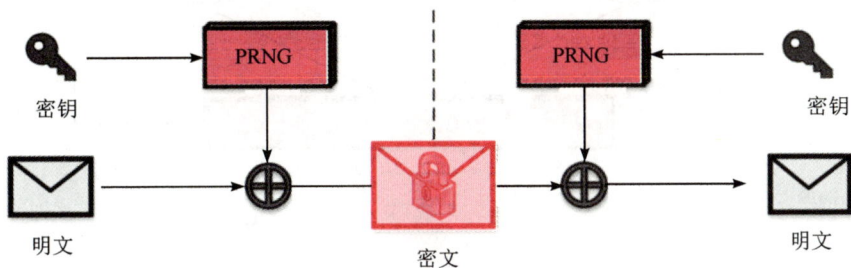

图 7.15　流密码模型

　　从图 7.15 可知，流密码实际的加解密过程非常简单，就是异或运算。流密码的安全重点在于随机数生成器。在密码学中，随机数生成器主要有以下三种。

1. 统计学伪随机数生成器

　　在给定的数列中，每个数字出现的数量大致相等，分布均匀并独立。就如同掷骰子一样，掷的次数足够多，每个数字 1～6 出现的次数基本是相等的，数字序列之间无法互相推导。

2. 密码学安全伪随机数生成器(CSPRNG)

在身份认证、会话密钥和流密码应用中,单独满足统计随机是不够的,还需要随机序列是不可预测的,这包括从数字序列不可预测出种子(后向不可预测)以及从数字序列预测出后续的数字序列(前向不可预测)。

3. 真随机数生成器(TRNG)

真随机数生成器产生的随机样本不可重现。为了产生真随机性,需要从大自然的物理环境来获取随机信息,如环境温度、声音、辐射变化等,这些源统称为熵源。根据这些源或者源的组合生成的信息一般认为不可重现。

目前,在流密码中使用较多的伪随机数生成的算法主要有三种,即反馈移位寄存器、线性同余发生器和梅森旋转算法,接下来将分别介绍。

7.4 反馈移位寄存器

反馈移位寄存器(Feedback Shift Register,FSR)是一种常见的流密码密钥流产生装置,其基本结构如图 7.16 所示。

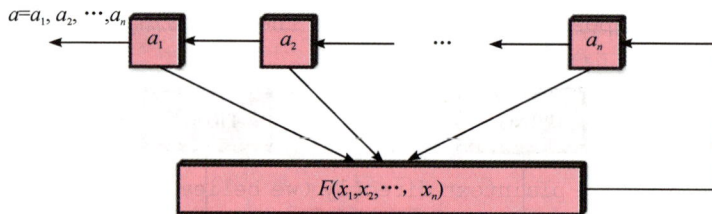

图 7.16　n 级反馈移位寄存器

其中:

- a_1,a_2,$\cdots$,a_n 为 n 个寄存器的初始状态。
- $F(\cdots)$ 为反馈函数。如果 $F(\cdots)$ 为线性函数,那么称其为线性反馈移位寄存器(Linear Feedback Shift Register,LFSR),否则称其为非线性反馈移位寄存器(Nonlinear Feedback Shift Register,NFSR)。
- 每次反馈移位寄存器移出一个比特位,即有 $a_{n+1}=F(a_1,a_2,\cdots,a_n)$,更一般的表示是 $a_{i+n+1}=F(a_{i+1}, a_{i+2}, \cdots, a_{i+n})$。

简单来讲,反馈移位寄存器就是将一个初始状态作为输入,经过一个反馈函数,输出一个新的状态。用 a_i 表示一个 0、1 二元存储单元,a_i 的个数 n 称作反馈移位寄存器的级,

一个 n 级的反馈移位寄存器通常由 n 个二元存储单元和一个反馈函数组成。

7.4.1 线性反馈移位寄存器

线性反馈移位寄存器的模型如图 7.17 所示。

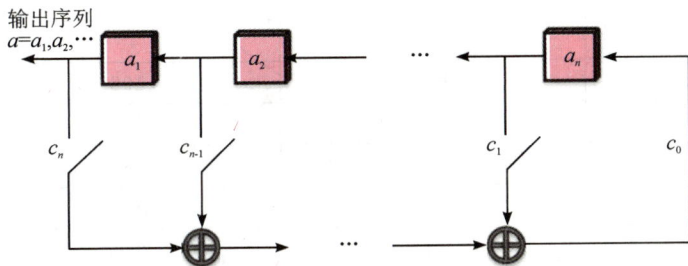

图 7.17 线性反馈移位寄存器

LFSR 的输出比特序列满足公式 $a_{n+1}=F(a_1,a_2,\cdots,a_n)=c_na_1\oplus c_{n-1}a_2\oplus\cdots\oplus c_1a_n$（注意 c、a 的下标之和等于 $n+1$）。输出序列依次是 $a_1,a_2,\cdots,a_n,a_{n+1},\cdots$。图中 c_i 表示反馈线的两种连接方式：$c_i=1$ 表示连线接通，即第 $n+1-i$ 级寄存器参与反馈（起作用）；$c_i=0$ 表示连线断开，即第 $n+1-i$ 级寄存器不参与反馈（即异或运算）。默认 $c_0=1$，如果 $c_0=0$，意味着 LFSR 无反馈输出。

LFSR 有如下特性：

（1）初始状态相同，输出序列也相同。也就是说，初始状态决定了输出序列。

（2）输出序列看似随机，但是由于状态寄存器个数有限，所以在移位输出到一定次数后会出现循环（周期性）。假如一个 LFSR 内部有 n 个状态寄存器，则可能的状态共有 2^n 种，根据第一个特性，必然会产生循环。

（3）除去全 0 状态，还剩下 2^n-1 种状态，因此 LFSR 可以产生不重复最长序列的长度为 2^n-1，也可以说它的周期是 2^n-1。周期达到 2^n-1 的线性反馈移位序列也称为 m 序列。m 序列在通信领域有着广泛的应用，循环冗余校验码（CRC）就可以通过 LFSR 来产生校验和。而 CRC 生成多项式的首位和最后一位必须为 1，因此 LFSR 的系数 c_n 和 c_0 肯定是 1。

LFSR 能产生 m 序列的充要条件是：LFSR 的特征多项式 $F(x)$ 为本原多项式。其中 $F(x)=x^n+x^{n-1}+x^{n-2}+\cdots+x^1+x^0$，这里的 x^i 与系数 $c_i(i=n,n-1,\cdots,1,0)$ 一一对应。当 $F(x)$ 满足下列三个条件时，$F(x)$ 为本原多项式。

（1）$F(x)$ 是不可约的，即不能再分解因式；

（2）$F(x)$ 可整除 x^p+1，其中 $p=2^n-1$；

（3）$F(x)$ 不能整除 x^q+1，其中 $q<p$。

部分常见的本原多项式如表 7.1 所示。

表 7.1　部分常见的本原多项式

级数 n	本原多项式 $F(x)$	八进制表示法
2	x^2+x+1	7
3	x^3+x+1	13
4	x^4+x+1	23
5	x^5+x^2+1	45
6	x^6+x+1	103
7	x^7+x^3+1	211
8	$x^8+x^4+x^3+x^2+1$	435
9	x^9+x^4+1	1021
10	$x^{10}+x^3+1$	2011
11	$x^{11}+x^2+1$	4005
12	$x^{12}+x^6+x^4+x+1$	10123
13	$x^{13}+x^4+x^3+x+1$	20033
14	$x^{14}+x^{10}+x^6+x+1$	42103
15	$x^{15}+x+1$	100003

【例 7-2】　当 $n=5$ 时，对应的本原多项式八进制形式为 $(45)_8$，将其转换成二进制形式为 $(100101)_2$，即 x^5+x^2+1，可以得到

$$a_6=c_5a_1\oplus c_4a_2\oplus c_3a_3\oplus c_2a_4\oplus c_1a_5=c_5a_1\oplus c_2a_4=a_1\oplus a_4 \qquad (7.1)$$

对应的 LFSR 如图 7.18 所示。

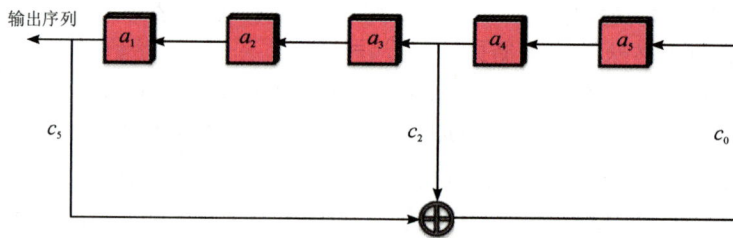

图 7.18　特征多项式为 $(45)_8$ 的 5 级 LFSR

假设初始状态为 $(a_1a_2a_3a_4a_5)=(1\,1\,0\,0\,0)$，则根据式(7.1)，寄存器的状态依次是
11000,10001,00011,00111,01111,11111,11110,11100,
11001,10011,00110,01101,11010,10100,01001,10010,
00100,01000,10000,00001,00010,00101,01010,10101,
01011,10111,01110,11101,11011,10110,01100,11000…

根据上述寄存器的状态值，$(45)_8$ 的 5-LFSR 的序列周期为 31，后续会循环出现上述状态值。

实际上，在同一个 n 下，也可能有不同的本原多项式，例如，当 $n=5$ 时，$(67)_8$ 和 $(75)_8$ 也是本原多项式。更多关于本原多项式的内容请参考近世代数相关教材。

对于 n 比较小的情况，其实手工就可以进行破解，请看下例同样是 $n=5$ 的情况。假设 Eve 获得了密文串 101101011110010 和对应明文串 011001111111001，将明文与密文异或可以得到密钥流$(a_i, i=1,2,3,\cdots)=\underline{110100100001011}$，如果此时 Eve 还知道密钥流是使用 5 级 LFSR 产生的，那么可以构建如下方程：

$$(a_6 a_7 a_8 a_9 a_{10}) = (c_5 c_4 c_3 c_2 c_1) \begin{pmatrix} a_1 & a_2 & a_3 & a_4 & a_5 \\ a_2 & a_3 & a_4 & a_5 & a_6 \\ a_3 & a_4 & a_5 & a_6 & a_7 \\ a_4 & a_5 & a_6 & a_7 & a_8 \\ a_5 & a_6 & a_7 & a_8 & a_9 \end{pmatrix}$$

即

$$(0\,1\,0\,0\,0) = (c_5 c_4 c_3 c_2 c_1) \begin{pmatrix} 1 & 1 & 0 & 1 & 0 \\ 1 & 0 & 1 & 0 & 0 \\ 0 & 1 & 0 & 0 & 1 \\ 1 & 0 & 0 & 1 & 0 \\ 0 & 0 & 1 & 0 & 0 \end{pmatrix}$$

而

$$\begin{pmatrix} 1 & 1 & 0 & 1 & 0 \\ 1 & 0 & 1 & 0 & 0 \\ 0 & 1 & 0 & 0 & 1 \\ 1 & 0 & 0 & 1 & 0 \\ 0 & 0 & 1 & 0 & 0 \end{pmatrix}^{-1} = \begin{pmatrix} 0 & 1 & 0 & 0 & 1 \\ 1 & 0 & 0 & 1 & 0 \\ 0 & 0 & 0 & 0 & 1 \\ 0 & 1 & 0 & 1 & 1 \\ 1 & 0 & 1 & 1 & 0 \end{pmatrix}$$

因此

$$(c_5 c_4 c_3 c_2 c_1) = (0\,1\,0\,0\,0) \begin{pmatrix} 0 & 1 & 0 & 0 & 1 \\ 1 & 0 & 0 & 1 & 0 \\ 0 & 0 & 0 & 0 & 1 \\ 0 & 1 & 0 & 1 & 1 \\ 1 & 0 & 1 & 1 & 0 \end{pmatrix}$$

则

$$(c_5 c_4 c_3 c_2 c_1) = (1\,0\,0\,1\,0)$$

就可以得到生成密钥流用的 LFSR（这与图 7.18 所示的 LFSR 是一样的）：

$$a_{i+5} = c_5 a_i \oplus c_2 a_{i+3} = a_i \oplus a_{i+3} \tag{7.2}$$

上述针对 LFSR 的手工移位操作也可以用程序来实现。以下 Python 代码对应的 $F(x)=x^{32}+x^{30}+x^{27}+x^{20}+x^{12}+x^8+x^5+x^3+1$。下列代码中输入参数 R 为初始状态（整型数），mask 为特征多项式系数的二进制表示。

```
1. mask = 0b10100100000010000000100010010100    #长度 32 比特

2. def lfsr(R,mask):     #R 是初始状态，mask 作为掩码决定了 F(x)中的系数 c

3.     output = (R << 1) & 0xffffffff    # 将 R 整体左移一位，最后一位补 0，取
                                          # 32 位

4.     i = (R&mask)&0xffffffff    # 选择 R 的第 1、3、6、13、21、25、28、
                                   # 30 位

5.     lastbit = 0    # 初始最后一位值，最终计算在 while
                       # 循环

6.     while i! = 0:    # 根据异或性质，0 不影响异或结果
7.         lastbit^ = (i&1)    # 取最低位，然后异或
8.         i = i>>1    # i 右移
9.     output^ = lastbit    # 更新 output 最后一位
10. return (output,lastbit)    # 以元组形式返回（新状态，一位）
```

上述代码中的 mask 变量长度为 32，表明是一个 $n=32$ 的 32 级线性反馈移位寄存器（见图 7.19），并且 c_{32}、c_{30}、c_{27}、c_{20}、c_{12}、c_8、c_5、c_3 为 1，也就是选择了 a_1、a_3、a_6、a_{13}、a_{21}、a_{25}、a_{28}、a_{30} 作为反馈函数的输入，新产生的比特位 a_{33} 与以下 8 个比特有关，关系式如下：

$$a_{33}=a_1\oplus a_3\oplus a_6\oplus a_{13}\oplus a_{21}\oplus a_{25}\oplus a_{28}\oplus a_{30} \tag{7.3}$$

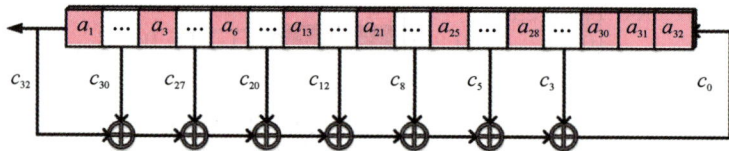

图 7.19 32 级线性反馈移位寄存器

【例 7-3】 根据上述 LFSR 的实现代码，从密钥流（key 文件）暴力破解 flag 信息。

```
1. import lfsr    # 导入 lfsr 函数
2. flag = "flag{xxxxxxxxxxxxxxxx}"
3. assert len(flag) = = 14    # 要求 flag 花括号中的字符数 = 8
4.
5. R = int(flag[5:-1],16)    # 要求 flag 中的内容是十六进制
```

```
6.  mask = 0b101001000001000000100010010100    # 同例 7-2 中的 mask
7.
8.  f = open("key","w")
9.  for i in range(100):
10.     tmp = 0
11.     for j in range(8):
12.         (R,out) = lfsr(R,mask)
13.         tmp = (tmp <<1)^out
14.     f.write(chr(tmp))
15. f.close()
```

上述密钥流生成代码中：

· 第 5 行的 R 保存的是 flag 字符串中花括号里面的内容，是由十六进制数组成的字符串。在此，flag 作为 LFSR 的寄存器初始状态。flag 字符串长度为 14，格式为"flag{xxxxxxxx}"，花括号中的 8 个十六进制字符转换成整型数 R 后和 mask 一起传入 lfsr 函数，生成连续的比特密钥流，并保存写入 key 文件中。

· 代码的第 11 行到 13 行完成 lfsr 函数调用，每次调用得到新的寄存器状态和一个比特的输出，每输出 8 个比特即将其转换为一个字节写入 key 文件中，写 100 次，共计 100 个字节。

当 LFSR 的位数不超过 30 位且知道多项式 mask 的情况下，可以考虑采用暴力枚举的方法暴力破解初始状态(或者称为种子 seed 或者 key)。

· 首先，确定 flag 的长度。根据分析已经确定 flag 包含 8 个十六进制字符，也就是有 $16^8 = 4\ 294\ 967\ 296$ 种可能。

· 其次，确定暴力破解成功的判断条件。将某个 flag 值传入 lfsr 函数，如果生成的密钥流与 key 文件一致，则说明该 flag 正确。

具体的 Python 实现代码如下：

```
1. import base64
2. from tqdm import trange
3. import lfsr
4. with open('./attachment/key','rb') as f:    # 读取已知的密钥流
5.     key = f.read()
6.     print('key',key)
7. mask = 0b101001000001000000100010010100
8. # flag 是 8 个十六进制数，为 32 位，因此暴力破解范围是 2^31~2^32-1
9. for R in trange(pow(2,31),pow(2,32)):
10.    flag = True
```

```
11.      r = R
12.      for i in range(100)：   ♯ 与加密流程基本一致
13.          tmp = 0
14.          for j in range(8)：
15.              (R, out) = lfsr(R, mask)
16.              tmp = (tmp <<1) ^ out
17.          if tmp ！= key[i]：   ♯ 与 key 比较，不同则说明不是要求的值
18.              flag = False
19.              break
20.          if flag：   ♯ 对比 100 次都与 key 相同，暴力破解成功
21.              print("flag{" + hex(r)[2:] + "}")
22.              break
```

除了采用暴力破解的方法，还可以根据 LFSR 的线性特性，通过密钥流反推 flag 的值。

因为 flag 是用于填充最初的 LFSR 寄存器初始状态的，所以首先看一下 flag 的最后一位即将被移出寄存器之前的 LFSR 状态和对应的比特关系以及示意图（见图 7.20）。

$$a_{33+31} = a_{1+31} \oplus a_{3+31} \oplus a_{6+31} \oplus a_{13+31} \oplus a_{21+31} \oplus a_{25+31} \oplus a_{28+31} \oplus a_{30+31}$$

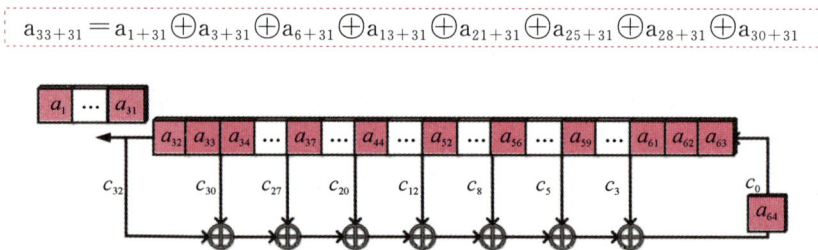

图 7.20　时间定格在 flag 最后一个比特移出寄存器之前

此时 LFSR 已经产生密钥流 key 的前 31 个比特（图中 $a_{33} \sim a_{63}$），即将移位得到下一个密钥流比特 a_{64}。实际上整个密钥流 key 都是已知的，也就是后续的第 32 位（a_{64}）也是已知的。根据前 32 个密钥流比特和 flag 最后一个比特位（a_{32}）的关系，可以计算出 flag 的最后一位 a_{32}。由于 flag 最后一位只有两种情况（为 0 或者为 1），在此先假设其为 0，然后使用已知的 mask 和 lfsr 函数生成下一位（也就是 key 的第 32 位，实际是已知的）来破解，计算关系如图 7.21 所示。

之后就是继续猜测 flag 的倒数第二位、第三位……直至破解出完整的 flag。根据分析，需要先拿到 key 文件的前 32 位，完成的猜解代码

```
lfsr('0'+key[0:31],mask)->lastbit
if lastbit==key[31]:
    flag='0'
else:
    flag='1'
```

图 7.21　最后一位破解示意

如下。

```
1.  import binascii, lfsr
2.  with open('./attachment/key','rb') as f:
3.      key = f.read()
4.      print('key',key)
5.  print('{:032b}'.format(int(binascii.hexlify(key[0:4]),16)))
6.  mask = 0b10100100000010000000100010010100
7.  #key = '00100000111110111101110111111000'    # key 的前 32 位
8.  flag = ''
9.  first = True
10. for i in range(32):    # 总共循环遍历 32 次，逐步找到 32 位的 flag
11.     r = key[:-i-1]     # 依次取 key 的前 31 位，第二次取前 30 位
12.     l = '0' + flag     # 猜测最高位为 0，并与猜测好的 flag 拼接
13.     R = int(l+r,2)
14.     (out,lastbit) = lfsr(R, mask)
15.     out = '{:032b}'.format(out)
16.
17.     if first:        # 第一次需要读全部的 key
18.         if out == key[:]:
19.             flag = '0' + flag
20.          else:
21.             flag = '1' + flag
22.         first = False
23.      else:
24.         if out == flag+key[:-i]:
25.             flag = '0' + flag
26.         else:
27.             flag = '1' + flag
28. print(hex(int(flag,2)))
```

最终即可得到完整的 flag。

使用 LFSR 的好处是简单快捷，易于软硬件高速实现。但由于寄存器状态有限，并且由于其线性特性，LFSR 任意时刻的输出可以通过最初的内部状态线性推导表示出来，因此需要更加安全的 NFSR。

7.4.2 非线性反馈移位寄存器

鉴于应用于流密码中的移位寄存器对安全性的要求，实际中更多使用的是非线性反馈移位寄存器(NFSR)，它的结构和 LFSR 类似，但是其反馈函数不再是线性函数，而采用的是非线性函数。NFSR 通过非线性反馈函数将 LFSR 组合起来，使生成的密钥序列更加复杂、周期更长、不可预测性更高。NFSR 主要有以下几种结构：

(1) 非线性组合生成器。这种结构通常对多个 LFSR 的输出使用一个非线性组合函数来构成(见图 7.22)。如果 n 个 LFSR 的长度分别为 l_1，l_2，$\cdots$，l_n，那么密钥流的线性复杂度变为 $f(l_1, l_2, \cdots, l_n)$，可见这种设计方法可以大大增加线性复杂度。

(2) 非线性滤波生成器。这种结构只使用一个 LFSR，密钥流是通过一个非线性函数 f 作用于 LFSR 的某些状态来直接产生的，其中 f 函数也称为滤波函数。采用这类结构(见图 7.23)设计的流密码有 ISO/IEC 国际标准加密算法 SNOW 2.0，以及 3GPP LTE 国际加密算法标准算法 SNOW 3G 和国密 ZUC(祖冲之算法)等。

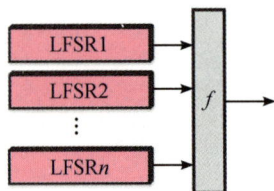

图 7.22 非线性组合生成器

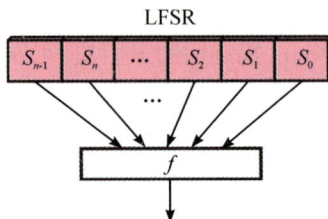

图 7.23 非线性滤波生成器

(3) 钟控生成器。这类结构使用至少一个 LFSR 的输出来控制另一个(或多个)LFSR 的输出(见图 7.24)。采用钟控生成器设计的流密码要避免不规则钟控带来的输出效率的降低，比较典型的几个算法有用于全球移动通信系统(GSM)加密的 A5/1 算法、LILI-128 和 eSTREAM 计划中面向硬件设计的 MICKEY 2.0 等。

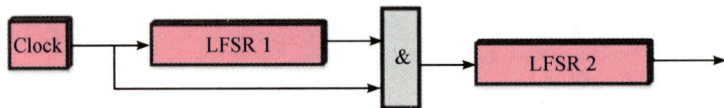

图 7.24 钟控生成器

下面以 2018 年强网杯 streamgame3 题目为例，说明非线性组合生成器的工作原理和安全性。代码如下：

```
1. from flag import flag
2. assert flag.startswith("flag{")
```

```
3.  assert flag.endswith("}")
4.  assert len(flag) = = 24
5.  def lfsr(R,mask):
6.      output = (R<<1) & 0xffffff
7.      i = (R&mask)&0xffffff
8.      lastbit = 0
9.      while i! = 0:
10.         lastbit^ = (i&1)
11.         i = i>>1
12.     output^ = lastbit
13.     return (output,lastbit)
14. def single_round(R1,R1_mask,R2,R2_mask,R3,R3_mask):
15.     (R1_NEW,x1) = lfsr(R1,R1_mask)
16.     (R2_NEW,x2) = lfsr(R2,R2_mask)
17.     (R3_NEW,x3) = lfsr(R3,R3_mask)
18.     return (R1_NEW,R2_NEW,R3_NEW,(x1 * x2)^((x2^1) * x3))
19. #三个 LFSR
20. R1 = int(flag[5:11],16)
21. R2 = int(flag[11:17],16)
22. R3 = int(flag[17:23],16)
23. assert len(bin(R1)[2:]) = = 17
24. assert len(bin(R2)[2:]) = = 19
25. assert len(bin(R3)[2:]) = = 21
26. R1_mask = 0x10020
27. R2_mask = 0x4100c
28. R3_mask = 0x100002
29.
30. for fi in range(1024):
31.     print(fi)
32.     tmp1mb = ""
33.     for i in range(1024):
34.         tmp1kb = ""
35.         for j in range(1024):
36.             tmp = 0
```

```
37.              for k in range(8):  #产生 8 个比特
38.                  (R1,R2,R3,out) = single_round(R1,R1_mask,R2,R2_mask,R3,R3_
mask)
39.                  tmp = (tmp <<1) ^ out
40.                  tmp1kb + = chr(tmp)
41.              tmp1mb + = tmp1kb
42.          f = open("./output/" + str(fi),"ab")
43.          f.write(tmp1mb)
44.          f.close()
```

根据上述代码给出的密钥流生成算法,flag 除了"flag{}"外还有 18 个十六进的符号(代码第 5 行)。还有两个函数——lfsr 和 single_round,分别完成 LFSR 和 NFSR 功能。

- lfsr:24 位的 LFSR。
- single_round:非线性组合函数。R1、R2、R3 均为十六进制表示的 6 个字符长度的字符串,15、16、17 行代码就是将它们和对应的掩码输入 lfsr 生成新的 R1、R2、R3,最后以 return 中的表达式实现核心的非线性变换:

$$(x_1 * x_2) \oplus ((x_2 \oplus 1) * x_3) \tag{7.4}$$

上述非线性变换对应的是 NFSR 当中一类称为 Geffe 的序列生成器。该生成器由 3 个 LFSR 组成,其中 LFSR2 用于控制 LFSR1 和 LFSR3 两者当中哪一个起作用(见图 7.25)。

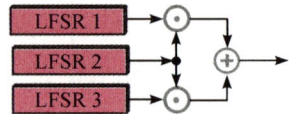

图 7.25 Geffe 序列生成器

最后的 30 行至 44 行代码是利用上述两个函数输出密钥流到文件中。最内层循环(37 至 39 行代码)连续 8 次调用 single_round()函数产生 8 个比特密钥流;再向外两层循环分别调用 1024 次完成 1 kB 和 1 MB 密钥流的生成;最外层循环(30 行～44 行代码)将生成的 1 MB 字节密钥流输出到文件中,文件名从"0"开始一直到"1023",一共 1024 个文件。整个密钥流生成流程如图 7.26 所示。

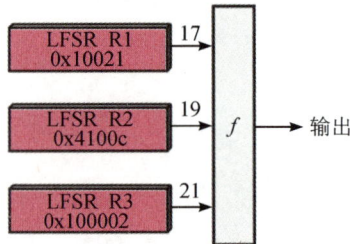

图 7.26 密钥流生成流程

这里由于代码中 flag 的长度太长，不考虑暴力破解方法解密。

尽管在 NFSR 中，f 函数是非线性运算，也就是最终的密钥流是通过多个 LFSR 独立生成后再通过 f 函数的某种数学运算组合在一起的，但是最终的密钥流输出（output）往往同某个 LFSR 存在概率统计相关，因此可以采用相关攻击（Correlation Attack）完成 LFSR 的猜解。这种攻击本质上是一种分治的操作，也就是从密钥流输出恢复每个独立的 LFSR。以下根据 f 函数的组合关系，也就是代码中 single_round 函数最后的 return 返回前的计算公式：

$$(x_1 * x_2) \oplus ((x_2 \oplus 1) * x_3) \tag{7.5}$$

来分析密钥流输出（output）和各个 LFSR 输入之间的关系。根据式（7.5）有对应的真值表，如表 7.2 所示。

表 7.2　LFSR 与密钥流输出之间的关系

x_1	x_2	x_3	output
0	0	0	0
0	0	1	1
0	1	0	0
0	1	1	0
1	0	0	0
1	0	1	1
1	1	0	1
1	1	1	1

由表 7.2 可以得到以下概率：

- $P(x_1 = \text{output}) = 3/4$；
- $P(x_2 = \text{output}) = 1/2$（等概率，和随机选择 0 或 1 一样）；
- $P(x_3 = \text{output}) = 3/4$。

根据上述概率关系，特别是 x_1 和 x_3 与密钥流输出之间的强相关性（相等的概率为 75%），可以单独对 R1 和 R3 进行暴力破解。如果 R1 或者 R3 单独产生的密钥流与前述 NFSR 生成的密钥流输出（结果保存在前面代码所给出的 1024 个文件中）强相关，那么有理由相信我们的猜解是正确的。

完整的猜解代码如下所示。代码中的 guess 函数用于单独猜测 x_1（R1）和 x_3（R3），brute_force 函数在已知 x_1 和 x_3 的基础上暴力破解 x_2。由于单独每个 LFSR 的长度相对较短（见题目代码 20 至 25 行），因此单独暴力破解每个 LFSR 在计算上成为可能。如果整体一起暴力破解，三个 LFSR 的长度达到了 $17+19+21=57$ 位，57 位的暴力破解空间太大，因此是不可行的。

以下是利用上述统计关系给出的解题代码：

```
1. from tqdm import trange
2. def lfsr(R,mask):
3.     output = (R<<1) & 0xffffff
4.     i = (R&mask)&0xffffff
5.     lastbit = 0
6.     while i! = 0:
7.         lastbit^ = (i&1)
8.         i = i>>1
9.     output^ = lastbit
10.    return (output,lastbit)
11.
12. def single_round(R1,R1_mask,R2,R2_mask,R3,R3_mask):
13.     (R1_NEW,x1) = lfsr(R1,R1_mask)
14.     (R2_NEW,x2) = lfsr(R2,R2_mask)
15.     (R3_NEW,x3) = lfsr(R3,R3_mask)
16.     return (R1_NEW,R2_NEW,R3_NEW,(x1 * x2)^((x2^1) * x3))
17.
18. def correlation(a,b):    # 计算相关系数，a 是字节串，b 是字符串
19.     assert len(a) = = len(b)
20.     count = 0
21.     for i, j in zip(a, b):    # 逐字节比较
22.         ib = '{:08b}'.format(ord(i))
23.         jb = '{:08b}'.format(j)
24.         for m, n in zip(ib, jb):    # 逐比特比较
25.             if m = = n:
26.                 count + = 1
27.     return count / (bytes_size * 8.0) * 100    # 以百分比返回
28.
29. def guess(length, mask):    # 猜测 R1 和 R3
30.     for n in trange(2 * * (length-1), 2 * * length):
31.         R = n
```

```
32.            s = ''
33.            for i in range(bytes_size):
34.                tmp = 0
35.                for j in range(8):
36.                    (R, out) = lfsr(R, mask)    ♯ 直接用 LFSR 的 out 输出
37.                    tmp = (tmp <<1) ^ out
38.                s += chr(tmp)
39.            pb = correlation(s, cipher)    ♯ s 新密钥流,cipher 原密钥流
40.            if 72<= pb<= 78:    ♯ 相关系数大致为 75%
41.                print(pb,hex(n))
42.
43. def brute_force(R1, R3, length):    ♯ 暴力破解 R2
44.     for n in trange(2**(length-1), 2**length):
45.         r2 = n
46.         r1 = R1
47.         r3 = R3
48.         s = ''
49.         for i in range(bytes_size):
50.             tmp = 0
51.             for k in range(8):
52.                 (r1,r2,r3,out) = single_round(r1,R1_mask,r2,R2_mask,r3,R3
_mask)
53.                 tmp = (tmp <<1) ^ out
54.             s += chr(tmp)
55.         pb = correlation(s,cipher)
56.         if pb == 100:    ♯ 与 guess 类似,但必须完全相等才算成功
57.             return str(hex(n))
58. bytes_size = 64    ♯ 要对比的字节数
59. with open('./0','rb') as f:    ♯ 使用了 1024 个文件中的 0 文件
60.     cipher = f.read(bytes_size)
61.
62. R1_mask = 0x10020      ;        len1 = 17
63. R2_mask = 0x4100c      ;        len2 = 19
64. R3_mask = 0x100002     ;        len3 = 21
```

```
65.
66. guess(len1, R1_mask)    #76.5625 0x1b9cb
67. R1  = 0x01b9cb
68. guess(len3, R3_mask)    #73.4375 0x16b2f3
69. R3  = 0x16b2f3
70. print(brute_force(R1, R3, len2))    #0x5979c
```

最后将三部分拼接，得到完整的 flag——"flag{01b9cb05979c16b2f3}"。显然 NFSR 的分析比 LFSR 要复杂得多。虽然看似是简单的三个 LFSR 的组合，但是要想直接暴力破解，计算量太大，因此其安全性相比 LFSR 要高很多。

7.5 线性同余发生器

线性同余发生器（Linear Congruential Generator，LCG）是一种伪随机序列生成算法，顾名思义就是采用线性运算以及模运算来产生伪随机序列。LCG 的理论相对容易理解，并且实现简单。

LCG 通常采用以下公式来产生线性同余序列 X_i：

$$X_{n+1}=(aX_n+c)\bmod m, n\geqslant 0 \tag{7.6}$$

其中：

- m 是模数，要求 $m>0$；
- a 是乘数，要求 $0<a<m$；
- c 是增量，要求 $0\leqslant c<m$；
- X_0 表示初始值，要求 $0\leqslant X_0<m$。

以上参数均为正整数。模数 m 和乘数 a 是公式中最重要的参数，能否合理地选择这两个参数将决定其产生的线性同余序列 $<X>=X_1,X_2,\cdots,X_n,\cdots$ 的优劣。

如果 $c=0$，式（7.6）也称为乘法同余发生器（Multiplicative Congruential Generator，MCG）；如果 $c\neq 0$，则称其为混合线性同余发生器（Mixed Linear Congruential Generator，MLCG）。X_0 为初始值，可以视作种子（Seed）。

【例 7-4】　当 $m=10$，$X_0=a=c=7$ 时，得到的序列如下：

$$7,6,9,0,7,6,9,0,7,6,9,0,\cdots$$

显然，上述序列的周期为 4，这说明同余序列总是会进入一个循环，也就是说它最终必定在 n 个数之间无休止地重复，这个性质对于所有的 LCG 都适用。一个优秀的 LCG 必须有足够长的周期。

7.5.1 参数选择

要构造一个满足密码安全的线性同余发生器，需要综合考虑随机序列的周期性、统计分布和计算效率。这些性质都依赖于参数的选择，尤其是模数 m 和乘数 a 的选取。

1. 模数 m 的选择

模数 m 应尽可能大，以产生长周期随机序列。如果计算机的字长为 ω，一般推荐取 $m=2^\omega$，也可以取 $m=2^\omega+1$ 或 $m=2^\omega-1$，或是取 m 小于 2^ω 的最大素数。

通常而言，如果取 $m=2^\omega$，则其计算过程可以利用位运算实现高效计算，但是产生的随机序列中各元素的低比特位的随机性并不是很好。因为当 $m=2^\omega$ 时，对于一个 s 位的整数 Z，Z 模 m 的结果实际上就是 Z 的比特位中右边的 ω 位的结果，而如果取 $m=2^\omega+1$，结果会大不一样，如图 7.27 所示。

```
1   z = 0b1101001101
2   for i in range(10):
3       m = 2**i
4       print(m,'\t',bin(pow(z,1,m)))

1       0b0
2       0b1
4       0b1
8       0b101
16      0b1101
32      0b1101
64      0b1101
128     0b1001101
256     0b1001101
512     0b101001101
```

```
1   z = 0b1101001101
2   for i in range(10):
3       m = 2**i+1
4       print(m,'\t',bin(pow(z,1,m)))

2       0b1
3       0b10
5       0b0
9       0b1000
17      0b1100
33      0b10100
65      0b0
129     0b1000111
257     0b1001010
513     0b101001100
```

图 7.27 $Z \bmod 2^\omega$ 和 $Z \bmod (2^\omega+1)$

定理：当 $m=2^\omega$ 时，LCG 的周期将会是 ω。

证明：

假设 d 是 m 的一个因子，q 为某一整数，令 Y_n 满足如下关系：

$$Y_n = X_n \bmod d \tag{7.7}$$

再将

$$X_{n+1} = aX_n + c - qm \tag{7.8}$$

两边同时模 d，可以消去 qm：

$$Y_{n+1} = (aY_n + c) \bmod d \tag{7.9}$$

不难发现，式(7.9)实际上也是一个 LCG，它产生的随机序列也具有周期性，但是其周

期小于 d。这里的 $\langle Y \rangle$ 序列实际上对应了原线性同余序列 $\langle X \rangle$ 的低位字节，可以将序列 $\langle Y \rangle$ 理解为是将 $\langle X \rangle$ 的低位单独抽取出来组成的一个序列。例如，如果 $d = 2^4$，则序列 $\langle Y \rangle$ 的周期最大也就是 16，对应了序列 $\langle X \rangle$ 中各个元素的低 4 位比特位的周期，显然低位的随机性并不是很好。正是由于这个原因，有些 LCG 事先会丢弃这些随机性差的低比特位，截取高比特位以取得一个比较好的随机性效果。如果 $m = 2^\omega + 1$ 或者 $m = 2^\omega - 1$，则不存在上述问题。

2. 乘数 a 的选择

可以立即排除 $a = 1$ 的情况，否则有以下线性同余式：

$$X_{n+1} = (X_n + c) \bmod m \tag{7.10}$$

此时产生的随机序列是一种有规律的序列，例如 $X_0 = 3$、$c = 1$、$m = 8$ 时，有如下序列：

$$4, 5, 6, 7, 0, 1, 2, 3, 4, 5, 6, 7, 0, 1, 2, 3, \cdots$$

可见以上序列不具有随机特性，而 $a = 0$ 的情况甚至更糟糕，因此一般都假定：$a \geqslant 2$。

按照如下方式选定系数 a 可以产生最大周期为 m 的线性同余序列：

- c 是正整数；
- a、c、X_0 都比 m 小；
- c 与 m 互素；
- m 的所有质因子的积能整除 $a - 1$；
- 如果 m 是 4 的倍数，则 $b = a - 1$ 也是 4 的倍数。

以上定理表明，当 c 不等于 0 时（c 与 m 互质，自然就不可能等于 0），有可能产生周期为 m 的线性同余序列。

另一方面，当 $c = 0$ 时，也即

$$X_{n+1} = a X_n \bmod m$$

时，是否有可能产生周期为 m 的线性同余序列？答案是否定的。用反证法：如果 $c = 0$ 时产生了周期为 m 的线性同余序列，那么 0 必然在这个序列中，但是如果 0 在序列中，必然会导致线性同余序列退化成全 0 的序列，因此原命题不成立。

综上所述，线性同余序列参数的选择需要遵循以下几点：

（1）模数 m 应该尽可能大，通常至少应大于 2^{30}，考虑到计算效率，通常会结合计算机的字长选取 m 的值。

（2）如果 m 选取为 2 的幂，也即 2^ω，则选取的 a 通常应该满足 $a \bmod 8 = 5$。

（3）当参数 m 和 a 的选定比较合理时，对于 c 的选择约束性不是很强烈，但要保证 c 与 m 互素。

（4）种子 X_0 应该是随机选取的，可以将时间戳作为种子。

7.5.2　代码实现

由上面的计算公式可知 LCG 的计算相对简单，其涉及的参数为乘数 a、增量 c、模数 m 和初始种子 X_0。以下给出了实现 LCG 类的 Python 代码。

```
1.   class prng_lcg:
2.     a = 672257317069504227   # "乘数"
3.     c = 7382843889490547368   # "增量"
4.     m = 9223372036854775783   # "模数"
5.     def __init__(self, seed):
6.         self.state = seed   # the "seed"
7.     def next(self):
8.         self.state = (self.state * self.a + self.c) % self.m
9.         return self.state
10. def test():
11.     gen = prng_lcg(123)   # seed = 123
12.     print(gen.next())   # 第一个生成值
13.     print(gen.next())   # 第二个生成值
14.     print(gen.next())   # 第三个生成值
15.
16. test()
17. # output
18. # 7060145557346585242
19. # 3490819368718893392
20. # 6200546448603839134
```

LCG 的计算速度快，且只需要少量的存储器保留状态，即可同时产生多个独立随机流。

7.5.3　针对 LCG 的攻击方式

LCG 在密码安全性方面十分脆弱，接下来根据参数的已知情况分以下四种情形讨论对 LCG 的攻击。

- 已知乘数 a、增量 c、模数 m；
- 已知乘数 a、模数 m，增量 c 未知；
- 已知模数 m，乘数 a 和增量 c 未知；
- 乘数 a、增量 c、模数 m 均未知。

1. 已知乘数 a、增量 c、模数 m

这种情况下，就相当于已知 LCG 的所有参数。现在已知某 LCG 系统产生了以下三组连续的值，并且知道上述三个参数。

1. s0 = 2300417199649672133
2. s1 = 2071270403368304644
3. s2 = 5907618127072939765
4. ♯已知所有内部参数
5. a = 672257317069504227   ♯ 乘数
6. c = 7382843889490547368   ♯ 增量
7. m = 9223372036854775783   ♯ 模数

在已知三个参数并且知道了产生的序列值后，可以很容易地根据 LCG 公式推算后续或者之前的某个序列值。读者可自行验证上述值和参数是否一致。

2. 已知乘数 a、模数 m，增量 c 未知

1. ♯初值和第一个序列值
2. s0 = 4501678582054734753
3. s1 = 4371244338968431602
4. ♯增量 c 未知
5. a = 81853448938945944   ♯ 乘数
6. m = 9223372036854775783 ♯ 模数

只要稍微改变公式就可以将增量 c 计算出来。

1. ♯ s1 = s0 * a + c (mod m)
2. ♯ c = s1 − s0 * a (mod m)
3. def crack_unknown_increment(states, modulus, multiplier):
4.   increment = (states[1] − states[0] * multiplier) % modulus
5.   return modulus, multiplier, increment
6.   print (crack _ unknown _ increment ([4501678582054734753, 4371244338968431602], 9223372036854775783, 81853448938945944))
7. ♯ output
8. ♯ (9223372036854775783, 81853448938945944, 7247473133432955167)

3. 已知模数 m，乘数 a 和增量 c 未知

1. ♯ LCG 生成的初值和后续生成的两个值
2. s0 = 6473702802409947663
3. s1 = 6562621845583276653

4. s2 = 4483807506768649573

5. ♯增量和乘数未知

6. a = ♯ 乘数 未知

7. c = ♯ 增量 未知

8. m = 9223372036854775783　♯ 模数

解决办法很简单，根据已知的三个输出序列值解线性方程组就可以求出未知参数。

1. ♯ s1 = s0 * a + c（mod m）

2. ♯ s2 = s1 * a + c（mod m）

3. ♯ s2 − s1 = s1 * a − s0 * a（mod m）

4. ♯ s2 − s1 = a * （s1 − s0）（mod m）

5. ♯ a = （s2 − s1）/（s1 − s0）（mod m）

6. ♯扩展的欧几里得算法

7. def egcd(a, b)：

8. 　　if a = = 0：

9. 　　　　return (b, 0, 1)

10. 　　else：

11. 　　　　g, x, y = egcd(b % a, a)

12. 　　　　return (g, y − (b // a) * x, x)

13. ♯求逆元

14. def modinv(b, n)：

15. 　　g, x, _ = egcd(b, n)

16. 　　if g = = 1：

17. 　　　　return x % n

18. def crack_unknown_multiplier(states, modulus)：

19. 　　multiplier = (states[2] − states[1]) * modinv(states[1] − states[0], modulus) % modulus

20. return crack_unknown_increment(states, modulus, multiplier)

21. ♯乘数求出来就转换成了上面的未知增量问题

22. print (crack _ unknown _ multiplier ([6473702802409947663, 6562621845583276653, 4483807506768649573], 9223372036854775783))

23. ♯ output

24. ♯（9223372036854775783, 6068601099849884345, 8366172131088513789)

4. 乘数 a、增量 c、模数 m 均未知

现在三个参数都未知，但是已知 LCG 产生的初值和随后多个连续的序列值。

```
1.  ♯ 已知初值和后续六个序列值
2.  s0 = 2818206783446335158
3.  s1 = 3026581076925130250
4.  s2 = 1362143190011561377
5.  s3 = 3590191087750455805
6.  s4 = 2386075359657550866
7.  s5 = 1705259547463444505
8.  s6 = 2102452637059633432
9.  ♯ 增量、乘数和模数都未知
10. a = ♯ 乘数 未知
11. c = ♯ 增量 未知
12. m = ♯ 模数 未知
```

按照 LCG 的表达式以及上述已知的信息构造线性方程组，发现由于模数未知和模算术折返特性，每次新建一个线性方程式的同时也会引入新的未知变量，如下面的 k1、k2、k3。

```
s1 = s0 * a + c (mod m) →   s1 - (s0 * a + c) = k1 * m
s2 = s1 * a + c (mod m) →   s2 - (s1 * a + c) = k2 * m
s3 = s2 * a + c (mod m) →   s3 - (s2 * a + c) = k3 * m
```

这就相当于 6 个未知数和 3 个方程，此时线性方程组是无法解出来的。不过数论里面有一条性质：如果对多个随机数分别乘以 m，那么这几个数的最大公因数就很可能等于 m。

接下来引入一个序列 $t(n) = s(n+1) - s(n)$。那么有

```
t0 = s1 - s0
t1 = s2 - s1 = (s1 * a + c) - (s0 * a + c)
             = a * (s1 - s0) = a * t0 (mod m)
t2 = s3 - s2 = (s2 * a + c) - (s1 * a + c)
             = a * (s2 - s1) = a * t1 (mod m)
t3 = s4 - s3 = (s3 * a + c) - (s2 * a + c)
             = a * (s3 - s2) = a * t2 (mod m)
```

再利用关系等式求解模为 0 的值：

```
t2 * t0 - t1 * t1 = (a * a * t0 * t0) - (a * t0 * a * t0) = 0 (mod m)
```

这里需注意：上面两处的式子都是在模 m 的前提下计算的，即它们的数值都不为 0，

只是模 m 后为 0，也即同余。

```
t0 = s1 − s0 = (k1 * m + (s0 * a + c)) − s0
   = k1 * m + s0 * (a −1) + c
t1 = s2 − s1 = (k2 * m + (s1 * a + c)) − (k1 * m + (s0 * a + c))
   = (k2 − k1) * m + a * (s1 − s0)
   = (k2 − k1) * m + a * t0
```

在求出几个模为 0 但值不为 0 的数后，就可以用到数论中的性质，求它们的最大公约数，从而得到模数 m，进而转化成已知模数的攻击。

```
def crack_unknown_modulus(states):
    diffs = [s1 − s0 for s0,s1 in zip(states,states[1:])]   #t0、t1、t2
    zeroes = [t2 * t0 − t1 * t1 for t0, t1, t2 in zip(diffs,diffs[1:], diffs[2:])]
    modulus = abs(reduce(gcd, zeroes))
    return crack_unknown_multiplier(states, modulus)   # = 未知乘数问题
print ( crack _ unknown _ modulus ([ 2818206783446335158, 3026581076925130250, 1362143319011561377, 359019108775045580, 2386075359657550866, 1705259547463444505]))
# (4611686018427387847, 3020808788814014441, 3613230612905734352)
```

以上就是根据攻击者掌握的不同参数的情况对 LCG 攻击方式的讨论。

7.6 梅森旋转算法

梅森旋转（Mersenne Twister）算法是利用线性反馈移位寄存器快速产生伪随机数的方法，但它并不能用于安全要求高的应用场景，因为它和线性同余算法一样具有周期性，通过观察周期，即可对之后生成的随机数序列进行预测。

7.6.1　算法简介

如果形如 $2^n − 1$ 的数是一个素数，则称之为梅森素数。例如 $n = 19937$ 就是一个梅森素数，这也是梅森旋转算法名字 MT19937 的由来。常见的两种梅森旋转算法为基于 32 位的 MT19937-32 和基于 64 位的 MT19937-64。梅森旋转算法的周期为 $2^{19937} − 1$，说明它是一个 19937 级的线性反馈移位寄存器。梅森旋转算法是利用线性反馈寄存器一直进行移位旋转，因此实际上 MT19937-32 只需要用 32 位就能做到。

整个算法主要分为三个步骤：

（1）获得初始的梅森旋转链；

（2）对梅森旋转链使用旋转算法；

（3）对旋转算法所得的结果进行处理。

梅森旋转算法 MT19937 的 Python 实现代码如下：

```
1. class MT19937RNG：
2.    def _init_(self，seed)：
3.        self.MT = [0] * 624
4.        self.index = 0
5.        self.MT[0] = seed & 0xffffffff
6.        for i in range(1，623 + 1)：
7.            self.MT[i] = ((0x6c078965 * (self.MT[i-1]^(self.MT[i-1]>>30))) + i)&0xffffffff
8.    def generate_numbers(self)：
9.        for i in range(0，623 + 1)：
10.            y = (self.MT[i]&0x80000000) + (self.MT[(i + 1) % 624]&0x7fffffff)
11.            self.MT[i] = self.MT[(i + 397) % 624] ^ (y >> 1)
12.            if (y % 2)! = 0：
13.                self.MT[i] = self.MT[i] ^ (2567483615)
14.    def extract_number(self)：
15.        if self.index = = 0：
16.            self.generate_numbers()
17.        y = self.MT[self.index]
18.        y = y ^ (y >>11)
19.        y = y ^ ((y <<7) & (0x9d2c5680))
20.        y = y ^ ((y <<15) & (0xefc60000))
21.        y = y ^ (y >>18)
22.        self.index = (self.index + 1) % 624
23.        return y
```

上述 Python 代码实现了 MT19937 RNG 类，其中有三个核心函数，分别为_init_( )函数、generate_numbers( )函数、extract_number()函数。

• _init_( )函数是创建 MT19937 RNG 对象时执行的初始化函数。在_init_( )函数中，定义一个数组 MT 用于存储梅森旋转链，数组 MT 有 624 个元素，根据种子 seed 初始化

MT[0]的值，后续元素由以下递推关系计算得到：

$$MT[i] = ((0x6c078965 \times (MT[i-1] \oplus (MT[i-1] \gg 30))) + i) \& 0xffffffff$$

MT 元素值也称为梅森旋转链。

- generate_numbers( )函数的功能是更新 MT 数组，即对梅森旋转链使用梅森旋转算法进行更新，其具体实现就是将 $MT[i]$、$MT[(i+1)\%624]$ 和 $MT[(i+397)\%624]$ 的值，通过递推关系

$$y = (MT[i] \& 0x80000000) + (MT[(i+1)\%624] \& 0x7fffffff)$$
$$MT[i] = MT[(i+397)\%624] \verb|^| (y \gg 1) \tag{7.11}$$

计算出新的 MT[i]值。

- extract_number( )函数对 generate_numbers( )函数生成的梅森旋转链进行处理，将处理结果作为随机数输出。设第 i 个随机数为 num，计算过程如下：

$$x = MT[i\%624]$$
$$y = x \oplus (x \gg 11)$$
$$y = y \oplus ((y \ll 7) \& 0x9d2c5680)$$
$$y = y \oplus ((y \ll 15) \& 0xefc60000)$$
$$num = y \oplus (y \gg 18)$$

7.6.2　安全性分析

通过代码分析，MT19937 RNG 在初始化时建立了一个长度为 624 的数组 MT，使用 extract_number( )函数来生成随机数。

第一次生成随机数时调用 generate_numbers( )函数更新 MT 数组的值，之后每连续生成 624 个随机数，都将使用 generate_numbers( )函数更新 MT 数组的值。

通过分析 extract_number( )函数的代码，能够发现该函数的计算过程是可逆的。假设生成的随机数序列存储在数组 randomnum[ ]中，其中，randomnum[k]是第 k 个随机数，由于 extract_number( )函数可逆，则可根据 randomnum[k]求解对应的 MT[k]的值，也可根据 extract_number( )计算 MT[i]对应的 randomnum[i]的值，其中，MT[i]可通过 generate_numbers( )函数求解，新 MT[i]的值是由 MT[i]、MT[$i+1$]和 MT[$i+397$]生成的。

因此，可以将前 624 个随机数的值保存在数组 randomnum[ ]中，通过 extract_number( )函数计算的逆过程得到每个 randomnum[k]对应的 MT[k]，即得到初始的梅森旋转链。根据梅森旋转算法生成随机数的过程，使用 generate_numbers( )函数更新梅森旋转链（数组 MT[ ]），最后对新的 MT[ ]数组使用 extract_number( )函数生成随机数，从而可以对 624 个随机数之后的随机数值进行预测。

7.7 RC4 流密码算法

RC4(Rivest Cipher 4)于 1987 年由 RSA 安全公司的 Ron Rivest 设计,是一种广为使用的流密码算法。RC4 常用于安全套接层协议(SSL)中,用以保护互联网数据,还可以用于无线局域网的有线等效加密(WEP)协议中,用以保护无线网络。RC4 算法以字节流的方式加密明文中的每一个字节,解密的时候也是依次对密文中的每一个字节进行解密。RC4 算法的特点是原理简单,运行速度快,而且密钥长度在 1~256B(8~2048 bit)之间可变。

7.7.1 RC4 工作原理

RC4 流密码算法主要分两步来实现:

第一步:密钥调度算法(Key Scheduling Algorithm,KSA),根据给定的密钥初始化 S 盒;

第二步:伪随机数生成算法(Pseudo Random-Generation Algorithm,PRGA),生成密钥流。

上述两个算法在流密码系统中的组成结构如图 7.28 所示。

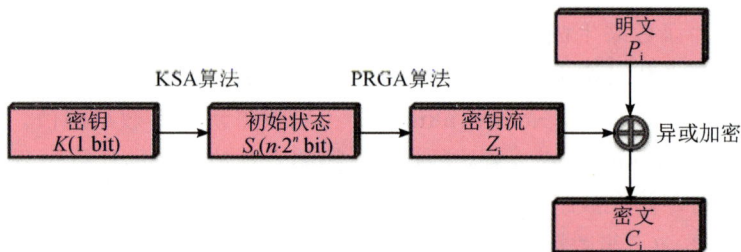

图 7.28 RC4 流密码组成

1. KSA(密钥调度算法)

密钥调度算法首先初始化数组 S 和 T,其中 S 数组包含 256 个元素,每个元素都是一个字节。数组 S 中的元素依次为 0、1、2、3、…、254、255;数组 T 的元素值就是密钥的重复循环,如图 7.29 所示。数组 S 和 T 的初始代码如下:

```
1. for i = 0 to 255 do
2.    S[i] = i
```

3.   T[i] = K[i mod keylen])

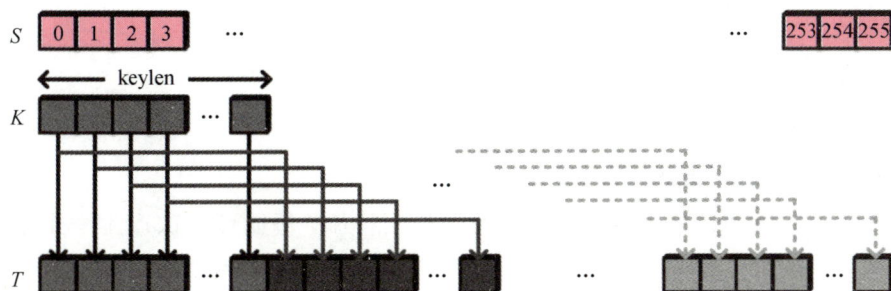

图 7.29   初始化数组 S 和 T

接着在上述初始化后的 S 和 T 数组基础上，对 S 数组的某两个元素进行置换操作。两个元素由索引指针 i 和 j 来表示，i 从 0 开始依次递增，j 每次递增的量由 $S[i]$ 和 $T[i]$ 相加后对 256 取模得到，最后交换下标 i 和下标 j 分别指向的这两个元素。置换代码如下，示意图如图 7.30 所示。

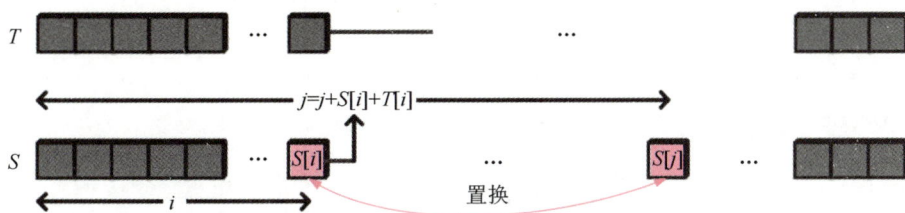

图 7.30   初始置换 S

```
1.  # key = '123456'
2. def rc4_init_sbox(key):
3.     # 初始化 S 和 T
4.     sbox = []
5.     T = []
6.     for i in range(256):
7.         sbox.append(i)
8.         T.append(ord(key[i % len(key)]))
9.     print("原来的 S 盒：%s" % sbox)
10.    # 将 S 盒打乱
11.    j = 0
```

```
12.      for i in range(256)：
13.          j = (j + sbox[i] + T[i]) % 256
14.          sbox[i], sbox[j] = sbox[j], sbox[i]
15.      print('混乱后的 S 盒：% s'% sbox)
16.      return sbox
```

2. PRGA(伪随机数生成算法)

PRGA 生成加密所需的密钥字节流，而不是比特流，每循环一次产生一个字节，用于后续同明文异或加密。密钥流实际上就是从数组 S 中随机选取得到的，和数组 T 无关。每次循环当中分别计算索引指针 i 和 j，然后把上述两个位置的元素置换，并把这两个元素的值相加后作为新的索引位置，该位置的元素就是这一轮的密钥流字节输出。PRGA 代码如下，示意图如图 7.31 所示。

```
1. i = j = 0
2. for each message byte b
3.    i = (i + 1) (mod 256)           # 第一个位置索引
4.    j = (j + S[i]) (mod 256)        # 第二个位置索引
5.    swap(S[i], S[j])
6.    t = (S[i] + S[j]) (mod 256)
7.    print(S[t])
```

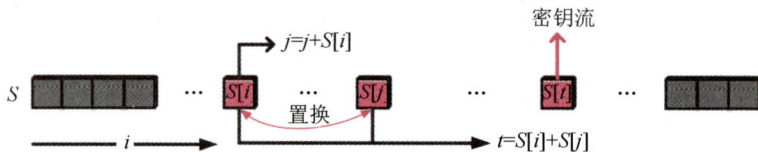

图 7.31　RC4 PRGA 生成密钥流

完整的 RC4 Python 实现代码如下：

```
1. import base64
2. def rc4_main(key = 'init_key', message = 'init_message')：
3.      sbox = rc4_init_sbox(key)
4.      crypt = str(rc4_encrypt(message, sbox))
5.      return  crypt
6. def rc4_init_sbox(key)：
7.      sbox = []
8.      T = []
```

```
9.      for i in range(256):
10.         sbox.append(i)
11.         T.append(ord(key[i % len(key)]))
12.     print("原来的 S 盒：%s" % sbox)
13.     # 将 S 盒打乱
14.     j = 0
15.     for i in range(256):
16.         j = (j + sbox[i] + T[i]) % 256
17.         sbox[i], sbox[j] = sbox[j], sbox[i]
18.     print('混乱后的 S 盒：%s'% sbox)
19.     return sbox
20. def rc4_encrypt(plain, sbox):
21.     res = []
22.     i = j = 0
23.     for s in plain:
24.         i = (i +1) % 256
25.         j = (j + sbox[i]) % 256
26.         sbox[i], sbox[j] = sbox[j], sbox[i]
27.         t = (sbox[i] + sbox[j]) % 256
28.         k = sbox[t]
29.         # 用密钥加密
30.         res.append(chr(ord(s) ^ k))
31.
32.     cipher = ''.join(res)
33.     # 由于加密后的字符往往是不可打印字符，因此使用 base64 编码处理
34.     return(str(base64.b64encode(cipher.encode('utf-8')),'utf-8'))
35. rc4_main('123456','Hello World!')
36. # SMKdEgtLEOLDsw1bRsKX
```

7.7.2　RC4 安全性分析

根据前面 RC4 流密码算法的介绍，其核心组件是 KSA 和 PRGA，因此，对 RC4 安全性的分析也从这两个算法组件展开。

1. 密钥调度算法安全分析

RC4 密钥调度算法的安全问题主要在于密钥和密钥流之间的相关性，也就是某些特定的密钥可能导致产生的伪随机密钥流呈现某种规律，从而导致明文信息部分泄露或者恢复。

在生成 S 盒的时候，RC4 算法对 S 盒有一个打乱的操作，代码如下：

```
1. j = 0
2. for i in range(256):
3.        j = (j + sbox[i] + T[i]) % 256
4.        sbox[i], sbox[j] = sbox[j], sbox[i]
```

如果在这里使 $i=j$，则使得第 4 行代码对 S 盒的置换失去作用。令：

$$i=(j+S[i]+T[i])(\bmod 256)$$

那么有

$i=0 \to j+S[0]+T[0]=0$，此时 $j=0$，则 $T[0]=0$，$j=j+S[0]+T[0]=0$；

$i=1 \to j+S[1]+T[1]=1$，此时 $j=0$，则 $T[1]=0$，$j=j+S[1]+T[1]=1$；

$i=2 \to j+S[2]+T[2]=2$，此时 $j=1$，则 $T[2]=255$，$j=j+S[2]+T[2]=2$；

...

$i=255 \to j+S[255]+T[255]=255$，此时 $j=254$，则 $T[255]=2$，$j=j+S[255]+T[255]=255$。

RC4 弱密钥推导过程如图 7.32 所示。

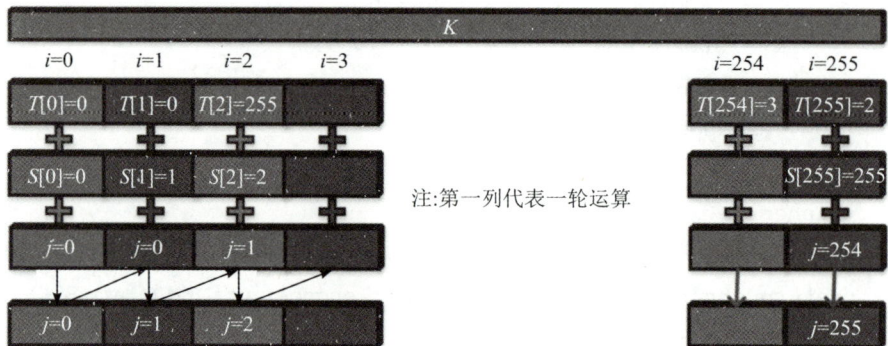

图 7.32　RC4 弱密钥推导过程

图 7.32 中只要密钥满足 $(K[0]，K[1]，\cdots，K[255])=(0, 0, 255, 254, \cdots, 3, 2)$，那么就可以使 KSA 算法的置换失效。图中的计算是基于 $(\bmod 256)$ 完成的，根据模运算特性，还可以得到其他更多组弱密钥，这里只是列举了最简单的一种。

除此之外，研究人员针对 KSA 算法还发现了一类称为"不变性（Invariance）"弱点的密钥安全问题。"不变性"弱点是指 RC4 密钥中存在的 L 型模式。RC4 密钥中一旦存在这种模式，将导致在 KSA 算法初始化完成后，密钥的部分信息被保留下来。如图 7.33 所示的部分最低有效位（Least Significant Bit，LSB），在后续的 PRGA 算法处理过程中，这些 LSB 会出现在伪随机密钥字节流的 LSB 中。

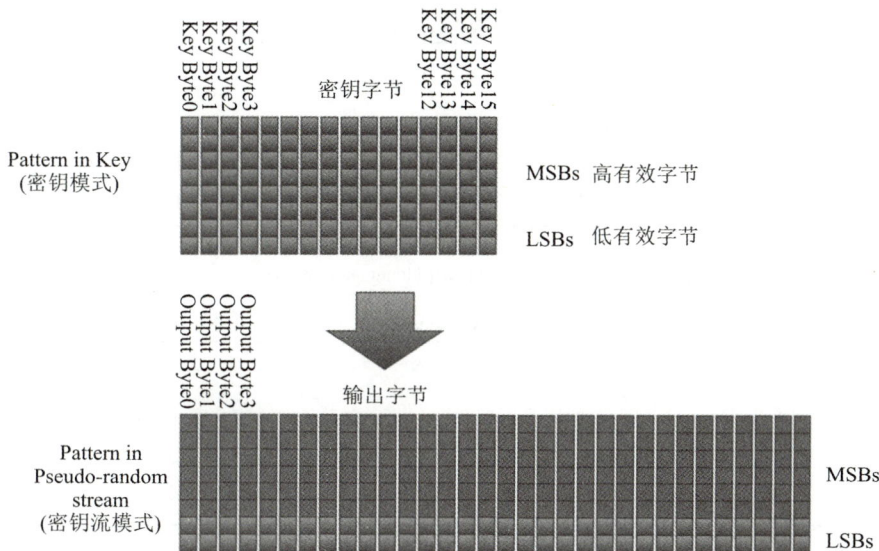

图 7.33　L 型弱密钥

有关此类 L 型模式的详细信息可以参考文献[11]。这些有明显偏差的伪随机密钥字节流，最终会与明文进行 XOR，从而导致明文的大量信息可以从密文中得到。

在 RC4 密钥调度算法中，存在上述模式的密钥出现的概率非常高。LSB 的比特位数不同，有单个比特 LSB、两个比特 LSB、3～7 个比特 LSB 三种类型，分别对应不同类型的 RC4 弱密钥，其中单个比特类型的数量是最多的，也称为主类（Main Class）。

对于字节长度为 L 的密钥，每个类别出现的概率为 $2^{-(qL+(9-q))}$。例如，对于 16 字节密钥，主类的出现概率为 $2^{-24}(q=1,L=16)$，2 个比特出现的概率为 $2^{-39}(q=2,L=16)$，更多类别的出现概率如表 7.3 所示。

表 7.3　L 型弱密钥导致 LSB 被保存下来的概率

♯LSBs	适用情况	类别概率（8 字节密钥）	类别概率（16 字节密钥）
1	密钥字节长度为偶数	2^{-16}	2^{-24}
2	密钥字节长度是 4 的倍数	2^{-23}	2^{-39}
3	密钥字节长度是 8 的倍数	2^{-30}	2^{-54}
4	密钥字节长度是 16 的倍数	2^{-37}	2^{-69}

上述类别的密钥经过 PRGA 产生的密钥流中，q 个 LSB 在伪随机串的前 K 个字节中被保存下来的概率如图 7.34 所示。图中纵轴为概率值，横轴为 K 值。从图可以看出，前 20 个字节中，LSB 被保存下来的概率相当可观。

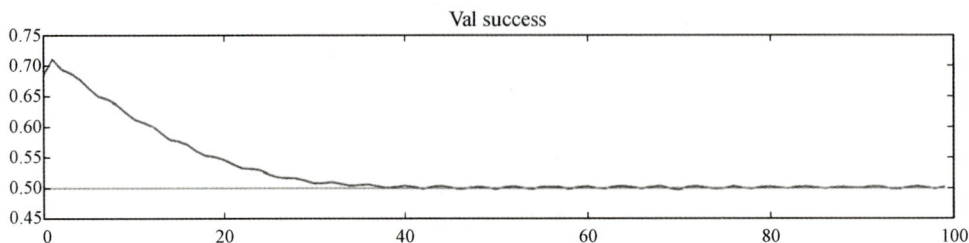

Figure 1:Single LSB(advantage over 0.5)

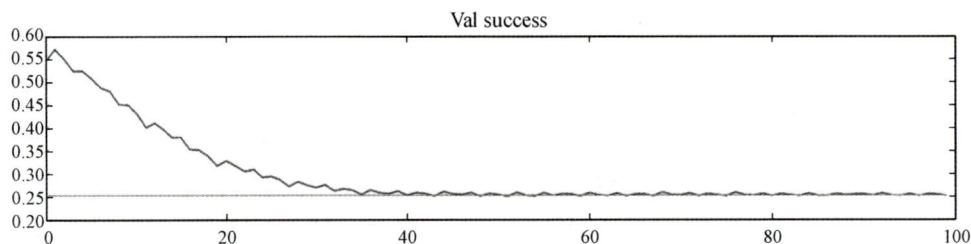

Figure 2:2 LSBs (advantage over 0.25)

图 7.34　单个比特和两个比特的密钥流表现出来的确定性模式

利用上述弱密钥实施的最为成功的攻击就是无线局域网的 WEP 协议攻击，简称为 FMS 攻击。WEP 协议分组使用的密钥 K 由 3 字节 IV（初始化向量）和 WiFi 密钥拼接组成，即 $K = 1V \| \mathrm{Key}_{\mathrm{WiFi}}$。FMS 攻击利用弱 IV 和密钥流首字节 Z_1 来逐字节恢复 WEP 密钥，相关的攻击代码可以参考 Wepcrack[15]、AirSnort[16]、Aircrack[17]、Dwepcrack[18]、Weplab[19] 等工具。

2. 密钥流安全分析

针对 RC4 密钥流生成算法的安全研究，主要集中在密钥流的统计特性分析上，特别是最初的 256 个密钥流字节中某些位置的值出现的概率显著地偏离均匀分布所导致的偏移（Bias），是目前各类 RC4 算法攻击的基础。

在 RC4 算法完成 KSA 步骤之后得到初始化好的状态数组 S，接下来进入密钥流生成过程。需要注意的是，后续密钥流的产生只和数组 S 有关。

1）单字节偏差攻击

第一个发现有显著偏差的字节是 RC4 密钥流中的第二个字节 Z_2。该字节等于 0 的概率近似为 $1/128$，而不是正常均匀分布的 $1/256$。

如图 7.35 所示，在初始置换开始之前，假设 $S[1]=X(X\neq 2)$，$S[2]=0$，那么密钥流输出的第二个字节等于 0 的概率为 1。

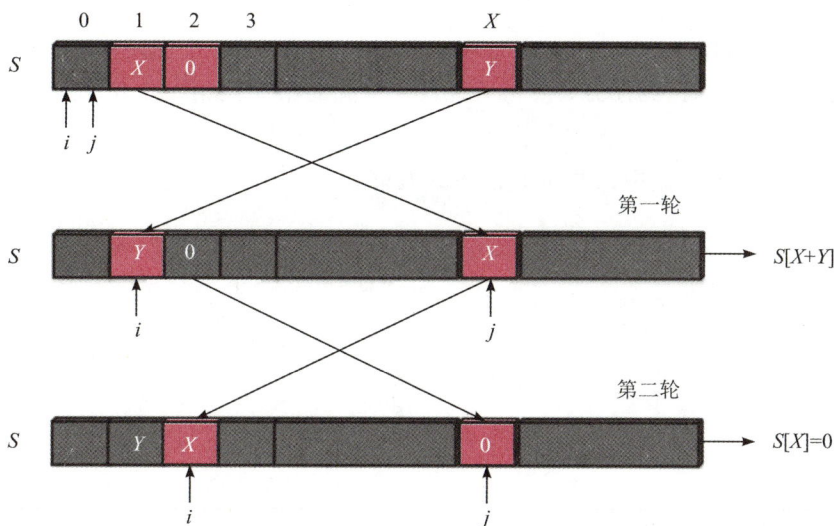

图 7.35　RC4 加密前两轮的输出

起初，$i=j=0$，$S[1]=X$，$S[2]=0$，$S[X]=Y$。

第一轮中，$i=1$，$j=j+S[i]=0+S[1]=X$，因此将第二个元素和第 X 个元素互换，并输出 $S[X+Y]$，它可以是满足均匀概率分布的任何值。

第二轮中，$i=2$，$j=j+S[i]=X+S[2]=X$，因此将第二个元素和第 X 个元素互换，并输出 $S[X]=0$。在此假设 $S[1]\neq 2$，以免在第一轮中 0 被提前置换掉。

上述例子说明，对于状态数组 S 来说，其第二个元素为 0 的概率大约为 1/256，此时密钥流输出的第二个字节为 0 的概率为 1，而对于其他的第二个元素，非零概率为 $1-(1/256)$，此时密钥流第二个字节输出为 0 的概率为 1/256。因此，密钥流第二个字节输出为 0 的总概率为（$N=256$）

$$P[Z_2=0]=P[Z_2=0\,|\,S_0[2]=0]\cdot P[S_0[2]=0]+P[Z_2=0\,|\,S_0[2]\neq 0]\cdot P[S_0[2]\neq 0]$$

$$\approx 1\cdot\frac{1}{N}+\left(1-\frac{1}{N}\right)\cdot\frac{1}{N}=\frac{1}{N}\cdot\left(1+1-\frac{1}{N}\right)$$

$$\approx\frac{2}{N}$$

这种类型的偏差在密码学中是非常危险的，因为只要知道了 RC4 密钥流中的第二个字节倾向于 0，那么就能够从密文的第二个字节恢复出明文。

研究人员 Sen Gupta[21] 和 Maitra[22] 进一步扩展了上述结论：RC4 算法输出的第 r（$3\leqslant$

$r \leqslant 255$)个密钥流字节 $Z_r = 0$ 的概率为

$$P_r(Z_r = 0X00) = \frac{1}{256} + \frac{c_r}{256^2}$$

其中，密钥是随机选择的，$c_3 = 0.351\ 089$，c_4、c_5、$\cdots$、c_{255} 是一个递减序列，满足以下界限范围：$0.242811 \leqslant c_r \leqslant 1.337057$，换句话说，密钥流的第 3 到第 255 字节偏向 0 的概率近似为 $1/2^{16}$。

图 7.36 给出了密钥流中某些位置存在的偏移。

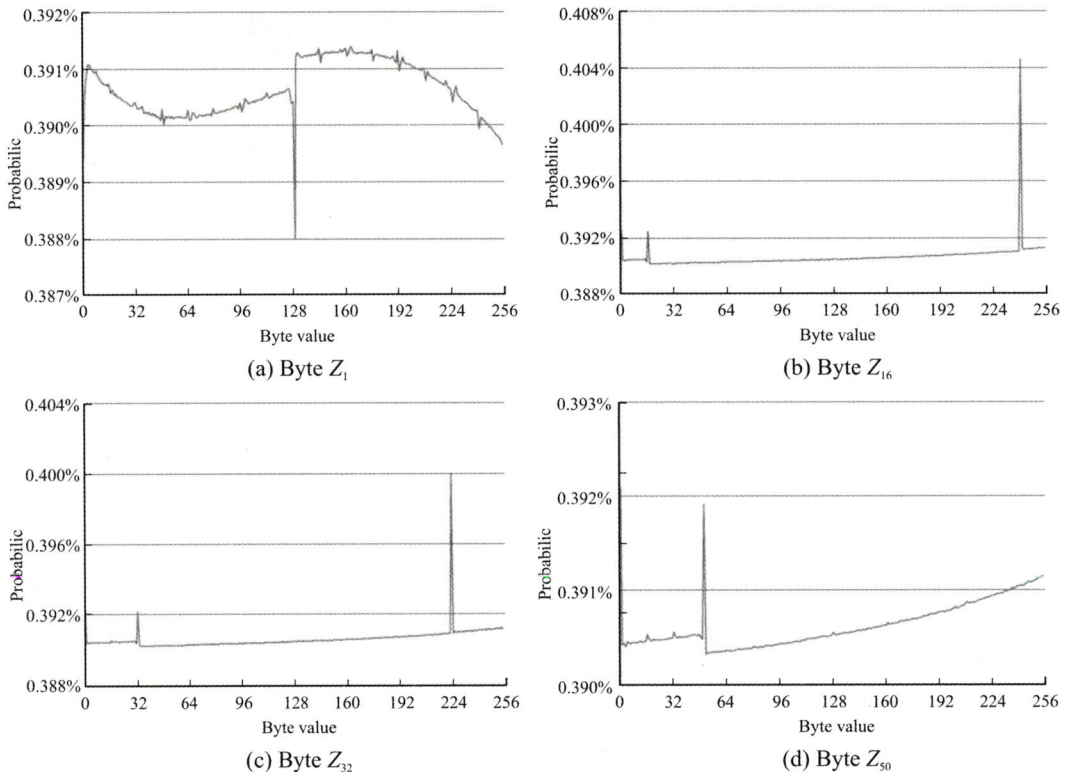

图 7.36 其他位置处的密钥字节也存在偏移现象

另外，Sen Gupta[21] 还发现了一种和密钥长度相关的偏差：如果密钥长度为 L，密钥流字节 Z_L 的值会出现逼近 $256 - L$ 的正偏移，且偏移值大于 $1/2^{16}$。AlFardan[23] 的实验说明：密钥长度取 16 字节时，RC4 产生的密钥流字节的前面 256 个字节都存在偏移。Isobe[24] 独立发现了与此相同的结论。

除了上述可以通过理论进行计算和量化的偏移字节，有些偏移是靠实验发现的，并没有相应的理论计算公式。例如，AlFardan[23] 发现的如图 7.37 所示的偏移字节就属于这一类型。

(a)

(b)

(c)

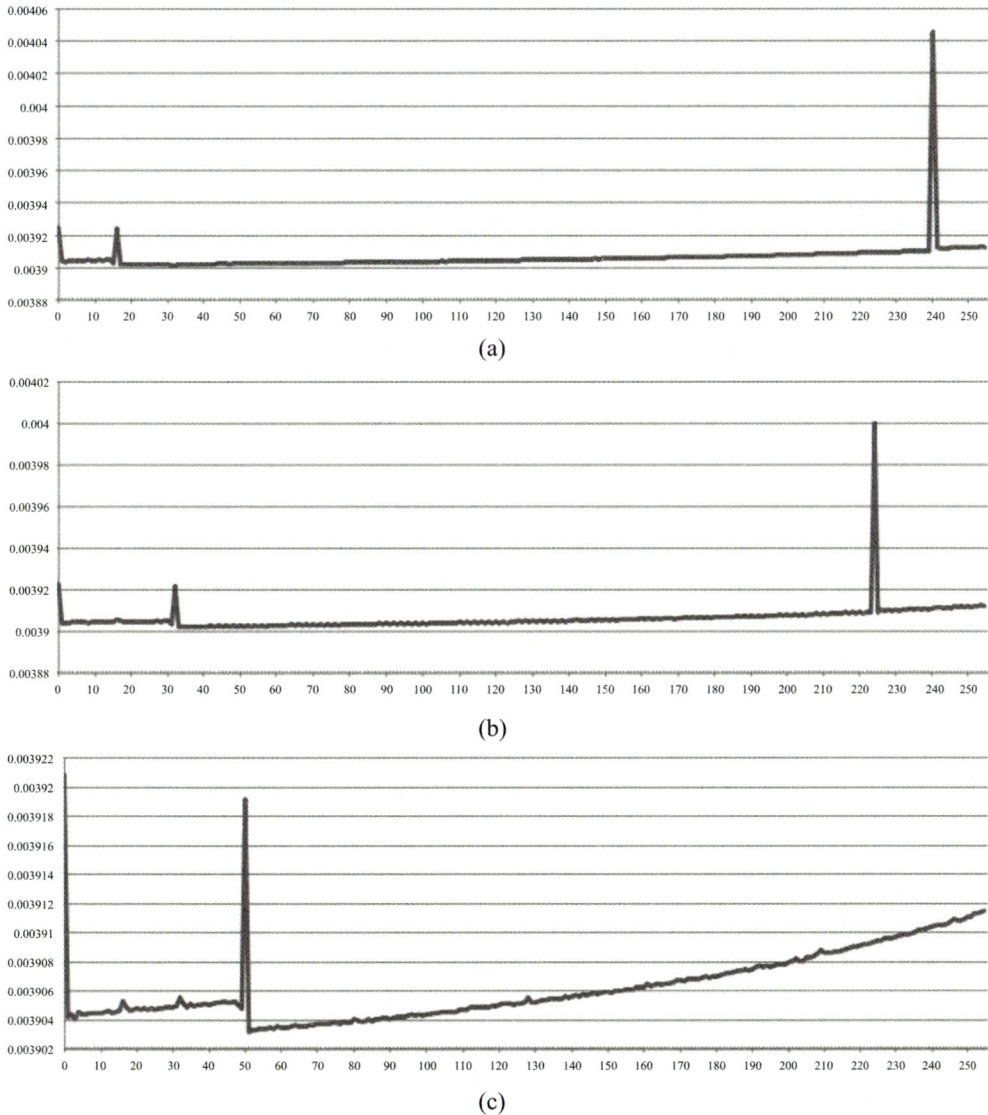

图 7.37 RC4 密钥流在位置 Z_{16}（top）、Z_{32}（middle）和 Z_{50}（bottom）的分布

图中结果是通过统计 2^{44} 个独立随机的 128 位密钥的随机序列得到的。对于 Z_{16}，有三个主要的偏移，分别是偏向 0、16 和 240（和密钥长度关联）三个值的偏移。同样，Z_{32} 也有三个（0、32、224）偏移，Z_{50} 有两个（0、50）偏移。

Paul 和 Preneel[25]还发现了第一个和第二个位置的密钥字节趋同的概率满足：$P_r[Z_1 = Z_2] = 2^{-8}(1 - 2^{-8})$。学者 Isobe[24]进一步细化该结论，给出了上述两个位置的值等于 0 的概率：$P_r[Z_1 = Z_2 = 0] \approx 3 \cdot 2^{-16}$。

2）多字节偏移

多字节偏移又称长效偏移（Long Term Biase），通常出现在起始 256 个密钥流字节之后的序列中。相比于单字节偏移，多字节偏移通常会重复地、周期性地出现在密钥流中。Fluhrer 和 McGrew[26]等人发现了迄今为止最多的多字节偏移。

本书作者对连续两个字节值进行了统计分析，得到了字节流位置对 (Z_r, Z_{r+1})，$r \geq 1$ 的有效偏移，如表 7.4 所示。

独立于上述研究成果，学者 Mantin[20]识别了另外一种正偏移的模式 AB$\mathcal{S}$AB，其中 A、B 是字符字节，$\mathcal{S}$ 是短字符串，长度可以是 0，长度越短，偏移越有效。除此以外，学者 Sen Gupta[21]识别出密钥流字节 (Z_r, Z_{r+2}) 趋向于 $(0,0)$ 的偏移。

表 7.4　连续两个字节对的偏移概率

字节对	位置条件 i	概率
$(0,0)$	$i = 1$	$2^{-16}(1+2^{-9})$
$(0,0)$	$i \neq 1,255$	$2^{16}(1+2^{-8})$
$(0,1)$	$i \neq 0,1$	$2^{-16}(1+2^{-8})$
$(i+1,255)$	$i \neq 254$	$2^{-16}(1+2^{-8})$
$(255,i+1)$	$i \neq 1,254$	$2^{-16}(1+2^{-8})$
$(255,i+2)$	$i \neq 0,253,254,255$	$2^{-16}(1+2^{-8})$
$(255,0)$	$i = 254$	$2^{-16}(1+2^{-8})$
$(255,1)$	$i = 255$	$2^{-16}(1+2^{-8})$
$(255,2)$	$i = 0,1$	$2^{-16}(1+2^{-8})$
$(129,129)$	$i = 2$	$2^{-16}(1+2^{-8})$
$(255,255)$	$i \neq 254$	$2^{-16}(1-2^{-8})$
$(0,i+1)$	$i \neq 0,255$	$2^{-16}(1-2^{-8})$

注：表 7.4 中，i 是 RC4 密钥生成算法的内部变量。

3）RC4 明文恢复攻击[23]

在此以单字节偏移为例，讨论 RC4 明文恢复攻击算法。RC4 加密定义为 $C_r = P_r \oplus Z_r$，假设密钥流字节 Z_r 存在趋向 0 的偏移，根据异或运算特点，对应的密文字节 C_r 存在趋向于明文字节 P_r 的偏移。因此，只要得到某个明文 P_r 足够多的密文样本 C_r，然后通过多选举方法可以推导得出明文 P_r 就是出现次数最多的密文 C_r。

假设 S 表示密文数量，即有密文 $C_1, \cdots, C_S$，对于 $1 \leqslant j \leqslant S$，$C_{j,r}$ 表示第 j 个密文 C_j 的第 r 个字节。攻击者首先提前计算所有位置密钥流字节 Z_r 的概率分布，即第 r 个字节等于 k 的概率 $p_{r,k}$：

$$p_{r,k} = P_r(Z_r = k), \ k = 0\text{x}00, \cdots, 0\text{xff} \tag{7.12}$$

由此概率值 $p_{r,k}$，攻击者可以使用最大似然估计方法恢复最优明文。

对于任意一个固定位置 r，其候选明文值为 u，用 $N_k^{(u)}$ 表示在密钥流的第 r 个字节出现明文为 u，密钥为 k 的密文个数，计算公式如下：

$$N_k^{(u)} = |\ \{j\ |\ C_{j,r} = k \oplus u\}_{1 \leqslant j \leqslant S}\ |\ (0\text{x}00 \leqslant k \leqslant 0\text{xff}) \tag{7.13}$$

由 $N_k^{(u)}$ 组成向量 $(N_{0\text{x}00}^{(u)}, \cdots, N_{0\text{xff}}^{(u)})$ 表示 Z_r 的概率分布。将该分布同前面提前计算得到的精准分布 $p_{r,0\text{x}00}, \cdots, p_{r,0\text{xff}}$ 进行匹配，可以得到最佳候选明文 $u = p_r$。

对于最大似然估计理论来说，就是找到使得以下概率最大的 u（$0\text{x}00 \leqslant u \leqslant 0\text{xff}$）：

$$\lambda_u = \frac{S!}{(N_{0\text{x}00}^{(u)}!\ \cdots\ N_{0\text{xff}}^{(u)}!)} \prod_{k \in \{0\text{x}00, \cdots, 0\text{xff}\}} p_{r,k}^{N_k^{(u)}} \tag{7.14}$$

λ_u 表示在位置 r 处明文字节 u 加密得到密文字节 $\{C_{j,r}\}_{1 \leqslant j \leqslant S}$ 的概率，它服从多项式分布。完整的单字节偏移攻击（Single-byte Bias Attack）算法如下。

输入：

$\{C_j\}_{1 \leqslant j \leqslant S}$——对固定明文 P 加密后的密文，密文数量为 S；

r——字节位置；

$(p_{r,k})_{0\text{x}00 \leqslant k \leqslant 0\text{xff}}$——第 r 个密钥字节的概率分布。

输出：

P_r^*——第 r 个明文字节 P_r 的估计值。

开始：

初始化

$N_{0\text{x}00} \leftarrow 0, \cdots, N_{0\text{xff}} \leftarrow 0$

for $j = 1$ to S do

    $N_{C_{j,r}} \leftarrow N_{C_{j,r}} + 1$

for $u = 0\text{x}00$ to 0xff do

for $k = 0\text{x}00$ to 0xff do

    $N_k^{(u)} \leftarrow N_{k \oplus u}$

    $\lambda_u \leftarrow \sum_{k=0\text{x}00}^{0\text{xff}} N_k^{(u)} \log p_{r,k}$

    $P_r^* \leftarrow \text{argmax}_{u \in \{0\text{x}00, \cdots, 0\text{xff}\}} \lambda_u$

return P_r^*

注意到，因为有 $N_k^{(u)} = N_{k \oplus u \oplus u'}^{(u')}$，所以 $(N_{0x00}^{(u)}, \cdots, N_{0xff}^{(u)})$ 和 $(N_{0x00}^{(u')}, \cdots, N_{0xff}^{(u')})$ 只是相同元素的不同排列，在计算 λ_u 时可以去掉这个 $\dfrac{S!}{(N_{0x00}^{(u)}! \cdots N_{0xff}^{(u)}!)}$ 常数项，并对概率取对数，简化计算。

图 7.38 分别给出了攻击者在获得 2^{26} 或者 2^{28} 个密文情况下单字节偏移攻击恢复前 256 字节明文的成功率（共 256 次实验）。

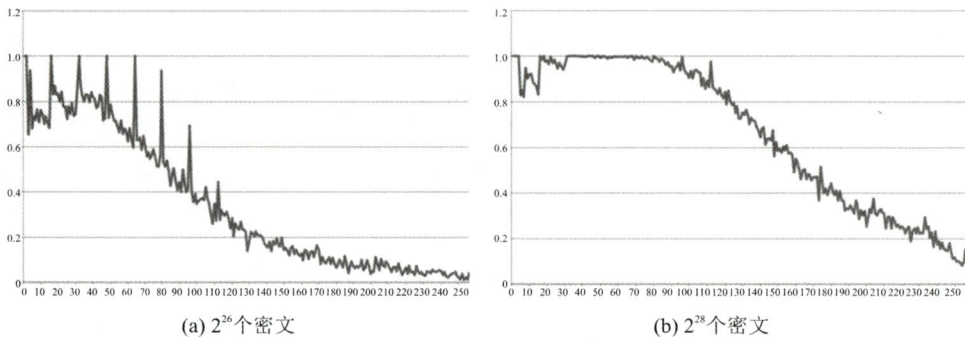

(a) 2^{26} 个密文   (b) 2^{28} 个密文

图 7.38　明文恢复成功率

7.7.3　实例分析

以下是 Byte Bandits CTF 2019 的题目"babycrypto"，服务器端代码如下：

```
1.   import os
2.   from binascii import hexlify, unhexlify
3.
4.   flag = open("./flag","rb").read()    # 读取 flag
5.
6.   class bb(object):
7.     def __init__(self, key):
8.       self.meh = [x for x in range(256)]
9.       j = 0
10.      for i in range(256):
11.        j = (j + self.meh[i] + key[i % len(key)])&0xff
12.        self.meh[i], self.meh[j] = self.meh[j], self.meh[i]
13.      self.cat = 0
```

```
14.     self.mouse = 0
15.
16.     def crypt(self，string)：
17.         out = []
18.         for c in string：
19.             self.cat = (self.cat + 1)&0xff
20.             self.mouse = (self.cat + self.meh[self.cat])&0xff
21.             self.meh[self.cat]，self.meh[self.mouse] = self.meh[self.mouse]，
self.meh[self.cat]
22.             k = self.meh[ (self.meh[self.cat] + self.meh[self.mouse])&0xff ]//2
23.             out.append((c + k)&0xff)
24.         return bytearray(out)
25. cipher = bb(os.urandom(32))    #32 字节随机字节串
26.
27. while True：
28.     print("Commands：\n(e)ncrypt msg or (p)rint flag")
29.     choice = input()
30.
31.     if choice == 'e'：
32.         message = input()
33.         print(hexlify(cipher.crypt(unhexlify(message))))
34.     elif choice == 'p'：
35.         print(hexlify(cipher.crypt(flag)))
36.     else：
37.         print("meh!")
```

上述代码和 RC4 算法非常相似，最大的区别是以下两点：

（1）密钥流字节值相比 RC4 多除了一个 2（代码第 22 行），使得字节值不大于 127；

（2）在加密阶段，使用加法代替了异或运算（代码第 23 行），注意密文值不大于 255。

服务器端提供两个功能：① 用随机产生的密钥（代码第 25 行）加密用户输入的信息（代码第 33 行），然后返回给用户；② 输出由随机产生的密钥加密 flag 后的结果。

输出的结果均以十六进制显示。图 7.39 给出了两次 flag 加密的结果，其密文是不同的，这显然是因为两次加密时使用的密钥不一样。

```
root@ubuntu:~# nc 127.0.0.1 2333
Commands:
(e)ncrypt msg or (p)rint flag
p
b'6b9879d6888ce0a67ec096973c7e59c29491c9658394bc969ace818d62c194959db07cc986448c75c9b9'
Commands:
(e)ncrypt msg or (p)rint flag
p
b'df7b8577a7b1de94a5a2dbb19de76ad977b88233c242e2dba1b57f70886e91c1889a71838f878fecbeb4'
Commands:
(e)ncrypt msg or (p)rint flag
```

图 7.39　选项 p 输出 flag 密文

由于加密是密钥流字节和明文字节相加得到的，即

$$C_i = P_i + K_i \rightarrow 0 \leqslant K_i = C_i - P_i \leqslant 127 \rightarrow C_i - 127 \leqslant P_i \leqslant C_i \qquad (7.15)$$

对于 P_i，也就是明文 flag 保持不变且是可打印字符（范围在 $0\mathrm{x}20 \sim 0\mathrm{x}7f$），而密钥 K_i 取值在 $0 \sim 127$ 之间，因此，可以通过多次使用选项 p 获得 flag 密文 C_i，利用式 (7.15) 逐步缩小明文 P_i 的取值空间。

比如，对于 $C_0 = 0\mathrm{xcb}$，它对应的明文 P_0 的取值范围为 $[0\mathrm{xcb} \sim 127, 0\mathrm{x7f}] = [0\mathrm{x4c}, 0\mathrm{x7f}]$，而在第二次请求后，取值范围变成了 $[0\mathrm{xdf} \sim 127, 0\mathrm{x7f}] = [0\mathrm{x60}, 0\mathrm{x7f}]$。大约在 400 多次请求后，可以得到答案，解题代码如下：

```
1. # rc4_exp.py
2. s = socket.socket(socket.AF_INET, socket.SOCK_STREAM)
3. s.connect(('127.0.0.1', 2333))          s.recv(4096)
4. L = []
5. charset = b'{}ABCDEFGHIJKLMNOPQRSTUVWXYZabcdefghijklmnopqrstuvwxyz0123456789-_'
6. count = 0
7. while True:
8.     s.send(b'p\n')
9.     res = s.recv(4096)
10.        try:
11.            res = unhexlify(res.split(b'\n')[0].split(b"'")[1])
12.        except:
13.            continue
14.        L.append(res)
15.        plaintext = b''
16.        for i in range(42):  # 根据输出知道 flag 为 42bytes
```

```
17.          for o in charset：  ♯ flag 可能含有的字符
18.            good = True
19.            for k in range(len(L))：♯ 第 k 次请求
20.                ♯print(L,k,i)
21.                q = (L[k][i] − o) &255
22.                if q ＞ = 128：♯说明 o 不合适，跳出本次循环，再次进入 17
行代码
23.                    good = False
24.                    break
25.                if good：  ♯前 k 次密文和 o 的差值都在 0～127 范围内
26.                    plaintext + = bytes([o])
27.                    break
28.        print(count, plaintext)
29.        count + = 1
```

7.8　快速相关攻击

7.8.1　快速相关攻击简介

快速相关攻击(Fast Correlation Attack)最早由 Siegenthaler[27] 提出，是对非线性组合生成器的一种攻击方式。其原理是利用 NFSR 密钥发生器的输出序列与其源 LFSR 的输出序列之间具有的相关性，还原 LFSR 的初始状态。如果非线性函数的某个输入序列 $\{u_i\}$ 和输出序列 $\{z_i\}$ 之间存在相关性，即 $p=[P(u_i=z_i)]>0.5$，可以抽象为如图 7.40 所示的 BSC(Binary Symmetric Channel，二进制对称信道)模型。

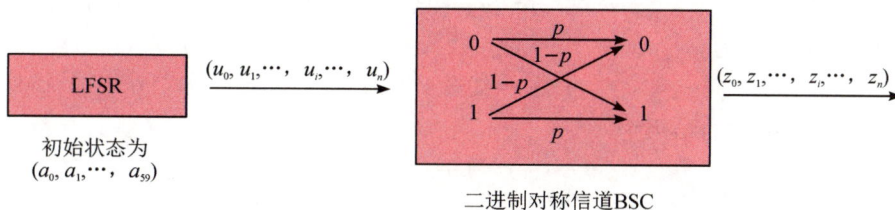

图 7.40　相关攻击的 BSC 模型

此时，可以穷举 LFSR 的所有初始序列，找出 LFSR 的输出与对应密钥流序列 z 相同比特位最多的初始序列，作为该 LFSR 的初始序列（种子密钥）。假设 LFSR 的级数为 n，则周期为 $2^n - 1$，要搜索的初始序列数量为 $2^n - 1$，随着 n 的增大，算法的复杂度呈指数级增长，在 n 特别大的情况下是无法完成计算的。如果相关攻击无须对种子密钥进行枚举搜索，就称为快速相关攻击。

7.8.2 快速相关攻击算法

Meier 和 Staffelbach[28] 在相关攻击的基础上提出了两种快速相关攻击算法，降低了相关攻击的复杂度。这两种算法又可以代表两种快速相关攻击的类型。

第一种是一次通过型算法。该算法首先将截取的密钥流序列按照 LFSR 的长度进行分割，接着对每个分割得到的序列片段使用校验多项式进行校验，选择出其中满足校验多项式最多的序列片段去恢复 LFSR 的初始状态。

第二种是利用概率迭代译码算法。该算法认为截取序列的每个比特都有一个先验概率 p，着重关注满足校验多项式最少的比特位，通过几次更新和迭代，修正 BSC 带来的错误，恢复出 LFSR 的输出序列，再进一步地恢复出 LFSR 的初始序列。

两种算法适用 LFSR 的特征多项式比较简单，或者说抽头数（指 LFSR 反馈多项式中值为 1 的个数或参与反馈的寄存器个数）比较少的情况。

在上面提到的两种算法中，都用到了校验多项式，实质上这里的校验多项式就是我们熟知的奇偶校验多项式。奇偶校验多项式简单来说，就是加上一个奇偶校验位，使得要校验的所有比特与奇偶校验位之和为奇数（偶校验则为偶数）。而多项式的生成方式，就是利用迭代乘方：

$$f^{2^i}(x) = f(x^{2^i}) \tag{7.16}$$

例如一个级数为 48 的 LFSR 的抽头数是 2，抽头位置分别是 23 和 48，那么写成反馈多项式的形式是

$$a_{n+49} = c_{23} a_{n+26} \oplus c_{48} a_{n+1} \quad (n = 0, 1, 2, \cdots) \tag{7.17}$$

或

$$c_0 a_{n+49} \oplus c_{23} a_{n+26} \oplus c_{48} a_{n+1} = 0 \tag{7.18}$$

写成 $f(x)$ 的形式为

$$f(x) = 1 + x^{23} + x^{48} \tag{7.19}$$

那么对它进行迭代乘方的结果为

$$f^2(x) = 1 + x^{46} + x^{96} \tag{7.20}$$

$$f^{2^2}(x) = 1 + x^{92} + x^{192} \tag{7.21}$$

对每一个截取序列（也就是 NFSR 的输出序列）$\{z\}$ 上的比特而言，如果关于该比特位，

这些校验多项式成立的个数越多(即 $f(x)=0$),那么用该比特代替 LFSR 序列的相应比特正确的概率就越大。

在讨论快速相关攻击算法之前,先定义 $S(p,t)$ 表示截取序列 $\{z\}$ 的 t 个比特和与源 LFSR 输出序列 $\{u\}$ 的相应 t 个比特之和相同的概率,转换成 BSC 模型下的说法是传输的过程中 t 个比特有多大的概率均传输正确。其计算公式为

$$S(p,t)=pS(p,t-1)+(1-p)[1-S(p,t-1)] \tag{7.22}$$

式(7.22)的前半部分表示前 $t-1$ 个比特都传输正确的情况下,最后一个比特也传输正确,才能保证 $z_i=u_i$;后半部分表示如果前 $t-1$ 个比特传输有错,因为 u_i 是根据 t 个比特之和得到的,且都是二元运算,那么只需要第 t 个比特也传错,最终还是能保证 $z_i=u_i$。

快速相关攻击算法还涉及对序列计算汉明距离和进行汉明变换。汉明距离是指两个(相同长度)字对应比特不同的数量。汉明变换是对指定个数的比特进行取反操作。对于距离为 1 的汉明变换,指的是一次将一个比特位进行取补,此时总共有组合数 $C_n^1=n$ 种可能;对于距离为 2 的汉明变换,共有组合数 $C_n^2=\dfrac{n(n-1)}{2}$ 种可能;以此类推。

7.8.3 快速相关攻击算法 A

如果一个 LFSR 的级数为 n,那么只需要 n 个连续比特,就可以确定整个 LFSR 序列。算法 A 从截取序列 $\{z\}$ 中选择满足最多校验关系式的连续 n 位,记作 $\{I_0\}$,作为源 LFSR 输出序列 $\{u\}$ 的某一段的估计。如果用这 n 个位扩展成的整个 LFSR 序列与截取序列之间的相关性达到了预期值,则认为这 n 个比特是源 LFSR 输出序列的一段;否则对其进行距离为 1,2,3,… 的汉明变换,直到求得正确结果。

算法 A 实现步骤

设反馈多项式级数为 n,抽头数为 t,相关概率 $p=P(u_k=z_k)$,截取序列 $\{z\}$ 的长度为 N。

第 1 步,计算校验序列 $\{I_0\}$ 每比特所需要的校验方程个数,即

$$M=\mathrm{lb}\left(\frac{N}{2n}\right)\times(t+1) \tag{7.23}$$

第 2 步,计算截取序列 $\{z\}$ 的 t 个比特和与源 LFSR 输出序列 $\{u\}$ 的相应 t 个比特和相同的概率 $S(p,t)$:

$$S(p,1)=p$$
$$S(p,2)=p^2+(1-p)^2$$
$$\vdots$$
$$S(p,t)=pS(p,t-1)+(1-p)[1-S(p,t-1)] \tag{7.24}$$

第 3 步,求出一个最大的 h,记为 $h_{\max}$,使 $Q(p,M,h)\cdot N\geqslant n$。其中 $Q(p,M,h)$ 表

示在 M 个校验方程中，至少有 h 个方程成立的概率：

$$Q(p, M, h) = \sum_{i=h}^{M} C_M^i [p \times S^i \times (1-S)^{M-i} + (1-p) \times (1-S)^i \times S^{M-i}] \quad (7.25)$$

第 4 步，计算在 M 个校验方程中，至少有 h 个方程成立，且 $z_k = u_k$ 的概率 $V(p, M, h)$ 为

$$V(p, M, h) = \sum_{i=h}^{M} C_M^i [p \times S^i \times (1-S)^{M-i}] \quad (7.26)$$

因此，在给定 M 个检验方程中至少有 h 个方程成立的条件下，$z_k = u_k$ 的概率为

$$T(p, M, h) = \frac{V(p, M, h)}{Q(p, M, h)} \quad (7.27)$$

第 5 步，计算在 n 位比特中错误的平均数 r：

$$r = (1-T) \times n$$

如果 $r \ll 1$，则说明存在错误比特的可能性微乎其微，此时汉明变换的过程可以省略。

第 6 步，从截取序列 $\{z\}$ 中找出在 M 个方程中至少满足 h_{max} 个方程的 n 比特，将这 n 比特作为 LFSR 的某一段 n 位序列 $\{u\}$ 的对应位置估计 I_0。如果第 5 步中算出的 $r \ll 1$，则直接退出，认为 I_0 即为 LFSR 的初始状态。

第 7 步，对 I_0 中的每一比特位都利用 LFSR 的反馈多项式组建一个线性方程，即把它表示成固定 n 个比特位的一个线性组合，然后将这 n 个线性方程组合成一个线性方程组。

第 8 步，解线性方程组。若各方程是线性相关的，则使用附加比特位选择一个线性无关的子方程组，将解出来的 n 个连续比特扩展为整个 LFSR 序列，并与原来的截取序列 $\{z\}$ 的 n 位进行比较，若相关概率在 $(p-e, p+e)$ 之间（通常取 e 为 0.05），则认为求解成功。若相关概率不在此区间之内，则认为求解失败，并对 I_0 依次做距离为 $1, 2, 3, \cdots$ 的汉明变换进行修正，每进行一次汉明变换都转入第 7 步，直到成功求解为止。

7.8.4　快速相关攻击算法 B

算法 B 的基本思想：当某一位 z_n 满足的校验等式较少时，出错的概率很大，对这些出错概率较大的比特取补，则新序列更接近源 LFSR 的输出序列。计算出各比特的正确概率后，以此概率为先验概率，再次计算各比特的正确概率。几轮迭代计算后，正确比特的概率变得更高，错误比特的概率变得更低，再根据某个选定的门限值，决定是否对 z_n 取补。如果仍未恢复出 LFSR 的输出序列，则把各比特的先验概率重置为 p。重复以上过程，直至恢复源 LFSR 序列。

算法 B 实现步骤

第 1 步，计算校验序列 $\{z\}$ 每比特所需的校验方程平均数：

$$M = \mathrm{lb}\left(\frac{N}{2n}\right) \times (t+1) \quad (7.28)$$

第 2 步，将之前的 $S(p,t)$ 推广到 t 位中每一位都有不同概率的情况 $S(p_1,p_2,\cdots,p_t,t)$，初始 p_1、p_2、$\cdots$、p_t 为

$$S(p_1,1)=p_1$$

$$S(p_1,p_2,2)=p_2S(p_1,1)+(1-p_2)(1-S(p_1,1))$$
$$=p_1p_2+(1-p_2)(1-p_1)$$

$$S(p_1p_2,\cdots,p_t,t)=p_tS(p_1,p_2,\cdots,p_{t-1},t-1)+$$
$$(1+p_t)(1-S(p_1,p_2,\cdots,p_{t-1},t-1)) \tag{7.29}$$

第 3 步，在每一位 z_k 满足第 $i_1,i_2,\cdots,i_h$ 个校验等式，而不满足第 $j_1,j_2,\cdots,j_{m-h}$ 个校验等式的条件下，计算 $z_k=u_k$ 的概率 p^*（$p^*=P(z_k=u_k|z_k$ 满足 h 个校验等式)）：

$$p^*=\frac{A}{A+(1-p)(1-S_{i_1})\cdots(1-S_{i_h})S_{j_1}\cdots S_{j_{m-h}}} \tag{7.30}$$

$$A=pS_{i_1}\cdots S_{i_h}(1-S_{j_1})\cdots(1-S_{j_{m-h}}) \tag{7.31}$$

第 4 步，找到一个 $h=h_{\max}$，使取补后正确的概率 $I(p,M,h)$ 达到最大。首先计算 z_k 最多满足 h 个校验等式的概率 $U(p,M,h)$：

$$U(p,M,h)=\sum_{i=0}^{h}C_M^i[p\times s^i\times(1-s)^{M-i}+(1-p)\times(1-s)^i\times s^{M-i}] \tag{7.32}$$

再计算 $z_k=u_k$，且 z_k 最多满足 h 个校验等式的概率 $V(p,M,h)$：

$$V(p,M,h)=\sum_{i=0}^{h}C_M^i[p\times S^i\times(1-S)^{M-i}] \tag{7.33}$$

以及 $z_k\neq u_k$，且 z_k 最多满足 h 个校验等式的概率 $W(p,M,h)$：

$$W(p,M,h)=\sum_{i=0}^{h}C_M^i(1-p)\times(1-S)^i\times S^{M-i} \tag{7.34}$$

此时，可以利用以上概率计算取补后正确比特位增加的概率 $I(p,M,h)$：

$$I(p,M,h)=W(p,M,h)-V(p,M,h) \tag{7.35}$$

第 5 步，将 $h=h_{\max}$ 代入 p^* 中，计算相关性阈值 p_{thr}，同理代入 $U(p,M,h)$ 中计算满足 $p^*<p_{thr}$ 的阈值 N_{thr}：

$$p_{thr}=\frac{1}{2}[p^*(p,M,h_{\max})+p^*(p,M,h_{\max}+1)],\quad N_{thr}=U(p,M,h_{\max})\times N \tag{7.36}$$

第 6 步，将迭代次数 i 初始化为 0。

第 7 步，根据第 2、3 步的公式重新计算 p^*，并计算满足 $p^*<p_{thr}$ 的个数 N_w。

第 8 步，如果 $N_w<N_{thr}$ 或 $i<\alpha$（α 表示最大迭代次数，一般取 5），令 $i=i+1$，转向第 7 步。

第 9 步，对截取序列 $\{z\}$ 中 $p^*<p_{thr}$ 的位取补，并将所有数字的概率重置为 p。即令

$$\hat{z}_k=\begin{cases}z_k\oplus1 & p^*<p_{thr}\\z_k & p^*\geqslant p_{thr}\end{cases},\qquad P(z_k=u_k)=p\ (1\leqslant k\leqslant N)$$

第 10 步，如果取补后的序列 $\{\hat{z}_n\}$ 不满足下列反馈多项式，则转向步骤 6。

$$a_{n+1}=c_n a_1\oplus c_{n-1}a_2\oplus\cdots\oplus c_1 a_n$$

第 11 步，当序列 $\{\hat{z}_n\}=\{u_n\}$ 时，输出 $\{\hat{z}_n\}$。

7.8.5　算法实例

算法 A 在相关性较大(接近 0.75)时攻击效果显著，当抽头数 t 较大时，该攻击逐渐退化为穷举攻击。算法 B 在相关性较低(接近 0.5)时，攻击效果显著，但需要进行大量的双精度计算，计算量较大。通常在使用非线性组合生成器的 NFSR 时，不要使用抽头数小于 10 的 LFSR，以避免以上两种算法的攻击。

开普敦大学于 2011 年发布了一个关于快速相关攻击的 Linux 项目，该项目使用 C 语言实现了上述的算法 B 攻击。

下面简单介绍这个项目的安装及使用。该项目基于 C 语言实现，首先需要安装 GSL(GNU Scientific)，这是一个 C 语言的科学计算库，里面提供了超过 1000 个函数用于代数、矩阵运算。安装命令如下：

1. wget http://ftp.club.cc.cmu.edu/pub/gnu/gsl/gsl - 2.6.tar.gz
2. tar - zxvf gsl - 2.6.tar.gz
3. cd gsl - 2.6
4. sudo ./configure
5. sudo make
6. sudo make install

接下来访问项目地址，将 fastcorrattack.zip 下载并解压，根据 README 说明文件进行编译，会在 src 目录下生成一个可执行文件 fca，如果没有其他报错，这样就算是安装成功了。

在此以 2019TCTF 的 zer0lfsr 为例，介绍这个工具的使用。下列代码与 7.4.2 小节中的代码非常类似，都是用三个抽头数较少的 LFSR 经过一个代数式组合成 NFSR，并且同样是给出了一个密钥输出流文件 keystream；不同的是，这里的每一个 LFSR 的级数都比较大，均为 48，要想通过暴力破解相对困难。

三个 LFSR 的抽头个数都为 2，抽头位置分别为 23 和 48、14 和 48、42 和 48。将生成的密钥流每 8 位转换成一个字节，并循环 8192 次后写到文件中。由于使用了 UTF-8 编码，得到的文件结果不一定是 8192 字节。

1. from secret import init1,init2,init3,FLAG
2. import hashlib
3.   assert (FLAG = =″ flag { ″ + hashlib. sha256 (init1 + init2 + init3). hexdigest ( ) +″}″)

```
4.
5.   class lfsr()：
6.     def __init__(self, init, mask, length)：
7.         self.init = init
8.         self.mask = mask
9.         self.lengthmask = 2 * * (length + 1)-1
10.
11.    def next(self)：
12.       nextdata = (self.init <<1) & self.lengthmask
13.       i = self.init & self.mask & self.lengthmask
14.       output = 0
15.       while i ! = 0：
16.           output ^ = (i &1)
17.           i = i >>1
18.       nextdata ^ = output
19.       self.init = nextdata
20.       return output
21.
22. def combine(x1,x2,x3)：
23.       return (x1 * x2) ^ (x2 * x3) ^ (x1 * x3)
24.
25. if __name__ = = "__main__"：
26.     l1 = lfsr(int.from_bytes(init1,"big"),0b1000000000000000000000000
1000000000000000000000000,48)
27.     l2 = lfsr(int.from_bytes(init2,"big"),0b1000000000000000000000000
000000001000000000000000000,48)
28.     l3 = lfsr(int.from_bytes(init3,"big"),0b1000001000000000000000000
000000000000000000000000000,48)
29.
30.     with open("keystream","wb") as f：
31.         for i in range(8192)：
32.             b = 0
33.             for j in range(8)：
34.                 b = (b<<1) + combine(l1.next(),l2.next(),l3.next())
35.                 f.write(chr(b).encode())
```

有关算法的实现都在该项目的 src 目录下。该项目的主要文件和目录结构如图 7.41 所示。

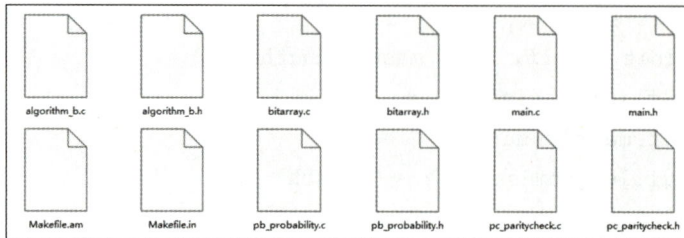

图 7.41 fastcorrattack/src 文件夹

其中：

· algorithm_b.c 里面是算法 B 的实现。

· bitarray.c 类似一个库，提供了许多关于位数组的创建和管理的操作。

· main.c 作为入口，里面除了调用 algorithm_b 实现攻击，还有检查输入参数是否合规、输出使用帮助等功能。

· pb_probability.c 主要是算法过程中涉及的一些概率计算，比如计算 m（生成校验多项式的个数）等。

· pc_paritycheck.c 中有许多函数，用于生成校验多项式和计算每一位所满足的校验多项式个数。

在该项目的 tests 目录下是一些用于测试的样例和样例生成器（见图 7.42）。在 tests/data 目录下，文件名表示了测试样例的类型：t 表示抽头数，$t2$ 即为有 2 个抽头；d 表示 N/L（N 为输出序列的个数，L 表示 LFSR 的级数，即有几个寄存器）。后缀为 in 的文件是输入到样例生成器 combgen.py 中的文件，用以生成 test 文件和 ans 文件；后缀为 test 的文件作为可执行程序 fca 的输入，如果要使用该项目，就仿造 test 文件给出具体的用例；ans 文件是根据输入 test 中的参数产生的 LFSR 的输出序列；output 是执行 fca 程序后的一部分输出，内容是算法迭代过程的中间结果。如果使用测试用例中的某个 test 文件作为 fca 的输入，那么 fca 的输出将会是对应文件名 ans 和 output 文件内容之和。

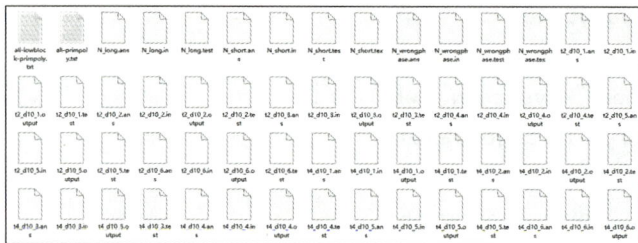

图 7.42 fastcorrattack/tests/data 文件夹

比如 t2_d10_3.test（见图 7.43），里面的内容表示：

- 第一行表示相关性 p 为 0.75。
- 第二行就是指截取到的 NFSR 输出序列 N，这里为 2000 位。
- 第三行说明组成该 NFSR 的每个 LFSR 只有两个寄存器，即级数 L 为 2。
- 第四行是抽头数 t，这里为 2，则接下来的两行为抽头的位置。
- 第五、六行为抽头位置（低位为 1），这里的 1 和 2 表示两个寄存器都参与了反馈。
- 第七行即为截取序列，0 和 1 的个数和为第二行的数值——2000。

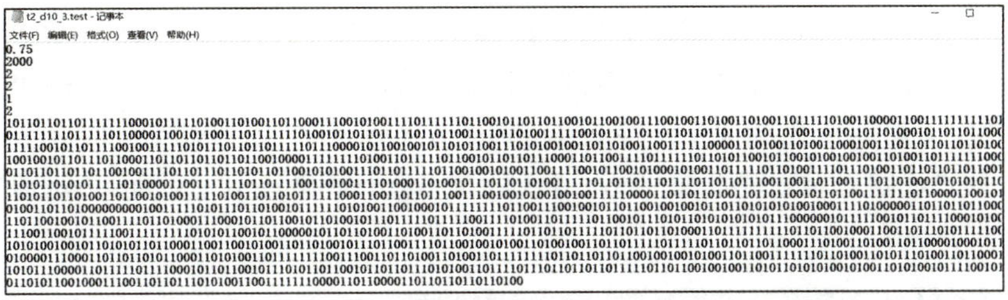

图 7.43　t2_d10_3.test 文件

仿造以上文件内容，写脚本生成三个 LFSR 的输入。相关性可以由非线性反馈函数得到，也就是 combine 函数里的式子，将 x_1、x_2、x_3 分别取 0 和 1 代入得到输出，从而得到每一个 LFSR 的相关概率值 p。本题正好三个概率值都是 0.75；截取序列＝$8192 \times 8＝65536$；LFSR 的级数为 48；抽头数均为 2；由于三个 LFSR 的抽头位置不同，因此需要生成三个文件，抽头位置与 mask 对应。相关代码如下：

```
1. data = open("keystream","rb").read()   # 题目中使用 Python3 进行 utf-8 进行
encode，读文件的时候要注意

2. data = data.decode()

3. init = '''0.75

4. 65536

5. 48

6. 2

7. { }

8. { }

9. '''

10. stream = "".join([ bin(ord(c))[2:].zfill(8) for c in data])

11. open("init1","w").write(init.format(23,48) + stream) # 对应 mask1

12. open("init2","w").write(init.format(14,48) + stream)

13 open("init3","w").write(init.format(42,48) + stream)
```

使用快速相关攻击(fca)还原 LFSR 初始序列,如图 7.44 所示。

```
:~/fca/fastcorrattack$ python3 gen.py
:~/fca/fastcorrattack$ src/fca init1 > output1
:~/fca/fastcorrattack$ src/fca init2 > output2
:~/fca/fastcorrattack$ src/fca init3 > output3
:~/fca/fastcorrattack$
```

图 7.44　使用快速相关攻击(fac)还原 LFSR 初始序列

这里产生的 output 文件,对应的就是算法 B 中的一些参数,包括相关性 p、N_{thr}、P_{thr}、N_w 等,如图 7.45 所示。最后一行是还原出来的 LFSR 序列,也是解题所需要的。这里成功还原出了每一个 LFSR 的输出序列,也就是将问题从已知 NFSR 的输出序列求三个 LFSR 初始序列,转化成已知每一个 LFSR 的输出序列求每一个 LFSR 的初始序列。再按照 7.3.1 节中的解题思路,截取每个 output 的前 48 个输出序列,就可以分别还原出三个 LFSR 的初始序列了。

图 7.45　使用 fca 还原 LFSR1 初始序列

最后再稍微修改一下 7.4.1 节中的解题代码,就能得到 flag。

```
1. def lfsr(R,mask):
2.     output = (R<<1) & 0xffffffffffff
3.     i = (R&mask)&0xffffffffffff
4.     lastbit = 0
5.     while i! = 0:
6.         lastbit^ = (i&1)
7.         i = i>>1
8.     output^ = lastbit
9.     return (output,lastbit)
```

```
10.
11. def LFSR_inv(mask,key):
12.     init_state = ''
13.     first = True
14.     for i in range(48):    # 总共循环遍历 32 次，逐步找到 32 位的 flag
15.         r = key[:-i-1]    # 取一部分 key，第一次取前 31 位，第二次取前 30 位，
以此类推
16.         l = '0' + init_state    # 猜测最高位为 0，并与猜测好的 flag 拼接
17.         R = int(l + r,2)
18.         (out,lastbit) = lfsr(R, mask)
19.         out = '{:048b}'.format(out)
20.
21.         if first:        # 第一次需要读全部的 key
22.             if out = = key[:]:
23.                 init_state = '0' + init_state
24.             else:
25.                 init_state = '1' + init_state
26.             first = False
27.         else:
28.             if out = = init_state + key[:-i]:
29.                 init_state = '0' + init_state
30.             else:
31.                 init_state = '1' + init_state
32.     return init_state
33.
34. mask1 = 0b100000000000000000000000001000000000000000000000
35. mask2 = 0b100000000000000000000000000000000010000000000000
36. mask3 = 0b100001000000000000000000000000000000000000000000
37. key1 = "100100011111110101011100100101101001010001100011"    # 这里的值就
是用 fca 还原出来的序列前 48 位
38. key2 = "001101101101101111001001101101110000001001000011"
39. key3 = "001000101001101100100001101111101011101010100001"
40. lfsr1 = int(LFSR_inv(mask1,key1),2)
41. lfsr2 = int(LFSR_inv(mask2,key2),2)
42. lfsr3 = int(LFSR_inv(mask3,key3),2)
```

43. #一个字节为 8 位，因此 to_bytes 中第一个参数为 6
44. result = b''.join([i.to_bytes(6,'big') for i in (lfsr1,lfsr2,lfsr3)])
45. print("flag{" + hashlib.sha256(result).hexdigest() + "}")

在项目地址中的 poster 文件里，有这样一张图，描述了该项目的成功攻击的参数（Parameters for a successful attack）适用范围（见图 7.46）。图中虚线框①表示攻击成功，虚线框②表示攻击失败。可以看到抽头数越大，攻击成功率越低，当 d 过小时（也可以理解为截取到的输出序列过少或是 LFSR 的级数过大时），攻击同样难以成功。

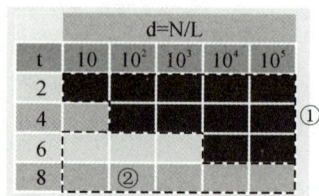

图 7.46　fca 项目适用范围

除了以上提到的两种算法，其他的还有基于卷积码、基于 Turbo 码、基于规则 LDPC(Low Density Parity Check)和基于不规则 LDPC 的相关攻击算法。快速相关攻击经过多年的发展，目前已经成为分析流密码安全性的主要方式，随着各种新式流密码方案的推出，也有针对新算法的攻击方式。使用何种算法，需要综合考虑输入的参数，包括相关性、获得的密钥流长度、LFSR 长度、反馈多项式以及预计的开销等。

习　　题

1. 给定一个非空列表，里面的元素只有一个只出现了一次，其余都出现了两次，用异或运算编程找出这个只出现了一次的元素。

参考答案：
```
class Solution:
    def SingleNumber(self, nums: List[int]) -> int:
        return reduce(lambda x, y: x ^ y, nums)
```

2. 两个整数之间的汉明距离指的是这两个数字的二进制表示在对应比特位不同的个数。请用 Python 的异或运算计算汉明距离。

参考答案：
```
def HammingDistance(x: int, y: int) -> int:
    z = bin(x ^ y)[2:]
    count = 0
    for i in range(len(z)):
        if z[i] == '1':
            count += 1
```

```
return count
```

3. 给定一个包含 $0, 1, 2, \cdots, n$ 中 n 个数的序列, 编写 Python 代码找出 $0, \cdots, n$ 中没有出现在序列中的那个数。

参考答案:

```
def MissingNumber(nums: List[int]) -> int:
        c = 0
        for i in range(len(nums)):
            c^ = nums[i]
            c^ = i
        c^ = i + 1
        return c
```

4. 已知加密密钥"NO U DONT LIKE IT", 使用库函数 Crypto. Util. strxor 对明文"I LOVE CRYPTOLOGY"实现字符串异或加密。

参考答案:

```
from Crypto.Util.strxor import strxor
plain = b"I LOVE CRYPTOLOGY"
key = b"NO U DONT LIKE IT"
strxor(plain,key)
```

5. 用 C 语言编程实现 RC4 算法, 并验证以下加解密结果。

密钥	密钥流	明文	密文
Key	eb9f7781b734ca72a719...	Plaintext	BBF316E8D940AF0AD3
Wiki	6044db6d41b7...	Pedia	1021BF0420
Secret	04d46b053ca87b59...	Attack at dawn	45A01F645FC35B383552544B9BF5

参考答案

```
unsigned char S[256];
unsigned int i, j;
void swap(unsigned char * s,unsigned int i, unsigned int j) {
        unsigned char temp = s[i];
        s[i] = s[j];
        s[j] = temp;
}
/* KSA */
void rc4_init(unsigned char * key, unsigned int key_length) {
```

```
    for (i = 0; i < 256; i++)
      S[i] = i;
    for (i = j = 0; i < 256; i++) {
        j = (j + key[i % key_length] + S[i]) & 255;
        swap(S, i, j);
    }
    i = j = 0;
}

/* PRGA */
unsigned char rc4_output() {
    i = (i + 1) & 255;
    j = (j + S[i]) & 255;
  swap(S, i, j);
    return S[(S[i] + S[j]) & 255];
}

# include <stdio.h>
int main() {
      int k, output_length;
      unsigned char key[] = "Secret";    // key hardcoded to "Secret"
      output_length = 10;    // number of bytes of output desired
    rc4_init(key, 6);    // length of key is 6 in this case
    k = 0;
    while (k < output_length) {
        printf("%c", rc4_output());
          k++;
    }
}
```

第 8 章 公钥密码体制和 RSA 算法

公钥密码体制是密码学发展史上最伟大的创新。对称密码体制主要是基于替换和置换操作，而公钥密码体制是基于数学难题。公钥密码使用两个独立的密钥解决了对称密码体制的密钥分配和数字签名问题。本章对公钥密码数学基础、基本原理以及 RSA 公钥算法及其安全性进行讨论学习。

8.1 公钥密码体制

8.1.1 简介

在对称密码体制中，收发双方需要事先共享一个用于加密和解密的密钥，加密和解密用的也是同一个密钥。公钥密码体制则使用两个密钥，因此也称为非对称密码体制。这两个密钥当中，一个是公开的称为公钥(Public Key)，另一个是只有用户自己知道的称为私钥(Private Key)。公钥和私钥都可以用于加密和解密，一个密钥加密可以用另一个密钥解密。

公钥密码体制的模型如图 8.1 所示，由六个部分组成，分别是明文、加密算法、公钥、私钥、密文、解密算法。

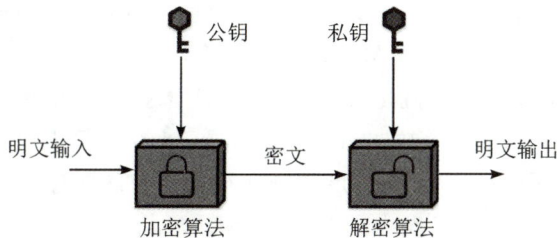

图 8.1 公钥密码体制模型

在公钥密码体制中，发送方可以通过可信第三方或者接收方自行发布在网站、公共目录的方式获取他人的公钥。在图 8.1 中，发送方用接收方的公钥对明文消息进行加密，然后发送给接收方，接收方用自己的私钥解密得到消息。在此过程中，不用担心黑客窃取加密消息用的公钥信息，因为公钥本身就是公开的。但这要是在对称密码体制中，通信双方在传输共享密钥时可能被黑客窃听，导致密钥泄露。

使用某用户的公钥对信息进行加密，只能用该用户的私钥进行解密。从安全角度来说，仅根据密码算法和加密密钥来确定解密密钥在计算上是不可行的。对于有些算法（如 RSA）还需满足两个密钥中的任何一个加密都可用另一个来解密这一特点。

公钥密码体制的主要应用分以下三类：

（1）加密/解密，发送方用接收方的公钥对信息加密。若 A 要发消息给 B，则 A 用 B 的公钥来加密消息，由于只有 B 拥有私钥，因此也只有 B 可以对消息解密，其他任何接收者都无法解密消息。

（2）数字签名，发送方用自身的私钥对消息"签名"。A 向其他用户发送消息前，先用 A 的私钥对消息加密，其他任何用户都可以用 A 的公钥对消息解密，由此说明消息是 A 签发的。这可以用于认证消息来源和保证数据完整性。

（3）密钥交换，通信双方通过交换一些信息计算出共同的密钥或者利用公钥加密共享密钥实现密钥交换和分发。

公钥密码体制的最大缺点是加密速度比较慢，通常比对称密码要慢 2～3 个数量级。因此，公钥密码体制通常用于对短文本（例如密钥、哈希值）进行加密。公钥密码体制和对称密码体制是互补关系，而不是替代关系。

8.1.2　理论基础

根据 8.1.1 对公钥密码体制的介绍，可以总结以下对公钥密码的要求：

- 收发双方产生一对密钥在计算上是容易的。
- 已知公钥和明文消息 M，发送方 A 产生相应的密文在计算上是容易的，即

$$C = E(K_{PUB}, M)$$

- 接收方 B 使用私钥对接收的密文解密以恢复明文在计算上是容易的，即

$$M = D(K_{PRI}, C)$$

- 已知公钥 K_{PUB}，攻击者要确定私钥 K_{PRI} 在计算上是不可行的。
- 已知公钥 K_{PUB} 和密文 C，攻击者要恢复明文 M 在计算上是不可行的。
- 对于部分公钥密码应用，还应满足加密和解密函数的顺序可以交换，即

$$M = D(K_{PUB}, E(K_{PRI}, M)) = = D(K_{PRI}, E(K_{PUB}, M))$$

事实上，要满足上述条件即是要找到一个单向陷门函数（One-way Trapdoor Function)。公钥密码的理论基础是单向陷门函数。给定任意两个集合 X 和 Y，对每一个 x 属于 X，每一个 y 属于 Y。单向陷门函数满足下列性质：

（1）若 k 和 x 已知，求 $y = f_k(x)$ 容易计算；

（2）若 k 和 y 已知，求 $x = f_k^{-1}(y)$ 容易计算；

（3）若 y 已知但 k 未知，则求 $x = f_k^{-1}(y)$ 是不可行的。k 就相当于我们的解密密钥，这个秘密信息称为陷门。陷门使得单向函数只能够在特定的情况下逆转。

以上计算中容易是指一个问题可以在输入长度的多项式时间内得到解决，若输入长度为 n 位，则计算的时间复杂度为 n^a（一个多项式表达式），a 为常数。

计算上不可行是指解决一个问题所需时间比输入规模的多项式增长更快，若输入长度是 n 位，则计算时间复杂度是 2^n。

理论上不能证明单向函数一定存在，但实际上只要函数的单向性足够在工程中应用就行。目前最重要的未被破解的单向陷门函数有大数分解问题和离散对数问题。

（1）大数分解问题：大素数的乘积容易计算（$p \times q \rightarrow n$），而大合数的因子分解却很难（$n \rightarrow p \times q$）。

（2）有限域上的离散对数问题：有限域上大素数的幂乘容易计算（$a^b \rightarrow c$），而对数计算困难（$\log_a c \rightarrow b$）。

例如，假定 n 为两个大素数 p 和 q 的乘积，b 为一个正整数，那么定义以下函数 f：$Z_n \rightarrow Z_n$ 被认定是单向的。

$$f(x) = x^b \bmod n$$

如果 $\gcd(b, \phi(n)) = 1$，那么事实上 f 就是 RSA 加密函数。

单向和陷门单向函数的概念是公钥密码学的核心，可以说，公钥密码体制的设计就是陷门单向函数的设计。

8.2　RSA 数学基础

正如前述，公钥密码体制往往和数学难题有关，很多的公钥算法都是基于数论来设计的，本节介绍公钥密码相关的数学知识，以便更好地理解公钥密码方案。

8.2.1　模运算

模运算的含义就是计算余数，其在数论和密码学中有着广泛的应用。对某个模数（Modulus）计算其余数称之为模算术（Modular Arithmetic）。模算术使得整数达到特定值时会"折返"回来，确保其计算结果在某个范围之内，这个特定值就是模数。

典型的模运算就是时钟算术。时钟表盘都是模数等于 12 的模算术，其中包含 12 个值，对模数 12 的计算结果（余数）为 0，1，2，…，11。如图 8.2 所示，时针刚开始位于 0 点，过了 9 个小时以后到达 $(0+9) \bmod 12 = 9$ 点的位置，再过 4 个小时到达 $(9+4) \bmod 12$ 点的位置。

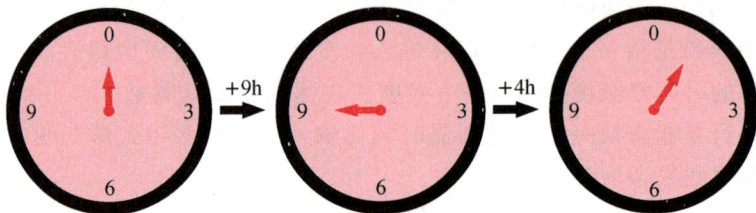

图 8.2　时钟算术（模 12）

从时钟表盘可知，位于同一时间点的数有很多，例如对 12 取模等于 1 的数可以是：−11、1、13、25、37…，这些数称为同 12 取模同余。

设 $n \in \mathbf{N}^+$，$a, b \in \mathbf{Z}$（其中$\mathbf{N}^+$为正整数集，$\mathbf{Z}$ 为整数集），若 n 除 a 或 b 得到相同的余数，则称 a、b 模 n 同余，记作：

$$a \equiv b \bmod n$$

该式称为模 n 的同余式。反之，则称 a、b 模 n 不同余，记作：

$$a \not\equiv b \bmod n$$

对于 a, b 模 n 同余，令：$a = q_1 n + r_1$，$0 \leqslant r_1 < n \Rightarrow r_1 = a - q_1 n$

$$b = q_2 n + r_2, \quad 0 \leqslant r_2 < n \Rightarrow r_2 = b - q_2 n$$

则　$r_2 - r_1 = (b - q_2 n) - (a - q_1 n) = 0 \Rightarrow b = a + (q_2 - q_1) n$

令 $k = q_2 - q_1 \in \mathbf{Z}$，则

$$b = a + kn$$

因此

$$a \equiv b \bmod n \Leftrightarrow b = a + kn, \ k \in \mathbf{Z}$$

也就是 a, b 之间相差 k 个 n。

【例 8-1】 选取 $a = 7 \in \mathbf{Z}$，$b = 30 \in \mathbf{Z}$，$n = 23 \in \mathbf{N}^+$，因为 $a \bmod n = b \bmod n = 7$，所以 a 与 b 模 n 同余，表示为 $a \equiv b \bmod n$。

根据同余定义和模运算法则，有以下关系式成立：

设 $n, t \in \mathbf{N}^+$，$a \equiv b \bmod n$，$c \equiv d \bmod n$，$k \in Z$。

- $(a + c) \equiv (b + d) \bmod n$，特别地有 $a + k \equiv b + k \pmod{n}$；

- $ac \equiv bd \bmod n$，特别地有 $ak \equiv bk \bmod n$，以及 $a^t \equiv b^t \bmod n$；

- 若 m 为非零整数，则 $a \equiv b \bmod n \Leftrightarrow am \equiv bm \bmod mn$；

- 若 $m \mid n$（即 m 整除 n），则 $a \equiv b \bmod n$。特别地，若 $l \in \mathbf{N}^+$，$a \equiv b(\bmod \ n^l)$，则有 $a \equiv b \bmod n$；

- 若 $ak \equiv bk \bmod n$，则 $a \equiv b\left(\bmod \dfrac{n}{(k,n)}\right)$，其中 (k,n) 表示 k 与 n 的最大公约数。特别地，若 $(k,n)=1$，则 $a \equiv b \bmod n$；

- 若 $m \in \mathbf{N}^+$，$\forall 1 \leqslant i \leqslant m$，$n_i \in \mathbf{N}^+$，则有
$$a \equiv b(\bmod \ n_i) \Leftrightarrow a \equiv b(\bmod [n_1, n_2, \cdots, n_m])$$
其中，$[n_1, n_2, \cdots, n_m]$ 表示 n_1，n_2，$\cdots$，n_m 的最小公倍数。

【例 8-2】 取 $a=7$，$b=29$，$c=5$，$d=49$，$n=22$，且满足 $7 \equiv 29 \bmod 22$，$5 \equiv 49 \bmod 22$，取 $k=3$。

- $(7+5) \equiv (29+49)(\bmod 22)$，特别地，$(7+3) \equiv (29+3)(\bmod 22)$。

- 取 $t=5$，则 $7 \times 5 \equiv 29 \times 5(\bmod 22)$，特别地，$7 \times 3 \equiv 29 \times 3(\bmod 22)$，以及 $7^5 \equiv 29^5 (\bmod 22)$。

- 取 $m=11$，$7 \times 11 \equiv 29 \times 11(\bmod 22 \times 11) \Leftrightarrow 77 \equiv 319 \bmod (242)$

- 若 $7 \times 3 \equiv 29 \times 3(\bmod 22)$，则 $7 \equiv 39 \bmod \dfrac{22}{(3,22)}$，因为 $(3,22)=1$，所以 $7 \equiv 29 \bmod 22$。

- $7 \equiv 29(\bmod 2) \Leftrightarrow 7 \equiv 29(\bmod 11) \Leftrightarrow 7 \equiv 29(\bmod 2 \times 11)$

在上述模算术中，没有看到模除法的身影，实际上，模除法是以模逆的形式存在的。设 $n \in \mathbf{N}^+$，若 $a \in \mathbf{Z}$，$(a,n)=1$（表示 a 与 n 互素），则 $\exists x \in \mathbf{Z}$，使得
$$ax \equiv xa \equiv 1 \bmod n$$
则称 x 为 a 对模 n 的逆，记作 $a^{-1}(\bmod n)$。

【例 8-3】 $a \in \{1, 2, 3, 4, 5, 6\}$，依次计算 a 取 1、2、3、4、5、6 时模 7 的逆。

解：当 $a=1$ 时，显然，$1 \times 1 \equiv 1 \times 1 \equiv 1 \bmod 7$，所以 $1^{-1} = 1(\bmod 7)$；

当 $a=2$ 时，依次代入 1、2、3、4… 到方程 $2x \equiv 1 \bmod 7$，发现代入 4 时满足方程
$$2 \times 4 \equiv 4 \times 2 \equiv 1(\bmod 7)$$
所以
$$2^{-1} = 4(\bmod 7)$$
同理，可以找到模 7 意义下 a 对应的逆元，如表 8.1 所示。

表 8.1　逆元计算结果

a	1	2	3	4	5	6
a^{-1}	1	4	5	2	3	6

8.2.2 欧几里得算法

欧几里得算法又称辗转相除法，用于快速计算出两个整数 a、b 的最大公约数，表示为 $\gcd(a,b)$。当 $\gcd(a,b)=1$ 时，则称 a 与 b 互素（或称互质）。

欧几里得算法的基本思想如下，假设 $a>b$，则可以设 $a=qb+r$，其中 a、b、q、r 都是整数，且 $r<b$，则 $\gcd(a,b)=\gcd(b,r)$，即 $\gcd(a,b)=\gcd(b,a\%b)$。

【例 8-4】 令 $a=15$，$b=6$，则 $\gcd(15,6)=\gcd(6,3)=3$

解：因为 6 是 3 的倍数，所以 3 就是 15 和 6 的最大公约数。

令 r_0 为 a，r_1 为 b，执行欧几里得算法的详细步骤如下：

$r_0=q_1 r_1+r_2, 0\leqslant r_2<r_1$

$r_1=q_2 r_2+r_3, 0\leqslant r_3<r_2$

$\vdots$

$r_{m-2}=q_{m-1}r_{m-1}+r_m, 0\leqslant r_m<r_{m-1}$

$r_{m-1}=q_m r_m$

容易看出：

$$\gcd(a,b)=\gcd(r_0,r_1)=\gcd(r_1,r_2)=\cdots=\gcd(r_{m-1},r_m)=r_m$$

因此，得到 a 和 b 的最大公约数为 r_m。

欧几里得算法的 Python 代码实现如下：

```
1. #gcd.py     求两个数的最大公约数
2. def gcd(a,b):
3.     if b==0: return a
4.     else: return gcd(b, a%b)
```

8.2.3 扩展欧几里得算法

扩展欧几里得算法是指对于不完全为 0 的非负整数 a、b，必然存在整数对 x、y，使得 $\gcd(a,b)=ax+by$，其中 $\gcd(a,b)$ 是 a、b 的最大公约数。扩展欧几里得算法可以计算出 x 和 y 的值。对于 $\gcd(a,n)=ax+ny$，如果 $\gcd(a,n)=1$，则可以得到同余方程 $ax\equiv 1 \bmod n$，且方程只有唯一解，计算出的 x 为 a 模 n 的逆元。

【例 8-5】 取 $a=252$，$b=198$，求整数 x、y，使得 $ax+by=\gcd(a,b)$。

解：$252=1\times198+54$　$18=-198+4\times(252-1\times198)=4\times252-5\times198$

$198=3\times54+36$　$18=54-(198-3\times54)=-198+4\times54$

$54=1\times36+18$　$18=54-36$

$36=2\times18$

于是，$(a, b) = 18$，$x = 4$，$y = -5$。

扩展欧几里得算法的 Python 代码实现如下：

```
1.  #exgcd.py 计算模逆，例如 exgcd(5,7) = (3, -2, 1)
2.  def exgcd(a, b):
3.      if b == 0:
4.          return 1, 0, a
5.      else:
6.          x, y, q = exgcd(b, a % b)
7.          x, y = y, (x - (a // b) * y)
8.          return x, y, q
```

8.2.4　素　数

设 p 为大于 1 的正整数，如果 p 除 1 和它本身外没有其他正因数，则称 p 为素数（或质数），否则称为合数。公约数只有 1 的两个数，称互素数（也称互质数）。

素数相关性质有：

· 任何大于 1 的自然数，要么本身是素数，要么可以分解为几个素数之积，且这种分解是唯一的。

· 若 p 为素数，a 是小于 p 的正整数，则 $a^{p-1} \bmod p = 1$。

· 若 p 为素数，$n \in Z$，则 $\gcd(p, n) = \begin{cases} 1 & p \nmid n \\ p & p \mid n \end{cases}$。

· 若 p 为素数，$a, b \in Z$，$p \mid ab$，则 $p \mid a$ 或 $p \mid b$。

· 任意两个素数一定构成互素数。

· 较大数是素数的两个数一定是互素数。

· 如果一个素数不能整除另一个合数，那么这两个数为互素数。

· 相邻的两个自然数或相邻的两个奇数都是互素数。

【例 8-6】　判断 101 和 301 是否为素数？

解：因为除了 1 和 101 本身再也找不到 101 的其他正因数，所以 101 是素数；除了 1 和 301 本身，301 还能找到因数 7 和 43，所以 301 不是素数，而是合数。

1. 素性检测

给定一个正整数 n，判断 n 是不是素数，称为素性检测。目前常见的素性检测算法有埃拉托色尼（Eratosthenes）筛法、基于费马小定理的费尔马（Fermat）素性检测算法和基于强伪素数的米勒-拉宾（Miller-Rabin）算法。

1) 埃拉托色尼筛法

设 n 是一个正整数，如果对所有 $p \leqslant \sqrt{n}$ 的素数，都有 $p \nmid n$，符号 $\nmid$ 表示不可整除，则 n 一定是素数。埃拉托色尼筛选法首先找出小于等于 $\sqrt{n}$ 的所有素数，然后计算 n 对每个素数的余数，若存在任意一个余数为 0，则 n 为合数；否则，n 为素数。

【例 8 - 7】 证明 199 为素数。

证明： 小于等于 $\sqrt{199} < 15$ 的所有素数集合为 $\{2,3,5,7,11,13\}$，依次用 $\{2,3,5,7,11,13\}$ 去试除 199：

$$199 = 99 \cdot 2 + 1 \text{，则 } 2 \nmid 199;$$
$$199 = 66 \cdot 3 + 1 \text{，则 } 3 \nmid 199;$$
$$199 = 39 \cdot 5 + 4 \text{，则 } 5 \nmid 199;$$
$$199 = 28 \cdot 7 + 3 \text{，则 } 7 \nmid 199;$$
$$199 = 18 \cdot 11 + 1 \text{，则 } 11 \nmid 199;$$
$$199 = 15 \cdot 13 + 4 \text{，则 } 13 \nmid 199。$$

所以，$n = 199$ 为素数。

该检测方法的 Python 实现代码如下：

```
1.   # sieve_of_eratosthenes.py
2.   import math
3.   def sieve_of_eratosthenes (n)：  #埃拉托色尼筛法，返回所有小于 n 的素数
4.     primes = [True] * (n+1)   #范围 0 到 n 的列表
5.     p = 2  #最小素数
6.     while p * p <= n：  #一直筛到 sqrt(n)就行了
7.      if primes[p]：  #如果没被筛，一定是素数
8.        for i in range(p * 2, n + 1, p)：  #筛掉它的倍数即可
9.          primes[i] = False
10.      p += 1
11.     primes = [element for element in range(2, n) if primes[element]]
12.     return primes
13. def sieve_of_eratosthenes_test(n):
14.     x = int(math. sqrt(n))
15.     for i in sieve_of_eratosthenes (x):
16.      if n % i == 0:
17.         return False
18.     return True
```

2) 基于费马小定理的费尔马素性检测算法

费尔马素性检测算法指对于奇整数 n，若任取一个整数 $2 \leqslant a \leqslant n-2$，$\gcd(a, n) = 1$，使得 $a^{n-1} \bmod n = 1$，则 n 至少有一半的概率为素数。

给定奇整数 $n \geqslant 3$ 和安全参数 k，费尔马素性检测过程如下：

(1) 随机选取整数 a，$2 \leqslant a \leqslant n-2$。

(2) 计算 $g = \gcd(a, n)$，如果 $g = 1$，则下一步；否则，n 为合数。

(3) 计算 $r = a^{n-1} \bmod n$，如果 $r = 1$，n 可能是素数，转 (1)；否则，n 为合数。

(4) 重复上述过程 k 次，如果每次计算 n 都认定为素数，则 n 为素数的概率为 $1 - \dfrac{1}{2^k}$。

由于卡迈克尔(Carmichael)数的存在，费尔马素性检测算法可能会失效。卡迈克尔数定义如下：对于合数 n，如果对于所有与 n 互质的正整数 b，都有同余式 $b^{n-1} \equiv 1 \bmod n$ 成立，则称合数 n 为卡迈克尔数。所以，卡迈克尔数是满足费马小定理的强伪素数，可以使用后续的米勒-拉宾算法检测。

【例 8-8】　判别整数 $n = 277$ 可能为素数，并指出其可能性的概率。

解：取安全参数 $k = 4$。

$a = 2$，$\gcd(2, 277) = 1$，$2^{277-1} \bmod 277 \equiv 1$，$n$ 为素数的概率为 $1 - \dfrac{1}{2^1} = 50\%$；

$a = 3$，$\gcd(3, 277) = 1$，$3^{277-1} \bmod 277 \equiv 1$，$n$ 为素数的概率为 $1 - \dfrac{1}{2^2} = 75\%$；

$a = 5$，$\gcd(5, 277) = 1$，$5^{277-1} \bmod 277 \equiv 1$，$n$ 为素数的概率为 $1 - \dfrac{1}{2^3} = 87.5\%$；

$a = 6$，$\gcd(6, 277) = 1$，$6^{277-1} \bmod 277 \equiv 1$，$n$ 为素数的概率为 $1 - \dfrac{1}{2^4} = 93.75\%$；

所以，$n = 277$ 可能为素数，其可能性的概率为 $1 - \dfrac{1}{2^k} = 1 - \dfrac{1}{2^4} = 93.75\%$。

费尔马素性检测算法的 Python 代码实现如下：

```
1. #fermatprimetest.py        费尔马素性检测
2. import random
3. import gcd
4. def Fermat_test(num, k = 7):
5.     for _ in range(k):
6.         a = random.randrange(2, num - 2)
7.         if gcd(a, num)! = 1:
8.             return False
```

```
9.          if pow(a,num－1,num)！＝1：
10.             return False
11.         return True
```

3) 基于强伪素数的米勒-拉宾(Miller-Rabin)算法

米勒-拉宾算法是经典的大数素性测试算法，能够有效验证强伪素数，算法的实现基于素数的两个性质。

性质 1：如果 p 是素数，a 是小于 p 的正整数，则 $a^2 \bmod p=1$ 当且仅当 $a \bmod p=1$ 或者 $a \bmod p=-1 \bmod p=p-1$。一方面由模运算法则：$(a \bmod p)(a \bmod p)=a^2 \bmod p$，因此，如果 $a \bmod p=\pm 1$，则有 $a^2 \bmod p=1$；反过来，如果 $a^2 \bmod p=1$，则有 $a \bmod p=\pm 1$。

性质 2：设 p 是大于 2 的素数，则该素数可以表示为 $p-1=2^k q$，其中整数 $k>0$，q 为奇数。设 a 是整数且 $1<a<p-1$，则下面两个条件之一成立。

(1) a^q 模 p 和 1 同余，即 $a^q \equiv 1 \bmod p$。

(2) 在整数 a^q，a^{2q}，$\cdots$，$a^{2^{(k-1)}q}$ 里存在一个数，该数和 -1 模 p 时同余，即存在一个 $j(1 \leqslant j \leqslant k)$ 满足 $a^{2^{(j-1)}q} \bmod p=-1 \bmod p=p-1$，或 $a^{2^{(j-1)}q} \equiv -1 \bmod p$。

基于上述性质，有以下的米勒-拉宾素数检测算法(奇整数 $n \geqslant 3$)：

- 找出满足等式 $n-1=2^k q$ 的整数 k、q，其中 $k>0$，q 是奇数。
- 随机选取整数 a，其中 $1<a<n-1$。
- 判断 $a^q \bmod n$ 的值。若 $a^q \bmod n=1$，则 n 可能是素数。
- 继续判断 $a^{2^j q} \bmod n$ 的值，其中 j 是按序取值从 0 到 s 的整数(其中 $s<k$，一般取 6)。若存在 $a^{2^j q} \bmod n=n-1$，则 n 可能是素数；否则，n 是合数。

【例 8 - 9】 判断奇数 341 是否为素数($341-1=2^2 * 85$，$k=2$，$q=85$)。

解：选取基数为 2，使用费马小定理进行测试，计算 $2^{340} \bmod 341=1$，显然 2 和 341 满足费马小定理。如果 341 是素数，那么继续计算 $2^{\frac{340}{2}} \bmod 341=1$，结果 1 满足二次探测。继续计算 $2^{\frac{340}{4}} \bmod 341=32$，结果 32 不属于集合 $\{1, 341-1\}$，故不满足二次探测，所以 341 不是素数。

米勒-拉宾算法的 Python 实现代码如下：

```
1.  import fastExpMod  ＃对随机取得的 p、q 进行素性检测
2.  def miller_rabin_test(n):
3.      p = n － 1
4.      k = 0
```

```
5.      # 寻找满足等式 n - 1 = 2^k * p 的 k、p
6.          while p % 2 = = 0：
7.              k + = 1
8.              p / = 2
9.          b = random.randint(2, n - 2)
10.     # 若 a^q mod n = 1, 则 n 可能是素数
11.         if fastExpMod(b, int(p), n) = = 1：
12.             return True
13.     # 若存在检验六次, a^q  mod n = n - 1, 则 n 可能为素数
14.         for i in range(0,7)：
15.             if fastExpMod(b, (2 * * i) * p, n) = = n - 1：
16.                 return True
17.         return False    # 返回, n 为合数
```

2. 素数生成

要得到一个素数, 最通用的方法就是随机生成一个整数作为候选素数, 然后对其进行素性检测, 检测通过就可以得到想要的素数。素数生成过程如图 8.3 所示。

图 8.3 素数生成过程

相应的素数生成代码实现如下：

```
1.   # create_prime_number.py 生成大素数
2.   import random
3.   import miller_rabin_test
4.   def create_prime_number(keylength)：  # 素数的位长
5.       while True：
6.           n = random.randint(0, keylength)
7.           if n % 2 ! = 0：
8.               found = True
9.               for i in range(0, 10)：   # 米勒-拉宾素性测试:10 次
10.                  if miller_rabin_test(n)：
11.                      pass
```

```
12.          else：
13.              found = False
14.              break
15.      if found：
16.          return n
```

8.2.5　欧拉函数和欧拉定理

对于给定正整数 n，小于 n 且与 n 互素的正整数的个数称为 n 的欧拉函数，记作 $\phi(n)$。

例如，对于 $\phi(15)$，可以先列出小于 15 且与 15 互素的正整数如下：

$$1, 2, 4, 7, 8, 11, 13, 14$$

由上可知共有 8 个数与 15 互素，因此 $\phi(15)=8$。

欧拉函数 $\phi(n)$ 的计算具有以下特性：

- 对于素数 p，$\phi(p)=p-1$；对两个不同素数 p 和 q，$\phi(pq)=(p-1)(q-1)$。

- 当 $n=1$ 时，$\phi(1)=1$；当正整数 $n \geqslant 2$，对 n 进行标准素因数分解为 $n=p_1^{e_1} p_2^{e_2} \cdots p_s^{e_s}$，则 $\phi(n)=n\left(1-\dfrac{1}{p_1}\right)\left(1-\dfrac{1}{p_2}\right)\cdots\left(1-\dfrac{1}{p_s}\right)$。

- 当 $n=2$ 时，$\phi(2)=1$ 是奇数；当 $n>2$ 时，$\phi(n)$ 是偶数。

【例 8-10】　计算 200 的欧拉函数。

解：对 200 进行标准素因数分解为 $200=2^3 \times 5^2$，根据欧拉函数计算公式

$$\phi(200)=200\left(1-\frac{1}{2}\right)\left(1-\frac{1}{5}\right)=80$$

基于上述欧拉函数的定义，对应的欧拉定理如下：

若整数 a 和 n 互素，则满足

$$a^{\phi(n)} \equiv 1 \bmod n$$

【例 8-11】　假设 $n=12$、$a=5$，验证欧拉定理。

解：首先计算 $\phi(12)=\phi(2^2 \times 3)=12\left(1-\frac{1}{2}\right)\left(1-\frac{1}{3}\right)=4$

进一步验证欧拉定理：

$$5^{\phi(12)} \equiv 5^4 \equiv 25^2 \equiv 1 \bmod 12$$

费马小定理是欧拉定理中模数 n 为素数的特例，通常应用于素性测试和公钥密码体制。费马小定理的定义如下：

若 p 是素数，a 是正整数且不能被 p 整除，则

$$a^{p-1} \equiv 1 \bmod p$$

另外，费马小定理可以在 a 与 p 互素的前提下快速计算出属于剩余类环 $\{1, 2, \cdots, p-1\}$ 中的 a 模 p 的逆元，即

$$a^{-1} \equiv a^{p-2} \bmod p$$

【例 8 – 12】　计算 2^{100} 除以 13 的余数。

解：
$$2^{100} \equiv 2^{12 \times 8 + 4} \bmod 13$$
$$\equiv (2^{12})^8 \times 2^4 \bmod 13$$
$$\equiv 1^8 \times 16 \bmod 13$$
$$\equiv 16 \bmod 13$$
$$\equiv 3 \bmod 13$$

8.2.6　中国剩余定理

中国剩余定理适用于求解某类特定同余方程组。设正整数 m_1，m_2，$\cdots$，m_k 两两互素（即当 $i \neq j$ 时，$\gcd(m_i, m_j) = 1$），那么对于任意 k 个整数 a_1，a_2，$\cdots$，a_k，考虑如下同余方程组：

$$x \equiv a_1 \bmod m_1$$
$$x \equiv a_2 \bmod m_2$$
$$\vdots$$
$$x \equiv a_k \bmod m_k$$

在模 $M = \prod\limits_{i=1}^{k} m_i$ 下必有解，且解的个数为 1。事实上，该解是：

$$x \equiv M_1 M_1^{-1} a_1 + M_2 M_2^{-1} a_2 + \cdots + M_k M_k^{-1} a_k \pmod{M}$$

其中 $\forall 1 \leqslant i \leqslant k$，$M_i = \dfrac{M}{m_i}$，$M_i^{-1}$ 是满足 $M_i M_i^{-1} \equiv 1 \bmod m_i$ 的一个整数。

中国剩余定理的求解公式可以按以下方式来理解。对于第一项 $M_1 M_1^{-1} a_1$，对 m_1 取模后为 a_1，而对其他的 m_i 取模应当为 0，因此，把 a_1 和 $M_1 = m_2 \times m_3 \times \cdots \times m_k$ 相乘，同时为了消除上述 M_1 的影响，又乘上了 M_1^{-1}。

【例 8 – 13】　求解同余方程 $59x \equiv 27 \bmod 91$。

解：因为 $91 = 7 \times 13$，所以该同余方程等价于下面的同余方程组

$$59x \equiv 27 \bmod 91 \Leftrightarrow \begin{cases} 3x \equiv 6 \bmod 7 \\ 7x \equiv 1 \bmod 13 \end{cases} \Leftrightarrow \begin{cases} x \equiv 2 \bmod 7 \\ x \equiv 2 \bmod 13 \end{cases}$$

对于上述方程组，由于 7、13 互素，直接运用中国剩余定理来求解，此时有：

$$a_1 = 2, \ a_2 = 2, \ m_1 = 7, \ m_2 = 13, \ M = 7 \cdot 13 = 91$$
$$M_1 = 13, \ M_1^{-1} \bmod m_1 \equiv 13^{-1} \bmod 7 \equiv 6 \bmod 7$$

$$M_2 = 7, M_2^{-1} \bmod m_2 \equiv 7^{-1} \bmod 13 \equiv 2 \bmod 13$$

从而，由中国剩余定理得方程组的解为

$$x \equiv 13 \times 6 \times 2 + 7 \times 2 \times 2 \pmod{91} \equiv 2 \pmod{91}$$

中国剩余定理的 Python 实现代码如下：

```
1. import gmpy2
2. from functools import reduce
3. def CRT(items):   # items 是(a,m)元组组成的列表
4.     N = reduce(lambda x, y: x * y, (i[1] for i in items))
5.     result = 0
6.     for a, n in items:
7.         m = N // n
8.         d, r, s = gmpy2.gcdext(n, m)
9.         if d != 1: raise Exception("Input not pairwise co-prime")
10.        result += a * s * m
11.    return result % N, N
```

8.3　RSA 算 法

RSA 公钥加密算法是由罗纳德·李维斯特(Ron Rivest)、阿迪·萨莫尔(Adi Shamir)和伦纳德·阿德曼(Leonard Adleman)三位发明人设计的基于大数分解难题的一种公钥密码算法，在各种安全应用当中被广泛使用。

8.3.1　密钥生成

RSA 公钥加密算法有两个密钥，分别是公钥和私钥，其产生分为以下步骤。

(1) 随机选择两个不同的大素数 p 和 q，计算模数 $n = p \times q$；

(2) 根据欧拉函数，计算 $\phi(n) = \phi(p) \cdot \phi(q) = (p-1) \times (q-1)$；

(3) 选择一个小于 $\phi(n)$ 的指数 e，使 e 和 $\phi(n)$ 互素，并计算 e 关于 $\phi(n)$ 的逆元 d：

$$ed \equiv 1 \bmod \phi(n)$$

(4) (n, e) 是公钥，(n, d) 是私钥。

完整的公钥、私钥生成过程如图 8.4 所示。

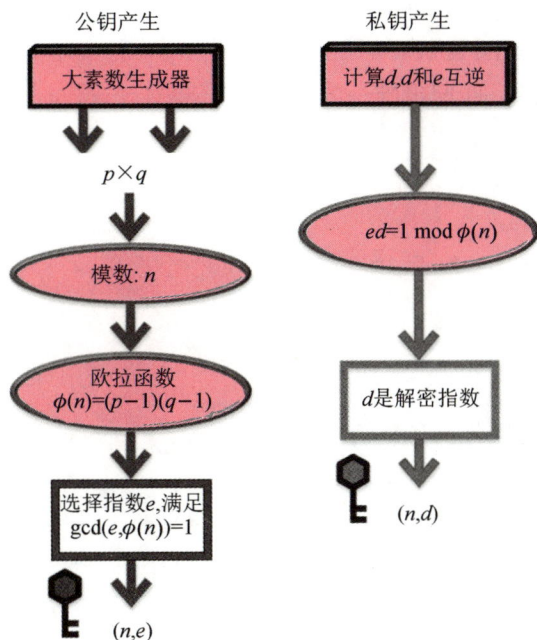

图 8.4　RSA 密钥生成过程

【例 8-14】　RSA 密钥产生举例

（1）选取素数 $p=53$ 和 $q=37$（实际应用中，这两个素数越大就越难破解），计算模数 $n=pq=1961$。

（2）根据欧拉函数，计算 $\phi(n)=(p-1)(q-1)=1872$。

（3）选取 $1<e=61<\phi(n)$，因为 $\gcd(e,\phi(n))=1$，故 e 满足要求。计算 e 模 $\phi(n)$ 的逆元 d，得到 $d=1381$。

（4）所以公钥是（1961，61），私钥是（1961，1381）。

RSA 密钥的 Python 生成代码如下：

```
1.  #rsakey.py
2.  import random
3.  import math
4.  import create_prime_num
5.  importmiller_rabin_test
6.  #随机在(1, fn)选择一个 e，满足 gcd(e,fn) = 1
7.  def selectE(fn, halfkeyLength):
8.      while True:
9.          e = random.randint(0, fn)
```

```
10.          if math.gcd(e, fn) = = 1:
11.              return e
12.   # 根据选择的 e, 匹配出唯一的 d
13.   def match_d(e, fn):
14.       d = 0
15.       while True:
16.          if (e * d) % fn = = 1:
17.              return d
18.          d + = 1
19.
20.   # 生成密钥(包括公钥和私钥)
21.   def create_keys(keylength):
22.       p = create_prime_num(keylength /2)
23.       q = create_prime_num(keylength /2)
24.       n = p * q
25.       # euler 函数值
26.       fn = (p − 1) * (q − 1)
27.       e = selectE(fn, keylength /2)
28.       d = match_d(e, fn)
29.        return (n, e, d)
```

另外，可以导入 rsa 库，调用 rsa. newkeys(nbits)函数直接生成 RSA 公钥和私钥，示例代码如下：

```
>>>import rsa
>>>key = rsa. newkeys(100)
>>>key    # PublicKey 组成(n,e); PrivateKey 组成(n,e,d,p,q)
```
(PublicKey (638198573852191438882112976161, 65537), PrivateKey (638198573852191438882112976161, 65537, 217546670428274307954300827153, 6319068125753759, 100995678658879))

8.3.2 消息加解密

RSA 对消息进行加密之前，需要将消息以一个双方约定好的格式转化为一个小于模数 n，且与 n 互质的整数明文 m。如果消息太长，可以将消息分为几块，对每一块分别进行加密。

利用公钥(n,e)对明文 m 进行加密：

$$c = m^e \bmod n$$

利用私钥(n,d)对密文 c 进行解密：

$$m = c^d \bmod n$$

图 8.5 给出了模数 $n=3127$，公钥加密指数 $e=3$、解密指数 $d=2011$、消息 $m=89$（大写字母"Y"）时的加密解密过程。

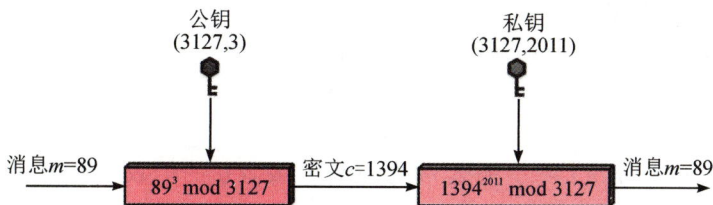

图 8.5　RSA 加解密

以下为 RSA 加解密 Python 代码：

```
1.   # rsaenc.py
2.   import random
3.   import math
4.   def Fast Exp Mod(b, e, n):     # 底数，幂，大整数 n，幂乘快速算法
5.       result = 1
6.       e = int(e)
7.       while e ! = 0:
8.           if e % 2 ! = 0:
9.             e- = 1
10.            result = (result * b) % n
11.            continue
12.        e >> = 1
13.        b = (b * b) % n
14.     return result
15.
16.  def encrypt(M, e, n):
17.      return Fast ExpMod(M, e, n)
18.  def decrypt( C, d, n):
19.      return Fast Exp Mod(C, d, n)
```

8.3.3　正确性证明

证明 RSA 加解密的正确性，即证明：

$$m^{ed} \equiv m \bmod n$$

已知 $ed \equiv 1 \bmod \phi(n)$，那么 $ed = k\phi(n) + 1$（其中 k 为整数），也就是证明

$$m^{k\phi(n)+1} \equiv m \bmod n$$

在此分两种情况证明：

第一种情况，$\gcd(m, n) = 1$，那么根据欧拉定理可得

$$m^{\phi(n)} \equiv 1 \bmod n$$

因此原式成立。

第二种情况，$\gcd(m, n) \neq 1$，那么 m 必然是 p 或者 q 的倍数，并且 m 小于 n。假设

$$m = xp$$

那么 x 必然小于 q，又由于 q 是素数，根据欧拉定理可得

$$m^{\phi(q)} \equiv 1 \bmod q$$

进而

$$m^{k\phi(n)} \equiv m^{k(p-1)(q-1)} \equiv (m^{\phi(q)})^{k(p-1)} \equiv 1 \bmod q$$

那么

$$m^{k\phi(n)+1} = m + uqm$$

进而

$$m^{k\phi(n)+1} = m + uqxp = m + (ux)n$$

所以

$$m^{k\phi(n)+1} \equiv m \bmod n$$

证明原式成立。

8.3.4　参数之间的安全关系

由上述对 RSA 加解密算法的介绍，可以知道 RSA 相关参数有 p、q、n、$\phi(n)$、e、d、m、c。这些参数同 RSA 的安全息息相关，下面从以下四个方面探讨参数之间的约束关系以及对 RSA 算法安全性的影响。

1. 已知 n 和 $\phi(n)$ 的情况下，n 是否能容易被因子分解

根据密钥产生过程可知，$n = p \times q$，$\phi(n) = (p-1)(q-1) = n - p - q + 1$，结合这两个等式很容易解出 p 和 q，就能对 n 进行因子分解。

2. 已知 n 和 e、d，能否得到 $\phi(n)$

根据 $ed \equiv 1 \bmod \phi(n)$ 可以推导出 $ed = k\phi(n) + 1$（显然 k 不为 0），那么 $\phi(n) = (ed -$

$1)/k$，要求得 $\phi(n)$ 需要知道 k，通常有两种方法，分别如下所述。

1) 近似计算方法

对于公钥指数 e 较小的情况，例如 $e<\sqrt{n}$，可以对式子 $ed-1=k\phi(n)$ 两边都除以 n，因为 $\phi(n)=pq-p-q+1\approx pq=n$，所以整数 k 约等于 ed/n。

计算实例和对应 Python 代码如下：

```
1.    import gmpy2
2.    def cal_bit(num):
3.        return len(bin(num)) - 2
4.    d = 5
5.    e = 8844712034203532907720380189017518144122784354871239491540598
30988049860742284919937163038613467133369014724232145770987219616790624125
55594464245408085839615888685740502136469342425393689986804233116548763370953
531915417159254411878555876198853503758641178366299573880796663815089204364
5025378660387680199869
6.    n = 0x009d70ebf2737cb43a7e0ef17b6ce467ab9a116efedbecf1ead94c83e5a08
2811009100708d690c43c3297b787426b926568a109894f1c48257fc826321177058418e595d
16aed5b358d61069150cea832cc7f2df884548f92801606dd3357c39a7ddc868ca8fa7d64d6b64
a7395a3247c069112698a365a77761db6b97a2a03a5
7.    k = e * d - 1
8.    while k % 2 = = 0:
9.        k // = 2
10.       if cal_bit(k) = = cal_bit(n):
11.           print('k:',k)
12.           break
13.  a = 1                    #
14.  b = (n - k + 1)    # b - - - p + q
15.  c = n                      # c - - - p * q
16.  p = (b + gmpy2.iroot(b* *2 - 4*a*c, 2)[0])//2
17.  q = n // p
18.  print('p:',int(p))
19.  print('q:',q)
```

2) 模平方根方法

已知 $ed-1=k\phi(n)$，由 $\phi(n)=(p-1)(q-1)$ 可知 $\phi(n)$ 是偶数，可以将 $ed-1$ 表示为

$2^s t$ 形式，其中 $s \geqslant 1$，t 为奇数。对于整数 $a \in Z_n^*$，根据欧拉定理有 $a^{ed-1} \equiv 1 \bmod n$ 成立，即 $a^{2^s t} \equiv 1 \bmod n$，并且 $a^{2^{s-1} t}$ 是模 n 的平方根。由中国剩余定理，$x^2 \equiv 1 \bmod pq$ 的根有 4 个，包括 $x \equiv 1 \bmod p$ 和 $x \equiv -1 \bmod q$，可以通过计算 $\gcd(x-1, n)$ 得到 n 的分解。

由数论平方剩余相关知识可知，序列 $a^t, a^{2^1 t}, \cdots, a^{2^s t} (\bmod n)$ 每个元素是平方根的概率大于 $1/2$，因此，直到遍历序列中的元素 x 满足 $x > 1$ 和 $\gcd(x-1, n) > 1$ 即可找到 n 的一个素因子 $\gcd(x-1, n)$，而另一个素因子就是 $\dfrac{n}{\gcd(x-1, n)}$。更多信息可以参考 Dan Boneh 论文"二十年来的 RSA 密码系统攻击[38]"stackexchange 网址（algorithm-to-factorize-n-given-n-e-d）。

上述方法的 Python 代码实现如下：

```
1.  import random
2.  import gcd
3.  ＃真实 CTF 题目参考：https://github.com/Zui-Qing-Feng/RSA
4.  def getpq(n, e, d):
5.      p = 1
6.      q = 1
7.      while p == 1 and q == 1:
8.          k = d * e - 1
9.          a = random.randint(0, n)
10.         while p == 1 and q == 1 and k % 2 == 0:
11.             k //= 2
12.             y = pow(a, k, n)
13.             if y ! = 1 and gcd(y - 1, n) > 1:
14.                 p = gcd(y - 1, n)
15.                 q = n // p
16.                 return p, q
17. d = ...
18. e = ...
19. n = ...
20. p, q = getpq(n, e, d)
21. print(p, q)
```

3. 已知 n 和 d，能否得到 e

根据 $ed \equiv 1 \bmod \phi(n)$ 公式，要计算出 e，需要先知道 $\phi(n)$，要知道 $\phi(n)$，需要知道 p

和 q 的值，而 $n = p \times q$，所以只有 n 可以进行因素分解的情况下才能得到 $\phi(n)$ 的值。

4. 已知 d 和 $\phi(n)$，能否得到 e

根据 $ed \equiv 1 \bmod \phi(n)$ 公式知道，e 和 d 对模 $\phi(n)$ 互逆，所以对 d 进行模 $\phi(n)$ 的逆运算就可得到 e。

8.4　RSA 安全

RSA 的安全性依赖于整数的分解难题。一般认为只要模数 n 的长度达到一定要求并且参数 p、q 和 e 选取恰当的话，RSA 密码算法还是相当安全的。但是，在某些情况下，如参数选取不当或者泄露某些重要信息时，就可能突破 RSA 密码获取密钥或者明文信息。本节将对 RSA 的安全性进行详细分析，并针对各种可能的攻击进行实践。

8.4.1　模数分解攻击

既然 RSA 密码的安全性是基于模数 $n = pq$ 难以分解，那么自然而然的如果能找到计算上可行的分解方法将有助于破解 RSA 密码。本节讨论某些特定情形下的模数 n 分解问题，例如模数 n 有小的素因子、两个因子相差不大、模数 n 长度不够、两组模数 n_1 和 n_2 有公因子等。常见的模数分解攻击算法如图 8.6 所示。

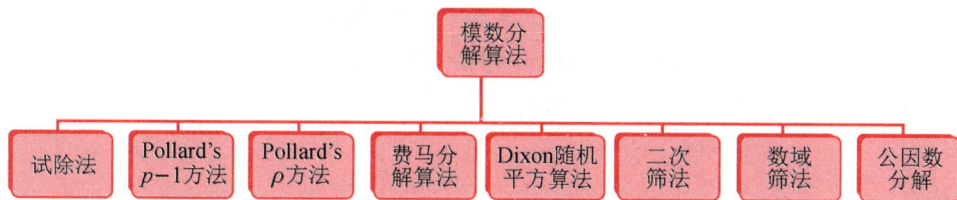

图 8.6　模数分解算法

1. 试除法

对模数 n 最直接的分解方法就是试除法（Trail Division）。试除法采用暴力破解的思想，按序选取素数集中的数逐个试除模数 n，直到找到模数 n 的一个素因子。试除法可以分为以下两个步骤：

（1）生成小于等于 $\sqrt{n}$ 的素数集。

（2）用素数集中的素数逐个整除模数 n，直到找到一个素数能够整除模数 n。

试除法的 Python 实现代码如下：

```
1.   # PrimeTestTrialDivision.py
2.   import math
3.   # 素数生成
4.   def get_prime(n):
5.       return filter(lambda x: not [x % i for i in range(2, int(math.sqrt(x))
+ 1) if x % i == 0], range(2, n + 1))
6.   # 分解模数 n
7.   def Trial_division(n):
8.       for i in list(get_prime(int(math.sqrt(n)))):
9.           if n % i == 0:
10.              return i,n//i
```

由于模数 n 通常比较大，试除法效率不是很高。但数论中的梅尔腾斯（Mertens）定理告诉我们 76% 的奇数都有小于 100 的素因子，因此对于大多数整数，试除法已经足够，但是对于 RSA 当中的模数 n，其素因子普遍较大，试除法有点"力不从心"。

以下代码给出模数 n 在一个因子比较小（<100000）的情况下，利用 Python 库函数 libnum. primes( ) 找到小素数，然后完成试除法。

```
1.   # PrimeTestTrialDivisionlibnum.py
2.   import libnum
3.   def smallq(n):
4.       # 逐个判断小于 100000 内的素数是否能整除 n
5.       for prime in libnum.primes(100000):
6.           if n % prime == 0:
7.               q = prime
8.               p = n // q
9.               return p, q
```

2. Pollard's $p-1$ 方法

Pollard's $p-1$ 方法由 Pollard 于 1974 年提出，适用于模数 n 存在一个素因子较小的情况。其基本思想主要有以下两点：

（1）找到一个数与模数 n 有公因子。

分解模数 n 就是找到一个因子，如果能找到另一个数 x 和模数 n 有公因子，就可以借助最大公约数 $\gcd(x,n)$ 快速找到模数 n 的一个因子。数 x 的查找可以通过费马小定理 $a^{p-1} \bmod p=1$ 来实现。设素数 $p|n$，那么任取一整数 $2 \leqslant a \leqslant n-2$，则有 $p|(a^{p-1}-1)$，因

此，p 既是 n 的因子，也是 $a^{p-1}-1$ 的因子，计算 $\gcd(a^{p-1}-1, n)$ 就能找到模数 n 的一个素因子。

（2）p 未知情况下构造出该数。

假设 $p-1$ 的因子都很小，都不大于最大素因子 B，我们称这个整数为 B 光滑数（B-Smooth）。例如 $12 = 2 \times 2 \times 3$，因此 12 是 B-Smooth 的数。

因为 $p-1 = \prod\limits_{i=1}^{m} p_i^{\alpha_i}$（$1 \leqslant i \leqslant m$，$\alpha_i$ 为 p_i 的指数），p_i 是素因子，且都包含在称为因子基的集合 $FB = \{p_1, p_2, \cdots, p_m\}$ 中。假如 p_i 互不相同，显然 $p-1$ 整除 $B!$，即 $B! = k(p-1)$，则有 $a^{B!} \equiv a^{k(p-1)} \equiv 1 \bmod p$，那么 $p \mid (a^{B!}-1)$，由于 $p \mid n$，因此 $a^{B!}-1$ 就是要找的数 x。

接下来计算公因子 $\gcd(a^{B!}-1, n)$，其结果为 p。

Pollard's $p-1$ 方法的 Python 代码实现如下：

```
1. #PrimeTestPollardP1.py
2. def pollard_p_1(n,B):   n为模数，B为p-1的最大素因子
3.     a = 2  # 选取a = 2，乘法相当于位运算
4.     false_range = int(0.8 * B)
5.     for j in range(2,false_range):
6.         a = pow(a, j, n)
7.     d = 0
8.     for j in range(false_range,B + 1):
9.         a = pow(a, j, n)
10.        d = gcd(a - 1, n)
11.        if 1<d<n:
12.            return d
```

3. Pollard's ρ 方法

除了试除法挨个比较的策略之外，还有一种寻找某个数是否满足要求的策略就是随机选取。如果运气好可以在 $O(1)$ 的时间复杂度下得到答案，但是对于大模数 n，猜测成功的概率非常小，因此需要对随机猜测进行优化。

由生日悖论知道，在一年有 N 天的情况下，当房间中有 $\sqrt{N}$ 个人时，至少有两个人的生日相同的概率约为 50%。因此不断在 $[1, N-1]$ 范围内生成随机数，就有很大概率在这些整数中找到两个是模 p 同余的数，即 $x_j \equiv x_i \bmod p$。此时通过计算 $\gcd(x_j - x_i, n)$ 就能得到模数 n 的一个素因子。

上述两两比较的次数大约在 $N^{1/4}$，复杂度大致为 $O(\sqrt{N}\log N)$。除了计算复杂度高之

外，额外保存这么多整数导致空间复杂度也很高。Pollard 采用了特别的伪随机数生成器来生成$[1, N-1]$区间内的伪随机数：

$$x_{i+1} = f(x_i) \bmod n \tag{8.1}$$

通常取 $f(x) = x^2 + c$。

由于伪随机数序列 x_i 中的每个数都是由前一个数决定的，而生成的数又是有限的，因此迟早会进入循环。生成的序列常常形成如图 8.7 所示的 ρ 形，这也是这个算法名字 rho(ρ) 的由来，图中给出了 $x_0 = 0$、$c = 24$、$n = 9400$ 时的伪随机序列。

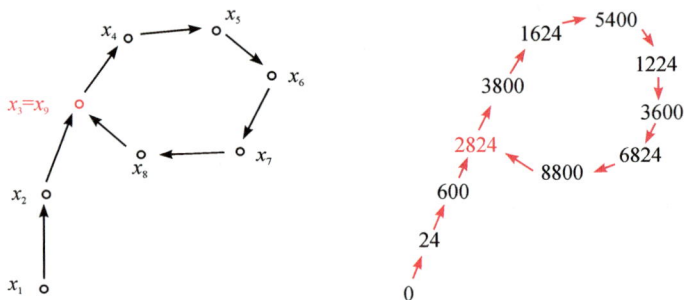

图 8.7　Pollard's ρ 算法生成的伪随机序列($c = 24$、$n = 9400$)

Pollard's ρ 算法取初始值相同的 x_i 和 x_j 以不同的速度增长（即 x_i 调用函数一次时，x_j 调用两次函数），根据 Floyd 判环算法（也称为龟兔赛跑算法），x_i 和 x_j 最终会在环上相遇，此时如果还没有找到答案，则重新设置初始值继续上述过程。

Pollard's ρ 算法的 Python 代码实现如下：

```
1.   #PrimeTestpollardrho.py
2.   import gcd
3.   import random
4.   #计算(x^2+1)%n
5.   def mapx(x,n):
6.       x = (x * x + 1) % n
7.       return x
8.   #模数 n 分解
9.   def pollard_rho (n):
10.      xi = xj = randint(1,n-1)
11.      while True:
12.          xi = mapx(xi,n)
13.          xj = mapx(mapx(xj,n),n)
```

```
14.        if xi = = xj：
15.            xi = xj = randint(1,n−1)
16.        p = gcd(xi − xj,n)
17.        if (1＜p＜n)：
18.            return p,n//p
```

4. 费马分解算法(Fermat's Factorization Algorithm)

模数 n 可以写成 $n=c\times d$ 的形式，式中 c、d 均为奇数。设 $c>d$，令 $a=(c+d)/2$、$b=(c-d)/2$，可得 $n=c\times d=a\times a-b\times b$，即任何模数 n 可以表示为两个数的平方差形式($n=cd=x^2-y^2$)。例如，$11=6\times 6-5\times 5$，由于 $x^2-n=y^2\geq 0$，$x^2-n\geq 0$，$x^2\geq n$；因此，可以从 $\sqrt{n}$ 开始枚举，找到一个 x，使得 x^2-n 为一个完全平方数即可，此时就得到模数 n 的两个素因子 $p=x+y$ 和 $q=x-y$。如果两个素数相差很近，可采用费马分解。接下来介绍的 Dixon 随机平方算法、二次筛法和数域筛法都是在费马分解的基础上实现的模数 n 的分解，区别在于寻找 x 和 y 的方法。

费马分解算法的 Python 实现代码如下：

```
1.   ＃PrimeTestFermat.py
2.   import math
3.   import gmpy2
4.
5.   def fermat(n)：
6.       x = int(gmpy2.iroot(n,2)[0])
7.       y2 = x * x − n
8.       y = int(gmpy2.iroot(n,2)[0])
9.       count = 0
10.      while y * y ！= y2：
11.          x = x + 1
12.          y2 = x * x − n
13.          y = int(gmpy2.iroot(y2,2)[0])
14.          count + = 1
15.      p = x + y
16.      q = x − y
17.      assert n = = p * q
18.      return p, q
```

5. Dixon 随机平方算法

Dixon 算法试图找到 x 和 y，以满足 $x \not\equiv \pm y \bmod n$，若满足 $x^2 \equiv y^2 \bmod n$，则有下式成立：

$$n \mid (x+y)(x-y) \tag{8.2}$$

但是 $x-y$ 和 $x+y$ 又都不能被 n 整除，那就是说，$x+y$ 或 $x-y$ 必定包含模数 n 的因子。

Dixon 算法首先构造因子基的集合 $FB = \{p_1, p_2, \cdots, p_b\}$ 是 b 个最小素数的集合，每个因子小于 B，然后随机找一些整数 z，使得 $z^2 \bmod n$ 较小，且模值的所有因子都在因子基当中。z 的选取通常有两种方法：一种是取 $z = j + \lceil \sqrt{kn} \rceil$（$j = 0, 1, \cdots; k = 0, 1, \cdots$），则 $z^2 \bmod n$ 的值很小；另一种是取 $z = \lfloor \sqrt{kn} \rfloor$，则 $-z^2 \bmod n$ 的值很小。

上述整数的平方模 n 后一般比较小，这样其因子容易在因子集 FB 中。

接下来是构造平方同余等式。对每个整数 z_j，假定可以找到 c 个同余方程：

$$z_j^2 \equiv p_1^{\alpha_{1j}} p_2^{\alpha_{2j}} \cdots p_b^{\alpha_{bj}} \quad (1 \leqslant j \leqslant c) \tag{8.3}$$

则 z_j^2 相乘后的等式左右两边都是完全平方数，也就是要求每个素因子 p_i 都是出现偶数次，即 $\alpha = (\sum \alpha_{1j} \bmod 2, \sum \alpha_{2j} \bmod 2, \cdots, \sum \alpha_{bj} \bmod 2) = (0, 0, 0, \cdots, 0)$。

【例 8-15】 分解模数 $n = 84923$。

解：令 $B = 7$，那么因子基 $FB = \{2, 3, 5, 7\}$。

随机选择整数 $z = \lceil \sqrt{3 \times 84923} \rceil = 505$，找到两个 B 光滑整数 513 和 537：

$$513^2 \equiv 8400 \equiv 2^4 \times 3 \times 5^2 \times 7 \bmod n$$
$$537^2 \equiv 33600 \equiv 2^6 \times 3 \times 5^2 \times 7 \bmod n$$

如果取上面同余方程两边的乘积，则有

$$513^2 \times 537^2 \equiv 2^{10} \times 3^2 \times 5^4 \times 7^2 \bmod n$$

在两边表达式的括号内数值模 n 化简得到

$$275481^2 \equiv 16800^2 \bmod n$$

利用欧几里得算法，计算 $\gcd(275481 - 16800, 84923) = 163$，因此模数 n 的一个因子为 163。

6. 二次筛法 (Quadratic Sieve)

二次筛法通过构造二次函数来有效地找到满足 $x^2 \equiv y^2 \bmod n$ 的 x、y。二次筛法构造的二次函数型如：

$$Q(x) = (x + \lfloor \sqrt{n} \rfloor)^2 - n \quad (x > 0，且 x \in Z) \tag{8.4}$$

显然，$Q(x) \equiv (x + \lfloor \sqrt{n} \rfloor)^2 \bmod n$，等式右边已经是一个平方数，只要 $Q(x)$ 是一个平方数就可以采用费马分解算法进行求解。而 $Q(x)$ 的构造是通过寻找一系列能够被因子基 FB 完全分解的 B 光滑数 $Q(x_i)$，再由这些数"拼凑"出 $Q(x)$。

记 $T=\{Q(x_1),Q(x_2),Q(x_3),\cdots,Q(x_j)\}$，则 T 集合中所有的光滑数 $Q(x_i)$ 的乘积满足：

$$Q(x_1)\times Q(x_2)\times\cdots\times Q(x_j)\equiv((x_1+\lfloor\sqrt{n}\rfloor)\times(x_2+\lfloor\sqrt{n}\rfloor)\times\cdots\times(x_j+\lfloor\sqrt{n}\rfloor))^2 \bmod n$$

$$(8.5)$$

这时，同余符号右边已经符合平方数形式，左边由于 $Q(x_i)$ 是光滑的，只要选择适合的 $Q(x_i)$ 相乘，确保乘积结果的所有因子的幂是偶数次即可。

二次筛法的基本步骤如下：

(1) 对于待分解整数 n，选取因子基 $FB=\{p_1,p_2,\cdots\}$，其中，$p_i(i\geq 2)$ 是素数，且 $n \bmod p_i$ 是二次剩余的，即存在解 x 满足 $x^2\equiv n \bmod p_i$，是否有解可以通过 n 对 p_i 的勒让德符号 $\left(\dfrac{n}{p_i}\right)$ 来判断。勒让德符号定义及判别方法如图 8.8 所示。

$$\left(\frac{n}{p}\right)=\begin{cases} 1 & n \text{ 是模 } p \text{ 的平方剩余} & \text{充要条件：} n^{\frac{p-1}{2}}\equiv 1 \bmod p \\ -1 & n \text{ 是模 } p \text{ 的平方非剩余} & \text{充要条件：} n^{\frac{p-1}{2}}\equiv -1 \bmod p \\ 0 & p\mid n & \text{无} \end{cases}$$

图 8.8　勒让德符号定义及判别方法

(2) 根据二次函数计算一系列的 $Q(x_i)(x_i\in(1,m))$。

(3) 通过筛法找出所有对因子基 FB 光滑的 $Q(x_i)$。

(4) 根据 $Q(x_i)$ 构造指数矩阵 S。

(5) 尝试找到矩阵 R 满足 $R\times S\equiv[0 \quad 0 \quad 0 \quad 0 \quad 0] \bmod 2$。如果找不到矩阵 R，则回到第(2)步并扩大 x_i 的取值范围。

【**例 8 - 16**】　二次筛法分解 $n=15347$。

解：

(1) 首先选取因子基 $FB=\{2,17,23,29,31\}$，其他素数(3,5,7,11,13,19)不满足平方剩余条件，其勒让德符号 $\left(\dfrac{n}{p_i}\right)=-1$，例如 $15347^1 \bmod 3=-1$、$15347^2 \bmod 5=-1$。

(2) 计算 $Q(x_i)(x_i\in(1,99))$。

$T_1=\{Q(x_1),Q(x_2),Q(x_3)\cdots Q(x_j)\}=\{29,278,529,782,1037,1294,\cdots,34382\}$

(3) 利用 $FB=\{2,17,23,29,31\}$ 当中的因子进行筛选。

- 用 FB 里的第一个因子(2)整除 T_1 中的每个数，直到不能整除为止，得到 T_2
$$T_2=\{29,139,529,391,1037,647,\cdots,17191\}$$

- 用 FB 里的第二个因子(17)整除 T_2 中的每个数，直到不能整除为止，得到 T_3
$$T_3=\{29,139,529,23,61,647,\cdots,17191\}$$

- 以此类推，最后得到 T_6

$$T_6 = \{1, 139, 1, 1, 61, 647, \cdots, 17191\}$$

最终 T_6 中出现的值等于 1 所对应的 $Q(x_i)$ 就是能够被因子基完全分解的 B 光滑数，其详细信息如表 8.2 所示。

表 8.2 满足 B 光滑数要求的 $Q(x_i)$

x_i	$x_i + \lfloor \sqrt{n} \rfloor$	$Q(x_i)$	$Q(x_i)$ 的因子基分解	指数矩阵 mod 2
1	124	29	$2^0 * 17^0 * 23^0 * 29^1 * 31^0$	$(0,0,0,1,0)$
3	126	529	$2^0 * 17^0 * 23^2 * 29^0 * 31^0$	$(0,0,0,0,0)$
4	127	782	$2^1 * 17^1 * 23^1 * 29^0 * 31^0$	$(1,1,1,0,0)$
55	178	16337	$2^0 * 17^1 * 23^0 * 29^0 * 31^2$	$(0,1,0,0,0)$
72	195	22678	$2^1 * 17^1 * 23^1 * 29^1 * 31^0$	$(1,1,1,1,0)$

通过上表，不难看出 $Q(3)$ 直接满足指数矩阵为全零的条件。由二次函数有

$$Q(3) = (3 + \lfloor \sqrt{15347} \rfloor)^2 - 15347 = 23^2$$

即 $126^2 \equiv 23^2 \bmod 15347$

最后计算 $\gcd(126+23, 15347) = 149$ 和 $\gcd(126-23, 15347) = 103$ 得到 n 的两个素因子 149 和 103。

但大多数情况下，$Q(x_i)$ 不会直接满足 $Q(x)$，而是需要多个 $Q(x_i)$ 的组合才能构造出 $Q(x)$。此时可以通过求解由指数矩阵构成的线性方程来得到 $Q(x)$ 的组成。

针对上例，除去 $Q(3)$，得到指数矩阵 $S = \begin{bmatrix} 0 & 0 & 0 & 1 & 0 \\ 1 & 1 & 1 & 0 & 0 \\ 0 & 1 & 0 & 0 & 0 \\ 1 & 1 & 1 & 1 & 0 \end{bmatrix}$。令组合矩阵为 R，满足

$$R \times S \equiv \begin{bmatrix} 0 & 0 & 0 & 0 & 0 \end{bmatrix} \bmod 2$$

求解得到 $R = \begin{bmatrix} 1 & 1 & 0 & 1 \end{bmatrix}$，也就是 $Q(x)$ 可以通过组合 $Q(1)$、$Q(4)$、$Q(72)$ 得到，容易验证上述组合得到的 $Q(x)$ 其分解因子的次数都是偶数次，所以

$$Q(x) = Q(1) \times Q(4) \times Q(72) = 29 \times 782 \times 22678 = 22678^2$$

$$\left[(1 + \lfloor \sqrt{15347} \rfloor) \times (4 + \lfloor \sqrt{15347} \rfloor) \times (72 + \lfloor \sqrt{15347} \rfloor) \right]^2 = 124^2 \times 127^2 \times 195^2 = 3070860^2$$

那么，$22678^2 \equiv 3070860^2 \bmod 15347$

同样计算 $\gcd(3070860+22678, 15347) = 149$ 和 $\gcd(3070860-22678, 15347) = 103$ 得到 n 的两个素因子。

二次筛法的相关代码可以参考看雪论坛二次筛法研究学习笔记或者搜索关键词（Quadratic Sieve）。

8.4.2　加解密指数攻击

本节讨论 RSA 算法中同加解密指数（e 和 d）有关的安全问题，其中 Rabin 解密攻击、低加密指数攻击、低加密指数广播攻击以及低解密指数攻击是针对加解密指数或解密指数较小情况的攻击方式，共模攻击是针对加密指数与模数的关联性来解密的攻击，e 与 $\phi(n)$ 不互素攻击则是针对加密指数与 $\phi(n)$ 关联性来解密的攻击。

1. Rabin 解密攻击

Rabin 加密是 RSA 算法中加密指数 $e=2$ 的一个特例，因此是一种基于模平方和模平方根的非对称加密算法，其加解密过程如下。

- Rabin 加密。

设私钥 p、q 为两素数，公钥 $n=p \times q$。对于明文 m 和密文 c，加密过程为

$$c=m^2 \bmod n$$

- Rabin 解密。

Rabin 解密相当于已知密文 c，要计算 m 使得：

$$m^2 \equiv c \bmod n$$

这是一个整数域中未知变量 m 的二次方程，解密需要计算模 n 的平方根，等价于计算以下两个同余方程：

$$x^2 \equiv c \bmod p$$
$$x^2 \equiv c \bmod q$$

上述方程与 RSA 类似，但并不是单射，Rabin 密码的 1 个密文能解出 4 个明文。上述方程可以借助欧拉准则来判定 c 是否为模 p 或者模 q 的二次剩余，如果加密正确的话，c 确实应该是一个模 p 或者模 q 的二次剩余，但是这对于解密并没有实质帮助，详细的明文计算过程如下。

（1）已知模数 n 以及 p、q；

（2）计算 m_p 和 m_q：

$$m_p \equiv \sqrt{c} \bmod p$$
$$m_q \equiv \sqrt{c} \bmod q$$

注意：如果 $p \equiv q \equiv 3 \bmod 4$，则由欧拉二次剩余判别准则 $c^{\frac{p-1}{2}} \equiv 1 \bmod p$ 得到

$$\left(\pm c^{\frac{p+1}{4}}\right)^2 \equiv \left(c^{\frac{p-1}{2}} \times c\right) \bmod p = c \bmod p$$

m_p 和 m_q 计算如下：

$$m_p = \pm c^{\frac{1}{4}(p+1)} \bmod p$$

$$m_q = \pm c^{\frac{1}{4}(q+1)} \bmod q$$

(3) 计算 y_p 和 y_q：

$$y_p * p + y_q * q = 1$$

(4) 根据步骤(2)中得到的不同符号的 m_p 和 m_q 两两组合可以得到 4 个同余方程，利用中国剩余定理得到 4 个明文的整数解：

$$x_1 = (y_p \cdot p \cdot m_q + y_q \cdot q \cdot m_p) \bmod n$$

$$x_2 = n - x_1$$

$$x_3 = (y_p \cdot p \cdot m_q - y_q \cdot q \cdot m_p) \bmod n$$

$$x_4 = n - x_3$$

(5) 将 4 个明文的整数形式转换为字符串，其中有大量可读信息的明文大概率是原明文 m。

Rabin 解密的 Python 实现代码如下：

```python
1. #RSARabinAttack.py
2. import gmpy2,binascii
3. from Crypto.PublicKey import RSA
4. from Crypto.Util.number import bytes_to_long
5. #读取公钥参数(n,e)和密文 c  (参考：Jarvis OJ,hard RSA)
6. with open('./pubkey.pem', 'r') as f:
7.     key = RSA.importKey(f.read())
8.     N = key.n
9.     e = key.e
10. #N = 0xc2636ae5c3d8e43ffb97ab09028f1aac6c0bf6cd3d70ebca281bffe97fbe30dd
11. #e = 2
12. with open('./flag.enc', 'r') as f:
13.     cipher = bytes_to_long(f.read())   #flag 密文
14. #输入 p 和 q
15. p = 319576316814478949870590164193048041239
16. q = 275127860351348928173285174381581152299
17. #计算 yp 和 yq
18. yp = gmpy2.invert(p,q)
19. yq = gmpy2.invert(q,p)
```

```
20. #常规：mp = gmpy2.iroot(cipher,2) % p    mq = gmpy2.iroot(cipher,2) % q
21. mp = pow(cipher, (p + 1) // 4, p)    #p≡q≡3 mod 4 情况
22. mq = pow(cipher, (q + 1) // 4, q)
23.
24. #计算 a,b,c,d
25. a = (yp * p * mq + yq * q * mp) % N
26. b = N - int(a)
27. c = (yp * p * mq - yq * q * mp) % N
28. d = N - int(c)
29. for i in (a,b,c,d):
30.     s = '%x' % i
31.     if len(s) % 2 ! = 0:
32.         s = '0' + s
33.     print(binascii.unhexlify(s))
```

2. 低加密指数攻击

如果加密指数 e 很小（一般为 3）且明文 m^e 不大，则根据加密公式变形得到的公式 $m^e = kn + c$（k 为非负整数）通过密文的三次方根或暴力破解 k 可得到明文。根据加密公式 $c \equiv m^e \bmod n$，可知低加密指数攻击分如下两种情况。

（1）当 $e = 3$，$m^e < n$，可以直接得到明文：

$$m = \sqrt[3]{c}$$

这种情况下的 Python 代码实现如下：

```
1. #RSALowEncryptionIndexAttack1.py
2. #情况 1：若明文 m 的 e 次方小于模数 n
3. import gmpy2
4. import binascii
5. #加密指数 e，模数 n，密文 c
6. e = …    n = …        c = …
7. #取 e 次方根得到明文 result，其中 result[0]就是明文 m
8. result = gmpy2.iroot(c,3)
9. if result[1]:
10.     print(binascii.unhexlify(hex(result[0])[2:]).decode())
```

（2）当 $m^e > n$ 且 m^e 不大，有 $c = m^e - kn$。可以通过暴力破解 k 的方法计算 $c + kn$ 的三次方根的值，如果发现一组值为整数就大概率找到了明文。

Python 代码实现如下：

```
1.♯RSALowEncryptionIndexAttack2.py
2.♯情况 2：若明文 m 的 e 次方大于模数 n，但是不够大
3.import gmpy2
4.import binascii
5.♯读入加密指数 e，模数 n 和密文 c
6.e = ⋯    n = ⋯    c = ⋯
7.♯ k 是进行暴力破解设置的初始值，通过逐渐增加进行暴力破解。
8.k = 1
9.while True:
10.    m, b = gmpy2.iroot(c + k * n,3)
11.    if b:
12.        print(binascii.unhexlify(hex(m)[2:]).decode())
13.        break
14.    k += 1
```

3. 低加密指数广播攻击

如果有同一个明文 m 在不同模数 n 和相同加密指数 e 条件下进行加密，那么就可以利用中国剩余定理计算出 m^3，再开三次方根得到明文。不妨设加密指数 $e=3$，低加密指数广播攻击过程如下。

（1）相同明文在不同模数下的加密公式如下：

$$c_1 \equiv m^3 \bmod n_1$$
$$c_2 \equiv m^3 \bmod n_2$$
$$c_3 \equiv m^3 \bmod n_3$$

（2）根据中国剩余定理计算出 $m^3 \pmod{n_1 n_2 n_3}$ 的值。由于 $m^3 < n_1 n_2 n_3$，可以直接由 m^3 开立方根得到明文 m。详细推导和示意图可以参考 8.4.5 小节的 Hastad 广播攻击。

该攻击的 Python 代码实现如下：

```
1.♯RSALowEncryption Index Broadcast Attack.py
2.import gmpy2
3.from Crypto.Util.number import long_to_bytes
4.from functools import reduce
5.def CRT(items):
6.    N = reduce(lambda x, y: x * y, (i[1] for i in items))
7.    result = 0
```

```
8.      for a, n in items:
9.          m = N // n
10.         d, r, s = gmpy2.gcdext(n, m)
11.         if d ! = 1: raise Exception("Input not pairwise co-prime")
12.         result + = a * s * m
13.         return result % N, N
14.     e = 3
15.     n = [n1,n2,n3]
16.     c = [c1,c2,c3]
17.     data = zip(c, n)    ♯ 将对应的 c 和 n 打包成元组,然后作为参数传入 CRT
函数
18.     x, n = CRT(list(data))
19.     realnum = gmpy2.iroot(x, e)[0].digits()
20.
21.     print(long_to_bytes(int(realnum)))
```

4. 低解密指数攻击

解密指数,也就是私钥中的 d 取值较小时,可以加快 RSA 解密速度,低解密指数攻击就是针对私钥 $d < \frac{1}{3} n^{\frac{1}{4}}$ 的情况,此时对应的加密指数 e 很大。

低解密指数攻击最早由 Wiener 提出的,因此也称为 Wiener 攻击[34],Wiener 攻击过程如下:

(1) 根据 RSA 密码算法,加解密指数满足逆元公式 $ed \equiv 1 \bmod \phi(n)$,即

$$ed - 1 = k\phi(n)$$

两边同除以 $d\phi(n)$ 得到

$$\frac{e}{\phi(n)} - \frac{k}{d} = \frac{1}{d\phi(n)}$$

(2) 因为 p、q 都是大素数,所以 $pq \gg p+q$。又因为 $\phi(n) = (p-1)(q-1) = n - (p+q)+1$,所以 $\phi(n) \approx n$,$d\phi(n)$ 是一个大数,由此可推导出 $\frac{e}{n} - \frac{k}{d} = \frac{1}{d\phi(n)} \approx 0$,即 $\frac{e}{n}$ 略大于 $\frac{k}{d}$。

(3) 因为公钥 (n,e) 已知,所以通过计算 e/n 的连分数(Continued Fractions)可计算出不断逼近 k/d 的渐进分数。因为 $e/n > k/d$,所以 e/n 的渐进分数覆盖 k/d。也就是说 e/n 的渐进分数里有等于 k/d 的分数。该渐进分数对应的 k 和 d 能满足 $k! = 0$ 和 $(ed-1)\%k == 0$。

（4）已知 k 和 d，根据下式就可以计算出 $\phi(n)$。

$$\frac{e}{n} - \frac{k}{d} = \frac{1}{d\phi(n)}$$

（5）利用韦达定理求解方程 $x^2 - (p+q) * x + p * q = 0$，其中，$-(p+q) = \phi(n) - n - 1, pq = n$。若 p 和 q 满足以上公式，就可确定解密指数 d，然后根据解密公式对密文解密得到明文。

上述 Wiener 攻击用到的连分数是一种特殊的繁分数，其形式为 $a_1 + \cfrac{1}{a_2 + \cfrac{1}{a_3 + \cfrac{1}{\cdots}}}$，通

常记为 $[a_1, a_2, \cdots, a_n] = \dfrac{p_n}{q_n}$，其中 p_n 和 q_n 称为连分数多项式，其比值称为第 n 个渐进分数。

【例 8-17】 找出 3.245 的连分数。

解：连分数计算过程如表 8.3 所示。

表 8.3　连分数计算过程

a_i	减 a_i	取倒数
3	$3.245 - 3 = 0.245$	$\dfrac{1}{0.254} = 4.082$
4	$4.082 - 4 = 0.082$	$\dfrac{1}{0.082} = 12.250$
12	$12.250 - 12 = 0.250$	$\dfrac{1}{0.250} = 4.000$
4	$4.000 - 4 = 0.000$	停止

由表可知，3.245 的连分数是 $\{3, 4, 12, 4\}$，可表示为

$$3.245 = \frac{649}{200} = 3 + \cfrac{1}{4 + \cfrac{1}{12 + \cfrac{1}{4}}}$$

其渐进分数依次为 3、13/4、159/49、649/200 。

以下给出了 Wiener 攻击的 Python 完整代码：

```
1.#Wiener Attack.py
2.from Crypto.Util.number import long_to_bytes
```

```
3.  import Continued Fractions
4.  # 计算 x 的比特长度
5.  def bitlength(x):
6.      assert x >= 0
7.      n = 0
8.      while x > 0:
9.          n = n + 1
10.         x = x >> 1
11.     return n
12. # 计算非负整数平方根
13. def isqrt(n):
14.     if n < 0:
15.         raise ValueError('square root not defined for negative numbers')
16.     if n == 0:
17.         return 0
18.     a, b = divmod(bitlength(n),2)
19.     x = 2 ** (a + b)
20.     while True:
21.         y = (x + n // x) //2
22.         if y >= x:
23.             return x
24.         x = y
25. # 如果 n 是完全平方数，则返回其平方根
26. def is_perfect_square(n):
27.     h = n &0xF;
28.     if h > 9:
29.         return -1   # return immediately in 6 cases out of 16.
30.     if (h! = 2 and h! = 3 and h! = 5 and h! = 6 and h! = 7 and h! = 8):
31.         t = isqrt(n)
32.         if t * t == n:
33.             return t
34.         else:
35.             return -1
36.     return -1
```

```
37. def wiener_hack(e, n):
38.     frac = ContinuedFractions.rational_to_contfrac(e, n)
39.     convergents = ContinuedFractions.convergents_from_contfrac(frac)
40.     # 查找满足 k! = 0,(e * d - 1) % k = = 0 条件 k 和 d 的值,并返回 d
41.     for (k, d) in convergents:
42.         if k ! = 0 and (e * d - 1) % k = = 0:
43.             phi = (e * d - 1) // k
44.             # 计算 s = p + q
45.             s = n - phi + 1
46.             # 检查公式 x^2 - s * x + n = 0 是否有整数根
47.             discr = s * s - 4 * n
48.             if (discr > = 0):
49.                 t = is_perfect_square(discr)
50.                 if t ! = -1 and (s + t) % 2 = = 0:
51.                     return d
52.     return False
53. n = ...        e = ...        c = ...
54. print(long_to_bytes(pow(c,wiener_hack(e,n),n)))
```

5. 共模攻击

当多个用户使用相同模数 n 但加密指数 e 不同的公钥加密同一明文消息时,可考虑使用共模攻击解密密文。只要找出一对互素的加密指数,就可以推导出明文 m。共模攻击过程如下

设两个用户的加密指数分别为 e_1 和 e_2,且两者互素。加密公式分别为

$$c_1 = m^{e_1} \bmod n$$

$$c_2 = m^{e_2} \bmod n$$

当攻击者截获 c_1 和 c_2 后,就可以恢复出明文。攻击者用扩展欧几里得算法计算出 $re_1 + se_2 = 1 \bmod n$ 的两个整数 r 和 s,由此可得

$$c_1^r c_2^s \equiv m^{re_1} m^{se_2} \bmod n$$

$$\equiv m^{(re_1 + se_2)} \bmod n$$

$$\equiv m \bmod n$$

就可以得到明文 $m \equiv c_1^r c_2^s \bmod n$。

共模攻击的 Python 代码实现如下:

```
1. #CommonModulusAttack.py
2. from gmpy2 import invert
3. import binascii
4. def common_modulus_attack(n, c1, c2, e1, e2):
5.     def egcd(a, b):
6.         if b == 0:
7.             return a, 0
8.         else:
9.             x, y = egcd(b, a % b)
10.            return y, x - (a // b) * y
11.    s = egcd(e1, e2)
12.    s1 = s[0]
13.    s2 = s[1]
14.    # 求模反元素
15.    if s1 < 0:
16.        s1 = - s1
17.        c1 = invert(c1, n)
18.    elif s2 < 0:
19.        s2 = - s2
20.        c2 = invert(c2, n)
21.    m = pow(c1, s1, n) * pow(c2, s2, n) % n
22.    return binascii.unhexlify(hex(m)[2:]).decode()
```

6. e 与 $\phi(n)$ 不互素攻击

e 与 $\phi(n)$ 不互素的情况下，往往需要根据已知条件找出 e 与 $\phi(n)$ 的最大公约数 b，然后判断 b 的大小。若公约数 b 较小，则可尝试求 b 次方根解出明文 m；若公约数 b 较大，则通过中国剩余定理构造新的 RSA 密钥求解。

已知公钥 (n_1, e_1) 和 (n_2, e_2) 对明文 m 加密分别得到密文 c_1 和 c_2，其中 $\gcd(n_1, n_2) = p$，$n_1 = pq_1$，$n_2 = pq_2$，$\gcd(e_1, \phi(n_1)) = \gcd(e_2, \phi(n_2)) = b$。

(1) 由 $\gcd(e, \phi(n)) = b$，e 可表示为 $e = ab$ ，显然 $\gcd(a, \phi(n)) = 1$；

(2) 由 $ed \equiv 1 \bmod \phi(n)$，有 $abd \equiv 1 \bmod \phi(n)$，在模 $\phi(n)$ 的情况下，可计算出 a 的逆元值为 bd。

(3) 已知 $m^e \equiv c \bmod n$，即 $m^{ab} \equiv c \bmod n$，进一步由同余性质可得 $m^{abbd} \equiv c^{bd} \bmod n$，又因为 $m^{abd} \equiv m \bmod n$，所以可以计算得到 m^b：

$$m^{abbd} \equiv m^b \equiv c^{bd} \bmod n \qquad (8.6)$$

（4）若 b 较小且满足 $m^b < n$，可以根据 $m^b \equiv c^{bd} \bmod n$ 公式解出 m^b，通过求 b 次方根得到 m。若 b 较大，则继续。

（5）根据步骤（2），由两组数据可得到 bd_1 和 bd_2 的值，代入式（8.6）可得到同余式如下：

$$x_1 \equiv c_1^{bd_1} \equiv m^b \bmod n_1 \qquad (8.7)$$

$$x_2 \equiv c_2^{bd_2} \equiv m^b \bmod n_2 \qquad (8.8)$$

（6）由式（8.7）、式（8.8）得：

$$x_1 \equiv m^b \bmod q_1 \qquad (8.9)$$

$$x_2 \equiv m^b \bmod q_2 \qquad (8.10)$$

联立式（8.9）、式（8.10），由中国剩余定理计算出解 $x \equiv m^b \pmod{q_1 q_2}$。此题就转换为以 b 为加密指数、q_1 与 q_2 为模数的 RSA 问题，且 x、b、q_1、q_2 已知。若 b 与 $(q_1-1) * (q_2-1)$ 互素，直接计算出 b 的逆元作为私钥，解密密文 x 即可得到明文 m；否则，根据以上推理以 $\dfrac{b}{\gcd(b,(q_1-1)*(q_2-1))}$ 为加密指数，计算相应私钥，并解密密文 x 的 $\gcd(b,(q_1-1)*(q_2-1))$ 次方根即可得到明文 m。

以下示例代码给出 e 与 $\phi(n)$ 不互素的解题过程。

```
1.  #EPhiNotCoprime.py
2.  import gmpy2
3.  importbinascii
4.  from libnum import *
5.  # 题目所给两组 RSA 参数信息
6.  n1 = 0xcfc59d54b4b2e9ab1b5d90920ae88f430d39fee60d18dddbc623d15aae645e4e50db1c07a02d472b2eebb075a547618e1154a15b1657fbf66ed7e714d23ac70bdfba4c809bbb1e27687163cb09258a07ab2533568192e29a3b8e31a5de886050b28b3ed58e81952487714dd7ae012708db30eaf007620cdeb34f150836a4b723
7.  n2 = 0xd45304b186dc82e40bd387afc831c32a4c7ba514a64ae051b62f483f27951065a6a04a030d285bdc1cb457b24c2f8701f574094d46d8de37b5a6d55356d1d368b89e16fa71b6603bd037c7f329a3096ce903937bb0c4f112a678c88fd5d84016f745b8281aea8fd5bcc28b68c293e4ef4a62a62e478a8b6cd46f3da73fa34c63
8.  e1 = 0xfae3a
9.  e2 = 0x1f9eae
```

10.　c1 = 0x81523a330fb15125b6184e4461dadac7601340960840c5213b67a788c84aecf
cdc3caf0bf3e27e4c95bb3c154db7055376981972b1565c22c100c47f3fa1dd2994e56090067b4
e66f1c3905f9f780145cdf8d0fea88a45bae5113da37c8879c9cdb8ee9a55892bac3bae11fbbabc
ba0626163d0e2e12c04d99f4eeba5071cbea

11.　c2 = 0x4d7ceaadf5e662ab2e0149a8d18a4777b4cd4a7712ab825cf913206c325e6ab
b88954ebc37b2bda19aed16c5938ac43f43966e96a86913129e38c853ecd4ebc89e806f823ffb8
02e3ddef0ac6c5ba078d3983393a91cd7a1b59660d47d2045c03ff529c341f3ed994235a68c57f
8195f75d61fc8cac37e936d9a6b75c4bd2347

12.　p = gcd(n1,n2)

13.　q1 = n1//p

14.　q2 = n2//p

15.　phi1 = (p − 1) * (q1 − 1)

16.　phi2 = (p − 1) * (q2 − 1)

17.　b = gcd(e1,phi1)　　# b = gcd(e2,phi2)　　= = = 14　　不互素

18.　a1 = e1//b

19.　a2 = e2//b

20.　bd1 = invmod(a1,phi1) #计算 a1 的模逆 bd1

21.　bd2 = invmod(a2,phi2)

22.　x1 = pow(c1,bd1,n1)

23.　x2 = pow(c2,bd2,n2)

24.　x1 = x1 % q1

25.　x2 = x2 % q2

26.　x = solve_crt([x1,x2], [q1,q2])　　　#计算得到 m^b mod q1q2

27.　#b = 14 和 phi3 = (q1 − 1) * (q2 − 1)不互素，c3≡m^b mod n3

28.　n3 = q1 * q2　#新的 n

29.　c3 = x % n3　　#新的密文

30.　phi3 = (q1 − 1) * (q2 − 1)　　　#新的 phi

31.　b3 = gcd(b,phi3)

32.　#获取 flag

33.　if b3 = = 1：

34.　　d3 = gmpy2.invert(b3, phi3)

35.　　flag = pow(c3, d3, n3)

36.　　print(binascii.unhexlify(hex(flag)[2:]))

37.　else：　#再次不互素

```
38.      e3 = b // b3
39.      d3 = gmpy2.invert(e3, phi3)
40.      m3 = pow(c3, d3, n3)
41.      if gmpy2.iroot(m3, b3)[1] == 1:
42.          flag = gmpy2.iroot(m3,b3)[0]
43.          print(n2s(int(flag)))
44.  # b'EIS{Comm0n_Div15or_plus_CRT_is_so_easy|cb2733b9e69ab3a9bd526fa1}'
```

8.4.3 d_p、d_q 泄露攻击

除了模数 $n=p\times q$、加解密指数 e、d 和欧拉函数 $\phi(n)$ 等参数以外，RSA 公钥密码有时为了提高加解密速度还会提供参数 d_p 和 d_q。d_p 和 d_q 参数的定义为

$$d_p\equiv d \bmod (p-1) \tag{8.11}$$

$$d_q\equiv d \bmod (q-1) \tag{8.12}$$

但事实上参数 d_p 和 d_q 中的部分或全部一旦泄露，就有可能破坏 RSA 公钥密码安全。

1. $d_p \& d_q$ 泄露攻击

在 $d_p \& d_q$ 都泄露的情况下，可推导出明文 m 的计算公式并代入参数得到明文 m。$d_p \& d_q$ 泄露攻击过程如下。

1）计算 m_1 和 m_2

将式(8.11)、式(8.12)变形为

$$d\equiv d_p \bmod (p-1) \tag{8.13}$$

$$d\equiv d_q \bmod (q-1) \tag{8.14}$$

根据解密公式 $m\equiv c^d \bmod pq$，得到

$$m=c^d+t\times pq(t \text{ 为整数}) \tag{8.15}$$

对式(8.15)两边同时模 p、模 q 得到

$$m_1\equiv c^d \bmod p \tag{8.16}$$

$$m_2\equiv c^d \bmod q \tag{8.17}$$

将 $d\equiv d_p \bmod (p-1)$ 代入式(8.16)，根据欧拉定理得：

$$m_1\equiv c^{d_p+k_1*(p-1)} \bmod p=c^{d_p} \bmod p \tag{8.18}$$

将 $d\equiv d_q \bmod (q-1)$ 代入式(8.17)，根据欧拉定理得：

$$m_2\equiv c^{d_q+k2*(q-1)} \bmod q=c^{d_q} \bmod q \tag{8.19}$$

解出 m_1 和 m_2；

2）推导明文 m

根据式(8.16)，令

$$c^d = kp + m_1 \quad (k \text{ 为整数}) \tag{8.20}$$

代入式(8.17)得：

$$m_2 \equiv (kp + m_1) \bmod q \tag{8.21}$$

经变形得到：

$$(m_2 - m_1) \equiv kp \bmod q \tag{8.22}$$

因为 $\gcd(p, q) = 1$，不妨设 $p < q$，式(8.22)等价于

$$k \equiv (m_2 - m_1) p^{-1} \bmod q$$

代入式(8.20)得：

$$c^d = ((m_2 - m_1) p^{-1} \bmod q) p + m_1 \tag{8.23}$$

将 c^d 代入加密公式 $m \equiv c^d \bmod (pq)$ 得到

$$m \equiv (((m_2 - m_1) p^{-1} \bmod q) p + m_1) \bmod (pq) \tag{8.24}$$

3）获取明文

将 m_1、m_2、p、q 代入式(8.24)可得到明文 m。

上述攻击的 Python 实现代码如下：

```
1.   #dpdqleakage.py
2.   from gmpy2 import *
3.   import  binascii
4.       #输入 p, q, dp, dq 和 c 的值，其中 n = p * q
5.   I = invert(q,p)   #计算 p 的逆元
6.   #通过幂取模运算得到 mp 和 mq
7.   mp = pow(c,dp,p)
8.   mq = pow(c,dq,q)
9.   #求明文公式
10.  m = (((((mp - mq) * I) % p) * q + mq ) % (p * q)
11.  print(binascii.unhexlify(hex(m)[2:])) #数值转字符串，n2s()函数也可
```

2. d_p 泄露攻击

在仅 d_p 泄露的情况下，可以通过暴力破解找到参数 x 的值，然后计算出模数 n 的素因子 p，最终得到明文，推导过程如下。

1）确定参数 x 的范围

已知公式：

$$d_p \equiv d \bmod (p-1) \tag{8.25}$$

两边同乘加密指数 e 得到:

$$ed_p \equiv ed \bmod (p-1) \tag{8.26}$$

等式变形得:

$$ed = k_1(p-1) + ed_p \quad (k_1 \text{ 为整数}) \tag{8.27}$$

等式 $ed \equiv 1 \bmod (p-1)(q-1)$ 变形得:

$$ed = 1 + k_2(p-1)(q-1) \quad (k_2 \text{ 为整数}) \tag{8.28}$$

由式(8.27)、式(8.28)得

$$k_1(p-1) + ed_p = 1 + k_2(p-1)(q-1) \tag{8.29}$$

对式(8.29)变形得:

$$(p-1)(k_2(q-1) - k_1) + 1 = ed_p \tag{8.30}$$

令 $x = k_2(q-1) - k_1$,代入式(8.30)得

$$ed_p = (p-1)x + 1 > (p-1)x \tag{8.31}$$

由式(8.25)得:

$$d_p < p-1 \tag{8.32}$$

联立式(8.31)、式(8.32)得:

$$0 < x < e$$

2)确定 x 和 p 的值

通过遍历范围$(0, e)$,若存在 x 满足以下两式,再将 x 代入式(8.31)就可以计算出 p,后续就是常规的 RSA 解密。

$$(ed_p - 1) \bmod x = 0$$

$$n \bmod \left(\frac{ed_p - 1}{x} + 1 \right) = 0$$

参数 d_p 泄露情况下的破解代码实现如下:

```
1.   #dpleakage.py
2.   from gmpy2 import *
3.   import binascii
4.   #在范围(1,e)之间进行遍历
5.   for i in range(1,e):
6.       if(dp * e - 1) % i = = 0:
7.           if n % (((dp * e - 1) // i) + 1) = = 0:   #存在p,使得n能被p整除
8.               p = ((dp * e - 1) // i) + 1
9.               q = n // (((dp * e - 1) // i) + 1)
```

10.　　　　　　　phi = (q − 1) ∗ (p − 1)

11.　　　　　　　d = invert(e,phi)

12.　　　　　　　m = pow(c,d,n)

13.print(binascii.unhexlify(hex(m)[2:]))#十六进制整数转文本

8.4.4　选择明密文攻击

很多在线密码服务通常允许攻击者提交明文(密文)进行加密(解密),然后把加密(解密)结果返回给攻击者。这种加解密服务在此统称为密码盒子(Oracle),并且密码盒子返回的信息可以是明文和密文以外的其他信息。本节讨论这类密码盒子可能存在的安全问题。

1. 选择明文攻击

攻击者可以访问加密盒子提供的加密服务,攻击者给加密盒子输入(可选)任意明文,加密盒子对其进行加密并返回给攻击者相应的密文。

例如,攻击者可以访问加密 Oracle ,但是加密所用的公钥 n 和 e 未知。

1)通过加密 Oracle 获取 n

攻击者发送明文消息 2、4、8 给加密 Oracle 让其加密,由此可以得到密文:

$$c_2 = 2^e \bmod n$$

$$c_4 = 4^e \bmod n$$

$$c_8 = 8^e \bmod n$$

那么就有以下等式成立:

$$c_2^2 \equiv c_4 \bmod n$$

$$c_2^3 \equiv c_8 \bmod n$$

所以有关系式:

$$c_2^2 - c_4 = kn$$

$$c_2^3 - c_8 = tn$$

攻击者接下来只要计算 kn 和 tn 的最大公约数,就可以大概率恢复 n。攻击者还可以构造更多的明文消息和对应密文对,从而更加确定性地恢复 n。

以下给出的是 2018 年 HITCON 比赛的密码题(lost key)服务代码(https://github.com/OAlienO/CTF/tree/master/2018/HITCON-CTF/Lost-Key)。

服务代码包含三个函数,分别是:函数 genKey()生成 RSA 公钥、私钥;函数 calc()计算 RSA 加密或者解密;函数 readFlag()读取文件内容,添加随机字符串然后一起拼接为 flag。

主函数 main()则根据攻击者提供的命令来完成加密('A'命令)或者解密('B'命令)

操作。

```
1.  # LostKeyCTF.py
2.  from Crypto.Util.number import *
3.  from gmpy import *
4.  import os,sys
5.  sys.stdin  = os.fdopen(sys.stdin.fileno(),'rb', 0)
6.  sys.stdout = os.fdopen(sys.stdout.fileno(),'wb', 0)
7.  def genKey():   # 产生 RSA 密码所需参数
8.    p = getPrime(512)
9.    q = getPrime(512)
10.   n = p * q
11.   phi = (p-1) * (q-1)
12.   while True：
13.     e = getRandomInteger(40)
14.     if gcd(e,phi) == 1：
15.       d = int(invert(e,phi))
16.       return n,e,d
17. # 对 data 进行 RSA 加密或者解密
18. def calc(n,p,data)：
19.   num = bytes_to_long(data)#转换字节串为整数
20.   res = pow(num,p,n)
21.   return long_to_bytes(res)   #整数转字节串
22. # 构造 flag
23. def readFlag():
24.   flag = open('flag').read()
25.   assert len(flag) >= 50
26.   assert len(flag) <= 60
27.   prefix = os.urandom(68)
28.   return prefix + flag
29. # 主函数
30. if __name__ == '__main__':
31.   n,e,d = genKey()
32.   flag =  calc(n,e,readFlag())   #加密 flag
33.   print('Here is the flag!')
```

```
34.    print(flag)
35.    for i in xrange(150):
36.        msg = raw_input('cmd: ')
37.        if msg[0] == 'A':
38.            m = raw_input('input: ')
39.            try:
40.                m = m.decode('hex')
41.                print(calc(n,e,m))    # 返回密文
42.            except:
43.                print('no')
44.                exit(0)
45.        elif msg[0] == 'B':
46.            m = raw_input('input: ')
47.            try:
48.                m = m.decode('hex')
49.                print(calc(n,d,m)[-2:])    # 返回解密结果的最后一个字节
50.            except:
51.                print('no')
52.                exit(0)
```

对于模数 n 的破解，只需要利用上述选择明文攻击即可。攻击者发送三组明文，分别为 $(2，4)$、$(3，9)$、$(5，25)$，然后根据返回的密文关系，计算出模数 n，相应的代码实现如下：

```
1. from pwn import *
2. import gmpy2
3. p = process('./rsa.py')
4. # p = remote('18.179.251.168', 21700)
5. # context.log_level = 'debug'
6. p.recvuntil('Here is the flag! \n')
7. flagcipher = int(p.recvuntil('\n', drop = True), 16)
8. # 以下函数等效为: binascii.hexlify(n2s(n))
9. def long_to_hex(n):    # binascii.hexlify(n2s(n))
10.     s = hex(n)[2:].rstrip('L')
11.     if len(s) % 2: s = '0' + s
12.     return s
```

```
13. ♯ 给服务端发送命令字符 ch 以及明文数字 num,返回加解密结果
14. def send(ch, num):
15.     p.sendlineafter('cmd: ', ch)
16.     p.sendlineafter('input: ', long_to_hex(num))
17.     data = p.recvuntil('\n')
18.     return int(data, 16)
19. ♯ 主函数
20. if __name__ == "__main__":
21.     cipher2 = send('A', 2)        ♯ 2^e % n
22.     cipher4 = send('A', 4)        ♯ 2^{2e} % n
23.     nset = []
24.     nset.append(cipher2 * cipher2 - cipher4)    ♯1
25. ♯第二组
26.     cipher3 = send('A', 3)        ♯ 3^e % n
27.     cipher9 = send('A', 9)        ♯ 3^{2e} % n
28.     nset.append(cipher3 * cipher3 - cipher9)    ♯2
29. ♯ 第三组
30.     cipher5 = send('A', 5)
31.     cipher25 = send('A', 25)
32.     nset.append(cipher5 * cipher5 - cipher25)    ♯3
33.     n = nset[0]
34.     for item in nset:       ♯ 计算 gcd
35.         n = gmpy2.gcd(item, n)
```

2) 寻找加密指数 e

在破解出模数 n 以后,加密指数 e 在比较小($e < 2^{64}$)时,可以利用 Pollard 袋鼠算法(Kangaroo Algorithm)来获取。更多细节参考 9.4.4 小节。

2. 选择密文攻击

攻击者已知公钥(n,e),并可选择一些密文然后发送给解密 Oracle 得到相应的明文。

假设攻击者有密文 $c = m^e \bmod n$ 并且可以发送任意的密文给解密 Oracle 得到对应的明文。攻击者可以按照以下步骤计算出明文 m:

(1)攻击者选择任意的 $x \in Z_n^*$,即 x 与 n 互素;

(2)攻击者计算 $y = c \times x^e \bmod n$;

(3)攻击者把上述密文 y 发送给解密 Oracle,得到 y 对应的解密结果 $z = y^d$;

（4）解密结果 $z = y^d = (c \times x^e)^d = c^d x = m^{ed} x = mx \bmod n$，由于 x 与 n 互素，因此攻击者很容易求得相应的逆元，进而可以得到 m。

选择密文攻击的代码实现如下：

```
1. #ChosenCipherAttack.py
2. from Crypto.Util.number import *
3. def get_m():
4.     x = getPrime(5)      # 随机选择一个 x
5.     y = (c * (x ** e)) % n
6.     z = server_decode(y)
7.     i = 0
8.     while true：
9.         m = (n * i + z) / x
10.         if 'flag' in long_to_bytes(m)：
11.             print(long_to_bytes(m))
12.             break
```

3. RSA 奇偶校验盒子攻击

在此 RSA 奇偶校验（Parity Oracle）对攻击者提供的密文进行解密，返回（泄露）明文的最低位信息，因此 RSA Parity Oracle 攻击又称为 RSA Least-Significant-Bit Oracle 攻击。

假设攻击者可以访问一个解密 Oracle，它会对攻击者输入的密文解密得到明文，并且会检查解密的明文的奇偶性，并根据奇偶性返回相应的值，比如返回 1 表示奇数，返回 0 表示偶数。

针对上述场景，攻击者在已知密文的情况下，只需要 $\log_2 n$ 次就可以知道该密文对应的明文。

由加密公式知：

$$c \equiv m^e \bmod n$$

第一次向服务器发送构造的密文 $c \times 2^e$：

$$c \times 2^e \equiv (2m)^e \bmod n$$

第一次服务器会计算并返回解密后 $2m(\bmod n)$ 的值所对应的奇偶性。显然，$2m$ 是偶数，它的幂次也是偶数；而 n 是奇数，因为它是由两个大素数相乘得到的，所以 $2m(\bmod n)$ 的奇偶性有两种情况，可以是奇数或者是偶数。

（1）当服务器返回奇数，即 $2m(\bmod n)$ 为奇数时，说明 $2m > n$，由于 $m < n$，因此 $\dfrac{n}{2} \leqslant m < n$，又由于 n 是奇数，因此 $\dfrac{n}{2}$ 可以考虑向下取整。

（2）当服务器返回偶数，则说明 $2m < n$，即 $0 \leqslant m < \dfrac{n}{2}$，$\dfrac{n}{2}$ 仍然可以向下取整。

假设服务器返回奇数，则说明 $\dfrac{n}{2} \leqslant m < n$。

第二次向服务器发送构造的密文 $c \times 4^e$：

$$c \times 4^e \equiv (4m)^e \bmod n$$

同样有 $4m$ 是偶数，n 是奇数，而且根据第一次的结果有 $0 \leqslant (2m - n) < n$。

假如第二次服务器返回奇数：$4m(\bmod\ n)$ 为奇数，而且由第一次结果已经知道 $4m \geqslant 2n$，因此 $4m(\bmod\ n) = (4m - 2n) \bmod n = 2(2m - n) \bmod n$ 是奇数，说明 $2m - n \geqslant n/2$，即

$$n > m \geqslant \dfrac{3}{4}n$$

假如第二次服务器返回偶数：$2(2m - n) \bmod n$ 是偶数，说明 $2m - n < \dfrac{n}{2}$，也就是

$$\dfrac{n}{2} \leqslant m < \dfrac{3}{4}n$$

后续可以进一步用数学归纳法来推导明文 m 的范围。

假设在第 i 次时，$\dfrac{xn}{2^i} \leqslant m < \dfrac{xn + n}{2^i}$，明文 m 所在区间大小为 $\dfrac{n}{2^i}$，则在第 $i + 1$ 次可以给服务器发送 $c * 2^{(i+1)e}$。

服务器解密得到明文 $2^{i+1}m(\bmod\ n) = 2^{i+1}m - kn$，则可以推导得到

$$0 \leqslant 2^{i+1}m - kn < n$$

$$\dfrac{kn}{2^{i+1}} \leqslant m < \dfrac{kn + n}{2^{i+1}}$$

根据第 i 次的结果有 $\dfrac{2xn}{2^{i+1}} \leqslant m < \dfrac{2xn + 2n}{2^{i+1}}$，因此按照服务器返回的情况分为两类：

（1）当服务器返回奇数，则 k 必然是一个奇数，$k = 2y + 1$，那么

$$\dfrac{2yn + n}{2^{i+1}} \leqslant m < \dfrac{2yn + 2n}{2^{i+1}}$$

要使 m 存在，则第 $i + 1$ 次得到的这个范围和第 i 次得到的范围必然存在交集，所以 y 必然与 x 相等。

（2）当服务器返回偶数，则 k 必然是一个偶数，$k = 2y$，此时 y 必然也与 x 相等，那么

$$\dfrac{2yn}{2^{i+1}} \leqslant m < \dfrac{2yn + n}{2^{i+1}}$$

因此，可以使用二分算法将明文 m 的范围逼近到一个足够小的范围。上述推导过程如图 8.9 所示。

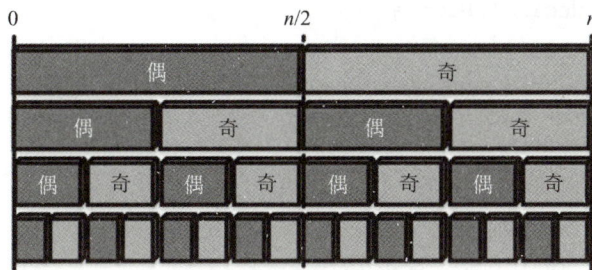

图 8.9　二分法逐步限定明文范围

假设变量 parity 保存服务器返回的奇偶信息，上述算法可以归纳为

```
1.  L = 0
2.  R = n
3.  for i in range(1024):
4.      if parity = = "odd":
5.          L = (L + R) // 2
6.      else:  # "even"
7.          R = (L + R) //2
```

Python 代码实现如下：

```
1.  #ParityOracleAttack.py
2.  import decimal
3.  def oracle(c):
4.    res =
5.    if 'odd' in res:
6.      return 1
7.    elif 'even' in res:
8.      return 0
9.
10. def partial():
11.    global c_of_2
12.    n = ···    e = ···    c = ···
13.    k = n.bit_length()
14.    decimal.getcontext().prec = k
15.    lower = decimal.Decimal(0)
```

```
16.     upper = decimal.Decimal(n)
17.     c_of_2 = pow(2, e, n)
18.     c = (c * c_of_2) % n
19.     for i in range(k):
20.         possible_plaintext = (lower + upper) //2
21.         flag = oracle(c)
22.         if not flag：  # 偶数
23.             upper = possible_plaintext
24.         else：# 奇数
25.             lower = possible_plaintext
26.         c = (c * c_of_2) % n
27.         print(i, flag, int(upper - lower))
28.     return int(upper)
```

4. RSA 字节/比特盒子攻击

RSA Byte/Bits Oracle 攻击顾名思义就是服务端返回明文的一个字节（Byte）或者多个比特（Bits）的攻击，因此也可以看作是 RSA Parity Oracle 攻击的扩展。

RSA Byte/Bits Oracle 攻击当中，服务端的解密 Oracle 对给定的密文进行解密，并且会返回给攻击者明文的最后一个字节 b（8 个比特）。因此这种攻击可以更快地恢复明文消息，通常只需要 $\log_{256} n$ 次就可以知道密文对应的明文消息。

同样有 RSA 加密公式为

$$c \equiv m^e \pmod{n}$$

在攻击者第一次给服务端发送的密文构造如下：

$$c \times 256^e \equiv (256m)^e \pmod{n}$$

服务器对上述密文解密后得到

$$256m \pmod{n}$$

也就是最终解密的结果为

$$256m \bmod n = 256m - kn$$

由于原始明文 m 是小于 n 的，因此上式当中的 $k < 256$。

在确定了 k 值的范围以后，其具体取值可以根据服务器返回的一个字节 b 来推导。我们知道 $256m - kn$ 的最后一个字节 b 其实就相当于 $(256m - kn) \% 256 \equiv -kn \% 256 = b$。而模数 n 是已知的，因此可以根据服务器返回的一个字节 b 算出 k 的值，或者就是提前计算好对应关系，然后查表即可，如表 8.4 所示。

表 8.4　最后一个字节和对应的 k 值

最后一个字节 b	chr(0 mod 256)	chr($-n$ mod 256)	$\cdots$	chr($-255n$ mod 256)
k 值	0	1	$\cdots$	255

同时通过第一次的交互，知道了明文消息 m 的取值范围(设第一次的 k 值为 k_1)为

$$k_1 n \leqslant 256m \leqslant (k_1+1)n$$

相应的，对于第 i 次交互，攻击者构造的密文为

$$c \times 256^{ie}$$

服务器解密后得到

$$256^i \times m \bmod n = 256^i \times m - k_i n$$

$$\frac{k_i n}{256^i} \leqslant m < \frac{(k_i+1)n}{256^i}$$

对于第 $i+1$ 次交互，有

$$256^{i+1} \times m \bmod n = 256^{i+1} \times m - kn$$

不妨令 $k = k_{i+1} + 256y$，此时 $-kn \bmod 256 = -k_{i+1}n \bmod 256 = b$ 保持不变。由此得到

$$\frac{k_{i+1}n + 256yn}{256^{i+1}} \leqslant m < \frac{(k_{i+1}+1)n + 256yn}{256^{i+1}}$$

$$\frac{\dfrac{k_{i+1}n}{256} + yn}{256^i} \leqslant m < \frac{\left(\dfrac{k_{i+1}+1}{256}\right)n + yn}{256^i}$$

在此可以用反证法证明 $y = k_i$。假设 $y < k_i$，即 $y \leqslant (k_i - 1)$，结合 $0 \leqslant k_i \leqslant 255$，则

$$m < \frac{\left(\dfrac{k_{i+1}+1}{256}\right)n + yn}{256^i} < \frac{\left(\dfrac{k_{i+1}+1}{256}\right)n + k_i n - n}{256^i} < \frac{k_i n}{256^i}$$

显然上式同第 i 次交互后的明文 m 范围矛盾。同样可以证明 $y > k_i$ 也是不成立的，因此

$$\frac{\dfrac{k_{i+1}n}{256} + k_i n}{256^i} \leqslant m < \frac{\left(\dfrac{k_{i+1}+1}{256}\right)n + k_i n}{256^i}$$

上述算法具体实现时，可以设初始范围为

$$\frac{m}{n} \in [L_0, R_0] \quad (L_0 = 0, R_0 = 1)$$

第 i 次迭代后：

$$L_i = L_{i-1} + \frac{k_i}{256^i}$$

$$R_i = L_{i-1} + \frac{k_i + 1}{256^i}$$

综上，假设服务器返回的信息保存在变量 b 中，那么上述算法可以归纳为

1. L = 0
2. R = 1
3. for i in range(128):
4. k = map[b]
5. L = L + k /256 * * (i + 1)
6. R = L + (k + 1)/ 256 * * (i + 1)
7. M = L * n

对应本节"选择明文攻击"中的实例 LostKey，其解题代码如下：

```
1. from fractions import Fraction
2. from Crypto.Util.number import *
3. def GetFlag():
4.     map = {}
5.     for i in range(256):
6.         map[- n * i % 256] = I          #需要知道 n
7.
8.     cipher256 = server_encrypt(256)    #得到 256^e % n
9.     flagcipher = c        #flag 对应密文
10.     L = Fraction(0, 1)
11.     R = Fraction(1, 1)
12.     for i in range(128):
13.         c = c * cipher256 % n
14.         b = server_decrypt(c)
15.         k = map[b]
16.         L,R = L + Fraction(k,256 * * (i + 1)), L + Fraction(k + 1,256 * * (i + 1))
17.     m = int(L * n)   #只用到了下限 L
18.     print(long_to_bytes(m - m % 256 + server_decode(flagcipher)))
```

代码第 8 行是假设攻击者不知道 e 的取值情况，如果服务器提供任意明文加密服务，可以让服务器加密 256，得到构造密文所需的 $256^e \bmod n$。

由于攻击中涉及大量除法运算，为保证精度，将中间过程用 Fraction 库保存为分数。最后一个字节的明文消息有误差可以直接从服务器返回的最后一字节数据获取（代码行

18)。解题代码中只用到了下限 L，没有使用上限 R。

5. RSA 奇偶校验变种攻击

如果服务端的加密或者解密 Oracle 参数每隔一定时间有变化，那么攻击者再采用前面的二分法进行破解就不适用了。在此考虑实时逐位恢复。

对于 k 比特明文 m 可以表示为

$$m = (a_{k-1} \times 2^{k-1}) + (a_{k-2} \times 2^{k-2}) + \cdots + (a_1 \times 2^1) + (a_0 \times 2^0); \forall a_i \in \{0,1\}$$

那么 a_i 可以理解为明文 m 对应二进制从低位向高位数第 $i+1$ 位的值。

首先，明文的最低位 a_0 是通过给服务器发送初始密文 c，服务器就会返回对应明文 $m (\bmod\, n)$ 的奇偶性，因此就能判断出明文的第 1 位比特 a_0 的值。

对于明文的第 2 低位 a_1，向服务器发送构造的密文 $c \times (2^{-e} \bmod n)$，那么

$$[(c \times (2^{-e} \bmod n))^d \bmod n] \bmod 2$$
$$\equiv [m \times (2^{-1} \bmod n) \bmod n] \bmod 2$$
$$\equiv \{([(a_{k-1} \times 2^{k-1}) + \cdots + (a_1 \times 2^1) + (a_0 \times 2^0)] \times (2^{-1} \bmod n)) \bmod n\} \bmod 2$$
$$\equiv \{[(a_{k-1} \times 2^{k-2}) + \cdots + (a_2 \times 2^1) + (a_1) + (a_0 \times 2^0) \times 2^{-1}] \bmod n\} \bmod 2$$
$$\equiv \{[a_1 + a_0 \times (2^{-1} \bmod n)] \bmod n\} \bmod 2 \equiv y_1 \bmod 2$$

那么有

$$y_1 - a_0 \times (2^{-1} \bmod n) \equiv m \times (2^{-1} \bmod n) \bmod 2 - a_0 \times (2^{-1} \bmod n_1) \equiv a_1 \bmod 2$$

利用类似的推导可以得到其他的 a_i：

$$[(c \times (2^{-2 \times e} \bmod n))^d \bmod n] \bmod 2$$
$$\equiv [m \times (2^{-2} \bmod n) \bmod n] \bmod 2$$
$$\equiv \{[a_2 + (a_1 \times 2^1 + a_0 \times 2^0) \times (2^{-2} \bmod n)] \bmod n\} \bmod 2 \equiv y_2 \bmod 2$$

那么有

$$y_2 - (a_1 \times 2^1 + a_0 \times 2^0) \times (2^{-2} \bmod n)$$
$$\equiv (m \times (2^{-2} \bmod n)) - (a_1 \times 2^1 + a_0 \times 2^0) \times (2^{-2} \bmod n)$$
$$\equiv a_2 (\bmod 2) \tag{8.33}$$

从以上观察 a_1、a_2 的推导可以发现，明文 m 的第 i 位的值可以根据前面第 1 位到第 $i-1$ 位的值和服务端返回的 y_i 共同计算得到，计算通式如下：

$$\{[c \times (2^{-i \times e} \bmod n)]^d \bmod n\} \bmod 2 \equiv m \times (2^{-i} \bmod n) \bmod 2 \tag{8.34}$$

$$a_i \equiv \left\{ [m \times (2^{-i} \bmod n)] - [(\sum_{j=0}^{i-1} a_j \times 2^j) \times (2^{-i} \bmod n)] \right\} \bmod 2 \tag{8.35}$$

其中，2^{-i} 是 2^i 模 n 的逆元。

代码实现如下：

```
1. #RSAParityOracleVariant.py
```

```python
2.from Crypto.Util.number import *
3.m = bytes_to_long(b'12345678')   #取明文 m 为'12345678'
4.l = len(bin(m)) - 2
5.def genkey():   #RSA 参数生成
6.    while 1:
7.        p = getPrime(128)
8.        q = getPrime(128)
9.        e = getPrime(32)
10.        n = p * q
11.        phi = (p - 1) * (q - 1)
12.        if GCD(e, phi) > 1:
13.            continue
14.        d = inverse(e, phi)
15.        return e, d, n
16.e, d, n = genkey()
17.c = pow(m, e, n)
18.f = str(pow(c, d, n) % 2)   # a0
19.for i in range(1, l):   #逐个比特破解明文
20.    e, d, n = genkey()
21.    cc = pow(m, e, n)
22.    ss = inverse(2 ** i, n)
23.    cs = (cc * pow(ss, e, n)) % n
24.    lb = pow(cs, d, n) % 2
25.    bb = (lb - (int(f,2) * ss % n)) % 2
26.    f = str(bb) + f
27.    assert(((m >> i) % 2) == bb)
28.print(long_to_bytes(int(f,2)))
```

8.4.5　格与 Coppersmith 相关攻击

1995 年 Coppersmith[42] 提出利用格（Lattices）和格约减技术（Lattice Reduction Techniques）来攻击 RSA 密码。几年后 Howgrave-Graham[45] 简化了 Coppersmith 算法使得其更易于实际攻击。Coppersmith 提出的建设性构造理论对于某些条件不是太苛刻的情况下，例如已知部分明文消息、小私钥指数等，有着很高的攻击效率。本节就从格入手来学习

Coppersmith 相关攻击方法。

1. 格基础

在量子计算机诞生之后，现有的 RSA、椭圆曲线等公钥密码体制的安全性受到极大挑战，其基于的数学难题（大整数分解、椭圆曲线离散对数）可以被量子计算机上运行的 Shor 算法破解。目前基于格理论的密码体制是抗量子算法攻击最热门的研究方向。因此除了 RSA 攻击应用之外，格本身在隐私保护、联邦学习、安全多方计算、差分隐私和同态加密等都有广泛应用，足见格密码的重要性。

格与向量空间 V(Vector Space)类似，是 n 维向量的集合，其加法和数乘运算满足封闭性。设有向量 $v_1,v_2,\cdots,v_n \in V$，将 $v_1,v_2,\cdots,v_n$ 的线性组合构成的集合 $\{a_1 v_1 + a_2 v_2 + \cdots + a_n v_n : a_i \in R\}$ 称为 $\{v_1,v_2,\cdots,v_n\}$ 所张成的空间。若 $v_1,v_2,\cdots,v_n$ 线性无关，则称其为向量空间 V 的基。

平面可看作由向量$(0,1)$和$(1,0)$构成的二维向量空间，二维向量空间如图 8.10 所示。

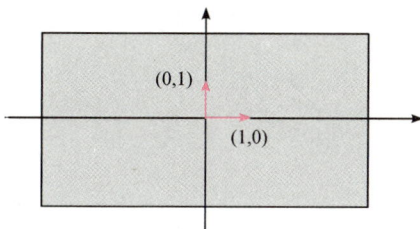

图 8.10 二维向量空间

格 L 指的是向量 $v_1,v_2,\cdots,v_n$ 的线性组合构成的向量集合，重点是系数 a_i 都是整数，即

$$L = \{a_1 v_1 + a_2 v_2 + \cdots + a_n v_n, a_1,a_2,\cdots,a_n \in Z\}$$

从格的定义可以看出，其与向量空间的定义非常相似，只不过将线性组合的系数限定为整数，因而导致格在几何上是由一些离散呈周期性结构的点构成的。格中每个点都被一个球体包围，且此球体内部仅包含格中唯一一个点，如图 8.11 所示。

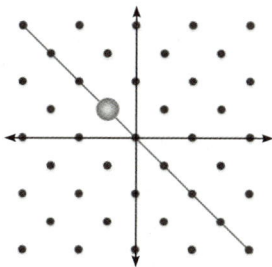

图 8.11 二维格

任意一组可以生成格的线性无关的向量都称为格的基，格的基中的向量个数称为格的维度。任意两组这样的向量中，向量的个数相同。

格的基不是唯一的，图 8.12 分别给出了两组基$[(1,0)^{\mathrm{T}}、(0,1)^{\mathrm{T}}]$和$[(1,1)^{\mathrm{T}}、(2,1)^{\mathrm{T}}]$生成的包含所有整数的格 Z^2，其中所有二维向量的坐标都是整数。

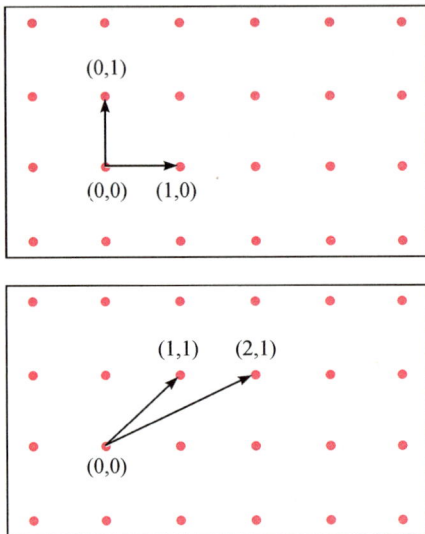

图 8.12　格 Z^2

1）范数与正交基

如果将向量 v，$w\in V\subset R^m$ 表示成坐标形式 $v=(x_1,x_2,\cdots,x_m)$、$w=(y_1,y_2,\cdots,y_m)$，则点乘运算表示为 $v\cdot w=x_1y_1+x_2y_2+\cdots+x_my_m$。

向量 v 的长度或欧氏范数为

$$\parallel v\parallel=\sqrt{x_1^2+x_2^2+\cdots+x_m^2}$$

若向量空间 V 的一组基 $v_1,v_2,\cdots,v_n$ 满足 $v_i\cdot v_j=0$，$i\neq j$，则称 $v_1,v_2,\cdots,v_n$ 是正交基。此外若 $\parallel v_i\parallel=1$，$i=1,2,\cdots,n$，则称 $v_1,v_2,\cdots,v_n$ 为标准正交基。

【例 8-18】　$v_1=(1,1)$，$v_2=(2,0)$，请分别计算 $v_1\cdot v_2$、v_1+v_2、v_1-v_2、$2v_1$、v_1 的欧氏范数以及 v_1 的单位向量。

解：

$v_1\cdot v_2=(1,1)\cdot(2,0)=2$

$v_1+v_2=(1,1)+(2,0)=(3,1)$

$v_1-v_2=(1,1)-(2,0)=(-1,1)$

$2v_1=2\cdot(1,1)=(2,2)$

欧氏范数$\|\boldsymbol{v}_1\|=\sqrt{2}$

$\boldsymbol{v}_1$ 的单位向量 $=\dfrac{\boldsymbol{v}_1}{\|\boldsymbol{v}_1\|}=(\dfrac{1}{\sqrt{2}},\dfrac{1}{\sqrt{2}})$

2）施密特正交化(Gram-Schmidt)

设 $\boldsymbol{v}_1,\boldsymbol{v}_2,\cdots,\boldsymbol{v}_n$ 是 V 的一组基，可利用施密特正交化方法生成一组正交基 $\boldsymbol{v}_1^*,\boldsymbol{v}_2^*,\cdots,$ $\boldsymbol{v}_n^*$，施密特正交化算法如图 8.13 所示。

---

1. Input : $\{v_1,v_2,\cdots,v_n\}$ 　inR^m
2. Output:$\{v_1^*,v_2^*,\cdots,v_n^*\}$ inR^m
3. 　$v_1^*=v_1$
4. for i = 2 to n do
5. 　　$v=v_i$
6. 　　for $j=1$ to $i-1$ do
7. 　　　$u_{i,j}=\dfrac{v_i\cdot v_j^*}{\|v_j^*\|^2}$

　　　$v=v-u_{i,j}v_j^*$
8. 　　end for
9. 　　$v_i^*=v$
10. end for
11. return $\{v_1^*,v_2^*,\cdots,v_n^*\}$

图 8.13　施密特正交化算法

如图 8.14 所示，$\boldsymbol{v}_1$、$\boldsymbol{v}_2$、$\boldsymbol{v}_3$ 是三个线性无关的向量，$V_1=\mathrm{span}(\boldsymbol{v}_1)$，即 $\boldsymbol{v}_1$ 张成向量空间 V_1，$V_2=\mathrm{span}(\boldsymbol{v}_1,\boldsymbol{v}_2)$，$V_3=\mathrm{span}(\boldsymbol{v}_1,\boldsymbol{v}_2,\boldsymbol{v}_3)$。令 $\boldsymbol{v}_1^*=\boldsymbol{v}_1$，作 $\boldsymbol{v}_2$ 在向量空间 V_1 的投影 $\boldsymbol{v}_2'$，其长度为 $|\boldsymbol{v}_2'|=|\boldsymbol{v}_2|\cos\theta=|\boldsymbol{v}_2|\dfrac{\boldsymbol{v}_2\cdot\boldsymbol{v}_1^*}{|\boldsymbol{v}_2|\cdot|\boldsymbol{v}_1^*|}=\dfrac{\boldsymbol{v}_2\cdot\boldsymbol{v}_1^*}{|\boldsymbol{v}_1^*|}$，因此 $\boldsymbol{v}_2'=|\boldsymbol{v}_2'|\dfrac{\boldsymbol{v}_1^*}{|\boldsymbol{v}_1^*|}=\dfrac{\boldsymbol{v}_2\cdot\boldsymbol{v}_1^*}{\|\boldsymbol{v}_1^*\|^2}\boldsymbol{v}_1^*$，$\boldsymbol{v}_2$ 和 $\boldsymbol{v}_2'$ 作差可得到与 $\boldsymbol{v}_1^*$ 正交的向量 $\boldsymbol{v}_2^*$，即 $\boldsymbol{v}_2^*=\boldsymbol{v}_2'-\dfrac{\boldsymbol{v}_2\cdot\boldsymbol{v}_1^*}{\|\boldsymbol{v}_1^*\|^2}\boldsymbol{v}_1^*$。因为 $\boldsymbol{v}_2$ 可由 $\boldsymbol{v}_1^*$ 和 $\boldsymbol{v}_2^*$ 的线性组合表示，所以 $V_2=\mathrm{span}(\boldsymbol{v}_1,\boldsymbol{v}_2)=\mathrm{span}(\boldsymbol{v}_1^*,\boldsymbol{v}_2^*)$，$V_3=\mathrm{span}(\boldsymbol{v}_1^*,\boldsymbol{v}_2^*,\boldsymbol{v}_3)$。

同理，作 $\boldsymbol{v}_3$ 在向量空间 V_2 的投影：$\boldsymbol{v}_3'=\boldsymbol{v}_{31}'+\boldsymbol{v}_{32}'=\dfrac{\boldsymbol{v}_3\cdot\boldsymbol{v}_1^*}{\|\boldsymbol{v}_1^*\|^2}\boldsymbol{v}_1^*+\dfrac{\boldsymbol{v}_3\cdot\boldsymbol{v}_2^*}{\|\boldsymbol{v}_2^*\|^2}\boldsymbol{v}_2^*$，$\boldsymbol{v}_3$ 和 $\boldsymbol{v}_3'$ 相减得到 $\boldsymbol{v}_3^*$，此时 $\boldsymbol{v}_3^*$、$\boldsymbol{v}_1^*$、$\boldsymbol{v}_2^*$ 相互正交。

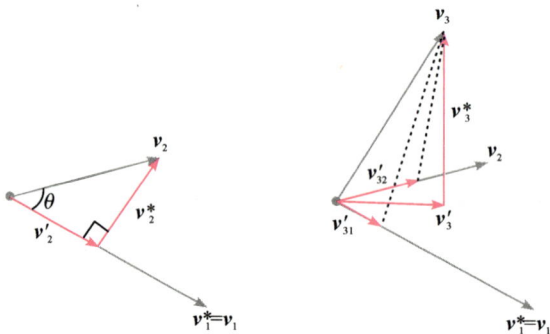

图 8.14 计算 v_2^*、v_3^* 示意图

【例 8-19】 设 $v_1 = (0,0,2)$、$v_2 = (4,3,1)$、$v_3 = (2,1,-2)$ 是 R^3 的基，用施密特正交化方法求 R^3 的一组正交基。

$$v_1^* = v_1 = (0,0,2)$$

$$u_{2,1} = \frac{v_2 \cdot v_1^*}{\| v_1^* \|^2} = \frac{1}{2}, v_2^* = v_2 - u_{2,1}v_1^* = (4,3,0)$$

$$u_{3,1} = \frac{v_3 \cdot v_1^*}{\| v_1^* \|^2} = -1, u_{3,2} = \frac{v_3 \cdot v_2^*}{\| v_2^* \|^2} = \frac{11}{25}$$

$$v_3^* = v_3 - u_{3,1}v_1^* - u_{3,2}v_2^* = \left(\frac{6}{25}, -\frac{8}{25}, 0\right)$$

利用 Python 实现施密特正交化算法代码如下：

```
1.   #GramSchmidt.py
2.   from vector import vector
3.   from fractions import Fraction
4.   from copy import deepcopy
5.   def gram_schmidt(*v, normalize = False, fraction = True, DENOM_LIMIT =
1000):
6.       #Check to see if argument is of type list
7.       if len(v) == 1 and type(v[0]) in [list, tuple]:
8.        v = v[0]
9.       if any([type(v_) != vector for v_ in v]):
10.          raise TypeError("Argument array must all be of type 'Vector'")
11.      #By Gram-Schmidt, w_1 = v_1, w_n 表示正交基，v[n]表示初始输入的基
向量
12.      w_1 = v[0]
```

```
13.        w_n = w_1
14.        w_array = [deepcopy(vector(w_n))]
15.        print('w_1 = ',w_1)
16.        #Every vector w_2 ... w_n
17.        for n in range(1, len(v)):
18.          v_n = vector(v[n])
19.          w_n = vector(v_n)
20.          for j in range(n):
21.                w_j = deepcopy(w_array[j])
22.                if not any(w_j):
23.                    continue
24.            w_n -= v_n.dot_product(w_j) / w_j.dot_product(w_j) * w_j
25.            print('u_',n + 1,',',j + 1,' = ', v_n.dot_product(w_j) / w_j.dot_
product(w_j))
26.            print('w_', n + 1, w_n)
27.          w_array += [w_n]
28.    #分数形式
29.    if fraction == True:
30.        w_array = [vector(w).fraction_form(DENOM_LIMIT) for w in w_array]
31.    #标准正交基
32.    if normalize == True:
33.        w_array = [vector(w).normalize()for w in w_array]
34.    return w_array
35.
36.  if __name__ == "__main__":
37.    v1 = vector([0, 0, 2])
38.    v2 = vector([4, 3, 1])
39.    v3 = vector([2, 1, -2])
40.    print(gram_schmidt([v1, v2, v3]))
```

3) 格基相互转换

格 L 的任意两个基可以通过左边乘上一个特定的矩阵来相互转化，矩阵的元素全是整数，并且它的行列式为 ± 1。

【**例 8 - 20**】 一个三维格 $L \subseteq R^3$，由以下三个向量构成：

$$v_1 = (2,1,3)$$
$$v_2 = (1,2,0)$$
$$v_3 = (2,-3,-5)$$

即 v_1、v_2、v_3 为格 L 的一个基，将这三个向量作为行向量来构造矩阵：

$$A = \begin{bmatrix} 2 & 1 & 3 \\ 1 & 2 & 0 \\ 2 & -3 & -5 \end{bmatrix}$$

通过以下表达式来构造三个新的向量：

$$w_1 = v_1 + v_3$$
$$w_2 = v_1 - v_2 + 2v_3$$
$$w_3 = v_1 + 2v_2$$

这等价于在矩阵 A 的左边乘上一个矩阵：

$$U = \begin{bmatrix} 1 & 0 & 1 \\ 1 & -1 & 2 \\ 1 & 2 & 0 \end{bmatrix}$$

可以得知 w_1、w_2、w_3 即为如下矩阵的三个行向量：

$$B = UA = \begin{bmatrix} 4 & -2 & -2 \\ 5 & -7 & -7 \\ 4 & 5 & 3 \end{bmatrix}$$

因为矩阵 U 的行列式值为 1，所以矩阵 B 中所求出的三个向量 w_1、w_2、w_3 也是格 L 的一个基。

矩阵 U 的逆矩阵 U^{-1} 为

$$U^{-1} = \begin{bmatrix} 4 & -2 & -1 \\ -2 & 1 & 1 \\ -3 & 2 & 1 \end{bmatrix}$$

由 $U^{-1}B = A$ 可知，v_j 可用 w_j 的线性组合来表示：

$$v_1 = 4w_1 - 2w_2 - w_3$$
$$v_2 = -2w_1 + w_2 + w_3$$
$$v_3 = -3w_1 + 2w_2 + w_3$$

4）基础区域

设 L 是一个维度为 n 的格，且 $v_1, v_2, \cdots, v_n$ 是 L 的基，对应于这组基的基础区域是如下向量的集合：

$$\mathcal{F}(v_1, v_2, \cdots v_n) = \{t_1 v_1 + t_2 v_2 + \cdots + t_n v_n : 0 \leqslant t_i < 1\}$$

图 8.15 中深色平行四边形构成的区域即为格 Z^2 的一组基 $(1,1)^T$ 和 $(2,1)^T$ 构成的基础区域。平移这个基础区域，可以得到整个格，即把基础区域置于每个格点上能覆盖整个格平面。

图 8.15　格 Z^2 的基础区域

5）格 L 的行列式

设 L 是一个维度为 n 的格，$\mathcal{F}$ 是 L 的一个基础区域，$\mathcal{F}$ 的 n 维体积称为 L 的行列式，记为 $\det L$。

将基向量 $v_1, v_2, \cdots, v_n$ 想象成固定长度的向量，它们组成平行多面体的各个边，那么在向量长度都不变的情况下，当基向量两两正交时，$\mathcal{F}$ 的体积才能取到最大值。例如在所有平行四边形中，矩形的面积最大。因此可得到如下不等式。

Hadamard 不等式：设 L 是一个格，对于它的任意一个基向量 $v_1, v_2, \cdots, v_n$ 和基础区域 $\mathcal{F}$，有

$$\det(L) = \mathrm{vol}(\mathcal{F}) \leqslant \|v_1\| \cdot \|v_2\| \cdot \cdots \cdot \|v_n\|$$

基向量 $v_1, v_2, \cdots, v_n$ 越接近于垂直，不等式就越接近于等式。

6）格计算难题

与格理论相关的基本计算难题有：在格中寻找最短的非零向量和在格中寻找与指定非格向量最为接近的向量，Coppersmith 算法只涉及前者，因此本节仅介绍最短向量问题。

最短向量问题（SVP）：在格中寻找一个最短向量，即寻找一个非零向量 $v \in L$，使它的欧氏范数 $\|v\|$ 最小。

【例 8-21】　格 L 的一组基构成的矩阵如下：

$$\boldsymbol{B} = \begin{bmatrix} 1001 & 0 \\ 0 & 2008 \end{bmatrix}$$

格中所有向量可表示成 $(1001a, 2008b)$（a、$b \in Z$）的形式，很明显，最短非零向量为 $(1001, 0)$ 或 $(-1001, 0)$。例子当中可以很容易找到最短非零向量是因为这组格基是正交的。若给出的格基不是正交的，找到最短非零向量就是一个计算难题。因此格中向量的施密特正交化处理对于寻找格中最短非零向量难题至关重要。

2. LLL 格基约减算法

1982 年，A. K. Lenstra、H. W. Lenstra 和 L. Lovasz 提出了著名的 LLL 算法[46]，该算法的提出是格理论中寻找最短向量问题的重大突破。

给定格的一组基，使用 LLL 算法对它进行约减，约减的主要目的是将这组任意给定的基转化为一组正交性较好的优质基，并使得这个优质基中的各个向量尽量短。

LLL 算法与 Gram-Schmidt 正交化过程密切相关，为得到一组改进的基，首先需要根据施密特正交算法构造一组正交基。假设 $B = \{v_1, v_2, \cdots, v_n\}$ 是格 L 的一组基，开始时令 $v_1^* = v_1$，对于 $i = 2, 3, \cdots, n$，计算 $u_{i,j} = \dfrac{v_i \cdot v_j^*}{\|v_j^*\|^2}$，$1 \leqslant j < i$，$v_i^* = v_i - \sum\limits_{j=1}^{i-1} u_{i,j} v_j^*$。

向量集合 $B^* = v_1^*, v_2^*, \cdots, v_n^*$ 是一组正交基，其与 $B = \{v_1, v_2, \cdots, v_n\}$ 张成的向量空间相同，且这两组基具有相同的行列式，但 B^* 不一定是格 L 的一组基，因为施密特正交化过程中得到的 $u_{i,j}$ 可能不是整数，涉及利用非整数系数进行的线性组合，但格要求系数必须为整数。因此 LLL 约减算法放宽了严格正交的条件，得到格的近似正交的基。LLL 算法示意图如图 8.16 所示。

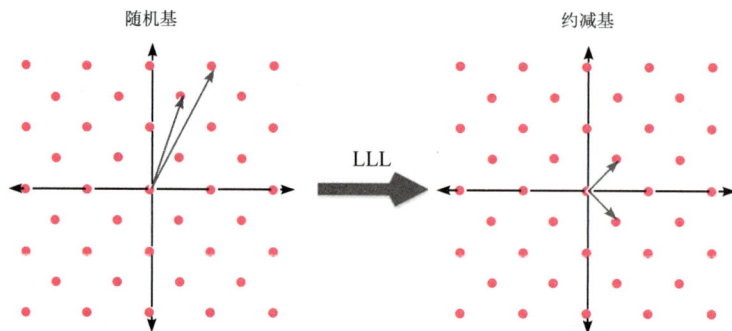

图 8.16　LLL 格基约减

LLL 算法得到的约减基 $\{v_1, v_2, \cdots, v_n\}$ 满足以下两个条件。

(1) Size 条件：$|u_{i,j}| = \dfrac{|v_i \cdot v_j^*|}{\|v_j^*\|^2} \leqslant \dfrac{1}{2}$，对于所有 $1 \leqslant j < i \leqslant n$ 都成立。

(2) Lovasz 条件：$\|v_i^*\|^2 \geqslant \left(\dfrac{3}{4} - u_{i,i-1}^2\right) \|v_{i-1}^*\|^2$，对于所有 $1 < i \leqslant n$ 成立。

LLL 算法步骤如图 8.17 所示。

$$|u_{k,j}| = \frac{|v_k \cdot v_j^*|}{\|v_j^*\|^2} \leqslant \frac{1}{2}$$

LLL algorithm（格基约减算法）

输入：格的一组基 $\{v_1, v_2, \cdots, v_n\}$

输出：LLL 约减基 $\{v_1, v_2, \cdots, v_n\}$

1. 计算施密特正交基 $v_1^*, v_2^*, \cdots, v_n^*$ 和正交系数 $u_{i,j}$

2. set $k = 2$

3. while $k \leqslant n$

4.   for j = k−1 to 1 do

5. $|u_{k,j}| = \dfrac{|v_k \cdot v_j^*|}{\|v_j^*\|^2} \leqslant \dfrac{1}{2}$

6.   if $|u_{k,j}| > \dfrac{1}{2}$

7. $v_k = v_k - [u_{k,j}]v_j$，$[u_{k,j}]$ 表示与其最接近的整数（Size 条件）

8.   更新施密特正交基 v_i^*

9.   end for

10.   if $\|v_k^*\|^2 \geqslant \left(\dfrac{3}{4} - u_{k,k-1}^2\right)\|v_{k-1}^*\|^2$（Lovasz 条件）

11.   set $k = k+1$

12   else

13   swap v_k and v_{k-1}

14.   set $k = \max(k-1, 2)$

15.   更新施密特正交基 v_i^*

16.   end if

17. return LLL 约减基 $\{v_1, v_2, \cdots, v_n\}$

图 8.17　LLL 算法步骤

    LLL 算法首先根据给定的一组基 $\{v_1, v_2, \cdots, v_n\}$，利用施密特正交化算法计算出相应的正交基 $v_1^*, v_2^*, \cdots, v_n^*$ 和正交系数 $u_{i,j}$，然后从 $k=2$ 开始，结合 Size 条件对给定的基进行近似正交化，此过程需要依赖 Size 条件，若计算出的正交系数小于 $\dfrac{1}{2}$，则不进行任何操作，若大于 $\dfrac{1}{2}$，则取最接近该系数的整数，从 v_k 中减去向量 $v_1, v_2, \cdots, v_{k-1}$ 的整数倍，使得 v_k 逐步减小，同时需要更新正交基。LLL 算法通过分步来实现 v_k 逐步减小的目的，以此来得到最短向量，不难看出，Size 条件依赖各向量之间的顺序。因此执行 Size 条件后判断 v_k^* 与 v_{k-1}^* 是否满足 Lovasz 条件，若满足则 $k+1$，不满足则交换 v_k 和 v_{k-1}，并令 $k = \max(k-1, 2)$，同时需更新正交基，如此循环下去，直到 $k > n$。最终可得到一组长度递增排列的最短向量。

通过 LLL 算法得到的约减基具备良好的性质，约减基 $v_1, v_2, \cdots, v_n$ 满足：

$$\|v_1\| \leqslant \|v_2\| \leqslant \cdots \leqslant \|v_i\| \leqslant 2^{\frac{n(n-1)}{4(n+1-i)}} \cdot \det(L)^{\frac{1}{n+1-i}}$$

【例 8-22】 二维格 L 的一组基由下面矩阵 B 给出，请使用 LLL 算法对其进行约减。

$$B = \begin{bmatrix} 47 & 215 \\ 95 & 460 \end{bmatrix}$$

第一步，根据矩阵 B 可知格基为 $v_1 = (47, 215)$、$v_2 = (95, 460)$，然后计算施密特正交基得 $v_1^* = (47, 215)$、$v_2^* = (-5.3, 1.16)$。

第二步，从 $k = 2$ 开始，判断是否满足 Size 条件和 Lovasz 条件，对于 $k = 2$，$|u_{2,1}| = \dfrac{|v_2 \cdot v_1^*|}{\|v_1^*\|^2} = 2.13 > 0.5$，不满足 Size 条件，所以 $v_2 = v_2 - [u_{2,1}]v_1 = (95, 460) - [2.13] \cdot (47, 215) = (1, 30)$。然后更新施密特正交基 $v_1^* = (47, 215)$，$v_2^* = (-5.3, 1.16)$，$u_{2,1} = 0.134$，$\|v_2^*\|^2 = 29.48 < 35453.98 = \left(\dfrac{3}{4} - u_{2,1}^2\right)\|v_1^*\|^2$，不满足 Lovasz 条件，交换 v_2 和 v_1，$v_2 = (47, 215)$，$v_1 = (1, 30)$，令 $k = \max(2-1, 2) = 2$。

第三步，$k = 2$，$v_1 = (1, 30)$，$v_2 = (47, 215)$。

此时更新施密特正交基 $v_1^* = (1, 30)$，$v_2^* = (39.79, -1.33)$，计算 $|u_{2,1}| = \dfrac{|v_2 \cdot v_1^*|}{\|v_1^*\|^2} = 7.12 > 0.5$，不满足 Size 条件，所以 $v_2 = v_2 - [u_{2,1}]v_1 = (47, 215) - [7.12] \cdot (1, 30) = (40, 5)$。最后更新施密特正交基 $v_1^* = (1, 30)$，$v_2^* = (39.79, -1.33)$，$\|v_2^*\|^2 = 1584.93 > 635.68 = \left(\dfrac{3}{4} - u_{2,1}^2\right)\|v_1^*\|^2$，满足 Lovasz 条件。

$k = 2 + 1 = 3$，LLL 算法结束，最终得到的约减基为 $v_1 = (1, 30)$，$v_2 = (40, 5)$，最短向量为 v_1。

利用 Python 实现 LLL 格基约减算法，代码如下：

```
1. from vector import vector
2. from gram_schmidt import gram_schmidt
3. from copy import deepcopy
4. d = 0.75    #Lovasz 条件中的参数 delta
5. def mu(bi, bj):
6.     return bi.dot_product(bj)/bj.dot_product(bj) if bj.dot_product(bj)! = 0 else 0
7.
8. def LLL(l_basis):
9. ortho = [vector(i)for i in gram_schmidt(l_basis)]
```

```
10.   print('初始时施密特正交基:',ortho)
11.   k = 1
12.   n = len(ortho)
13.
14.  while k < n:
15.     print('* * * * * * * * * * * * * * 当 k = % d 时 * * * * * * * * * * *
* * * * * * * * * *'%(k + 1))
16.     print('lattice_basis',l_basis)
17.     print('shimite',ortho)
18.     for j in range(k − 1, −1, −1):
19.       proj = mu(l_basis[k], ortho[j])
20.       print('判断正交系数是否满足 Size 条件')
21.       print('size:u_ % d, % d = '%(k + 1,j + 1),proj)
22.       if abs(proj) > 1/2:
23.         l_basis[k] = l_basis[k] − l_basis[j] * round(proj)
24.         print('不满足 Size 条件，更新格基',l_basis)
25.         ortho = [vector(i)for i in gram_schmidt(l_basis)]
26.         print('不满足 Size 条件，更新正交基',ortho)
27.     print('判断是否满足 Lovasz 条件')
28.     if ortho[k].dot_product(ortho[k]) > = (d − mu(l_basis[k],ortho[k − 1]) *
* 2) * (ortho[k − 1].dot_product(ortho[k − 1])):
29.       print('|v_',(k + 1),' * |^2',' > = (',d,' − u_',k + 1,k,'^2 * ','|v_',(k),' *
|^2','满足 Lovasz 条件')
30.       k + = 1
31.     else:
32.       print('|v_',(k + 1),' * |^2',' < (',d,' − u_',k + 1,k,'^2 * ','|v_',(k),' * |^2')
33.       l_basis[k], l_basis[k − 1] = l_basis[k − 1], l_basis[k]
34.       ortho = [vector(i)for i in gram_schmidt(l_basis)]
35.       print('不满足 Lovasz 条件，更新正交基',ortho)
36.       k = max(k − 1, 1)
37.   return l_basis
38. if __name__ = = "__main__":
39.   l_basis = [vector([47, 215]),vector([95, 460])]
40.   print('LLL 约减基: ',LLL(l_basis))
```

3. Coppersmith 方法

LLL 格约减技术在 Coppersmith 方法中发挥了很大作用，Coppersmith 方法被广泛地用于求解多项式模方程的小根，下面介绍该方法的基本思想。

令 $f(x) = x^d + a_{d-1}x^{d-1} + \cdots + a_1x + a_0$ 是一个次数为 d 的单变元首一多项式，其系数均为整数。假设存在至少一个 x_0，满足 $f(x_0) \equiv 0 \bmod N$，$|x_0| \leqslant X$，$X = N^{\frac{1}{d}}$，问题是如何找到满足条件的 x_0。

因为 $|x_0| < N^{\frac{1}{d}}$，$|x_0^i| \leqslant N$，$0 \leqslant i \leqslant d$，所以当 $f(x)$ 的系数都足够小时，会有 $f(x_0) < N$，$f(x_0) = 0$ 在整数域上成立，从而可以使用常规的数值方法（如牛顿法）来计算所有的根，这样就成功将模 N 下的求根难题转化为在整数域下的求根问题。但若 $f(x)$ 的系数并非足够小，$f(x_0)$ 的值会大于 N，这种情况下该如何解出 x_0 呢？Coppersmith 方法表明可以通过 $f(x)$ 构造一个系数较小的多项式 $g(x)$，使得 $g(x) = 0$ 在整数域上的根与 $f(x)$ 在模 N 下的根相同，由此只需要求解 $g(x) = 0$ 的根即可得到 $f(x) \equiv 0 \bmod N$ 的根。

【例 8-23】 $f(x) = x^2 + 33x + 215$，$N = 323 = 17 \cdot 19$，$x_0 = 3$ 是 $f(x) \equiv 0 \bmod N$ 的根，但 $f(x_0) = 0$ 在整数域上不成立。

该方程的系数相对于模数 323 来说是比较大的，根据 Coppersmith 方法的思想，我们需要通过 $f(x)$ 构造一个具有较小系数的多项式 $g(x)$，比如 $g(x) = 9f(x) - N(x+6) = 9x^2 - 26x - 3$，容易得到 $x_0 = 3$ 是 $g(x) = 0$ 的根，所以 $f(x) \equiv 0 \bmod N$ 的根也应该是整数 3。

为证明上述方法的正确性，把多项式 $g(xX) = \sum_{i=0}^{d} a_i(Xx)^i$ 用以下形式的行向量来表示：

$$g(xX) = (a_0, a_1X, a_2X^2, \cdots, a_dX^d)$$

任何上述行向量都表示一个特定的多项式，要求系数较小相当于让向量的范数较小。

Howgrave-Graham 定理：根据 $f(x)$、N、X、$g(xX)$ 的定义，若 $g(x_0) \equiv 0 \bmod N$，$|x_0| \leqslant X$，且 $\|g(xX)\| < \dfrac{N}{\sqrt{d+1}}$，那么就有 $g(x_0) = 0$ 在整数域上成立。

证明：由柯西不等式 $\left(\sum_{i=1}^{n} x_iy_i\right)^2 \leqslant \left(\sum_{i=1}^{n} x_i^2\right)\left(\sum_{i=1}^{n} y_i^2\right)$，$x_i, y_i \in R$。

对于 $x_i \geqslant 0$，$y_i = 1$，有

$$\sum_{i=1}^{n} x_i \leqslant \sqrt{n \sum_{i=1}^{n} x_i^2}$$

$$\|g(xX)\| = \sqrt{\sum_{i=0}^{d} (a_iX^i)^2} < \frac{N}{\sqrt{d+1}}$$

基于上述等式可以得到

$$|g(x_0)| = \left| \sum_{i=0}^{d} a_i x_0^i \right| \leqslant \sum_{i=0}^{d} \left| a_i X^i \left(\frac{x_0}{X} \right)^i \right| \leqslant \sum_{i=0}^{d} |a_i X^i| \leqslant$$

$$\sqrt{(d+1) \sum_{i=0}^{d} |a_i X^i|^2} = \sqrt{d+1} \| g(xX) \| < N$$

因此 $-N < |g(x_0)| < N$，又因为 $g(x_0) \equiv 0 \bmod N$，所以 $g(x_0) = 0$。

根据上述 Howgrave-Graham 定理构造的多项式 $g(x)$，需要保证 $\| g(xX) \| < \dfrac{N}{\sqrt{d+1}}$，这一点可以通过 LLL 格约减算法来达到。下面介绍如何构造 $g(x)$。

首先构造 $d+1$ 个多项式 $g_i(x) = N x^i$，$0 \leqslant i < d$，可以看出 $g_i(x) \equiv 0 \bmod N$ 与 $f(x) \equiv 0 \bmod N$ 具有相同的根 x_0，使用 $g_i(xX)$ 和 $f(xX)$ 的系数构造如下所示的格基矩阵 $\boldsymbol{B}$。

$$\boldsymbol{B} = \begin{bmatrix} N & 0 & \dots & 0 & 0 \\ 0 & NX & \dots & 0 & 0 \\ \vdots & \vdots & \ddots & \vdots & \vdots \\ 0 & 0 & \dots & NX^{d-1} & 0 \\ a_0 & a_1 X & \dots & a_{d-1} X^{d-1} & X^d \end{bmatrix}$$

该格中的行向量相互正交，所以格的行列式等于矩阵中对角线上元素的乘积。

$$\det(B) = N^d X^{\frac{d(d+1)}{2}}$$

使用 LLL 格约减算法，对上述格基进行约减，可以得到一组范数比较小的基向量，根据前述的 LLL 格基约减算法可知，约减后的格基矩阵的第一行向量（假设为 $\boldsymbol{b}_1$）的范数最小，所以令 $g(xX) = \sum\limits_{i=0}^{d} a_i (Xx)^i$ 表示由向量 $\boldsymbol{b}_1$ 表示的多项式，那么 $g(x) = \sum\limits_{i=0}^{d} \dfrac{a_i (Xx)^i}{X^i}$。

根据 LLL 算法可知，$\| g(xX) \| = \| \boldsymbol{b}_1 \| \leqslant 2^{\frac{d}{4}} \cdot \det(B)^{\frac{1}{d+1}} = 2^{\frac{d}{4}} N^{\frac{d}{d+1}} X^{\frac{d}{2}}$。

Howgrave-Graham 定理要求 $\| g(xX) \| \leqslant \dfrac{N}{\sqrt{d+1}}$，所以 $2^{\frac{d}{4}} N^{\frac{d}{d+1}} X^{\frac{d}{2}} \leqslant \dfrac{N}{\sqrt{d+1}}$，即

$2^{\frac{d}{4}} X^{\frac{d}{2}} \sqrt{d+1} \leqslant N^{\frac{1}{d+1}}$，$X \leqslant N^{\frac{2}{d(d+1)}} \cdot 2^{-\frac{1}{2}} \cdot (d+1)^{-\frac{1}{d}}$。

如果 $X \leqslant N^{\frac{2}{d(d+1)}} \cdot 2^{-\frac{1}{2}} \cdot (d+1)^{-\frac{1}{d}}$，那么上述 $g(x)$ 就是我们要找的多项式，$g(x) \equiv 0 \bmod N$ 的根 x_0，$|x_0| \leqslant X$，也是 $g(x_0) = 0$ 的根。

【例 8 - 24】　$f(x) = x^3 + 10x^2 + 5000x - 222 \bmod 10001$，求解该模方程的小根 x_0。

已知 $N = 10001$，$d = 3$，根据上述过程可得，当 $x_0 \leqslant X \approx 2.07$ 时，可以利用 Coppersmith 方法求解 $f(x) \equiv 0 \bmod N$ 的小根。为简化计算，假设 $X = 10$。

构造多项式 $g_i(x) = N x^i$，$0 \leqslant i < 3$，使用 $g_i(xX)$ 和 $f(xX)$ 的系数构造格基矩阵 $\boldsymbol{B}$。

$$\boldsymbol{B}=\begin{bmatrix} N & 0 & 0 & 0 \\ 0 & NX & 0 & 0 \\ 0 & 0 & NX^2 & 0 \\ -222 & 5000X & 10X^2 & X^3 \end{bmatrix}$$

使用 LLL 算法进行格基约简，得到的约减基的第一行向量为$(444,10,-2000,-2000)$。

所以 $g(x)=444+\dfrac{10}{N}x+\dfrac{-2000}{N^2}x^2+\dfrac{-2000}{N^3}x^3=444+x-20x-2x^3$

容易得到 $g(x)=0$ 的根 $x_0=4$，但 $4>X$。然而 $x_0=4$ 的确是 $f(x)\equiv 0 \bmod N$ 的小根，说明这种方法在 x_0 大于上述上界 X 时也可以使用，这是因为 LLL 算法得到的最短向量的范数在最差的情况下小于等于 $2^{\frac{d}{4}}\cdot\det(\boldsymbol{B})^{\frac{1}{d+1}}$，而我们计算的上界也是基于这种最差的情况。

上述方法求解模方程小根的方法可以进一步改进，可通过两种方法提高上界 X，根据条件 $N^d X^{\frac{d(d+1)}{2}}=\det(\boldsymbol{B})<N^{d+1}$，$2^{\frac{d}{4}}N^{\frac{d}{d+1}}X^{\frac{d}{2}}\leqslant\dfrac{N}{\sqrt{d+1}}$ 的近似条件，扩大上界有两种方法。一种方法是向格基矩阵中增加行向量，扩大矩阵的维度，但加入的行向量在主对角线上的项不能大于 N，保证不等式 $N^d X^{\frac{d(d+1)}{2}}=\det(\boldsymbol{B})<N^{d+1}$ 左边增量小于右边增量。另一种方法是增大模数 N 的幂次。

针对第一种方法可通过构造 x 移位多项式 $h_k(x)=x^k f(x)$ 来增加行向量的个数。针对第二种方法可构造多项式 $f^k(x)$。注意：若 $f(x_0)\equiv 0 \bmod N$，则 $h_k(x_0)\equiv 0 \bmod N$，$f^k(x_0)\equiv 0 \bmod N^k$。

【例 8-25】 根据例 8-24 中的 $f(x)$ 构造 x 移位多项式 $h_1(x)=xf(x)$，$h_2(x)=x^2 f(x)$，向该例题中的格基矩阵中添加由 $h_1(xX)$、$h_2(xX)$ 构造的行向量，得到新的格基矩阵如下：

$$\boldsymbol{B}=\begin{bmatrix} N & 0 & 0 & 0 & 0 & 0 \\ 0 & NX & 0 & 0 & 0 & 0 \\ 0 & 0 & NX^2 & 0 & 0 & 0 \\ -222 & 5000X & 10X^2 & X^3 & 0 & 0 \\ 0 & -222X & 5000X^2 & 10X^3 & X^4 & 0 \\ 0 & 0 & -222X^2 & 5000X^3 & 10X^4 & X^5 \end{bmatrix}$$

行列式 $\det(\boldsymbol{B})=N^3 X^{15}$，格的维度为 6，使用 LLL 算法对 $\boldsymbol{B}$ 进行约减，得到的最短行向量 $\|\boldsymbol{b}_1\|\leqslant 2^{\frac{5}{4}}\cdot(N^3 X^{15})^{\frac{1}{6}}$

根据 Howgrave-Graham 定理可知 $2^{\frac{5}{4}} \cdot (N^3 X^{15})^{\frac{1}{6}} \leqslant \dfrac{N}{\sqrt{6}}$，$X \approx 3.11$。

例 8-24 中的上界 $X \approx 2.07$，$3.11 > 2.07$，表明通过增加 x 移位多项式构造的行向量可以扩大上界 X 的值。

增加 x 移位多项式 $x^k f(x)$ 或多项式的幂 $f^k(x)$ 均可以扩大上界 X，因此 Coppersmith 将这两种方法结合在一起，通过构造多项式 $g_{i,j}(x) = x^j N^{m-i} f^i(x)$，$0 \leqslant i \leqslant m-1$，$0 \leqslant j \leqslant d-1$，且 m、i、j 为整数，找到我们想要的系数较小的多项式 $g(x)$。

容易证明 $f(x) \equiv 0 \bmod N$ 任何根同样也是 $g_{i,j}(x_0) \equiv 0 \bmod N^m$ 的根，因为：

$$g_{i,j}(x_0) = x_0^j N^{m-i} f^i(x_0) = x_0^j N^{m-i} (kN)^i = x_0^j k^i N^m \equiv 0 \bmod N^m$$

将 $g_{i,j}(xX)$ 的系数作为行向量构造如下形式的格 $\boldsymbol{B}$，该格的维度为 dm。

$$\begin{bmatrix} N^m & & & & & & & & \\ * & N^m X & & & & & & & \\ * & * & \ddots & & & & & & \\ * & * & * & N^m X^{d-1} & & & & & \\ * & * & & & \ddots & & & & \\ * & * & \cdots & * & \cdots & NX^{dm-d} & & & \\ * & * & \cdots & * & \cdots & & NX^{dm-d+1} & & \\ * & * & \ddots & \ddots & \ddots & \ddots & & \ddots & \\ * & * & \cdots & * & \cdots & * & * & \cdots & NX^{dm-1} \end{bmatrix}$$

每一次 $g_{i,j}(xX)$ 的迭代计算都会增加一个单项式，空项对应值为 0，"$*$" 对应的值对于计算行列式可忽略。格的行列式 $\det(\boldsymbol{B}) = N^{\frac{1}{2}dm(m+1)} X^{\frac{1}{2}dm(dm-1)}$。格基约简后得到的第一行向量 $\|\boldsymbol{b}_1\| \leqslant 2^{\frac{(dm-1)}{4}} \cdot \det(\boldsymbol{B})^{\frac{1}{dm}}$。

由 Howgrave-Graham 定理可知，只要 $2^{\frac{(dm-1)}{4}} \cdot \det(\boldsymbol{B})^{\frac{1}{dm}} \leqslant \dfrac{N^m}{\sqrt{dm}}$，那么 $\boldsymbol{b}_1$ 对应的多项式即为与 $g(x)$ 相关的多项式 $g(xX)$。经验证，当 $0 < \varepsilon < \dfrac{1}{7}$、$m = \lceil \dfrac{1}{d\varepsilon} \rceil$ 时，上述不等式成立，推导过程可参考文献[45]。

Coppersmith 定理：设 N 为一正整数，其分解未知，$f(x) = x^d + a_{d-1}x^{d-1} + \cdots + a_1 x + a_0$ 是一个次数为 d 的单变元首一多项式，$X = \dfrac{1}{2} N^{\frac{1}{d}-\varepsilon}$，$0 < \varepsilon < \dfrac{1}{7}$，则可以在多项式时间内找到满足以下方程的所有整数小根 x_0。

$$f(x_0) \equiv 0 \bmod N \ , \ |x_0| \leqslant X$$

总体来说，求解 x_0 的过程可用图 8.18 表示。

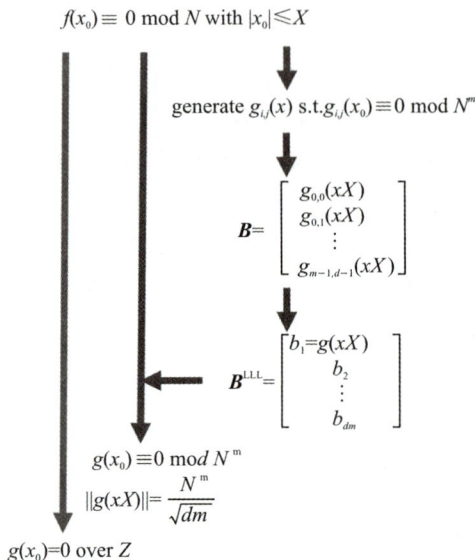

图 8.18　Coppersmith 方法计算过程

首先将求解 $f(x) \equiv 0 \bmod N$ 的小根转化为求解方程 $g(x) \equiv 0 \bmod N^m$ 的小根，这两个方程具有相同的根，但后者的系数都比较小，使得 $|g(x_0)| < N^m$，由此将问题转化为在整数域上求解 $g(x) = 0$ 的问题。可通过以下步骤构造满足条件的 $g(x)$：

(1) 构造一系列多项式 $g_{i,j}(x) = x^j N^{m-i} f^i(x)$，满足 $g_{i,j}(x_0) \equiv 0 (\bmod \ N^m)$。

(2) 使用 $g_{i,j}(xX)$ 的系数构造格基矩阵 $\boldsymbol{B}$。

(3) 使用 LLL 算法 B 进行约减，得到约减后的格基矩阵，该矩阵第一行向量表示的多项式即为 $g(xX)$。

(4) 据 $g(xX)$ 得到多项式 $g(x)$。

(5) 解 $g(x) = 0$ 的所有根 x_0，则 x_0 为 $f(x) \equiv 0 \bmod N$ 的小根。

【例 8-26】 设模方程 $f(x) = ((2+x)^3 - 6) \bmod 21$，利用 Coppersmith 算法求 $f(x) = 0 \bmod 21$ 的根。

根据 Coppersmith 方法原理和题目可得到如下参数信息：

- $f(x) = (2+x)^3 - 6 = x^3 + 6x^2 + 12x + 2$；

- $d=3$、$\varepsilon=\dfrac{1}{7}$、$m=\left\lceil\dfrac{1}{d\varepsilon}\right\rceil=3$；

- 上界 $X=\dfrac{1}{2}N^{\frac{1}{d}-\varepsilon}\approx 1$。

计算多项式 $g_{i,j}(x)$：

$g_{i,j}(x)=x^{j}N^{m-i}f^{i}(x)$，$0\leqslant j\leqslant 2$，$0\leqslant i\leqslant 2$，且 i，j 为整数；

$g_{0,0}(x)=N^{3}$，$g_{0,0}(xX)=N^{3}=9261$；

$g_{0,1}(x)=N^{3}x$，$g_{0,1}(xX)=N^{3}xX=9261x$；

$g_{0,2}(x)=N^{3}x^{2}$，$g_{0,2}(xX)=N^{3}(xX)^{2}=9261x^{2}$；

$g_{1,0}(x)=N^{2}f(x)$，$g_{1,0}(xX)=N^{2}f(xX)=441x^{3}+2646x^{2}+5292x+882$；

$g_{1,1}(x)=N^{2}xf(x)$，$g_{1,1}(xX)=N^{2}xXf(xX)=441x^{4}+2646x^{3}+5292x^{2}+882x$；

$g_{1,2}(x)=N^{2}x^{2}f(x)$，$g_{1,2}(xX)=441x^{5}+2646x^{4}+5292x^{3}+882x^{2}$；

$g_{2,0}(x)=Nf^{2}(x)$，$g_{2,0}(xX)=21x^{6}+252x^{5}+1260x^{4}+3108x^{3}+3528x^{2}+1008x+84$；

$g_{2,1}(x)=Nxf^{2}(x)$；

$g_{2,1}(xX)=21x^{7}+252x^{6}+1260x^{5}+3108x^{4}+3528x^{3}+1008x^{2}+84x$；

$g_{2,2}(x)=Nx^{2}f^{2}(x)$；

$g_{2,2}(xX)=21x^{8}+252x^{7}+1260x^{6}+3108x^{5}+3528x^{4}+1008x^{3}+84x^{2}$；

根据 $f_{i}(xX)$ 构造的格基矩阵的维度 $w=dm=9$。

$$
\mathbf{B}=\begin{bmatrix}
9261 & 0 & 0 & 0 & 0 & 0 & 0 & 0 & 0 \\
0 & 9261 & 0 & 0 & 0 & 0 & 0 & 0 & 0 \\
0 & 0 & 9261 & 0 & 0 & 0 & 0 & 0 & 0 \\
882 & 5292 & 2646 & 441 & 0 & 0 & 0 & 0 & 0 \\
0 & 882 & 5292 & 2646 & 441 & 0 & 0 & 0 & 0 \\
0 & 0 & 882 & 5292 & 2646 & 441 & 0 & 0 & 0 \\
84 & 1008 & 3528 & 3108 & 1260 & 252 & 21 & 0 & 0 \\
0 & 84 & 1008 & 3528 & 3108 & 1260 & 252 & 21 & 0 \\
0 & 0 & 84 & 1008 & 3528 & 3108 & 1260 & 252 & 21
\end{bmatrix}
$$

使用 LLL 算法对格 $\mathbf{B}$ 进行格基约减，得到 $\mathbf{B}^{\text{LLL}}$：

$$B^{\text{LLL}} = \begin{bmatrix} -63 & -84 & 63 & 0 & 105 & 63 & 63 & -21 & -126 \\ 42 & 0 & -147 & 42 & 63 & 105 & -84 & -63 & 42 \\ -42 & -105 & 42 & 147 & 21 & 42 & -105 & 84 & -84 \\ -168 & 42 & -105 & 21 & -21 & 21 & 147 & -21 & 84 \\ 63 & -126 & -126 & -63 & 63 & -63 & 0 & 63 & 189 \\ 63 & 105 & -42 & -126 & -210 & 84 & 63 & 105 & -42 \\ -336 & 420 & -252 & -336 & 483 & -126 & -273 & 609 & -189 \\ -168 & -252 & 609 & -231 & -315 & 420 & -168 & -378 & 483 \\ 714 & 1197 & 1134 & 714 & 1260 & 1071 & 840 & 1323 & 1008 \end{bmatrix}$$

B^{LLL} 的第一行为格 B 中最短向量，使用该向量构造 $g(xX)$：

$$g(xX) = -126x^8 - 21x^7 + 63x^6 + 63x^5 + 105x^4 + 63x^2 - 84x - 63$$

因为 $X=1$，所以

$$g(x) = g(xX) = -126x^8 - 21x^7 + 63x^6 + 63x^5 + 105x^4 + 63x^2 - 84x - 63$$

当 $g(x)=0$ 时，$x=1$，因此 $f(x) = (2+x)^3 - 6 = 0 \pmod{21}$ 的根为 1。

使用 Sage 实现求解单变元模方程小根的 Coppersmith 算法代码可以用关键词"mimoo RSA and LLL attacks"搜索 github。

Coppersmith 在文献[44]中进一步指出上述方法可以推广到多变元的情况，即已知多变元多项式 $f(x_1, x_2, \cdots, x_v)$，求解关于 f 的模方程小根 $(x_1, x_2, \cdots, x_v)$，求解方法与单变元情况类似，而且 Howgrave-Graham 定理也可推广到多变元情况。感兴趣的读者可自行查阅相关文献资料。

4. 模板消息攻击

模板消息(Stereotyped Messages)指每次发送的消息主体结构相同，只有部分特定位置的内容不同。例如消息："the password of the next period of time is :XXX"，每次发送只改变"XXX"的内容。这样的消息在日常生活中很常见，例如，平时收到的短信验证码，除了验证码外，其他部分的内容都是一样的；银行账户金额变动通知，只更改账号、时间、金额等几个关键信息。

使用 RSA 加密如上所述的模板消息是很不安全的。Coppersmith 提出了模板消息攻击方法，当消息的变化部分和 RSA 的加密指数足够小时，攻击者可以在多项式时间内破解该 RSA 密码。攻击者在已知这种固定的消息格式以及消息中固定的部分内容后，可以抽象出一个模方程，并使用 Coppersmith 方法构建一个合适的格，然后利用 LLL 算法得到该格中较短的约减基，进而求解该模方程的一个小根，从中解密感兴趣的信息。

【例 8-27】 Alice 经常发送模板消息："Your PIN code is XXXX"，每条消息只改变"XXXX"对应的内容，然后使用 RSA 加密上述消息。已知某次发送的密文 c 和公钥 (e, N)，

请恢复明文 m 。

$c = 2233192051597632432435810626438397273792322144461356418410767401847625908983783550631530181275647645947927875321974774883330059529879660969982397535552$

$(e, N) = (3, 10110084514115629346951658697317946198793068900976396411787247030968485351277529531208112150132268398491445431165551298378171453441165537872534493143889184222652806758619821679721168107651771850598066573244577054779454181461813132204974052027584784923105208079188405517860767125320335401932795136852947538926 9)$

令消息的固定部分 $m_0 = $ "Your PIN code is \x00\x00\x00\x00"，未知部分为 x ，将 m_0 转为整数，可以建立模方程 $f(x) = (m_0 + x)^e - c \pmod{N}$ 。根据 Coppersmith 求单变元模方程小根的方法可知，当 $|x_0| < X$ 、 $X \leqslant \frac{1}{2} N^{\frac{1}{d} - \epsilon}$ 时，可以在多项式时间内找到所有的小根 x_0 。代码如下：

```
1.  #stereotypedMsg_1.sage
2.  from Crypto.Util.number import long_to_bytes,bytes_to_long
3.  #load('coppersmith.sage') #运行时添加之前介绍的 Coppersmith 代码
4.  e,N = (3,10110084514115629346951658697317946198793068900976396411787247030968485351277529531208112150132268398491445431165551298378171453441165537872534493143889184222652806758619821679721168107651771850598066573244577054779454181461813132204974052027584784923105208079188405517860767125320335401932795136852947538926 9)
5.  c = 2233192051597632432435810626438397273792322144461356418410767401847625908983783550631530181275647645947927875321974774883330059529879660969982397535552
6.  #字符串转整数，未知部分用\x00 表示
7.  m0 = bytes_to_long(b'Your PIN code is \x00\x00\x00\x00')
8.  P.<x> = PolynomialRing(Zmod(N),implementation = 'NTL')  #多项式环
9.  pol = (m0 + x)^e - c                        #多项式
10. dd = pol.degree()                           #度
11. beta = 1                                    # b = N
12. epsilon = beta /7                           # < = beta / 7
13. mm = ceil(beta * * 2 / (dd * epsilon))      # optimized value
14. tt = floor(dd * mm * ((1/beta) - 1))        # optimized value
```

15.　　XX = ceil(N * * ((beta * * 2/dd) − epsilon)) # optimized value

16.　　roots = coppersmith_howgrave_univariate(pol, N, beta, mm, tt, XX)

17.　　for root in roots:

18.　　　print($'$x0 = $'$,long_to_bytes(root),$'$m = $'$,long_to_bytes(m0 + root))

运行结果如下：

x0 = b$'$4394$'$m = b$'$Your PIN code is 4394$'$

Sage 中集成了 Coppersmith 方法，直接利用 pol. small_roots( )即可求得模方程小根，pol. small_roots( )函数使用说明如下。

sage. rings. polynomial. polynomial_modn_dense_ntl. small_roots(self, X = None, beta = 1.0, epsilon = None, * * kwds)

• 参数 X：根的绝对边界值。

• 参数 beta：计算模 b 下的根，b 是 N 的一个因子，其中 $b \geqslant N^\beta$（缺省值：1.0，此时 $b = N$）。

• 参数 epsilon：参数 ε，缺省值 $\beta/8$。

上述例子对应的 Sage 解题代码如下：

1.　　♯ stereotypedMsg_2. sage

2.　　from Crypto. Util. number import long_to_bytes,bytes_to_long

3.　　msg = b$'$Your PIN code is 4394$'$

4.　　e,N = (3,10110084514115629346951658697317946198793068900976396411787247030968485351277529531208112150132268398491445431165551298378171453441165537872534493143889184222652806758619821679721168107651771850598066573244577054779454181461813132204974052027584784923105208079188405517860767125320335401932795136852947538926 9)

5.　　c = (bytes_to_long(msg)) * * e % N

6.　　print($'$c = $'$,c)

7.　　m0 = bytes_to_long(b$'$Your PIN code is \x00\x00\x00\x00$'$)

8.　　P.$<$x$>$ = PolynomialRing(Zmod(N),implementation = $'$NTL$'$)

9.　　pol = (m0 + x)$^{\wedge}$e − c

10.　roots = pol. small_roots(epsilon = 1/30)

11.　print($'$Potential solutions:$'$)

12.　for root in roots:

13.　　print(root,long_to_bytes(m0 + root))

5. Hastad 广播攻击

Hastad 广播攻击是指将一条重要消息 m 发送给 k 个用户，每次加密使用的公钥指数 e

都相同，且 $k \geqslant e$，模数 N 不同但互素。该攻击示意图如图 8.19 所示。

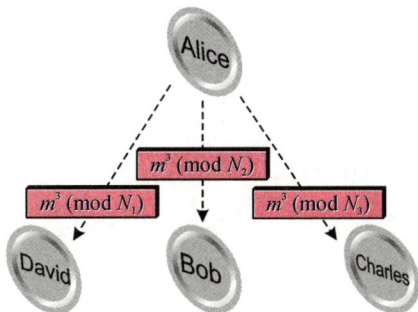

图 8.19　Hastad 广播攻击

这种加密方式非常不安全，攻击者截获密文后，可以通过中国剩余定理反推出明文。根据攻击场景有：

$$c_1 \equiv m^3 \pmod{N_1}$$
$$c_2 \equiv m^3 \pmod{N_2}$$
$$c_3 \equiv m^3 \pmod{N_3}$$

由中国剩余定理：

$$m^3 \equiv \{c_1 N_2 N_3 [(N_2 N_3)^{-1} \pmod{N_1}] + c_2 N_1 N_3 [(N_1 N_3)^{-1} \pmod{N_2}] +$$
$$c_3 N_1 N_2 [(N_1 N_2)^{-1} \pmod{N_3}]\} \pmod{N_1 N_2 N_3}$$

因为 $m < N_1$、$m < N_2$、$m < N_3$，所以 $m^3 < N_1 N_2 N_3$，$m^3 = m^3 \pmod{N_1 N_2 N_3}$，将上式右侧结果直接开三次方即可得到明文 m。

【例 8-28】　Alice 欲将一重要消息 m 发送给 A、B 和 C 三个人，使用 RSA 加密，公钥分别为 $(3, N_A)$、$(3, N_B)$ 和 $(3, N_C)$，已知模数 N_A、N_B、N_C 以及相应的密文 c_1、c_2、c_3，计算消息明文 m。

解题 Python 代码如下：

```
1.  #Hastad_crt.py
2.  from gmpy2 import  *
3.  from Crypto.Util.number import long_to_bytes
4.  #中国剩余定理
5.  def crt(moduluslist,cipherlist):
6.    M = 1
7.    for modulus in moduluslist:
8.        M * = modulus
9.    Mi = ['*'] * len(moduluslist)
```

```
10.        ti = ['*'] * len(moduluslist)
11.        for i in range(len(moduluslist)):
12.            Mi[i] = M // moduluslist[i]
13.            ti[i] = invert(Mi[i], moduluslist[i])
14.        res = 0
15.        for i in range(len(moduluslist)):
16.            res += cipherlist[i] * ti[i] * Mi[i]
17.        return res % M
18.
19.    if __name__ == '__main__':
20.        e = 3
21.        n = [9245064888216566856839109016971713835757613840589974527681616134431644999443554140604287450202433750162128364454949744632715643855295298277452679235619452354192786267753519333029787605485041551312002326299806309005267397847085971579153931687188950937117255391223977435698486265468789676087383749025900580476857958577458361251855335859896063849587366340833010096981275995963758329721106827479312137905472916978619931945434400748180494626387311026376170737575824740946120424124283407631877739918717497745499448442081604908717069311339764302716539899549382470988469546914660420190473379187397425725302899111432304753418508501904277711772373006543099077921097373552317823052570252978144835744949941108416471431004677]
22.        c = [3888258228708135874931546152380125474946661514284469046270955549178740193744742344210389419348042094107454539285138834481526756993055965951307065619892459403063906258025189400638530468133760632327248482047356847603778043611786518445058810893864132099145786478580573701281040504422332184017792293421890701268012883566853254627860193724809808999005233349057847375798626123207766954266507411969802654226242300965967704040276250440511648395550180630597000941240639594436903924794787338021756191515195234532012009428005364948065129903505049640442899984953998053359422275866948523632728833310801881613084705223064859838611145574492048876448904099955988522994886281592240127303728652805409448979154356041543763541444281]
23.        me = crt(n, c)
24.        m = iroot(me, 3)[0]
25.        mstr = long_to_bytes(m)
```

26.　　　print(mstr, mstr.decode()[::-1])

6. 线性填充 Hastad 广播攻击

Hastad 广播攻击表明用低加密指数加密相同的信息,发送给多个用户的方法是极不安全的。为抵御这种攻击,有方法在 RSA 加密之前,先用时间 t 对明文进行变换,变换后的明文 $m'=2^{|t|}m+t$,然后对 m' 进行加密。但事实证明这种线性填充方法也不安全。

问题可以转化为给定 k 个同余方程 $c_i \equiv (a_im+b_i)^e (\bmod N_i)$,$i=1,2,\cdots k$,$k>e$,其中 a_i、b_i 均已知,如何推断出 m?

Hastad 针对这种线性填充提出了一种更强的攻击方法,若攻击者了解发送方使用的线性变换方法,即已知 a_i 和 b_i 后,可利用中国剩余定理将多个模方程经过线性组合构造出一个新的模方程,而这一新的模方程可用 Coppersmith 算法求出所有小根。

假设对明文进行的线性处理 $f_i(x)=a_ix+b_i$,则 $c_i \equiv f_i(x)^e (\bmod N_i)$,可得到一组多项式模方程 $g_i(x)=\sum_{j=1}^{e} a_{ij}x^j=f_i(x)^e-c_i\equiv 0 \bmod N_i$,令 $N=\prod_{i=1}^{k} N_i$,$N_{\min}=\min(N_i)$,将 $g_i(x)$ 转化为首一多项式,利用中国剩余定理可构造 $g(x)$:

$$g(x)=\sum_{i=1}^{k} T_ig_i(x)=\sum_{i=1}^{k} T_i\sum_{j=1}^{e} a_{ij}x^j=\sum_{j=1}^{e} x^j\sum_{i=1}^{k} T_ia_{ij}\equiv 0 \bmod N$$

$$T_i \equiv \begin{cases} 1 \bmod N_j, & i=j \\ 0 \bmod N_j, & i\neq j \end{cases}, \quad T_i \text{ 为中国剩余系数}$$

$$g(m)\equiv 0 \bmod N$$

因为 $m<N_{\min}\leqslant N^{\frac{1}{k}}<N^{\frac{1}{e}}$,所以可用 Coppersmith 中求单变元模方程小根的方法计算 x。

【例 8-29】　Alice 第 1 秒发送的消息 $c_1 \equiv (2^1m+1)^e (\bmod N_1)$,第 2 秒发送的消息 $c_2 \equiv (2^2m+2)^e (\bmod N_2)$,第 3 秒发送的消息 $c_3 \equiv (2^3m+3)^e (\bmod N_3)$。若已知 $e=3$、$N_1=143$、$N_2=323$、$N_3=667$、$c_1=44$、$c_2=312$ 和 $c_3=134$,请恢复明文消息 m。

第一步,构造模方程 $g_i(x)$:

$$g_1(x)=\sum_{j=1}^{e} a_{1j}x^j=(2x+1)^3-44=8x^3+12x^2+6x-43$$
$$\equiv 8x^3+12x^2+6x+30808020\equiv 0(\bmod 143),$$

$$g_2(x)=\sum_{j=1}^{e} a_{2j}x^j=(4x+2)^3-312\equiv 64x^3+96x^2+48x+30807759\equiv 0(\bmod 323),$$

$$g_3(x)=\sum_{j=1}^{e} a_{3j}x^j=(8x+3)^3-134\equiv 512x^3+576x^2+216x+30807956$$
$$\equiv 0(\bmod 667)。$$

第二步，计算 T_i：

$$T_1 \equiv \begin{cases} 1 \bmod N_1 \\ 0 \bmod N_2, \\ 0 \bmod N_3 \end{cases} T_2 \equiv \begin{cases} 0 \bmod N_1 \\ 1 \bmod N_2, \\ 0 \bmod N_3 \end{cases} T_3 \equiv \begin{cases} 0 \bmod N_1 \\ 0 \bmod N_2, \\ 1 \bmod N_3 \end{cases}$$

由中国剩余定理可求出 $T_1 = 24129392$、$T_2 = 27278966$、$T_3 = 10207769$。

第三步，计算 $g(x)$：

$$g(x) = \sum_{i=1}^{k} T_i g_i(x)$$

$$= (8186758x^3 + 12280137x^2 + 21544100x + 9910286) +$$

$$(20602296x^3 + 95381x^2 + 15451722x + 25371346) +$$

$$(19815081x^3 + 26142974x^2 + 17505631x + 16858985)$$

$$= 17796072x^3 + 7710429x^2 + 23693390x + 21332554$$

$$= 0 (\bmod 30808063)$$

第四步，将 $g(x)$ 转化为首一多项式模方程，即两边同乘 $17796072^{-1} \bmod (30808063) = 152885$，$g(x) = x^3 + 23096x^2 + 13498736x + 24352984 \equiv 0 (\bmod 30808063)$。

第五步，利用 Coppersmith 算法计算出 $g(x)$ 的根。

计算结果为 $x_0 = 5$，因此明文 $m = 5$。

利用 Sage 实现线性填充 Hastad's 广播攻击（Hastad's Broadcast Attack With Linear Padding）的代码如下：

```
1.    #hastad_padding.sage
2.    def linear Padding Hastads(cArray,nArray,aArray,bArray,e = 3,eps = 1/8):
3.        """
4.        完成 Hastads attack on raw RSA with Linear Padding.
5.        RSA 加密形式：cArray[i] = pow(aArray[i] * msg + bArray[i],e,nArray[i])
6.        Where they are all encryptions of the same message.
7.        cArray = Ciphertext Array
8.        nArray = Modulus Array
9.        aArray = Array of 'slopes' for the linear padding
10.       bArray = Array of 'y-intercepts' for the linear padding
11.       e = public exponent
12.    """
13.        if(len(cArray) = = len(nArray) = = len(aArray) = = len(bAr-
```

ray))：

```
14.          k = len(cArray)
15.          for i in range(k)：
16.              cArray[i] = Integer(cArray[i])
17.              nArray[i] = Integer(nArray[i])
18.              aArray[i] = Integer(aArray[i])
19.              bArray[i] = Integer(bArray[i])
20.  #中国剩余定理构造 Ti
21.          TArray = [-1] * k
22.          for i in range(k)：
23.              arrayToCRT = [0] * k
24.              arrayToCRT[i] = 1
25.              print(arrayToCRT)
26.              TArray[i] = crt(arrayToCRT,nArray)
27.          print('TArray',TArray)
28.          P.<x> = PolynomialRing(Zmod(prod(nArray)))
29.          gArray = [-1] * k
30.  #gi(x)
31.          for i in range(k)：
32.              gArray[i] = pow(aArray[i] * x + bArray[i],e) - cArray[i]
33.          print('gi(x)',gArray)
34.  #Ti * gi(x)
35.          for i in range(k)：
36.              gArray[i] = TArray[i] * (pow(aArray[i] * x + bArray[i],e) - cArray[i])
37.          print('Ti * gi(x)',gArray)
38.  #g(x)
39.          g = sum(gArray)
40.          print('g',g)
41.  #g(x)转化为首一多项式
42.          g = g.monic()
43.          print('g 首一多项式',g)
44.  #coppersmith 求小根
45.          roots = g.small_roots(epsilon = eps)
```

```
46.          if(len(roots) = = 0):
47.              print("No Solutions found")
48.              return − 1
49.          return roots[0]
50.      else:
51.          print("CiphertextArray, ModulusArray, and the linear padding arrays
need to be of the same length")
52. if __name__ = = '__main__':
53.      e = 3  ♯公钥
54.      nArr = [143,323,667]  ♯模
55.      cArr = [44,312,134]  ♯密文
56.      aArr = [2,4,8]  ♯参数 a
57.      bArr = [1,2,3]  ♯参数 b
58.      msg = linearPaddingHastads(cArr,nArr,aArr,bArr,e = e,eps = 1/8)
59.      print('msg',msg)
```

7. Franklin–Reiter 消息相关攻击

Franklin 和 Reiter 提出了一种针对相关消息的攻击。相关信息是指第 $i+1$ 次加密的明文消息 m_{i+1} 与第 i 次的明文 m_i 满足关系式 $m_{i+1} = f(m_i) = am_i + b$。使用相同的公钥 (e, N) 加密 k 个此类明文，若加密指数 e 较小，则当通过某种方法获取 a、b 的值以及这 k 个密文后，该攻击方法通过欧几里得算法求多项式的最大公因子，可以有效恢复这 k 个明文。

假设 Alice 使用相同的公钥 $(e=3, N)$ 加密两个相关消息得到密文 c_1、c_2，消息 m_1、$m_2 \in z_n^*$，且二者满足关系式 $m_2 = f(m_1) = am_1 + b$，$c_i \equiv m_i^3 \bmod N$，当获取 c_1、c_2、a、b、N 的值后可通过如下关系式计算明文 m_i：

$$\frac{b(c_2 + 2a^3 c_1 - b^3)}{a(c_2 - a^3 c_1 + 2b^3)} = \frac{3a^3 bm_1^3 + 3a^2 b^2 m_1^2 + 3ab^3 m_1}{3a^3 bm_1^2 + 3a^2 b^2 m_1 + 3ab^3} = m_1 \bmod N$$

$$m_2 = f(m_1) = am_1 + b$$

而当 $e=5$ 时，假设 $c_1 \equiv m^5 \bmod N$，$c_2 = (m+1)^5 \bmod N$，可通过如下关系式计算 m：

$$P(m) = c_2^3 - 3c_1 c_2^2 + 3c_1^2 c_2 - c_1^3 + 37c_2^2 + 176c_1 c_2 + 37c_1^2 + 73c_2 - 73c_1 + 14$$

$$Q(m) = mP(m) = 2c_2^3 - c_1 c_2^2 - 4c_1^2 c_2 + 3c_1^3 + 14c_2^2 - 88c_1 c_2 - 51c_1^2 - 9c_2 + 64c_1 - 7$$

$$m = \frac{Q(m)}{P(m)}$$

对于任意的加密指数 e，给定两个上述类型的密文，总能找到两个多项式 $P(m)$、$Q(m)$，使得 $m = \dfrac{Q(m)}{P(m)}$，但是随着 e 的增长，寻找这样的多项式会愈加困难，所以需要寻

找更简单的方法。

令 x 表示未知明文 m，$c_1 \equiv x^5 \bmod N$，$c_2 \equiv (x+1)^5 \bmod N$，可以得到如下两个多项式关系：

$$g_1(x) = x^5 - c_1 \equiv 0 \bmod N$$

$$g_2(x) = (x+1)^5 - c_2 \equiv 0 \bmod N$$

其中，c_1、c_2 为已知常量。

使用欧几里得算法可以计算环 Z_N 上两个一元多项式的最大公因子：

$$\gcd(g_1(x), g_2(x)) \in Z_N[x]$$

因为 m 是 $g_1(x) \equiv 0 \bmod N$ 和 $g_2(x) \equiv 0 \bmod N$ 共同的根，所以 $x - m$ 是 $g_1(x)$ 和 $g_2(x)$ 的最大公因子，因此只要计算出二者的最大公因子即可恢复明文 m。这种攻击方法理论上对任意加密指数 e 均可用，但受到计算多项式最大公因子的速度的限制，时间复杂度至少为 $O(e\log^2 e)$。

【例 8-30】 Alice 使用 RSA 算法加密两条消息 m 和 $m+1$，使用的公钥相同，$e=3$、$N=55$，对应的加密结果分别为 $c_1=9$、$c_2=15$。请恢复明文 m。

根据 RSA 加密算法可得到如下方程：

$$g_1(x) = x^3 - 9 \equiv 0 \bmod 55$$

$$g_2(x) = (x+1)^3 - 15 \equiv 0 \bmod 55$$

因为 m 是两个方程共同的根，因此 $(x-m)$ 为两个多项式 $g_1(x) = x^3 - 9 \pmod{55}$ 和 $g_2(x) = (x+1)^3 - 15 \pmod{55}$ 的公因子，因此计算出公因子即可得到明文 m。

利用欧几里得算法计算 $g_1(x)$ 和 $g_2(x)$ 的最大公因子：

$$g_1(x) = x^3 - 9 \equiv x^3 + 46 \bmod 55$$

$$g_2(x) = (x+1)^3 - 15 \equiv x^3 + 3x^2 + 3x + 41 \bmod 55$$

$$x^3 + 3x^2 + 3x + 41 = (x^3 + 46) \cdot 1 + (3x^2 + 3x + 50)$$

$$x^3 + 46 = (3x^2 + 3x + 50) \cdot (-18x + 18) + (21x + 26)$$

$$3x^2 + 3x + 50 = (21x + 26) \cdot (8x + 40)$$

所以，$g_1(x)$ 和 $g_2(x)$ 的最大公因子为 $21x + 26$，$21^{-1} \pmod{55} = 21$，最大公因子转化为首一多项式为 $21 \cdot 21x + 26 \cdot 21 \pmod{55} \equiv x + 51$，可知 $-m = 51 \pmod{55}$，$m = -51 \pmod{55} = 4$。

验证 $m = 4$ 是否满足题目中的条件：

$$c_1 = 9 \equiv 4^3 \bmod 55 \quad c_2 = 15 \equiv (4+1)^3 \bmod 55$$

因此明文为 4。

利用 Sage 实现该攻击的代码如下：

```
1.   #FR_related.sage
```

```
2.   from Crypto.Util.number import long_to_bytes
3.   n = 55
4.   e = 3
5.   c1 = 9
6.   c2 = 15
7.   R.<x> = PolynomialRing(Zmod(n))
8.   g1 = x^e - c1   # c1 = m^e
9.   g2 = (x + 1)^e - c2   # c2 = (m + 1)^e
10.  # GCD is not implemented for rings over composite modulus in Sage
11.  # so we'll do it ourselves. Might fail in rare cases, but we
12.  # don't care.
13.  def myGcd(x, y):
14.      if y == 0:
15.          return x.monic()
16.      else:
17.          print('x = ',x)
18.          print('y = ',y)
19.          print('x % y = ',x % y)
20.      return myGcd(y, x % y)
21.
22.  v = myGcd(g2, g1)
23.  print('v = ',v)
24.  M = n - v.coefficients()[0]   # coefficient 0 = -m
25.  print('m = ',M)
26.  assert g1(M) == 0
27.  print('success!')
```

8. Coppersmith 短填充攻击

Franklin-Reiter 消息相关攻击可能在实际中并不能发挥很大作用，毕竟为了安全性，发送方一般会在加密前对明文进行随机填充，而不会发送两个使用相同公钥加密的相关信息，然而当随机填充的内容较短时，依然存在安全隐患，Coppersmith 提出了针对这种短填充的攻击方法。

Alice 欲将某一消息 M 发送给 Bob，首先将消息进行随机填充得到 M_1，然后使用 Bob 的公钥(e, N)加密填充后的消息，将密文 C_1 发送给 Bob，攻击者使用某种方法截获该密文，并阻止密文的发送，使 Bob 无法收到密文，等待一定时间后，Alice 发现 Bob 并未对其发送的消息进行响应，于是再次对明文进行随机填充得到 M_2，使用和上一次相同的公钥加密该消息，并将密文 C_2 再次发送给 Bob，攻击者再次截获该密文后可以利用 Coppersmith 短填充攻击方法恢复明文 M。

假设采取随机填充方式为将明文左移 k 比特，再加上一个 k 比特的随机数 R，公钥 $e=3$，则根据上述攻击场景和 RSA 加密公式可以得到关系式：

$$C_1 \equiv M_1^3 \equiv (2^k M + R_1)^3 (\bmod N)$$
$$C_2 \equiv M_2^3 \equiv (2^k M + R_2)^3 (\bmod N) \tag{8.36}$$

令 $m = 2^k M + R_1$，$R_2 = R_1 + r$，则可将式(8.36)转化为关系式：

$$C_1 \equiv m^3 (\bmod N)$$
$$C_2 \equiv (m+r)^3 (\bmod N) \tag{8.37}$$

观察上面两个关系式可以发现和之前介绍的 Franklin-Reiter 消息相关攻击中的关系式类似，只是参数 r 未知，因此若可以通过某种方法计算出 r 的值，那么就可以恢复明文 M。

求解参数 r 可利用 Coppersmith 算法。根据式(8.37)可找到方程：

$$f(x) = \text{resultant}_m [m^3 - C_1, (m+r)^3 - C_2]$$
$$= r^9 + (3C_1 - 3C_2)r^6 + (3C_1^2 + 21C_1 C_2 + 3C_2^2)r^3 + (C_1 - C_2)^3 \equiv 0 (\bmod N)$$

$f(x)$ 是单变元模方程，根据 Coppersmith 算法可知，若 $|r| < N^{\frac{1}{9}}$，则可以在多项式时间内恢复 r。知道参数 r 后，再利用 Franklin-Reiter 消息相关攻击方法恢复 m，然后执行随机填充的逆操作恢复明文 M。

【例 8-31】 Alice 欲将一条消息 m 发送给 Bob，使用 Bob 的公钥加密得到 c_1，将 c_1 发送给 Bob，但经过一段时间后 Bob 并未对此消息进行响应，Alice 认为 Bob 并未接收到此消息，于是对明文进行随机填充，使得 $m_2 = m + a$，将 m_2 加密得到 c_2，再次将 c_2 发送给 Bob，其中已知公钥 $e=3$、$N=55$，密文 $c_1=9$、$c_2=15$。请恢复消息明文 m。

根据题意有：

$$c_1 \equiv m^3 (\bmod N)$$
$$c_2 \equiv (m+a)^3 (\bmod N)$$

可找到一个不含 m 的方程：

$$f(x) = \text{resultant}_m [m^3 - c_1, (m+a)^3 - c_2]$$
$$= a^9 + (3c_1 - 3c_2)a^6 + (3c_1^2 + 21c_1 c_2 + 3c_2^2)a^3 + (c_1 - c_2)^3$$
$$\equiv a^9 - 18a^6 + 3753a^3 - 216 \equiv a^9 + 37a^6 + 13a^3 + 4 \equiv 0 (\bmod 55)$$

可以观察出 $a=1$ 是 $f(x) \equiv 0 (\bmod 55)$ 的根，因此随机填充的内容 $a=1$。

问题进一步转化为

$$c_1 \equiv m^3 (\bmod N)$$

$$c_2 \equiv (m+1)^3 \pmod N$$

可用前面介绍的 Franklin-Reiter 消息相关攻击方法恢复明文 m，具体求解过程可参考前面例题。利用 Sage 实现 Coppersmith 短填充攻击，代码如下：

```
1.  # short_pad.sage 恢复 r。知道参数 r 后，再利用 Franklin-Reiter Relate
2.  from Crypto.Util.number import long_to_bytes
3.  def short_pad_attack(c1, c2, e, n):
4.      PRxy.<x,y> = PolynomialRing(Zmod(n))
5.      PRx.<xn> = PolynomialRing(Zmod(n))
6.      PRZZ.<xz,yz> = PolynomialRing(Zmod(n))
7.      g1 = x^e - c1
8.      g2 = (x + y)^e - c2
9.
10.     q1 = g1.change_ring(PRZZ)
11.     q2 = g2.change_ring(PRZZ)
12.
13.     h = q2.resultant(q1)    # resultant
14.     print('res = ',h)
15.     h = h.univariate_polynomial()
16.     print('univariate_res = ',h)
17.     h = h.change_ring(PRx).subs(y = xn)
18.     print('changering_res = ',h)
19.     h = h.monic()    # 首一多项式
20.     print('monic_res = ',h)
21.
22.     kbits = n.nbits()
23.     diff = h.small_roots(X = 2^kbits, beta = 0.5)[0]    # Coppersmith 求小根
24.     return diff
25.
26. def related_message_attack(c1, c2, diff, e, n):
27.     PRx.<x> = PolynomialRing(Zmod(n))
28.     g1 = x^e - c1
29.     g2 = (x + diff)^e - c2
30. def myGcd(x, y):
31.     if y == 0:
```

```
32.          return x.monic()
33.      return myGcd(y, x % y)
34.      v = myGcd(g2, g1)
35.      M = n - v.coefficients()[0]    #coefficient 0 = -m
36.      return M
37.
38. if __name__ == "__main__":
39.      e = 3
40.      n = 55
41.      c1 = 9
42.      c2 = 15
43.      a = short_pad_attack(c1, c2, e, n)
44.      print('a = ',a)
45.      m = related_message_attack(c1, c2, a, e, n)
46.      print('m = ',m)
```

9. 高比特位已知攻击

我们知道 RSA 算法是基于大整数分解难题的，一旦模数 N 可在有效时间内被分解，那么该算法就会被攻破，所以 N 必须足够大，但即便 N 很大，若已知 N 的其中一个素因子 p 的 $\dfrac{k}{4}$ 高比特位（p 的长度为 k 比特），利用高比特位已知攻击的分解方法也可以成功分解 N。该方法同样利用了 Coppersmith 求解单变元模方程的算法，接下来详细介绍如何利用该方法分解模数 N。

定理：令 $N=pq$，$p<q<2p$，$0\leqslant\varepsilon<\dfrac{1}{4}$，$\widetilde{p}$ 为 p 的部分高比特位，$|p-\widetilde{p}|\leqslant\dfrac{1}{2\sqrt{2}}N^{\frac{1}{4}-\varepsilon}$，那么给定 N 和 $\widetilde{p}$，可以在多项式时间内分解 N。

证明：已知模数 $N=pq$，假设 p 的部分高比特位信息为 $\widetilde{p}$，p 的未知比特位为 x_0，则 $p=\widetilde{p}+x_0$。令 $f(x)=\widetilde{p}+x\pmod{p}$，则 x_0 为 $f(x)=0\pmod{p}$ 的根。$f(x)$ 是阶为 1 的单变元模多项式，可利用 Coppersmith 方法求其小根。

通过构造多项式 $f_i(x)$（用 $g_{i,j}(x)$ 和 $h_i(x)$ 表示，$g_{i,j}(x)=x^j N^{m-i} f^i(x)$，$0\leqslant j\leqslant d-1$，$0\leqslant i\leqslant m-1$，且 i、j 为整数，$h_i(x)=x^i f^m(x)$，$0\leqslant i\leqslant t-1$），以多项式 $f_i(xX)$ 的系数为基向量构造格，利用 LLL 算法对格进行格基约减，得到最短向量，然后利用最短向量得到满足 Howgrave Graham 定理的整数域上的方程 $g(x)$，求解 $g(x)=0$ 的根，得到

$f(x) = \widetilde{p} + x \pmod{p}$ 的根，即 p 的未知比特位为 x_0，从而得到 N 的素因子 $p = \widetilde{p} + x$，$q = \dfrac{N}{p}$。

根据 Copppersmith 定理可知，$p \geqslant N^{\beta}$，又因为 $p < q < 2p$，所以 $\sqrt{\dfrac{N}{2}} < p < \sqrt{N}$，故可取参数 $\beta = 0.4$、$\varepsilon = \dfrac{\beta}{7}$、$m = \left\lceil \dfrac{\beta^2}{d\varepsilon} \right\rceil$、$t = \left\lfloor dm\left(\dfrac{1}{\beta} - 1\right) \right\rfloor$、$X = \left\lceil N^{\frac{\beta^2}{d} - \varepsilon} \right\rceil$。

【例 8-32】 已知模数 $N = 323$，p 是 N 的一个素因子，p 的部分高比特位 $\widetilde{p} = 15$，请利用高比特位已知分解方法求 p 的值。

解：根据题意可构造模方程 $f(x) = \widetilde{p} + x \pmod{p}$，取参数 $\beta = 0.4$、$d = 1$、$\varepsilon = \dfrac{\beta}{7} = \dfrac{2}{35}$、$m = \left\lceil \dfrac{\beta^2}{d\varepsilon} \right\rceil = 3$、$t = \left\lfloor dm\left(\dfrac{1}{\beta} - 1\right) \right\rfloor = 4$、$X = 2$。

计算多项式 $f_i(x)$、$f_i(xX)$，因为 $d = 1$，所以只需计算 $g_i(x) = N^{m-i} f^i(x)$，$0 \leqslant i \leqslant 2$，且 i、j 为整数，$h_i(x) = x^i f^m(x)$，$0 \leqslant i \leqslant 3$。

$g_0(x) = N^3$，$g_0(xX) = 323^3 = 33698267$；

$g_1(x) = N^2 f(x)$，$g_1(xX) = N^2 f(xX) = 323^2 \cdot (15 + 2x) = 208658x + 1564935$；

$g_2(x) = N f^2(x)$，$g_2(xX) = N f^2(xX) = 323 \cdot (15 + 2x)^2 = 1292x^2 + 19380x + 72675$；

$h_0(x) = f^3(x)$，$h_0(xX) = f^3(xX) = (15 + 2x)^3 = 8x^3 + 180x^2 + 1350x + 3375$；

$h_1(x) = xf^3(x)$，$h_1(xX) = xX f^3(xX) = 2x(15 + 2x)^3 = 16x^4 + 360x^3 + 2700x^2 + 6750x$；

$h_2(x) = x^2 f^3(x)$，$h_2(xX) = (xX)^2 f^3(xX) = (2x)^2 (15 + 2x)^3 = 32x^5 + 720x^4 + 5400x^3 + 13500x^2$；

$h_3(x) = x^3 f^3(x)$，$h_3(xX) = (2xX)^3 f^3(xX) = (2x)^3 (15 + 2x)^3 = 64x^6 + 1440x^5 + 10800x^4 + 27000x^3$。

根据 $f_i(xX)$ 构造格 $\boldsymbol{B}$：

$$\boldsymbol{B} = \begin{bmatrix} 33698267 & 0 & 0 & 0 & 0 & 0 & 0 \\ 1564935 & 208658 & 0 & 0 & 0 & 0 & 0 \\ 72675 & 19380 & 1292 & 0 & 0 & 0 & 0 \\ 3375 & 1350 & 180 & 8 & 0 & 0 & 0 \\ 0 & 6750 & 2700 & 360 & 16 & 0 & 0 \\ 0 & 0 & 13500 & 5400 & 720 & 32 & 0 \\ 0 & 0 & 0 & 27000 & 10800 & 1440 & 64 \end{bmatrix}$$

使用 LLL 算法对格 $\boldsymbol{B}$ 进行格基约减，得到 $\boldsymbol{B}^{\text{LLL}}$：

$$\boldsymbol{B}^{\text{LLL}} = \begin{bmatrix} 358 & -190 & 528 & -568 & 64 & 0 & -192 \\ 276 & -420 & -120 & 360 & -640 & -32 & 576 \\ -62 & -846 & 28 & 96 & 400 & 512 & -128 \\ -320 & 276 & -356 & -320 & -304 & 64 & 960 \\ 632 & -68 & -460 & -376 & 528 & -384 & 128 \\ -54 & -794 & 256 & 416 & 560 & -832 & 448 \\ -383 & -582 & -412 & -576 & -912 & -1152 & -896 \end{bmatrix}$$

$\boldsymbol{B}^{\text{LLL}}$ 第一行对应的向量是该格中最短向量，利用该向量构造 $g(xX) = -192x^6 + 64x^4 - 568x^3 + 528x^2 - 190x + 358$，则 $g(x) = -3x^6 + 4x^4 - 71x^3 + 132x^2 - 95x + 358$。$g(x) = 0$ 时，$x = 2$，所以 2 是素因子 p 的低比特位的值，因此 $p = \tilde{p} + x = 15 + 2 = 17$，模数 N 的另一个素因子 $q = \dfrac{N}{p} = \dfrac{323}{17} = 19$。

利用 Sage 实现高比特位已知分解方法，代码如下：

方法一

```
1. #highfactor1.sage
2. N = 17 * 19
3. high_p = 15
4. P.<x> = PolynomialRing(Zmod(N), implementation = 'NTL')
5. pol = high_p + x
6. dd = pol.degree()
7. beta = 0.4    # b = N
8. epsilon = beta /7                              # < = beta / 7
9. mm = ceil(beta * * 2 / (dd * epsilon))         # optimized value
10. tt = floor(dd * mm * ((1/beta) - 1))          # optimized value
11. XX = ceil(N * * ((beta * * 2/dd) - epsilon))  # optimized value
12. roots = coppersmith_howgrave_univariate(pol, N, beta, mm, tt, XX)
13. print('x0 = ', roots)
```

方法二

```
1. #highfactor2.sage
2. N = 17 * 19
3. high_p = 15
4. PR.<x> = PolynomialRing(Zmod(N), implementation = 'NTL')
```

5. pol = (high_p + x)

6. roots = pol.small_roots(X = 3, beta = 0.4)

7. print(roots)

10. Boneh and Durfee(BD)攻击

为了快速生成 RSA 签名信息，我们会试图使用较小的私钥指数 d，但事实证明这种方法是很不安全的。Wiener 提出，如果 $d < N^{0.25}$，那么通过公钥 (N, e) 可以很容易计算出私钥 d，RSA 系统就会被攻破。Boneh 和 Durfee[56] 进一步研究表明只要 $d < N^{0.292}$，就可以计算出私钥 d。Boneh 和 Durfee attack 利用了 Coppersmith 算法求解双变元模方程小根的方法，下面详细介绍该方法原理。

设 (N, e) 为 RSA 公钥，$N = pq$，由密钥生成原理知 $ed \equiv 1 \bmod \phi(n)$。若 $\phi(n) = (p-1)(q-1) = N - p - q + 1$，且 p、q 为素数，则 $\phi(n)$ 为偶数，$ed \equiv 1 \bmod \dfrac{\phi(n)}{2}$，存在整数 k 满足以下等式：

$$ed \equiv k\,\frac{\phi(n)}{2} + 1 = k\left(\frac{N+1}{2} - \frac{p+q}{2}\right) + 1 \tag{8.38}$$

$$k\left(\frac{N+1}{2} - \frac{p+q}{2}\right) + 1 \equiv 0 \bmod e \tag{8.39}$$

在式(8.39)中，k 和 $-\dfrac{p+q}{2}$ 是未知的，令 $x = k$、$A = \dfrac{N+1}{2}$、$y = -\dfrac{p+q}{2}$，可得到模方程 $f(x, y) = x(A + y) + 1 \equiv 0 \bmod e$。

令 $e = N^{\alpha}$，假设私钥 $d < N^{\delta}$，根据式(8.38)可得 $|x| = |k| < \dfrac{2de}{\phi(n)} \leqslant \dfrac{3de}{N} < 3e^{1 + \frac{\delta-1}{\alpha}}$。因为一般使用 RSA 加密时 p、$q \approx N^{\frac{1}{2}}$，所以 $|y| \approx N^{\frac{1}{2}}$。当 e 很大，达到 $e \approx N$，即 $\alpha \approx 1$ 时，忽略某些常数可得到 $|x| < e^{\delta}$。

因此，BD 攻击可看作求解以下问题：给定整数 A，求解 $f(x, y) = x(A + y) + 1 \equiv 0 \bmod e$ 的根，并且满足 $|y| \approx N^{\frac{1}{2}}$，$|x| < e^{\delta}$，$\delta < 0.292$。

由此可利用 Coppersmith 计算双变元模方程小根的方法求解 x 和 y。与求解单变元模方程小根的方法类似，求解双变元模方程小根的方法同样利用 Howgrave-Graham 定理将问题转换为求解整数域上方程的小根。

Howgrave-Graham 定理在解决双变元模方程小根时的定义如下。

定理：令 $g(x, y)$ 是一个双变元多项式，最多有 n 个单项式，m 是一个正整数，并且满足条件 $g(x_0, y_0) \equiv 0 (\bmod\ e^m)$，$|x_0| \leqslant X$，$|y_0| \leqslant Y$，$\|g(xX, yY)\| < \dfrac{e^m}{\sqrt{n}}$，则有 $g(x_0, y_0) = 0$

在整数域上成立。

根据上述定理可知，我们需要寻找一个多项式 $g(x,y)$，使得 $g(x,y)\equiv 0 \bmod e^m$ 与 $f(x,y)\equiv 0 \bmod e$ 具有相同的根，且 $g(xX,yY)$ 欧氏范数较小。寻找 $g(x,y)$ 的方法与求解单变元模方程时类似，通过构造一系列的多项式 $f_i(x,y)$，使用这些多项式的系数构造格，并对格进行格基约减，得到最短向量，利用最短向量来构造 $g(x,y)$。但由于求解的是二元方程，所以需要两个满足上述条件的 $g(x,y)$。Coppersmith 提出使用 LLL 格基约减后的两个最短向量来构造两个 $g(x,y)$，过程如图 8.20 所示。

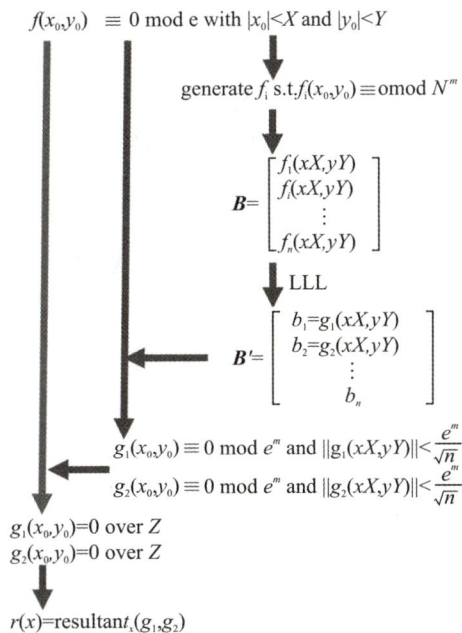

图 8.20 Coppersmith 构造 $g(x,y)$ 的过程

通过上图中所示的 $r(x)$ 可计算出 x_0 的值，将 x_0 代入 $g_1(x_0,y_0)=0$ 可得到 y_0 的值。但是由于得到的 g_1 和 g_2 并不一定相互独立，因此不能保证每次都能计算出 x_0 和 y_0。

Boneh 和 Durfee 提出使用以下方法来构造多项式 $f_i(x,y)$（用 $g_{i,k}(x,y)$ 和 $h_{j,k}(x,y)$ 表示）

for $k=0,\cdots,$：
$$g_{i,k}(x,y)=x^i f^k(x,y)e^{m-k}, \text{ for } i=0,\cdots,m-k$$
$$h_{j,k}(x,y)=y^j f^k(x,y)e^{m-k}, \text{ for } j=0,\cdots,t$$

将 $g_{i,k}(x,y)$ 称为 x 移位器，$h_{j,k}(x,y)$ 称为 y 移位器。使用多项式 $f_i(xX,yY)$ 的系数构造格，通过调整参数使得格的行列式不超过 e^{mn}，当 $d<N^{0.284}$ 时，可以使用 LLL 算法求出私钥 d 的值。Boneh 和 Durfee 通过移除某些 y 移位器进行改进，提高 d 的上界至

$d < N^{0.292}$。因为构造的矩阵是三角阵，所以处于主对角线上的元素的值小于 e^m 时，该元素对应的向量才是最有帮助的向量。因此，当构造的多项式中包含超过 e^m 的单项式时，就将该多项式对应的向量移除。

当 $m=2$、$t=1$ 时，构造的矩阵为

	1	x	xy	x^2	x^2y	x^2y^2	y	xy^2	x^2y^3
e^2	e^2								
xe^2			e^2X						
fe	e	eAX	eXY						
x^2e^2				e^2X^2					
xfe		eX		eAX^2	eX^2Y				
f^2	1	$2AX$	$2XY$	A^2X^2	$2AX^2Y$	X^2Y^2			
ye^2							e^2Y		
yfe			$eAXY$				eY	eXY^2	
yf^2			$2AXY$		A^2X^2Y	$2AX^2Y^2$	Y	$2XY^2$	X^2Y^3

移除不合适向量后的矩阵为

	1	x	xy	x^2	x^2y	x^2y^2	y	xy^2	x^2y^3
e^2	e^2								
xe^2			e^2X						
fe	e	eAX	eXY						
x^2e^2				e^2X^2					
xfe		eX		eAX^2	eX^2Y				
f^2	1	$2AX$	$2XY$	A^2X^2	$2AX^2Y$	X^2Y^2			
yf^2			$2AXY$		A^2X^2Y	$2AX^2Y^2$	Y	$2XY^2$	X^2Y^3

显然，此时矩阵不是三角阵，这导致不容易计算出矩阵的行列式。

Herrmann 和 May[57] 提出的 unravelled linearization 方法，可以提高 d 的上界至 $d < N^{0.292}$，同时构造的矩阵是下三角矩阵。

首先对原多项式进行适当的线性化，令 $f(x,y)=x(A+y)+1=1+xy+Ax=u+Ax \equiv 0 \bmod e$，即将待求解问题转化为 $\bar{f}(u,x)=u+Ax \equiv 0 \bmod e$，$u=1+xy$。构造的多项式 $\bar{f}_i(u,x,y)$ 转化为

$$\bar{g}_{i,k}(u,x)=x^i\,\bar{f}^k(u,x)e^{m-k},\ \text{for } k=0,\cdots,m \text{ and for } i=0,\cdots,m-k$$

$$\bar{h}_{j,k}(u,x,y)=y^j\,\bar{f}^k(u,x)e^{m-k},\ \text{for } j=1,\cdots,t \text{ and for } k=\left\lfloor \frac{m}{t} \right\rfloor \cdot j,\cdots,m$$

通过上述多项式 $\bar{f}_i(uU,xX,yY)$ 构造的矩阵为下三角矩阵，即

$$
\begin{array}{c}
\begin{array}{ccccccc}
1 & x & u & x^2 & ux & u^2 & u^2y
\end{array}\\
\begin{array}{c}
e^2\\
xe^2\\
\bar{f}e\\
x^2e^2\\
x\bar{f}e\\
\bar{f}^2\\
y\bar{f}^2
\end{array}
\left[
\begin{array}{ccccccc}
e^2 & & & & & & \\
& e^2X & & & & & \\
& eAX & eU & & & & \\
& & & e^2X^2 & & & \\
& & & eAX^2 & eUX & & \\
& & & A^2X^2 & 2AUX & U^2 & \\
& -A^2X & -2AU & & A^2UX & 2AU^2 & U^2Y
\end{array}
\right]
\end{array}
$$

由此我们便可以通过 LLL 算法得到两个满足 Howgrave-Graham 定理且相互独立的多项式 $\bar{f}_i(xy+1,x,y)$，根据两个方程 $\bar{f}_i(xy+1,x,y)=0$ 可以计算出其共同的根 (x_0,y_0)，由 Howgrave-Graham 定理可知 (x_0,y_0) 即为 $\bar{f}(u,x)$ 的根。根据 $ed=x(A+y)+1$，将 (x_0,y_0) 代入可得到私钥 d。

【**例 8 - 33**】　已知 RSA 加密时的公钥为 $N=15621$，$e=14059$，请利用 BD 攻击计算私钥 d。

根据 BD 攻击原理构造的模方程为

$$f(x,y)=x(A+y)+1\equiv 0 \bmod e$$

$$A=\frac{N+1}{2}=7811,\ \delta<0.292$$

$$|y|\approx Y=N^{\frac{1}{2}}\approx 124,\ |x|<X=e^{\delta}\approx 16,\ U=XY+1=1985$$

令 $u=1+xy$，$\bar{f}(u,x)=Ax+u=7811x+u$

令参数 $m=4$，$t=[(1-2\delta)m]=1$

构造的 x 移位器：

$\bar{g}_{i,k}(u,x)=x^i\bar{f}^k(u,x)e^{m-k}$, for $k=0,\cdots,4$ and for $i=0,\cdots,4-k$

$\bar{g}_{0,0}(u,x)=e^4=39067689169341361$

$\bar{g}_{1,0}(u,x)=xe^4=39067689169341361x$

$\bar{g}_{2,0}(u,x)=x^2e^4=39067689169341361x^2$

$\bar{g}_{3,0}(u,x)=x^3e^4=39067689169341361x^3$

$\bar{g}_{4,0}(u,x)=x^4e^4=39067689169341361x^4$

$\bar{g}_{0,1}(u,x)=\bar{f}^1(u,x)e^3=2778838407379u+21705506800037369x$

$\bar{g}_{1,1}(u,x)=x^1\bar{f}^1(u,x)e^3=2778838407379ux+21705506800037369x^2$

$\bar{g}_{2,1}(u,x)=x^2\bar{f}^1(u,x)e^3=2778838407379ux^2+21705506800037369x^3$

$\bar{g}_{3,1}(u,x) = x^3 \bar{f}^1(u,x)e^3 = 2778838407379ux^3 + 21705506800037369x^4$

$\bar{g}_{0,2}(u,x) = \bar{f}^2(u,x)e^2 = 197655481u^2 + 3087773924182ux + 12059301060892801x^2$

$\bar{g}_{1,2}(u,x) = x^1 \bar{f}^2(u,x)e^2 = 197655481u^2x + 3087773924182ux^2 + 12059301060892801x^3$

$\bar{g}_{2,2}(u,x) = x^2 \bar{f}^2(u,x)e^2 = 197655481u^2x^2 + 3087773924182ux^3 + 12059301060892801x^4$

$\bar{g}_{0,3}(u,x) = \bar{f}^3(u,x)e = 14059u^3 + 329444547u^2x + 2573291356617ux^2 + 6699992928845129x^3$

$\bar{g}_{1,3}(u,x) = x \bar{f}^3(u,x)e = 14059u^3x + 329444547u^2x^2 + 2573291356617ux^3 + 6699992928845129x^4$

$\bar{g}_{0,4}(u,x) = \bar{f}^4(u,x) = u^4 + 31244u^3x + 366070326u^2x^2 + 1906250210924ux^3 + 3722430099381841x^4$

构造的 y 移位器：

$\bar{h}_{1,4}(u,y) = y\bar{f}^4(u,x) = u^4y + 31244u^3xy + 366070326u^2x^2y + 1906250210924ux^3y + 3722430099381841x^4y = u^4y + 31244u^4 + 366070326u^3x + 1906250210924u^2x^2 + 3722430099381841ux^3 - 31244u^3 - 366070326u^2x - 1906250210924ux^2 - 3722430099381841x^3$

利用 $\bar{g}_{i,k}(uU,xX)$、$\bar{h}_{i,k}(uU,yY)$ 构造格基矩阵，然后利用 LLL 算法进行格基约减，找到两个相互独立的方程，求解出相应的 x 和 y，进而计算出私钥 d 的值。具体运算过程通过代码来实现。

利用 Sage 实现 BD 攻击。

11. Boneh Durfee Frankel(BDF)攻击

现实中，通过错误攻击、时间攻击和能量分析等侧信道攻击，攻击者能够恢复私钥 d 的部分比特位，但是难以恢复整个私钥。1998 年，Dan Boneh、Glenn Durfee 和 Yair Frankel[58]提出部分私钥泄露攻击，证明在使用 RSA 加密消息时，若使用的公钥 $e < \sqrt{N}$，且通过某种方法可获得私钥 d 的 $\frac{n}{4}$ 低有效比特位(模数 N 和 d 的长度均为 n 比特)，那么攻击者可以在多项式时间内分解模数 N。这种攻击方法也被称为 LSBs(Least Significant Bits)泄露攻击，下面详细介绍该攻击方法的原理。

1) 定义参数，并计算相互约束条件

已知公钥 e 很小，$N = pq$，N 的长度为 n 比特，p、q 是两个大素数，假设 $4 < \frac{\sqrt{N}}{2} < q < p < 2\sqrt{N}$，那么 $s = p + q < 3\sqrt{N}$，$p = \frac{1}{2}(s + \sqrt{s^2 - 4N})$。

因为 $1 \leqslant e$、$d < \phi(N)$，$ed \equiv 1 \bmod \phi(N)$，所以 $ed - k\phi(N) - 1 = 0$。又因为 $d < \phi(N)$，所以 $k < e$。

2）LSBs 泄露攻击问题的转换

假设已知私钥 d 的 $\frac{n}{4}$ 低有效比特位 d_0，即 $d_0 = d \bmod 2^{\frac{n}{4}}$。

因为

$$ed - k\phi(N) - 1 = ed - k\left(N - p - \frac{N}{p} + 1\right) = 0$$

两边同时模 $2^{\frac{n}{4}}$，并令 $x = p$ 得

$$ed_0 - 1 - k\left(N - x - \frac{N}{x} + 1\right) \equiv 0 \bmod 2^{\frac{n}{4}}$$

两边同乘 x 得

$$kx^2 + (ed_0 - 1 - k(N+1))x + kN \equiv 0 \bmod 2^{\frac{n}{4}}$$

令 $f_k(x) = kx^2 + (ed_0 - 1 - k(N+1))x + kN$，则有

$$f_k(x) \equiv 0 \bmod 2^{\frac{n}{4}}$$

显然 $f_k(x)$ 的系数中只有 k 是未知的。因为 e 很小且为已知，$k < e$，所以可以遍历 k 的值，计算 $f_k(x) \equiv 0 \bmod 2^{\frac{n}{4}}$ 的根，得到 $p_0 = p \bmod 2^{\frac{n}{4}}$ 的候选值。

已知 p 的 $\frac{n}{4}$ 低有效比特位，假设未知的高比特位的值为 $2^{\frac{n}{4}}x$，构造方程 $g(x) = 2^{\frac{n}{4}}x + p_0 \equiv 0 \bmod p$，与高比特位已知分解攻击类似，利用 Coppersmith 求解单变元模方程小根的方法可以得到 $g(x)$ 的根 x_0。根据 $p = 2^{\frac{n}{4}}x_0 + p_0$，可计算 p 的值，成功分解模数 N。

【例 8-34】　以下代码提供了公钥 (n, e)、密文 c 和私钥 d 的低 512 比特，请恢复明文。

1.　n = 0xd463feb999c9292e25acd7f98d49a13413df2c4e74820136e739281bb394a73f2
d1e6b53066932f50a73310360e5a5c622507d8662dadaef860b3266222129fd645eb74a0207af9
bd79a9794f4bd21f32841ce9e1700b0b049cfadb760993fcfc7c65eca63904aa197df306cad8720
b1b228484629cf967d808c13f6caef94a9L

2.　e = 3

3.　m = random.getrandbits(512)

4.　c = pow(m,e,n) = 0xcaeeb38516d642a19550fa863173f4695c3b44bd5a5554b1e93cf
b690d5c1de531b7f1187f7d8c8c11da38af025f19d393033d0ca801e15d6d8441098485f13ab98
8d09ef1f4f5a735e19780c823cf77415884c33a1f7908cf4229874c082eb7ceb776bafb182b86f
dabd29b07bcb8e3f2f50ee4cc0f323e8d9ce320139bcd27L

5.　d = invmod(e,(p-1)*(q-1))

6. d&((1<<512) − 1) = 0x603d033f2ef6c759aec839f132a45215fc8a635b757f3951a731fe60bc6729b3bcf819b57abfcaba3a93e9edef766c0d499cad3f7adb306bcf1645cfb63400e3L

7. long_to_bytes(m).encode('hex') = ???

根据题目可知，公钥 e 很小，且已知私钥的低 512 比特，所以可用 BDF 攻击方法恢复私钥，解密得到明文。Sage 代码如下：

```
1.  # Boneh_Durfee_ Frankel.sage
2.  def partial_p(p0, kbits, n):
3.      PR.<x> = PolynomialRing(Zmod(n))
4.      nbits = n.nbits()
5.      f = 2^kbits * x + p0
6.      f = f.monic()
7.      roots = f.small_roots(X = 2^(nbits//2 − kbits), beta = 0.3)  # find
root < 2^(nbits//2 − kbits) with factor >= n^0.3
8.      if roots:
9.          x0 = roots[0]
10.         p = gcd(2^kbits * x0 + p0, n)
11.         return ZZ(p)
12. def find_p(d0, kbits, e, n):
13.     X = var('X')
14.     for k in range(1, e + 1):
15.         results = solve_mod([e * d0 * X − k * X * (n − X + 1) + k * n == X],
2^kbits)
16.         print('result', results)
17.         for x in results:
18.             p0 = ZZ(x[0])
19.             p = partial_p(p0, kbits, n)
20.             if p:
21.                 return p
22. if __name__ == '__main__':
23.     n = ...
24.     e = 3
```

```
25.        d0 = …
26.        c = …
27.        beta = 0.5
28.        epsilon = beta^2/7
29.        nbits = n.nbits()
30.        kbits = 512
31.        print ("lower %d bits (of %d bits) is given" % (kbits, nbits))
32.        p = find_p(d0, kbits, e, n)
33.        print ("found p: %d" % p)
34.        q = n//p
35.        d = inverse_mod(e, (p-1)*(q-1))
36.        m = pow(c,d,n)
37.        print('plain',hex(m))
38.        print(pow(m,e,n) = = c)
```

8.4.6　RSA 后门密钥生成算法

RSA 后门密钥生成算法[60]是使用可逆转置函数（Permutation Function）$\pi_\beta(x)$来嵌入后门β并使用β来隐藏加解密指数对(ε,δ)或p的部分比特位，知道后门β的黑客或者监管方就能够从正常用户的公钥(n,e)中找到隐藏的加解密指数对(ε,δ)或p的部分比特位信息，根据这些信息就可以利用前述的各种攻击方法（参考 8.3.4 小节）来分解模数n，得到p、q、d。RSA 后门密钥生成算法流程如图 8.21 所示。

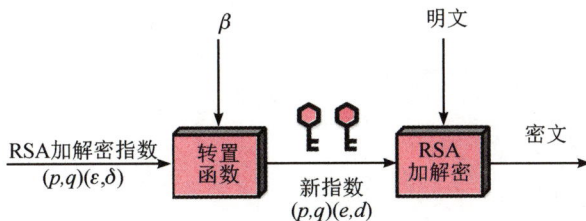

图 8.21　RSA 后门密钥生成算法流程

其中转置函数$\pi_\beta(x)$既可以通过后门β来隐藏信息，也可以通过β来找到隐藏的信息。转置函数的返回值可以认为是经伪随机置换（PRP，即 Pseudo-Random Permutation）后得到的值。转置函数$\pi_\beta(x)$常见形式有如下几种。

形式一：$\pi_\beta(x)=x\oplus(2\beta)\rfloor_{|x|}$（$|x|$表示$x$对应二进制的比特数，$(2\beta)\rfloor_{|x|}$指选取整

数 2β 的低 $|x|$ 位比特，而 $(2\beta)^\daleth |_x|$ 指选取整数 2β 的高 $|x|$ 比特位），这是最简单且最容易计算的转置函数。

形式二：$\pi_\beta(x)=\mathrm{DES}_\beta(x)\text{ or }\pi_\beta(x)=\mathrm{AES}_\beta(x)$，DES 或 AES 分别是对称密码算法。

形式三：$\pi_\beta(x)=x^{-1}\bmod\beta(2^{k-1}-2^{\frac{k}{2}}\leqslant\beta\leqslant2^{k-1}+2^{\frac{k}{2}}$，$k=|n|$，$\beta$ 为素数），适用于 x 固定为 k 比特的情况。

形式四：基于模 $n+1$ 运算的转置函数。

$\pi_\beta(x)=(x+2\beta)\bmod(n+1)(n\leqslant\beta\leqslant2n$，$\beta$ 为固定参数)；

$\pi_{\beta,\mu}(x)=(x+2\beta)\bmod(n+1-2m)(n\leqslant\beta\leqslant2n$，$m\equiv\mu\bmod\lfloor\sqrt{(n)}\rfloor$，$\sqrt{n}\leqslant\mu\leqslant2\sqrt{n})$。

1. 隐藏小私钥指数(Hidden Small Private Exponent δ)

RSA - HSD$_\beta$ 后门密钥生成算法是使用转置函数 $\pi_\beta(x)$ 来嵌入后门 β 并使用 β 来隐藏加解密指数对 (ε,δ)(其中 $|\delta|\leqslant\dfrac{k}{4}$，$k=|n|$)，使得产生的新加密指数 e 满足 $|e|\approx|n|$。根据公钥 (n,e) 以及转置函数恢复出加密指数 ε，再由 $|\delta|$ 位数小于 $k/4$，利用 Wiener 低解密指数或者 Boneh Durfee 攻击(适用于 $\delta\leqslant n^{0.292}$ 的情况)得到与加密指数 ε 对应的解密指数 δ。知道了加解密指数 (ε,δ)，就可以对模数 n 进行分解得到 (p,q)，最终由公钥指数 e 恢复解密指数 d。

具体的后门密钥生成过程如下：

(1) 生成素数 p、q，计算 $n=p\times q$，模数 n 长度为 k 个比特；

(2) 重复以下步骤；

(3) 选择奇数 δ，使得 $\gcd(\delta,\phi(n))=1$，$|\delta|\leqslant\dfrac{k}{4}$；

(4) 计算 $\varepsilon=\delta^{-1}\bmod\phi(n)$，$e=\pi_\beta(\varepsilon)$；

(5) 直到 $\gcd(e,\phi(n))=1$；

(6) 计算 $d=e^{-1}\bmod\phi(n)$；

(7) 返回 (p,q,d,e)。

后门利用攻击如下：

(1) 给定 (n,e)，计算 $\varepsilon=\pi_\beta^{-1}(e)$；

(2) 利用 Wiener 低解密指数攻击从 (n,ε) 计算得到 δ；

(3) 根据 (ε,δ) 对模数 n 进行分解得到 (p,q)；

(4) 返回 (p,q)。

【例 8 - 35】 小私钥指数后门。

后门密钥生成：

(1) 不妨假设随机生成素数 $p=131$、$q=761$，那么模数 $n=99691$，模数对应比特长度

$|k|=17$；

(2) 任取 $\delta=7$，由于 $\gcd(7,437)=1$ 且 $|\delta|\leqslant 17/4$，那么进一步计算 δ 模 $\phi(n)$ 的逆得到 $\varepsilon=42343$；

(3) 选取置换函数 $\pi_\beta(x)=x\oplus(2\beta)\rfloor_{|x|}$ 且 $\beta=46565165165$，$(2\beta)\rfloor_{|x|}=2157$，令 $x=\varepsilon$，那么 $e=\pi_\beta(\varepsilon)=2157$；

(4) 由于 $\gcd(e,\phi(n))=1$，计算 e 模 $\phi(n)$ 的逆元 $d=96693$。

后门利用攻击：

(1) 根据已知的公钥 $(n=99691,e=2157)$ 和后门 $\beta=46565165165$，那么根据置换函数计算 $\varepsilon=\pi_\beta(e)=42343$；

(2) 通过 Wiener 低解密指数攻击计算出 $\delta=7$；

(3) 进而分解模数 n 得到 p 和 q。

2. 隐藏小公钥素指数

RSA - HSPE$_\beta$ 后门密钥生成算法是使用转置函数 $\pi_\beta(x)$ 来嵌入后门 β 并使用 β 来隐藏加解密指数对 (ε,δ)（其中 $|\varepsilon|=\dfrac{k}{4}$，$k=|n|$）。根据公钥 (n,e) 可以恢复出加密指数 ε 和解密指数 δ 的部分比特位，再使用 BDF 低加密指数攻击恢复完整的解密指数 δ，最后由加解密指数 (ε,δ) 分解模数 n。

密钥生成过程如下：

(1) 生成素数 p、q，计算 $n=p\times q$，模数 n 长度为 k 个比特；

(2) 重复以下步骤；

(3) 选择一个素数 ε，使得 $\gcd(\varepsilon,\phi(n))=1$，$|\varepsilon|=\dfrac{k}{4}$；

(4) 计算 $\delta=\varepsilon^{-1}\bmod\phi(n)$，$\delta_H=\delta\rceil^{\frac{k}{4}}$，$e=\pi_\beta(\delta_H\|\varepsilon)$，符号 "$\|$" 表示拼接；

(5) 直到 $\gcd(e,\phi(n))=1$；

(6) 计算 $d=e^{-1}\bmod\phi(n)$；

(7) 返回 (p,q,d,e)。

如果上述算法第 (4) 步当中 δ_H 和 ε 的比特数都是 $k/4$，那么两部分拼接以后产生的新加密指数 e 满足 $\sqrt{n}<e<\phi(n)$。

后门利用攻击如下：

(1) 给定 (n,e)，计算 $(\delta_H\|\varepsilon)=\pi_\beta^{-1}(e)$；

(2) 利用 8.4.5 小节的 BDF 攻击从 (n,δ_H,ε) 计算得到 δ；

(3) 根据 (ε,δ) 对模数 n 进行分解得到 (p,q)；

(4) 返回 (p,q)。

3. 隐藏小公钥指数

RSA-HSE$_\beta$ 后门密钥生成算法是使用转置函数 $\pi_\beta(x)$ 来嵌入后门 β 并使用 β 来隐藏加解密指数 (ε,δ)($|\varepsilon|=t,1\leqslant t\leqslant\frac{k}{2}$，$k=|n|$)，使得产生的新加密指数 e 满足 $\sqrt[4]{n}<e<\ \phi(n)$。根据公钥 (n,e) 可以恢复出加密指数 ε 和解密指数 δ 的部分比特位，再使用以下的 BDF 低加密指数攻击[58,Theorem 9] 就可以恢复完整的解密指数 δ。

定理（Theorem 9）：整数 t 取值范围 $[1,k/2]$，e 取值范围 $[2^t,2^{t+1}]$，已知 d 的 $k/4$ 位最低有效位，那么就可以在多项式时间内分解模数 n。

由此构造的 RSA 后门密钥生成过程如下：

（1）生成素数 p、q，计算 $n=p\times q$，模数 n 长度为 k 个比特；

（2）重复以下步骤；

（3）选择一个素数 ε，使得 $\gcd(\varepsilon,\phi(n))=1$，$|\varepsilon|=t$；

（4）计算 $\delta=\varepsilon^{-1}\bmod\phi(n)$，$\delta_H=\delta\rceil^t,\delta_L=\delta\rfloor_{k/4}$，$e=\pi_\beta(\delta_H\parallel\delta_L\parallel\varepsilon)$，符号"$\parallel$"表示拼接；

（5）直到 $\gcd(e,\phi(n))=1$；

（6）计算 $d=e^{-1}\bmod\phi(n)$；

（7）返回 (p,q,d,e)。

对应的 RSA 后门利用攻击如下：

（1）给定 (n,e)，计算：$(\delta_H\parallel\delta_L\parallel\varepsilon)=\pi_\beta^{-1}(e)$；

（2）利用定理给出的 BDF 攻击从 $(n,\delta_H,\delta_L,\varepsilon)$ 计算得到 δ；

（3）根据 (c,δ) 对模数 n 进行分解得到 (p,q)；

（4）返回 (p,q)。

4. 隐藏素因子

RSA-HP$_\beta(e)$ 后门密钥生成算法将模数 n 的素因子 p 长度为 $\frac{k}{4}$（$k=|n|$）的高比特位隐藏在模数 n 中，模数 n 无论在循环中更新多少次，它的前 $\frac{k}{8}$ 的比特值保持不变。根据公钥 (n,e) 找出隐藏在模数 n 中 p 的部分比特位，再使用 8.4.5 小节的第 9 种攻击方法可以直接分解模数 n。

RSA 后门的密钥生成过程如下：

（1）公钥指数 e 取值固定，如 3、17、65537，随机选择一个素数 p，且 $\gcd(e,p-1)=1$；

（2）选择一个奇数 q'，计算 $n'=pq'$；

（3）计算 $\tau=n'\rceil^{k/8}$，$\mu=\pi_\beta(p\rceil^{k/4})$，$\gamma=n'\rfloor_{5k/8}$；

(4) 令 $n=(\tau\parallel\mu\parallel\gamma)$，$q=\lfloor n/p\rfloor+(1\mp1)/2$，确保 q 为奇数；

(5) 如果 $\gcd(e,q-1)>1$，或者 q 为合数，随机选择一个偶数 m，其比特长度 $|m|=k/8$，令 $q=q\oplus m$，$n=p\times q$；

(6) 计算 $d=e^{-1}\bmod\phi(n)$；

(7) 返回 (p,q,d,e)。

相应的 RSA 后门利用攻击如下：

(1) 给定 n，计算 $(p\lceil^{k/4})=\pi_{\beta}^{-1}(n\lceil^{\frac{3k}{8}}\rfloor_{\frac{k}{4}})$；

(2) 利用 8.4.5 节的 Coppersmith 部分信息泄露攻击分解模数 n；

(3) 返回 (p,q)。

习　　题

1. 若今天是星期五，问从今天算起的第 2^{2019} 天后是星期几？

参考答案：由于 $2^3\equiv8\equiv1(\bmod 7)$，因此

$$2^{2019}\equiv(2^3)^{673}\equiv1(\bmod 7)$$

若今天是星期五，那么 2^{2019} 天后是星期六。

2. 模 n 下大数的幂乘的快速算法在很多密码算法中都有应用，请编程实现。

参考答案：

```
1.    def fastExpMod(b, e, n)：  #计算b^e%n
2.        result = 1
3.        e = int(e)
4.        while e ! = 0：
5.            if e % 2 ! = 0：
6.                e - = 1
7.                result = (result * b) % n
8.                continue
9.            e >> = 1
10.           b = (b * b) % n
11.       return result
```

3. 求出所有不超过 $n=100$ 的素数。

参考答案：小于等于 $\sqrt{100}(=10)$ 的所有素数 2、3、5、7。将 100 以内的每个数依次除

以 2、3、5、7，只要这个数除以 2、3、5、7 中的任意一个数的余数为 0，那么这个数不是素数；否则，这个数是素数。

4. 计算 $127 * x \equiv 833 \pmod{1012}$。

参考答案：

模 $1012 = 4 * 11 * 23$。

计算式两边对 4 取模得$-x \equiv 1$，因此 $x \equiv -1 \equiv 3 \pmod 4$；

计算式两边对 11 取模得 $6x \equiv 8$，因此 $3x \equiv 4$，$12x \equiv x \equiv 16 \pmod{11}$；

计算式两边对 23 取模得 $12x \equiv 5$，因此 $24x \equiv x \equiv 10 \pmod{23}$；

由中国剩余定理可知：

$x \equiv 3 * (11 * 23) + 16 * (4 * 23 * 3) + 10 * (4 * 11 * 11) \equiv 10015 \equiv 907 \pmod{1012}$。

5. Linux 系统自带的 openssl 工具可用于产生 RSA 算法的公钥和私钥，请举例说明其生成过程。

参考答案：

（1）创建密钥

$ openssl genrsa -out t1.key 2048

（2）PEM 格式转 DER 格式

$ openssl rsa -inform pem -outform der -in t1.key -out t1.der

（3）使用 AES 加密 RSA 密钥

$ openssl rsa -aes128 -in t1.key -out t1out.pem

（4）显示公钥

$ openssl rsa -in rsa1.pem -pubout -text

6. 求解同余方程组 $\begin{cases} 5x \equiv 7 \bmod 12 \\ 7x \equiv 1 \bmod 10 \end{cases}$。

参考答案：由于 $(12,10) \neq 1$，不能直接利用中国剩余定理，需要先进行变形：

$$\begin{cases} 5x \equiv 7 \bmod 12 \Leftrightarrow \begin{cases} 5x \equiv 7 \bmod 3 \\ 5x \equiv 7 \bmod 4 \end{cases} \\ 7x \equiv 1 \bmod 10 \Leftrightarrow \begin{cases} 7x \equiv 1 \bmod 5 \\ 7x \equiv 1 \bmod 2 \end{cases} \end{cases} \Leftrightarrow \begin{cases} x \equiv 2 \bmod 3 \\ x \equiv 3 \bmod 4 \\ x \equiv 3 \bmod 5 \end{cases}$$

这时 3、4、5 两两互素，直接利用中国剩余定理，有

$$a_1 = 2, a_2 = 3, a_3 = 3$$
$$M_1 = 20, M_2 = 15, M_3 = 12$$

$$M_1^{-1} \equiv 2 \bmod 3，M_2^{-1} \equiv 3 \bmod 4，M_3^{-1} \equiv 3 \bmod 5$$
$$x \equiv 20 \times 2 \times 2 + 15 \times 3 \times 3 + 12 \times 3 \times 3 \equiv 23 (\bmod 60)$$

7. 设 $a=963$ 和 $b=657$，① 求最大公因数 (a,b)；②求整数 s，t，使得 $as+bt=(a,b)$。

参考答案：利用欧几里得算法可得

$963 = 1 \times 657 + 306$	$9 = 7 \times 657 - 15 \times (963 - 657) = 22 \times 657 - 15 \times 963$
$657 = 2 \times 306 + 45$	$9 = 7 \times (657 - 2 \times 306) - 306 = 7 \times 657 - 15 \times 306$
$306 = 6 \times 45 + 36$	$9 = 45 - (306 - 6 \times 45) = 7 \times 45 - 306$
$45 = 1 \times 36 + 9$	$9 = 45 - 36$
$36 = 4 \times 9$	

于是有

① 963 和 657 的最大公因数 $(963,657) = 9$；

② $s=22$，$t=-15$，使得 $657 \times 22 + 963 \times (-15) = (963,657) = 9$。

8. 求 3^{462} 被 253 除所得的余数。

参考答案：因为 $253 = 11 \times 23$，$\varphi(11) = 10$，$\varphi(23) = 22$。

由费马小定理知

$$3^{462} = (3^{10})^{46} \times 3^2 \equiv 9 \bmod 11$$
$$3^{462} = (3^{22})^{21} \equiv 1 \bmod 23$$

从而，3^{462} 是下述同余方程组的一个解，

$$\begin{cases} x \equiv 9 \bmod 11 \\ x \equiv 1 \bmod 23 \end{cases}$$

运用中国剩余定理求上述方程组的解为 $x \equiv 185 (\bmod 253)$，即求 3^{462} 被 253 除所得的余数为 185。

9. 使用素性检测方法找出 10000 以内的所有素数。

参考答案：

```
1. import random
2.
3. def fastExpMod(b, e, n):
4.     result = 1
5.     e = int(e)
6.     while e ! = 0:
7.         if e % 2 ! = 0:
8.             e -= 1
9.             result = (result * b) % n
10.            continue
```

```
11.            e >> = 1
12.            b = (b * b) % n
13.     return result
14. # 基于米勒-拉宾算法对随机取得 p,q 两个数进行素性检测
15. def miller_rabin_test(n):
16.     p = n-1
17.     k = 0
18. # 寻找满足 n-1 = 2^k * p 的 k,p 两个数
19.     while p % 2 = = 0:
20.         k + = 1
21.         p / = 2
22.     b = random.randint(2, n - 2)
23. # 若 a^q  mod n=1,则 n 可能是素数
24.     if fastExpMod(b, int(p), n) = = 1:
25.         return True
26. # 检验六次,若存在若 a^q  mod n=n-1,则 n 可能为素数
27.     for i in range(0,7):
28.         if fastExpMod(b, (2 * * i) * p, n) = = n-1:
29.             return True
30. # 返回 n 为合数
31.     return False
32.
33. find_prime = [2,3]
34. for i in range(4,1000):
35.     if miller_rabin_test(i) = = True:
36.         find_prime + = [i]
37. print(find_prime)
```

10. 请使用 RSA 密钥生成算法生成公钥和私钥对,要求该密钥可以加密对应整型长度为 999 比特的字符串。

参考答案:

```
1.   >>>import rsa
2.
3.   >>>(PublicKey,PrivateKey) = rsa.newkeys(1024)
4.   >>>PublicKey(131293474365881319546570866001470010043455634041 6642
```

5711981046949366387526814011445299731689485600386334135237542558935991971816467689675581276938610252506027221526143078246133624942551097031836691211077101429252150131041536544091943961504660001420722249750249707060719144036873014028966661788131882984375 2239，65537)

5. ＞＞＞PrivateKey(13129347436588131954657086600147001004345563404166425711981046949366387526814011445299731689485600386334135237542558935991971816467689675581276938610252506027221526143078246133624942551097031836691211077101429252150131041536544091943961504660001420722249750249707060719144036873014028966661788131882984375 2239，65537，1074295827222849041104240763130571934720891767319872100958212372644113296497247911491520990964898180748535944753680703942154033077620060199652067681185709625090608026528513129892509486158231291045746925972116364414578017452730591195952622925606323660180565042499440423020938112426836175838244341925185808184 73，44150323938221747793217653889507257033823484261172496810554113489231303285655385550054169234816477032756318010330462134385301809171753863958328544286218410844811349，29737828096028564584579252103482332651820577446894741095528943808322463297897025401759072774914936106703679095725956375202314796194607902766826 11)

6. ♯(n,e) = (13129347436588131954657086600147001004345563404166425711981046949366387526814011445299731689485600386334135237542558935991971816467689675581276938610252506027221526143078246133624942551097031836691211077101429252150131041536544091943961504660001420722249750249707060719144036873014028966661788 1318829843752239，65537)

7. ♯(n,d) = (13129347436588131954657086600147001004345563404166425711981046949366387526814011445299731689485600386334135237542558935991971816467689675581276938610252506027221526143078246133624942551097031836691211077101429252150131041536544091943961504660001420722249750249707060719144036873014028966661788 1318829843752239，1074295827222849041104240763130571934720891767319872100958212372644113296497247911491520990964898180748535944753680703942154033077620060199652067681185709625090608026528513129892509486158231291045746925972116364414578017452730591195952622925606323660180565042499440423020938112426836175838244341925185808184 73)

由于模数 n 的长度为 1024 且大于 999，所以以上生成密钥满足题目要求。

11. 请用题 9 的密钥对字符串 $s=$ 'Kites rise highest against the wind.' 进行加密，并写出加密过程。

参考答案：首先，将字符串 s 转换为整型：

1. from Crypto.Util.number import bytes_to_long
2.
3. s = 'Kites rise highest against the wind.'
4. m = bytes_to_long(s.encode())
5. print(m)

得到 m :

1. 14650041501371295015405798145006962644114154640411857923912369375479139467778814629585 4

再对字符串对应的整型 m 进行加密：

1. import encrypt
2.
3. c = encrypt(m)
4. print(c)

得到密文 c :

1. 11241336600998240877089468811553165700034601304305234056538875268084769907941310329735224237743007737555217323965893423672179481629893200304739497670801158330390366382128274338725786055816203856508082870501614388410756183809707913587954207230322585346776536226746095973280820865298499068656512424300033202018711

12. 参考 Pollard's $p-1$ 实现代码，分析其中可能的优化策略。

参考答案：

- 选取 $a=2$，乘法相当于位运算；
- $\gcd(a^{B!}-1, N)=\gcd(a^{B!}-1 \bmod N, N)$，显然计算 $a^{B!}-1 \bmod N$ 更好；
- 并不需要每次都算一遍 gcd，选取合适的间隔来减少计算 gcd 的次数；
- 若 $p_1, p_2, \cdots, p_n$ 这些素数是随机在小于 B 的数中选取，那么其中最大的素数大概率要大于 $0.8B$。因此在 $j<0.8B$ 之间不计算 gcd，节省时间。

13. 根据 B 光滑数定义，给出整数 720 的素数因子分解，并给出 B 光滑数。

参考答案：

一个整数如果其所有的素因子都小于 B，则称之为 B 光滑数。720 的因子分解为 $2^4 \times 3^2 \times 5$，因此，$B=5$。

14. 设 $n=1829$，因子基 $FB=\{-1, 2, 3, 5, 7, 11, 13\}$，试用 Dixon 算法分解 n。

参考答案：

计算 $\sqrt{n}=42.77$、$\sqrt{2n}=60.48$、$\sqrt{3n}=74.04$、$\sqrt{4n}=85.53$，由此取 $z=42$、43、61、74、85、86。然后计算 $z^2 \bmod n$ 在 FB 上的分解，以下所有式子都是基于模 n 进行计算的。

$$z_1^2=42^2=-65=(-1)\times5\times13$$
$$z_2^2=43^2=20=2^2\times5$$
$$z_3^2=61^2=63=3^2\times7$$
$$z_4^2=74^2=-11=(-1)\times11$$
$$z_5^2=85^2=-91=(-1)\times7\times13$$
$$z_6^2=86^2=80=2^4\times5$$

根据上述 6 个分解式，从而得到 $(Z_2)^7$ 中的 6 个向量，如下：

$$a_1=(1,0,0,1,0,0,1)$$
$$a_2=(0,0,0,1,0,0,0)$$
$$a_3=(0,0,0,0,1,0,0)$$
$$a_4=(1,0,0,0,0,1,0)$$
$$a_5=(1,0,0,0,1,0,1)$$
$$a_6=(0,0,0,1,0,0,0)$$

其中满足 $\sum\limits_i a_i=(0,0,0,0,0,0,0)$ 的组合有很多，例如 a_2+a_6、$a_1+a_2+a_3+a_5$，能够得到 n 的分解的相关关系是

$$a_1+a_2+a_3+a_5=(0,0,0,0,0,0,0)$$

得到的对应同余式是

$$(42\times43\times61\times85)^2\equiv(2\times3\times5\times7\times13)^2 \bmod 1829$$

化简得到

$$1459^2\equiv901^2 \bmod 1829$$

由此得到 n 的一个非平凡因子

$$\gcd(1459+901,1829)=59$$

15. 若大整数 n_1 和 n_2 存在公共因数，给出分解方法和实现代码。

参考答案：

不妨假设两次公钥中使用的模数 n_1 和 n_2 具有公共因数 p，n_1 存在另一因数 q_1，n_2 存在另一个因数 q_2，则有以下公式

$$n_1=pq_1$$
$$n_2=pq_2$$

那么，使用欧几里得算法可以直接计算出 n_1 和 n_2 的公共因素 $\gcd(n_1,n_2)=p$，q_1 和 q_2 也可以计算得到。

16. 证明 Rabin 解密的正确性。

17. 计算以下 RSA 参数所对应的 flag 明文。

参考答案(flag：wctf2020{dp_leaking_1s_very_d@angerous})：

1. e = 65537

2. n = 1568083435985787749573756968151889806821667406093028310996964920682463371987925108988184962391663390152073051021014316342831685444929845865667999964711502523821441482572367072472675061656708775063702531276953141639870840764625600954566358336507206063378521993623621208087079259138979565277809304235743432878847

3. c = 10854207880905777466674806623547329249534375379044396602063606080741839373725869635256934562148895809485630586560310088583867259176407215718333613924358843558310442326892143947311324449382169256096044368804899455746352609998530366724362371145484157392223305128956186559972200410713430207030123734540035425786⁹

   (c = 10854207880905777466674806623547329249534375379044396602063606080741839373725869635256934562148895809485630586560310088583867259176407215718333613924358843558310442326892143947311324449382169256096044368804899455746352609998530366724362371145484157392223305128956186559972200410713430207030123734540354257869)

4. dp = 734763139918837027274765680404546851353356952885439663987181004382601658386317353877499122276686150509151221546249750373865024485652349719427182780275825

18. 以下是某 CTF 比赛的解题代码，试着根据解题代码还原服务端题目。

```
1.  from pwn import *
2.  e = 0x10001
3.  n = 0x0b765daa79117afe1a77da7ff8122872bbcbddb322bb078fe0786dc40c9033fadd639adc48c3f2627fb7cb59bb0658707fe516967464439bdec2d6479fa3745f57c0a5ca255812f0884978b2a8aaeb750e0228cbe28a1e5a63bf0309b32a577eecea66f7610a9a4e720649129e9dc2115db9d4f34dc17f8b0806213c035e22f2c5054ae584b440def00afbccd458d020cae5fd1138be6507b0b1a10da7e75def484c5fc1fcb13d11be691670cf38b487de9c4bde6c2c689be5adab08b486599b619a0790c0b2d70c9c461346966bcbae53c5007d0146fc520fa6e3106fbfc89905220778870a7119831c17f98628563ca020652d18d72203529a784ca73716db
4.  c = 0x4f377296a19b3a25078d614e1c92ff632d3e3ded772c4445b75e468a9405de05d15c77532964120ae11f8655b68a630607df0568a7439bc694486ae50b5c0c8507e5eecdea4654eeff3e75fb8396e505a36b0af40bd5011990663a7655b91c9e6ed2d770525e4698dec9455db17db38fa4b99b53438b9e09000187949327980ca903d0eef114afc42b771657ea5458a4cb399212e943d139b7ceb6d5721f546b75cd53d65e025f4df7eb8637152ecbb6725962c7f66b714556d754f41555c691a34a798515f1e2a69c129047cb29a9eef466c206a7f4dbc2cea1a46a39ad3349a7db56c1c997dc181b1afcb76fa1bbbf118a4ab5c515e274ab2250dba1872be0
```

```
5.    left = 0
6.    right = n
7.    num = 0
8.    import gmpy2
9.    while right - left > 2:
10.       num + = 1
11.       tmp = gmpy2. powmod(2, num * e, n)
12.       senddata = hex((c * tmp) % n)[2:]
13.       io = remote('220.249.52.134', 37540)
14.       io. recv()
15.       io. sendline(senddata)
16.       ans = io. recvline(). decode()[: - 1]
17.       print(ans)
18.       if ans = = 'odd':
19.             left = (left + right)//2 if (left + right) % 2 = = 0 else (left +
right)//2 + 1
20.       else:
21.             right = (left + right)//2 if (left + right) % 2 = = 0 else (left +
right)//2 + 1
22.       print(right - left)
23. print((left, right))
24. import gmpy2
25. while gmpy2. powmod(left, e, n)! = c:
26.       left - = 1
27. print(left)
28. from  Crypto. Util import number
29. print(number. long_to_bytes(left))
```

19. 在 RSA 选择明文攻击当中，是否可以通过加密 m、m^2、m^3、m^4 等具有倍数关系的明文来恢复模数 n，请编程验证你的想法。

20. 在 RSA Byte/Bits Oracle 攻击当中，能否通过给服务端 Oracle 发送 $c \times 256^{-e}$，达到一次直接恢复 8 个比特明文消息的效果。

参考答案：推导和 RSA Parity Oracle 变种攻击类似。

第 9 章 基于离散对数的公钥密码体制

在公钥密码体制中，除了基于大整数分解难题的 RSA 算法之外，还有另一类基于离散对数难题的密码体制，而且其安全性要远高于基于大整数分解难题的 RSA。本章在简要说明离散对数相关数学基础上，介绍基于离散对数的 ElGamal 密码和 Diffie-Hellman 密钥交换算法，然后分析上述密码体制的安全性。

9.1 离散对数基础

9.1.1 群概念

设 G 是一个具有某种代数运算"$\circ$"的非空集合，并且满足下面的条件：

(1) 封闭性(Closure)，对 $\forall a, b \in G$，有

$$a \circ b = c \in G$$

(2) 结合律(Associative Property)，对 $\forall a, b, c \in G$，有

$$(a \circ b) \circ c = a \circ (b \circ c)$$

(3) 存在单位元(Identity Elements)，G 中存在一个元素 e，对 $\forall a \in G$，有

$$e \circ a = a \circ e = a$$

(4) 存在逆元(Inverse Element)，对 $\forall a \in G$，均存在一个元素 $a^{-1} \in G$，使得

$$a \circ a^{-1} = a^{-1} \circ a = e$$

则称非空集合 G 关于代数运算 $\circ$ 构成一个群，记为 $(G, \circ)$，或者简记为 G。例如，整数集合 Z 对于加法运算构成一个群，这个群称为整数加法群，其单位元为 0，群中任意元素 a 的逆元为 $-a$；同理，有理数集合、实数集合以及复数集合对于加法运算均构成群。

若群上的运算 $\circ$ 还满足交换律(Commutative Property)，即对于 $\forall a, b \in G$ 都有

$$a \circ b = b \circ a$$

则称群为交换群或者阿贝尔群。例如，整数集合、有理数集合、实数集合以及复数集合对于加法运算构成的群均为交换群。

若群中只含有有限个元素，则称群为有限群；若群中含有无限多个元素，则称群为无限群。一个有限群 G 中的元素个数称为群的阶，即为 $|G|$。

【例 9 - 1】 整数加法群为无限群，整数模 n 加法群为有限群，且其阶为 n。

对于整数加法群，单位元是 0，逆元是每个整数的负数。

9.1.2　循环群

设 G 是一个关于运算"$\circ$"构成的群，若 $\exists a \in G$，使得对于 $\forall g \in G$，均有

$$g = \overbrace{a \circ a \circ \cdots \circ a}^{n\text{个}}$$

也就是说，群 G 中的每个元素都可以由 n 个 a 通过运算"$\circ$"计算得到，则 G 称为由 a 生成的循环群，记作 $G = \langle a \rangle$，元素 a 称为该群 G 的生成元。若群的阶为∞，则该循环群称为无限循环群；若群的阶为一整数，则该循环群称为有限循环群。

特别地，若 G 的代数运算为乘法运算，则 $\langle a \rangle = \{a^n \mid n \in Z\}$；若 G 的代数运算为加法运算，则 $\langle a \rangle = \{n \times a \mid n \in Z\}$。

【例 9 - 2】 整数加法群是无限循环群，其生成元为 1，每个元素均可由多个 1 通过加法运算求得。

所有与 n 互素、且小于 n 的正整数构成的集合是 $\{x \mid 1 \leqslant x < n$ 且 $(x,n)=1\}$，该集合关于模运算 $\otimes: a \otimes b = a \times b \bmod n$ 构成一个群 Z_n^*，也称简化剩余系群。该群是有限循环群且阶为 $\phi(n)$，每个元素均可由群的生成元 a 通过模幂运算求得，记作 $\langle a \rangle = \{a^x \bmod n \mid 0 < x \leqslant \phi(n)\}$。这一类群是 ElGamal 密码体制的数学基础，读者应重点关注。

【例 9 - 3】 以 $Z_7^* = \{1,2,3,4,5,6\}$ 为例，该群的一个生成元为 $a = 5$，当 a 的模幂指数分别为 1、2、3、4、5、6 时，有

$$5^1 \equiv 5 \bmod 7, \ 5^2 \equiv 4 \bmod 7, \ 5^3 \equiv 6 \bmod 7$$

$$5^4 \equiv 2 \bmod 7, \ 5^5 \equiv 3 \bmod 7, \ 5^6 \equiv 1 \bmod 7$$

则群中的每个元素均可表示为 $a^x \bmod n$，其中 $x \leqslant \phi(n)$。故该群是一个循环群，其阶为 6。

另外，若群的一个生成元为 a，则 $\exists x, y$ 满足 $x \equiv y \bmod n$ 的充分必要条件为 $a^x \equiv a^y \bmod n$。以 Z_7^* 为例，群的阶为 6，生成元为 5。所有模 6 运算结果为 1 的整数构成集合 $[1] = \{\cdots, -5, 1, 7, 13, 19, \cdots\}$，该集合中的元素两两同余。对 $\forall x \in [1]$，$5^x \bmod 7$ 均相等，即

$$\cdots \equiv 5^{-5} \equiv 5^1 \equiv 5^7 \equiv 5^{13} \equiv \cdots \equiv 5 \bmod 7$$

由此可得，该群存在一个循环，循环周期在数值上与群的阶相等，这里循环周期为 6。

1. 循环群的子群

这里以乘法运算为例讨论循环群的子群。

若循环群 G 为有限群，阶为 N，且 $N = \prod\limits_{i=1}^{n} p_i^{e_i}$，其中 p_i 为 N 的素因子，G 的一个生成元为 g。计算 $g^* = g^{N/p_i^{e_i}}$，则以 g^* 为生成元可以得到 G 的一个子群 G^*，且 G^* 的阶为 $p_i^{e_i}$。

【例 9-4】 在例 9-3 的基础上计算 Z_7^* 的子群。Z_7^* 的阶为 $N = 6 = 2 \times 3$，该群的一个生成元 $g = 5$，选择 $p_i^{e_i} = 3$ 并计算 $g^* = 5^{6/3} \bmod 7 = 5^2 \bmod 7 = 4$，则以 g^* 为生成元得到的子群的阶为 $p_i^{e_i} = 3$，且该子群的元素有

$$(5^2)^1 \equiv 4^1 \equiv 4 \bmod 7, \quad (5^2)^2 \equiv 4^2 \equiv 2 \bmod 7, \quad (5^2)^3 \equiv 4^3 \equiv 1 \bmod 7$$

不难看出，生成元为 g^* 且阶为 3 的子群的元素分别为主群中模幂指数为 2、4、6 的元素。

若生成元为 g，阶为 N 的循环群 G 可以表示为 $\{g^1, g^2, g^3, \cdots, g^N\}$，则其生成元为 g^* 的子群可以表示为 $\{(g^*)^1, (g^*)^2, (g^*)^3, \cdots, (g^*)^{p_i^{e_i}}\}$。子群的阶为 $p_i^{e_i}$，且子群的每个元素为主群的第 $N/p_i^{e_i}$、$2N/p_i^{e_i}$、$3N/p_i^{e_i}$、$\cdots$、$(p_i^{e_i}-1)N/p_i^{e_i}$、N 个元素。循环群的子群也是循环群，循环群与其子群的关系如图 9.1 所示。

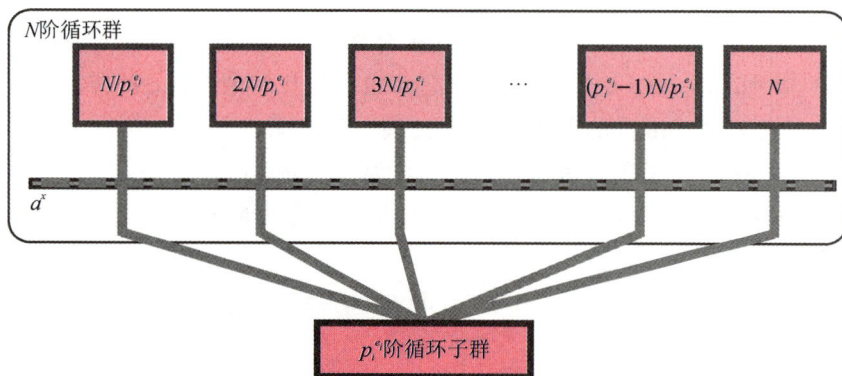

图 9.1 循环子群的生成过程

若循环群 G 为无限群且其生成元为 a，则该群可以表示为

$$\langle a \rangle = \{\cdots, a^{-3}, a^{-2}, a^{-1}, a^0, a^1, a^2, a^3, \cdots\}$$

计算 $a^* = a^n, n \in Z$，则以 a^* 为生成元得到的子群为

$$\langle a^* \rangle = \{\cdots, a^{-3n}, a^{-2n}, a^{-n}, a^0, a^n, a^{2n}, a^{3n}, \cdots\}$$

2. 循环群的生成元

由于 ElGamal 公钥密码主要是依赖群 Z_n^* 来实现的,因此这里重点讨论群 Z_n^* 的生成元。

群 Z_n^* 存在生成元的充要条件是模数 n 的因子分解应该满足 $n=2$、4、p^e、$2p^e$,其中 p 为奇素数,e 为正整数。例如,若 $n=49=7^2$,则该群有生成元;若 $n=48=3\times 2^4$,则该群没有生成元。若该群有生成元,则生成元的个数为 $\phi(\phi(n))$;若 n 为一素数,则生成元的个数为 $\phi(n-1)$。

设 $\phi(n)=p_1^{e_1}\cdot p_2^{e_2}\cdots p_k^{e_k}$,其中 p_1、p_2、$\cdots$、p_k 为素数因子。对于整数 g,若 $(g,n)=1$,则 g 为生成元的充要条件是:对 $\forall i=1,2,\cdots,k$,均满足

$$g^{\phi(n)/p_i}\neq 1 \bmod n$$

【例 9 - 5】 以整数模 7 的简化剩余系乘法群 Z_7^* 为例,$\phi(7)=6=2\times 3$,其中,$p_1=2$、$p_2=3$,于是:

$$\frac{\phi(7)}{p_1}=3,\frac{\phi(7)}{p_2}=2$$

所以整数 g 为生成元的充要条件是:$g^3\neq 1 \bmod 7$,$g^2\neq 1 \bmod 7$,$(g,7)=1$。

因为 $2^3\equiv 1 \bmod 7$,$2^2\equiv 4 \bmod 7$,所以 2 不是生成元;因为 $3^3\equiv 6 \bmod 7$,$3^2\equiv 2 \bmod 7$,所以 3 是该群的一个生成元。

9.1.3 离散对数问题

设 $G=\langle a\rangle$ 是循环群。给定 G 中的一个元素 h,找到正整数 k,使得
$$h=a^k$$
我们把 k 称为 h 相对于生成元 a 的离散对数,记作 $k=\log_a h$。

对于 $h=a^k \bmod p$,p 是一个大素数,如果已知 h、a、p 求解 k 是困难的,而已知 a、k、p 计算 h 是相对容易的,这就是离散对数问题(Discrete Logarithm Problem,DLP)。

9.2 ElGamal 密码体制

ElGamal 密码是除了 RSA 之外最有代表性的公钥密码之一,它的安全性建立在离散对数难题之上,是一种公认安全的公钥密码。

9.2.1 ElGamal 加密解密原理

ElGamal 密码的加密解密过程如下。

1. 密钥生成

(1) 选取一个足够大的素数 p。

(2) 选取循环群 Z_p^* 的生成元 g。

(3) 随机选取整数 $x \in [0, p-2]$，计算 $y = g^x \bmod p$。私钥为 $\{x\}$，公钥为 $\{y, g, p\}$。

【例 9-6】 选取一个较小素数 $p = 101$ 以及 Z_{101}^* 的一个生成元 $g = 2$，选取 x 为 34，计算 $y = 2^{34} \bmod 101 = 70$，则私钥为 $\{34\}$，公钥为 $\{70, 2, 101\}$。

2. 加密

选取一个秘密数 $r \in [0, p-2]$，对明文 m，计算密文 (c_1, c_2)，其中，

$$\begin{cases} c_1 = g^r \bmod p \\ c_2 = (m \times y^r) \bmod p \end{cases}$$

【例 9-7】 若随机数 r 选取为 56，要加密的明文 m 为 78，根据公钥，计算 $c_1 = 2^{56} \bmod 101 = 37$，以及 $c_2 = [78 \times (70^{56} \bmod 101)] \bmod 101 = 36$，所以密文为 $(37, 36)$。

3. 解密

根据密文 (c_1, c_2)，计算明文 $m = c_2 \times (c_1^x)^{-1} \bmod p$。

【例 9-8】 根据密文 (c_1, c_2) 以及私钥 x，先计算 $c_1^x \bmod p = 37^{34} \bmod 101 = 16$，再计算 $16^{-1} \bmod 101 = 19$，最后计算 $m = 36 \times 19 \bmod 101 = 78$。

4. RSA 和 ElGamal 比较

和 RSA 算法相比而言，ElGamal 密码体制最显著的特征是密文生成中随机数的引入，这意味着相同的明文可能生成不同的密文，从安全的角度来说这是一个真正的提高，缺点是密文长度是明文长度的两倍，增加了对存储空间的要求，降低了数据传输效率。RSA 与 ElGaml 的比较如表 9.1 所示。

表 9.1 RSA 与 ElGamal 的比较

	RSA	ElGamal
加密	一次模幂运算	两次模幂运算，一次模乘运算
解密	一次模幂运算	一次模幂运算，一次模逆运算，一次模乘运算
密文	密文不扩张	密文扩张
安全性	基于大整数分解问题	基于离散对数问题

9.2.2　ElGamal 数字签名原理

1. 密钥生成

(1) 选取大素数 p 以及循环群 Z_p^* 的一个生成元 g，公开 p、g。

(2) 随机选取整数 $x \in [0, p-2]$，计算 $y = g^x \bmod p$。

(3) 私钥为 $\{x\}$，公钥为 $\{y\}$。

2. 签名

对于消息 m，随机选取一个秘密数 $k \in Z_{p-1}$ 且 $\gcd(k, p-1) = 1$，对消息进行如下签名计算：

$$\begin{cases} r = g^k \bmod p \\ s = (m - xr) \times k^{-1} \bmod (p-1) \end{cases}$$

则消息 m 的签名为 (r, s)。

3. 验证

接收方收到消息 m 和签名 (r, s) 后，验证：

$$y^r r^s \equiv g^m \bmod p$$

若以上同余式成立，则 (r, s) 是 m 的有效签名；反之，则是无效签名。

4. ElGamal 签名的正确性

根据签名的计算公式有

$$s = \left[(m - xr) \times k^{-1} \right] \bmod (p-1)$$

移项有

$$sk + xr \equiv m \bmod (p-1)$$

所以

$$g^m \equiv g^{sk+xr} \equiv g^{sk} \cdot g^{xr} \equiv y^r r^s \bmod p$$

9.3　Diffie-Hellman 密钥交换

对称密码体制中存在的一个难题就是共享密钥的安全分发。Diffie-Hellman(DH)密钥交换算法是由 Whitfield Diffie 和 Martin Hellman 在 1976 年提出的在不安全信道下实现安全密钥共享的一种方法。基于 DH 算法通信双方可以以安全的方式获得所需要的共享密钥，然后利用该共享密钥完成后续的对称加解密运算。

9.3.1 算法简介

假设 Alice 和 Bob 要共享一个会话密钥用于安全通信，使用 DH 算法实现密钥交换的步骤如下。

（1）Alice 和 Bob 协商一个大素数 p 以及循环群 Z_p^* 的生成元 g。

（2）随后 Alice 选取随机数 $x<p$ 并计算 $A=g^x \bmod p$，Bob 选取随机数 $y<p$ 并计算 $B=g^y \bmod p$。

（3）Alice 将 A 发送给 Bob，Bob 将 B 发送给 Alice。

（4）Alice 计算 $K=B^x=g^{xy} \bmod p$，Bob 计算 $K=A^y=g^{xy} \bmod p$。

（5）Alice 和 Bob 的共享密钥为 $K=g^{xy} \bmod p$。

上述 DH 密钥交换过程如图 9.2 所示。

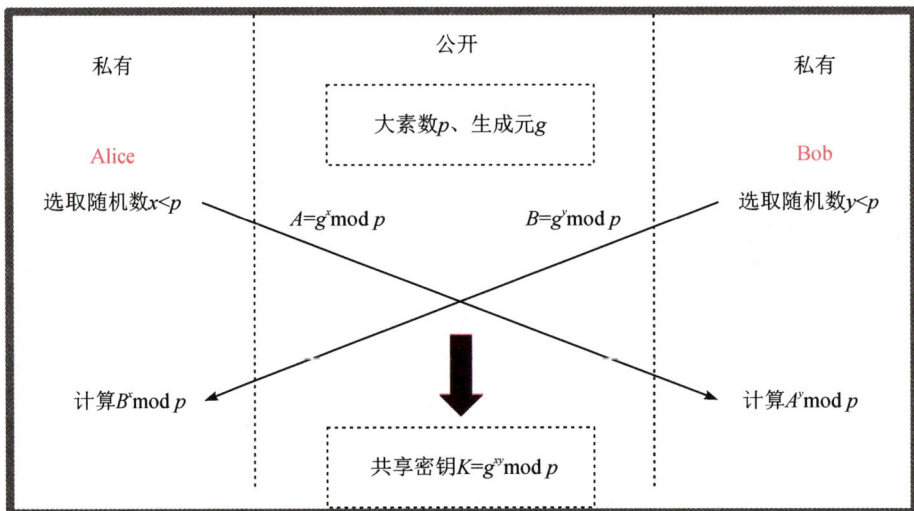

图 9.2 密钥交换原理

【例 9-9】 若 Alice 和 Bob 选择的素数 $p=97$，循环群 Z_{97}^* 的生成元 $g=5$。

Alice 选择随机数 $x=40$ 并计算 $A=5^{40} \bmod 97=16$，Bob 选择随机数 $y=80$ 并计算 $B=5^{80} \bmod 97=62$。随后，Alice 在接收到 Bob 发送的 B 后计算 $62^{40} \bmod 97=35$，Bob 在接收到 Alice 发送的 A 后计算 $16^{80} \bmod 97=35$。所以，Alice 和 Bob 的共享密钥为 $K=5^{40 \times 80} \bmod 97=35$。

9.3.2　中间人攻击

从攻击者角度来看，其可利用的信息包括素数 p、生成元 g、中间值 A 和 B。若攻击者想要获取密钥 K，必须通过 $A=g^x \bmod p$、$B=g^y \bmod p$ 计算出 x 和 y，由于这属于离散对数求解难题，因此攻击者即使能嗅探到上述信息也无法破解 DH 算法。攻击者需要另辟蹊径，可以参考的攻击途径主要有以下两个方面。

（1）资源耗尽阻塞攻击：发起大量的密钥请求，受害者花费较大的计算资源做幂运算。

（2）中间人攻击（Man-In-The-Middle Attack，MITM）：冒充 Alice 和 Bob 中的一方，与另一方交换密钥，此时攻击者可分别监听和传递 Alice 和 Bob 的秘密信息而不被发现。

如果在 DH 密钥交换过程中没有验证参与者的身份，则攻击者 Eve 可以实施以下中间人攻击，具体步骤如下：

（1）根据素数 p 以及生成元 g，Eve 选取随机数 $z<p$ 并计算 $C=g^z \bmod p$；

（2）Eve 拦截 Alice 发送给 Bob 的 A，并将 C 发送给 Bob，再拦截 Bob 发送给 Alice 的 B，并将 C 发送给 Alice；

（3）Alice 计算 $K_{AC}=C^x=g^{xz} \bmod p$，Bob 计算 $K_{BC}=C^y=g^{yz} \bmod p$，Eve 计算 $K_{AC}=A^z=g^{xz} \bmod p$ 及 $K_{BC}=B^z=g^{yz} \bmod p$。

上述攻击过程如图 9.3 所示。

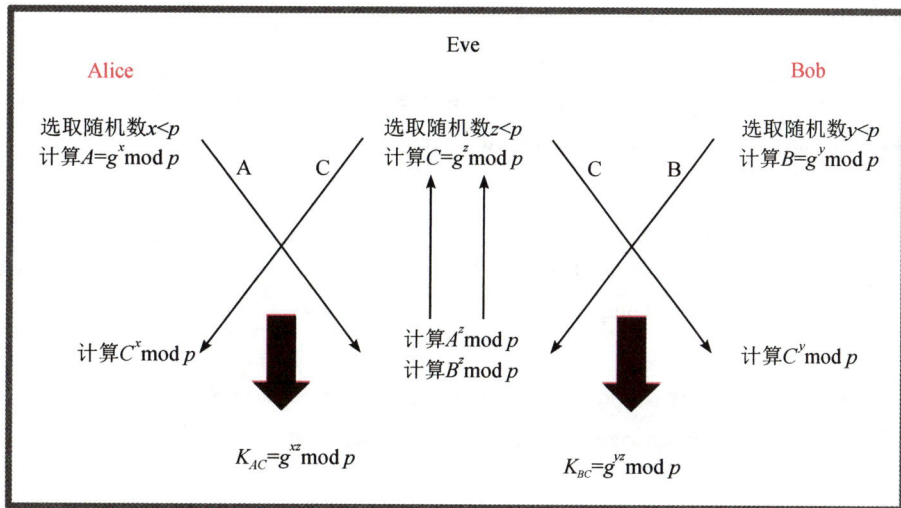

图 9.3　中间人攻击原理

由图可得，Alice 和 Bob 以为互相共享了密钥，实际上却是和攻击者 Eve 共享了密钥。当 Alice 发送以 K_{AC} 加密的密文给 Bob 时，Eve 拦截密文并通过 K_{AC} 解密获得明文信息，然后将明文信息(可篡改)通过 K_{BC} 加密转发给 Bob,当 Bob 发送信息给 Alice 时 Eve 做类似的操作。所以 Eve 可以监听和转发甚至篡改用户之间的通信信息。

9.4 离散对数攻击

ElGamal 和 DH 算法的安全性都是基于离散对数问题的,因此,如果能找到解决离散对数问题的方法,ElGamal 公钥密码体制和 DH 密钥交换算法的安全性也将受到威胁。

9.4.1 暴力破解

暴力破解是人们最容易想到的同时也是最简单粗暴的一种求解离散对数问题的方法。给定 $y = g^x \bmod p$,通过暴力枚举 x 的方式,依次取值 2、3、$\cdots$、$p-2$,并判断上述等式是否成立,最终得到真正的 x。该种方法适用于素数 p 较小的情况,若素数 p 是一个非常大的数,那么暴力破解将会是十分漫长的过程,很显然在这种情况下暴力破解不可取。

实现离散对数问题的 Python 暴力破解代码如下:

```
1.  #09dlpbrute.py
2.  def brute_dlp(g, y, p):
3.      """
4.      Brute Force algorithm to solve DLP. Use only if the group is very small.
Includes me moization for faster computation
5.      :parameters:
6.          g : int/long
7.              Generator of the group
8.          y : int/long
9.              Result of g^x % p
10.         p : int/long , Commonly p is a prime number
11.             Group over which DLP is generated.
12.     """
13.     mod_size = len(bin(p-1)[2:])
14.     print ("[+] Using Brute Force algorithm to solve DLP")
15.     print ("[+] Modulus size:" + str(mod_size))
16.     sol = pow(g,2, p)
```

```
17.        if y = = 1：
18.        return p - 1
19.        if y = = g：
20.        return 1
21.        if sol = = y：
22.        return 2
23.        i = 3
24.        while i< = p - 1：
25.            sol = sol * g % p
26.            if sol = = y：
27.                return i
28.                i + = 1
29.        return None
30. if __name__ = = "__main__"：
31. try：
32.        assert pow(2, brute_dlp(2, 25103, 50021), 50021) = = 25103
33.        assert pow(2, brute_dlp(2, 147889, 200003), 200003) = = 147889
34.        print (brute_dlp(2, 4, 19))
35. except：
36.        print ("[ + ] Function is incorrect, check the implementation")
```

9.4.2　小步大步法

1. 基本算法

小步大步法(Baby Step Giant Step，BSGS)借鉴了中间人攻击的思想，其本质是双向搜索，从而大大降低了暴力破解的计算量。

令 $x = im + j$，若 $x \leqslant n$，则 m 为 $\sqrt{n}$ 向上取整，那么 i、$j \in [0, m)$。因此，$y = g^x = g^{im+j} \bmod p$，也就是 $y(g^{-m})^i \equiv g^j \bmod p$，其中 g、p 互素。

此时可以遍历所有 j 并计算对应的 $g^j \bmod p$，并将结果存储到一个集合 S 中。然后再遍历所有 i 并计算 $y(g^{-m})^i \bmod p$，一旦发现计算结果在集合 S 中，说明得到了一个碰撞，进而得到了 i 和 j 的值。其中每一次增加 j 表示"小步"，每一次增加 i 表示"大步"。

显然，这是一种时间与空间折中的方式，将一个时间复杂度为 $O(n)$、空间复杂度为 $O(1)$ 的算法转换为一个时间复杂度与空间复杂度均为 $O(\sqrt{n})$ 的算法。该算法适用于 x 的取值范围较小的情况，否则将会花费大量的时间和存储空间。

以下是用 Java 语言编写的加密程序，看看如何用小步大步法快速解开离散对数难题。

```
1.   import java.math.BigInteger;
2.   import java.util.Random;
3.   public class Test1 {
4.       static BigInteger two = new BigInteger("2");   //生成元
5.       static BigInteger p = new BigInteger("1136073829517700299849538
40578931299649801318065095729278866758994222141744083339321508139393579703161556767193621832795605708456628733877084015367497711");
6.       static BigInteger h = new BigInteger("78549988935672088312706272331557636589474056109381069980839913893073630858370283641548095778165775150215609854917076061657882742187426928753082162439669916");
7.       /* 加密代码
8.       The public key {p, h} is broadcasted to everyone.
9.       @param val:明文，假设只含小写字母 a－z 和数字，长度最多 256
10.       */
11.       public static String pkEnc(String val){
12.           BigInteger[] ret = new BigInteger[2];
13.           BigInteger bVal = new BigInteger(val.toLowerCase(),36);   //将明文通过三十六进制转换为大整数
14.           BigInteger r = new BigInteger(new Random().nextInt()+"");   //随机选取一个 int 类型的数
15.           //计算密义 c1,c2
16.           ret[0] = two.modPow(r,p);
17.           ret[1] = h.modPow(r,p).multiply(bVal);
18.           return ret[0].toString(36)+"=="+ret[1].toString(36);
19.       }
20.       /* 解密代码
21.       私钥：x */
22.       public static String skDec(String val,BigInteger x){
23.           if(! val.contains("==")){
24.               return null;
25.           }
26.           else {
27.               BigInteger val0 = new BigInteger(val.split("==")[0],36);
```

```
28.              BigInteger val1 = new BigInteger(val.split("= =")[1],36);
29.              BigInteger s = val0.modPow(x,p).modInverse(p);
30.              return val1.multiply(s).mod(p).toString(36);
31.          }
32.      }
33.      */
34.      public static void main(String[] args) throws Exception {
35.          System.out.println("你截获了 Bob 发给 Alice 的下述信息:");
36.          BigInteger bVal1 = new BigInteger("a9hgrei38ez78hl2kkd6nvooka
    odyidgti7d9mbvctx3jjniezhlxs1b1xz9m0dzcexwiyhi4nhvazhhj8dwb91e7lbbxa4ieco",36);
37.          BigInteger bVal2 = new BigInteger("2q17m8ajs7509yl9iy39g4znf
    08bw3b33vibipaa1xt5b8lcmgmk6i5w4830yd3fdqfbqaf82386z5odwssyo3t93y91xqd5jb0zbgv
    kb00fcmo53sa8eblgw6vahl80ykxeylpr4bpv32p7flvhdtwl4cxqzc",36);
38.          BigInteger r = new BigInteger(new Random().nextInt() + "");
39.          System.out.println(r);
40.          System.out.println(bVal1);
41.          System.out.println(bVal2);
42.          //密文 c1,c2
43.          System.out.println("a9hgrei38ez78hl2kkd6nvookaodyidgti7d9
    mbvctx3jjniezhlxs1b1xz9m0dzcexwiyhi4nhvazhhj8dwb91e7lbbxa4ieco = = 2q17m8ajs
    7509yl9iy39g4znf08bw3b33vibipaa1xt5b8lcmgmk6i5w4830yd3fdqfbqaf82386z5od
    wssyo3t93y91xqd5jb0zbgvkb00fcmo53sa8eblgw6vahl80ykxeylpr4bpv32p7flvhdtwl
    4cxqzc");
44.          System.out.println("Please figure out the plaintext!");
45.      }
46.  }
```

以上代码采用了 ElGamal 密码对明文进行加密,已知信息有代码行 4、5、6 为公钥参数 $\{g,h,p\}$,以及代码行 43 的密文 (c_1,c_2),且密文是以三十六进制字符串的形式输出的,需要根据上述已知信息求解得到明文,并转换为三十六进制的形式。

尽管加密时所选取素数非常大,但计算密文时所选取的秘密数 r 是通过 Random 类的 nextInt( )方法得到的,该方法会返回一个随机的 int 类型的数,而 Java 中的整型数范围为 $-2^{31} \sim (2^{31}-1)$,所以 $r \leqslant (2^{31}-1)$。根据

$$\begin{cases} c_1 = g^r \mod p \\ c_2 = (m \times h^r) \mod p \end{cases}$$

可通过小步大步法来得到 r 的值，再求出明文 m。破解代码如下：

```
1.     #09dlpbsgs.py
2.     c1 = int(
3.     'a9hgrei38ez78hl2kkd6nvookaodyidgti7d9mbvctx3jjniezhlxs1b1xz9m0dzcex
wiyhi4nhvazhhj8dwb91e7lbbxa4ieco',36)
4.     c2 = int(
5.     '2q17m8ajs7509yl9iy39g4znf08bw3b33vibipaa1xt5b8lcmgmk6i5w4830yd3fd
qfbqaf82386z5odwssyo3t93y91xqd5jb0zbgvkb00fcmo53sa8eblgw6vahl80ykxeylpr4bpv32
p7flvhdtwl4cxqzc',36)
6.     p = 11360738295177002998495384057893129964980131806509572927886675899
4222141744083339321508139393572797031615567671936218327956057084566287338770
84015367497711
7.     h = 78549988935672088312706272331557636589474056109381069980839913893
0736308583702836415480957781657751502156098549170760616578827421874269287530
8216243966916
8.     g = 2
9.     import libnum
10.    m = libnum.nroot(2 * * 31-1,2)+1    #将 2^31-1 开根号并向上取整
11.    s = {}
12.    #枚举所有的 j 并将结果存放在字典 s 中
13.    for j in range(1,m):
14.        s[pow(2,j,p)] = j
15.    gm = libnum.invmod(pow(g,m,p),p)    #计算 g^-m
16.    result_i = 0
17.    for i in range(m):
18.        if c1 * pow(gm,i,p) % p in s:    #若 c1 * g^-im 的值在字典中
19.            result_i = i
20.            break
21.    j = s[c1 * pow(gm,result_i,p) % p]
22.    r = result_i * m + j
```

```
23.   num = c2 * libnum.invmod(pow(h,r,p),p) % p
24.   import string
```

25.　♯将 num 转化为 b 进制字符串

```
26.   def toString(num,b)：
27.       table = string.digits + string.ascii_lowercase
28.       result = ''
29.       while num！= 0：
30.          result + = table[num % b]
31.          num = num//b
32.       return result[：：-1]　♯反转字符串
33.   print(toString(num,36))
```

最终得到的明文为 ciscncongratulationsthisisdesignedbyalibabasecurity424218533。

2. 扩展小步大步法(ExBSGS)

若 g 和 p 不互素，小步大步法将不再适用，原因在于 $g^{-1} \bmod p$ 不存在，同余式 $y(g^{-m})^i \equiv g^j \bmod p$ 也无法成立。所以在普通小步大步法的基础上提出了扩展小步大步法，以解决 g 和 p 不互素的情况。

扩展小步大步法的思想就是将"不互素"转变为"互素"，使其可以用普通小步大步法求解，其步骤如下。

(1) 将同余式 $g^x \equiv y \bmod p$ 改写为

$$g^x + kp = y, k \in Z$$

(2) 令 $d = \gcd(g,p)$，根据扩展欧几里得定理，若 $d \nmid y$，则上述方程无解。而上述方程必然有解，所以 $d \mid y$。将上述式子两边同时除以 d，得到

$$\frac{g^x}{d} + \frac{kp}{d} = \frac{y}{d}, k \in Z$$

若 $\gcd(g,p/d) = 1$，则有以下同余式：

$$g^{x-1} \equiv \frac{y}{d} \times \left(\frac{g}{d}\right)^{-1} \bmod \frac{p}{d}$$

令 $p' = \frac{p}{d}$，$y' = \frac{y}{d}$ 得到

$$g^{x-1} \equiv y' \times \left(\frac{g}{d}\right)^{-1} \bmod p'$$

(3) 若 $\gcd(g,p') \neq 1$，重复(1)(2)两步；反之，用普通小步大步法求解上述同余式。

上述过程对应的 Python 代码如下：

```
1. import libnum
2. # g^x mod p = y
3. def bsgs(m,g,p,y):
4.     s = {}
5.     for j in range(1,m):
6.         s[pow(g,j,p)] = j
7.
8.     gm = libnum.invmod(pow(g,m,p),p)
9.     result_i = 0
10.    for i in range(m):
11.        if y * pow(gm,i,p) % p in s:
12.            result_i = i
13.            break
14.    j = s[y * pow(gm,result_i,p) % p]
15.    return result_i * m + j
16.
17. def phi_n(n):
18.     facts = libnum.factorize(n)
19.     phi = 1
20.     for fact in facts.keys():
21.         phi *= fact ** facts[fact] - fact ** (facts[fact] - 1)
22.     return phi
23. import random
24.
25. for i in range(1000):
26.     p = 2 * 97
27.     g = 10
28.     phi = phi_n(p)
29.     x = random.randint(1,phi - 1)
30.     y = pow(g,x,p)
31.     d = libnum.gcd(g,p)
```

```
32.    while d! = 1：
33.        p = p//d
34.        d = libnum.gcd(g,p)
35.    result = bsgs(phi,g,p,y)
36.    assert pow(g,result,2 * 97) = = y
```

上述代码将普通小步大步法封装为一个函数，并在第 31 行计算 g、p 的最大公因数，然后在第 32～34 行将两者处理为互素关系，此时可在 35 行通过普通小步大步法处理离散对数问题。

9.4.3　Pollard's rho 算法

1. Pollard's rho(ρ)算法

事实证明离散对数问题可以以 $O(\sqrt{n})$ 的时间复杂度和 $O(1)$ 的空间复杂度来解决。

从 9.1.2 小节的学习得知，群 Z_p^* 存在一个循环，循环周期在数值上与群的阶相等。Pollard's rho 算法利用这一点，定义两个初始值相同的点 p_1 和 p_2，点 p_1 每次前进一步，点 p_2 每次前进两步，如果存在一个循环，那么两点最终将会相遇。上述过程如图 9.4 所示。

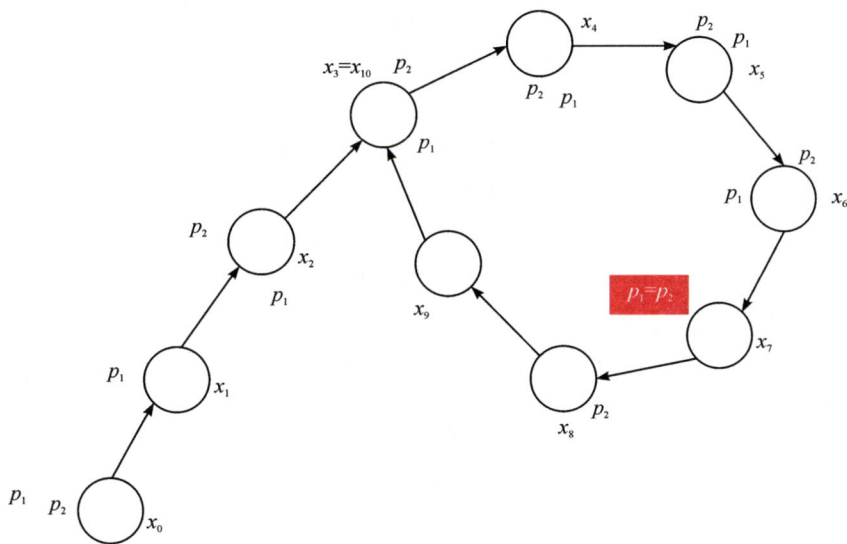

图 9.4　两个点的轨迹图

由图 9.4 可得，虽然 p_1 和 p_2 每次前进步数不同，但是最终会在某一点处相遇，从而得到一个碰撞，便于求解离散对数问题。由于两点的轨迹形状类似于希腊字母 ρ，因此该算法被称为 Pollard's rho 算法。接下来讨论算法的具体实现过程。

首先将群 Z_p^* 分为三个大小大致相等的三个集合 S_0、S_1、S_2，且满足 $G = S_0 \bigcup S_1 \bigcup S_2$，这里对群 Z_p^* 做以下划分：

$$\begin{cases} S_0 = \{x \mid x \equiv 1 \bmod 3, x \in Z_p^*\} \\ S_1 = \{x \mid x \equiv 0 \bmod 3, x \in Z_p^*\} \\ S_2 = \{x \mid x \equiv 2 \bmod 3, x \in Z_p^*\} \end{cases}$$

再定义序列 $x_i = g^{a_i} y^{b_i}$，其初始值 $a_0 = b_0 = 0$，且满足 $x_{i+1} = f(x_i)$，其中：

$$x_{i+1} = f(x_i) = \begin{cases} g x_i \bmod p, & x_i \in S_0 \\ x_i^2 \bmod p, & x_i \in S_1 \\ y x_i \bmod p, & x_i \in S_2 \end{cases}$$

不难看出，a_i 和 b_i 在经过以上函数处理后满足：

$$a_{i+1} = \begin{cases} (a_i + 1) \bmod n, & x_i \in S_0 \\ 2a_i \bmod n, & x_i \in S_1 \\ a_i, & x_i \in S_2 \end{cases}$$

$$b_{i+1} = \begin{cases} b_i, & x_i \in S_0 \\ 2b_i \bmod n, & x_i \in S_1 \\ (b_i + 1) \bmod n, & x_i \in S_2 \end{cases}$$

其中，n 为群的阶，且 n 为一素数。根据以上序列，该算法分为以下步骤。

(1) 设置两个变量 s 和 t，且 $s = t = x_0$；

(2) 令 $s = f(s)$，$t = f(f(t))$，并判断 $s = t$ 是否成立；

(3) 若成立，则得到一个碰撞，跳转到第(4)步，反之则重复第(2)步；

(4) $\exists a, b, a', b' \in Z$，使得

$$g^a y^b \equiv g^{a'} y^{b'} \bmod p$$

又因为 $y = g^x \bmod p$，所以 $(b' - b) x \equiv (a - a') \bmod n$，这里 n 为素数，从而得出 y 的离散对数 $x = (a - a') \times (b' - b)^{-1} \bmod n$。由于 $b' \equiv b \bmod n$ 的情况出现的概率极小，因此可以有效地解决以上问题。

实现 Pollard's rho 算法的 Python 代码如下：

```
1. #pollard_rho.py
2. import libnum,random
3. def func_f(x_i,base,y,p):
4.     if x_i % 3 = = 1:
5.         return (base * x_i) % p
```

```
6.    elif x_i % 3 = = 0：
7.        return pow(x_i,2,p)
8.    elif x_i % 3 = = 2：
9.        return (y * x_i) % p
10.   else：
11.       print("Something's wrong")
12.       return -1
13.def func_g(a,n,p,x_i)：
14.   if x_i % 3 = = 1：
15.       return (a+1) % n
16.   elif x_i % 3 = = 0：
17.       return 2 * a % n
18.   elif x_i % 3 = = 2：
19.       return a
20.   else：
21.       print("Something's wrong")
22.       return -1
23.def func_h(b,n,p,x_i)：
24.   if x_i % 3 = = 1：
25.       return b
26.   elif x_i % 3 = = 0：
27.       return (2 * b) % n
28.   elif x_i % 3 = = 2：
29.       return (b+1) % n
30.   else：
31.       print("Something's wrong")
32.       return -1
33.#base：生成元；y：base * * x % p 的结果；p：模数；n：群的阶，必须是素数
34.def rho(base,y,p,n)：
35.   x_i = x_2i = i = 1
36.   a_i = b_i = a_2i = b_2i = 0
37.   while i<n：
38.       a_i = func_g(a_i,n,p,x_i)
39.       b_i = func_h(b_i,n,p,x_i)
```

```
40.        x_i = func_f(x_i,base,y,p)
41.
42.        a_2i = func_g(func_g(a_2i,n,p,x_2i),n,p,func_f(x_2i,base,y,p))
43.        b_2i = func_h(func_h(b_2i,n,p,x_2i),n,p,func_f(x_2i,base,y,p))
44.        x_2i = func_f(func_f(x_2i,base,y,p),base,y,p)
45.        if x_2i == x_i:
46.            #x = (a_2i - a_i) * (b_i - b_2i)^-1 mod n
47.            r = (b_i - b_2i) % n
48.            if r == 0:
49.                print("Something's wrong")
50.                return -1
51.            else:
52.                assert libnum.gcd(r,n) == 1
53.            return libnum.invmod(r,n) * (a_2i - a_i) % n
54.        else:
55.            i += 1
56.
57. for i in range(1000):
58.     num = random.randint(3, 191)
59.     y = pow(25,num,383)
60.     assert pow(25,rho(25,y,383,191),383) == y
```

以上代码中的 rho( )方法实现了基于 Pollard's rho 算法的离散对数问题求解，这里选取一个较小模数 $p=383$，以及 Z_{383}^* 的一个生成元 $g=5$，阶为 $382=2\times191$。可由 Z_{383}^* 得到一个生成元 $g^*=5^2\bmod383=25$ 且阶为 191 的循环子群，其中 191 为一素数，通过该子群来验证 rho( )方法的正确性。

相比于 Pollard's rho 算法，小步大步法需要相似的时间复杂度，需要大量的存储空间。所以 Pollard's rho 算法成为解小规模离散对数的重要方法。

2. 扩展 Pollard's rho 算法

在之前的学习中我们介绍了 Pollard's rho 算法，不难发现，该算法只有在群 Z_p^* 的阶 n 为素数时才能顺利地使用。若 n 不是素数，当计算 $(b'-b)x\equiv(a-a')\bmod n$ 时，$b'-b$ 与 n 将可能出现不互素的情况，此时 $(b'-b)^{-1}\bmod n$ 不存在，可令 $d=\gcd(b'-b,n)$，并将上述式子变形为

$$(b'-b)x+kn=a-a',\ k\in Z \tag{9.1}$$

式(9.1)必然有解，且模 n 意义下的解的个数为 d，因为 $d\mid(a-a')$，所以可将上述式子做约分可得

$$\frac{b'-b}{d}x + k\,\frac{n}{d} = \frac{a-a'}{d},\ k\in Z \tag{9.2}$$

此时 $\gcd\!\left(\dfrac{b'-b}{d},\dfrac{n}{d}\right)=1$，且式(9.2)可变形为 $\dfrac{b'-b}{d}x\equiv\dfrac{a-a'}{d}\ \bmod\ \dfrac{n}{d}$，所以其中一个特解 $x_0=\dfrac{a-a'}{d}\times\left(\dfrac{b'-b}{d}\right)^{-1}\bmod\ \dfrac{n}{d}$，通解为 $x\equiv x_0\ \bmod\ \dfrac{n}{d}$，所以 d 个模 n 意义下的解集为 $\left\{x_0+i\times\dfrac{n}{d}\,\middle|\,0\leqslant i<d\right\}$，最后从以上解集中找到唯一一个满足 $g^x\bmod p=y$ 的 x 返回，到此离散对数问题得以解决。在之前代码的基础上加以修改，得到了以下代码：

```
1.   import libnum
2.   import random
3.   from pollard_rho.py import runc_f,func_g,func_h
4.   #base：生成元；y：base＊＊x％p 的结果；p：模数；n：群的阶
5.   def rho(base,y,p,n):
6.       x_i = x_2i = i = 1
7.       a_i = b_i = a_2i = b_2i = 0
8.       while i<n：
9.           a_i = func_g(a_i,n,p,x_i)
10.          b_i = func_h(b_i,n,p,x_i)
11.          x_i = func_f(x_i,base,y,p)
12.
13.          a_2i = func_g(func_g(a_2i,n,p,x_2i),n,p,func_f(x_2i,base,y,p))
14.          b_2i = func_h(func_h(b_2i,n,p,x_2i),n,p,func_f(x_2i,base,y,p))
15.          x_2i = func_f(func_f(x_2i,base,y,p),base,y,p)
16.          if x_2i = = x_i:
17.              r = (b_i - b_2i) % n
18.              gcd = libnum.gcd(r,n)
19.              if r = = 0：
20.                  print("Something's wrong")
21.                  return - 1
22.              else：
23.                  assert ((a_2i - a_i) % n) % gcd = = 0
```

```
24.            m = libnum. invmod(r//gcd,n//gcd)    #计算 r/gcd 模 n/gcd 的逆元
25.            result = m * ((a_2i - a_i) % n)//gcd % (n//gcd)    # 计算特解
26.            xs = [result + i * n//gcd for i in range(gcd)]
27.            for _ in xs:
28.            if pow(base,_,p) = = y:
29.                return _      # 返回唯一一个正确解
30.            return libnum. invmod(r,n) * (a_2i - a_i) % n
31.        else:
32.            i + = 1
33.
34.    for i in range(1000):
35.        num = random. randint(3, 383)
36.        y = pow(5,num,383)
37.        result = rho(5,y,383,382)
38.        if result<0:
39.            continue
40.        assert pow(5,result,383) = = y
```

9.4.4 Pollard's Kangaroo(袋鼠)算法

如果知道了 x 的取值范围是 $a \leqslant x \leqslant b$，那么可以以 $O(\sqrt{b-a})$ 的时间复杂度解决离散对数问题。

为了便于读者更好地理解 Kangaroo 算法，我们先试着玩一个扑克牌游戏(Kruskal Count)。如图 9.5 所示为扑克牌的 52 张牌，我们假设选择第三张牌(方块 9)，此时我们继续往前(右)走 9 步到达梅花 3，继续往前走 3 步到达红桃 4，继续往前走 4 步到达红桃 A，继续往前走 1 步到达梅花 9，继续往前走 9 步到达方块 J(将 J、Q、K 牌均看作向前走 5 步，A 牌看作 1 步)，继续往前走 5 步到达红桃 J，继续往前走 5 步到达梅花 6，继续往前走 6 步到达红桃 5，继续往前走 5 步到达终点红桃 3。

按照上述规则，读者可以再另外选择一张牌作为起始，重复上述步骤，将有 80% 以上的概率同样会到达终点红桃 3。从该游戏我们可以得出：

(1) 两次不同起点的跳步走路很有可能达到同一个终点；

(2) 在达到同一个终点之前的某个点(牌)，两次不同的跳步就已经汇聚到一起。例如选择第一行的红桃 9 作为起点，那么下一张牌僵尸黑桃 8，再下一张牌是红桃 A，此时不同

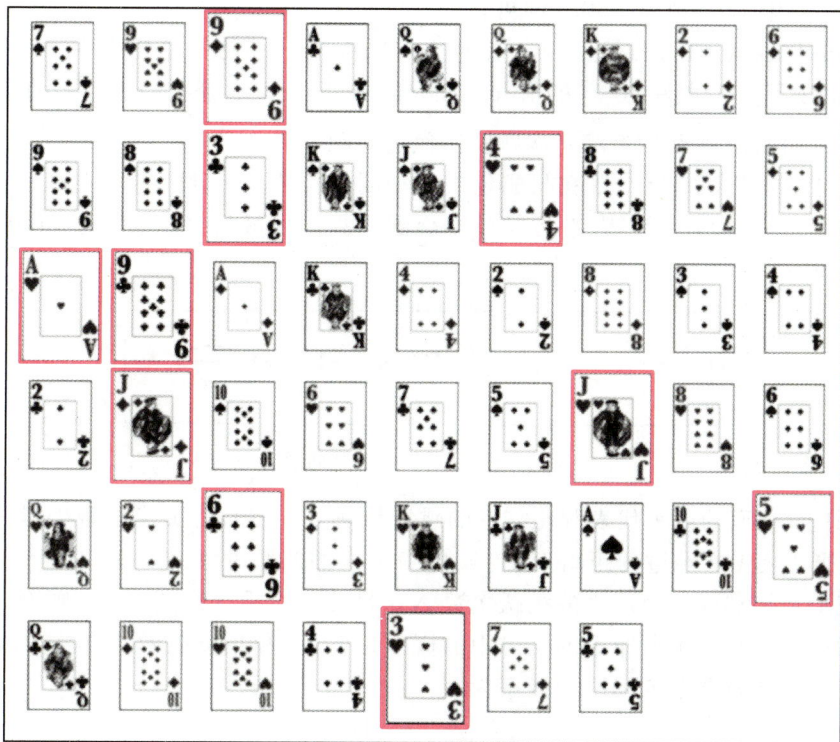

图 9.5　扑克牌轨迹

起点开始的跳步到达同一地点，后续的路径将是一致的。

　　Pollard's Kangaroo 算法和上述扑克牌游戏采用相同的思路。形象地来说，Pollard's Kangaroo 算法可以理解为两只袋鼠在解空间里各自跳跃一段随机的距离，其中一只为驯化的袋鼠，其参数是确定的，而另一只是野生的袋鼠，其参数是需要进行求解的。驯化袋鼠在每次跳跃后都会布下一个陷阱，如果野生袋鼠在某次跳跃后落入了这个陷阱，此时可通过驯化袋鼠的参数来确定野生袋鼠的参数。

　　定义一个伪随机序列 x_i 满足（驯化袋鼠）：

$$x_{i+1} = (x_i + 2^{y_i \bmod k}) \bmod n \tag{9.3}$$

其中 k 是一个较小的模数，n 为群 Z_p^* 的阶，且满足 $y_i = g^{x_i} \bmod p$（野生袋鼠）。这里将其取值为 $k = \lceil \lceil \log_2(b-a) \rceil \rceil / 2$。不难看出，$y_i$ 满足：

$$y_{i+1} = y_i g^{2^{y_i \bmod k}} \bmod p \tag{9.4}$$

　　首先让驯化袋鼠从 $x_0 = b$ 的位置开始跳跃 N 次，N 是一个固定值。在数学上需要计算初始值为 $x_0 = b$、$y_0 = g^b$ 的 x_N 以及 y_N。这里我们不需要记录 N 次跳跃过程中所经过的位置，只需让它做 N 次跳跃后停止即可。

现在用驯化袋鼠来抓捕野生袋鼠，让野生袋鼠从 $y_0' = y$ 的位置开始根据以上序列进行跳跃，重复计算下一个跳跃点 y_i' 的值并判断是否等于 y_N。尽管我们不知道对应 x_i' 的值，但仍然可以从初始值 x 开始追踪每次跳跃所经过的距离为 $2^{y_i' \bmod k}$。

我们期望野生袋鼠最终会落在与驯化袋鼠相同的位置。一旦两者落在同一个点，每个后续跳跃点都是相同的，所以野生袋鼠最终会到达驯化袋鼠的终点 y_N 处。两只袋鼠的跳跃轨迹如图 9.6 所示。

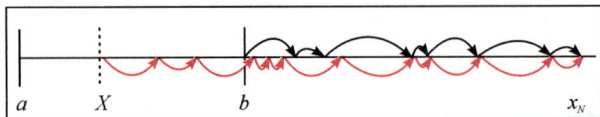

图 9.6　两只袋鼠跳跃轨迹

在上图中，上面的箭头代表驯化袋鼠的跳跃轨迹，下面的箭头代表野生袋鼠的跳跃轨迹。若此时野生袋鼠所经过的距离为 d，则可确定 y 的离散对数 $x = (x_N - d) \bmod n$。

最后我们需要选择一个适当的跳跃次数 N。假设平均跳跃距离为 μ，则野生袋鼠在某一次跳跃后落入驯化袋鼠所布下的陷阱中的概率为 $1/\mu$。驯化袋鼠做 N 次跳跃，而在这些跳跃中至少有一次跳跃落入陷阱的概率为

$$p = 1 - \left(1 - \frac{1}{\mu}\right)^N \tag{9.5}$$

若令 $N = 4\mu$，则 $p \approx 1 - e^{\frac{-N}{\mu}} = 1 - e^{-4} \approx 0.98$。而平均跳跃距离 $\mu = 2^k / k$，所以我们选择 $N = 4 \cdot 2^k / k = 2^{k+2} / k$。

两只袋鼠按预期跳跃的总次数为

$$N + \left(\frac{b-a}{2\mu} + N\right) = 8\mu + \frac{b-a}{2\mu} \tag{9.6}$$

当 $\mu = \sqrt{b-a}/4$ 时取得最小值 $4\sqrt{b-a}$。又因为 $\mu = 2^k / k$，要使跳跃总次数最小，$k \approx \log_2 \sqrt{b-a}$。所以当驯化袋鼠成功捕捉到野生袋鼠时，算法的时间复杂度为 $O(\sqrt{b-a})$ 且成功概率为 0.98。

由于聚集的袋鼠路径的形状类似于希腊字母 λ，该算法又被称为 λ 算法。

实现 Pollard's Kangaroo 算法的 Python 代码如下：

```
1. import math,random
2. #y: g**x%p 的结果; g: 群的生成元; p: 模数; a,b: x 的取值范围,a<b;
n: 群的阶
3. def kangaroo(y,g,p,a,b,n):
```

```
4.        k = int(math.ceil(math.log(b - a,2)/2))
5.        N = int(2 * * (k + 2)/k)   ♯ 驯化袋鼠的跳跃次数
6.        xt = b   ♯ 驯化袋鼠的 x 初始值
7.        yt = pow(g,xt,p)   ♯ 驯化袋鼠的 y 初始值
8.        for i in range(N):
9.            xt = (xt + 2 * * (yt % k)) % n
10.               yt = yt * pow(g,pow(2,yt % k)) % p
11.           yw = y   ♯ 野生袋鼠的 y 初始值
12.           d = 0   ♯ 记录野生袋鼠的跳跃距离
13.           while True:
14.           d + = pow(2,yw % k)
15.           yw = yw * pow(g,pow(2,yw % k)) % p
16.           if yw = = yt:
17.               return (xt - d) % n
18.     for _ in range(1000):
19.         num = random.randint(1,742)
20.         y = pow(5,num,743)
21.         assert y = = pow(5,kangaroo(y,5,743,1,742,742),743)
```

以上代码中的 kangaroo( )方法实现了基于 Pollard's Kangaroo 算法的离散对数问题求解，这里选取模数 $p = 743$ 以及生成元 $g = 5$，阶为 742。随机生成 1000 个整数并计算对应的模幂运算结果，然后调用 Kangaroo( )方法求解离散对数问题，并判断其正确性。运行上述代码以后，程序并未输出任何报错信息。

9.4.5　Polhig-Hellman 算法

假设 ElGamal 中循环群的阶为 n，且 $n = \prod_{i=1}^{r} p_i^{e_i}$，其中 p_i，$i \in [1,r]$ 为素数因子。根据 $y = g^x \bmod p$：

(1) 对于每个 $i \in [1,r]$，计算 $g_i = g^{n/p_i^{e_i}}$，g_i 在模 p 中的阶为 $p_i^{e_i}$；

(2) 计算 $y_i = y^{n/p_i^{e_i}} = g^{xn/p_i^{e_i}} = g_i^x = g^{x \bmod p_i^{e_i}} \bmod p$，令 $r_i = x \bmod p_i^{e_i}$，则 $r_i \in [0, p_i^{e_i})$，由于 r_i 的范围较小，因此可以使用 Pollard's Kangaroo 算法快速求得 r_i。

(3) 根据上述推导，有以下同余式：

$$\begin{cases} x \equiv r_1 \bmod p_1^{e_1} \\ x \equiv r_2 \bmod p_2^{e_2} \\ \quad\vdots \\ x \equiv r_r \bmod p_r^{e_r} \end{cases} \tag{9.7}$$

上述同余式可使用中国剩余定理求解。

该算法的时间复杂度为 $O(\sum_i e_i \sqrt{p_i})$，空间复杂度为 $O(1)$，可以看出复杂度还是很低的。该算法适用于循环群的阶包含小素数因子时的情况。

以下 Python 代码实现离散对数的计算：

```python
1.  #!/usr/bin/env python3
2.  import random, signal
3.  random = random.SystemRandom()
4.  def is_prime(n):
5.      for _ in range(42):
6.          if pow(random.randrange(1, n), n - 1, n) != 1:
7.              return False
8.      return True
9.  if __name__ == '__main__':
10.     q, p = int(input(),0), int(input(), 0)
11.     assert 2 ** 1024 < p < q < 2 ** 4096
12.     assert is_prime(q)
13.     assert not (q - 1) % p
14.     assert is_prime(p)
15.     g = random.randrange(1, q)
16.     y = pow(g, random.randrange(q - 1), q)
17.     print(g, y)
18.     signal.alarm(60)
19.     # good luck!
20.     if pow(g, int(input(), 0), q) == y:
21.         print(open('flag.txt').read().strip())
```

根据上述代码，用户需要自行输入满足要求两个素数 p 和 q，然后求解离散对数问题。这里 p 和 q 的位数较大，需要构造包含多个小素数因子的两个素数，从而可以通过 Polhig-

Hellman 算法来求解。但是又需要满足 $q-1 \equiv 0 \bmod p$，也就是说 $q-1$ 必然包含一个大素数因子 p，所以将 p 设置为卡迈克尔数（Carmichael Number），然后再求出满足条件的 q。

服务端的代码通过费马素性检测算法来判断一个数是否为素数，该算法并不能百分之百确定一个整数是否为素数。卡迈克尔数是一种特殊的数，它由不少于 3 个素数相乘得到，显然它是合数，但费马素性检测算法却有一定概率将其识别为素数，故卡迈克尔数也称伪素数。这就是将 p 设置为卡迈克尔数的原因。生成一个卡迈克尔数 p 的 Python 代码如下：

```
1.   import libnum
2.   import operator
3.   from functools import reduce
4.   import random
5.   primes = libnum.primes(10 * * 7)    #生成 10^7 以内的素数
6.   factors = [2 * * 5,3 * * 2,5,7,11,13,17]
7.   lam = reduce(operator.mul,factors)
8.   P = []
9.   for p in libnum.primes(lam):
10.      if lam % p! = 0 and lam % (p - 1) = = 0:
11.          P.append(p)
12.   ps = reduce(lambda a,b:a * b,P)
13.   psMod = ps % lam
14.   while True:
15.      num = reduce(operator.mul,random.sample(P,25))    #随机选 25 个不同素数
16.      if ps//num % lam = = psMod and num>2 * * 256 and num<2 * * 1024:
17.          print(num)
18.          break
```

由于卡迈克尔数非常少，在 $1 \sim 10^8$ 范围内仅有 255 个，所以以上代码运行时间可能会比较长，请读者耐心等待。运行以上代码以后得到一个卡迈克尔数 $p = 10469413109814523$ 385623270396782928304711385372899163523945038542984101641384671423013958394881，其可以素性分解为 $79 * 131 * 313 * 409 * 443 * 449 * 463 * 547 * 661 * 911 * 1021 * 1361 * 4421 * 6007 * 12377 * 20021 * 21841 * 29173 * 42433 * 72931 *$

74257 * 78541 * 371281 * 1633633 * 4084081。此时可复制服务端的素性检测函数，运行多次查看其检测结果，素性检测结果如图 9.7 所示。

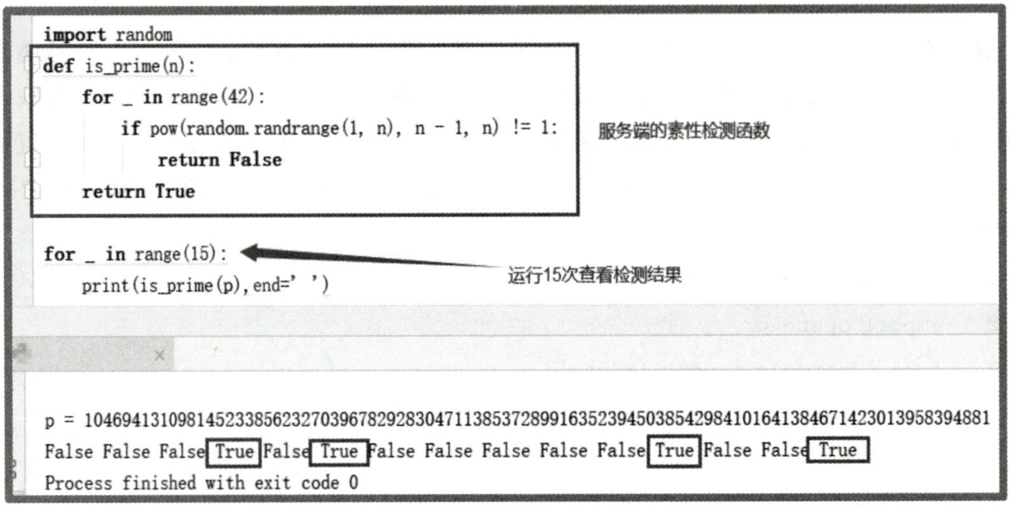

```
import random
def is_prime(n):
    for _ in range(42):
        if pow(random.randrange(1, n), n - 1, n) != 1:
            return False
    return True                        服务端的素性检测函数


for _ in range(15): ◄━━━━━━
    print(is_prime(p), end=' ')        运行15次查看检测结果
```

```
p = 10469413109814523385623270396782928304711385372899163523945038542984101641384671423013958394881
False False False True False True False False False False False True False False True
Process finished with exit code 0
```

图 9.7　素性检测结果

可以看到，费马素性检测算法可能会产生错误的判断。对于 q，将其设置为素数，可根据以下 Python 代码来得出满足条件的 q：

```
1.   from Crypto.Util.number import *
2.   p = ...
3.   i = 2
4.   q = i * p + 1
5.   while not isPrime(q):
6.      i += 1
7.      q = i * p + 1
8.   print(q)
```

运行以上代码得出 $q=4397153506122099821961773566648829887978781856617648680$ $0569161880533226893815619976658625258500021$，其中 $q-1$ 是 p 的 420 倍。将 p 和 q 的值传递给服务端，因为费马素性检测算法只有一定概率将 p 识别为素数，所以可能需要传递多次，直到服务端返回 g 和 y 的值。那么接下来就是一个求解离散对数问题的过程，这里可以在在线 sage 中完成 Polhig-Hellman 算法，sage 代码如下：

```
1.   p = 4397153506122099821961773566648829887978781856617648680056916188053
    3226893815619976658625258500021
```

2.　 G = GF(p)

3.　 y = 39883841021856111708599206924742703609429688762917525321094322895911424613687920384051935778778

4.　 y = G(y)

5.　 g = 510739638728801136980839129191857811083951015435347931386301211844027303103781849619613060148150

6.　 g = G(g)

7.　 #print(discrete_log(y,g))

8.　 #print(factor(p−1))

9.　 factors = [2^2 ,3 ,5 ,7 ,79 ,131 ,313 ,409 ,443 ,449 ,463 ,547 ,661 ,911 ,1021 ,1361 ,4421 ,6007 ,12377 ,20021 ,21841 ,29173 ,42433 ,72931 ,74257 ,78541 ,371281 ,1633633 ,4084081]

10. r = []

11. for f in factors：

12.　　 gi = g^((p−1)//f)

13.　　 yi = y^((p−1)//f)

14.　　 xi = discrete_log_lambda(yi,gi,(0,f))　 #通过 lambda 算法求离散对数

15.　　 r.append(xi)

16. x = crt(r,factors)　 #调用中国剩余定理

17. print(x)

以上代码第 14 行调用 discrete_log_lambda(y,base,bound,operation)实现 Pollard's Kangaroo 算法，其中第 3 个参数为 x_i 的取值范围，第 4 个参数为群的运算，默认为乘法。将以上代码的运行结果发送给服务端，即可获取到 flag. txt 中的内容。

Polhig-Hellman 算法在破解 DH 共享密钥方面也有广泛的应用。Alice 和 Bob 协商了模数 $p = 491988559103692092263984889813697016406$ 以及生成元 $g = 5$，由 DH 算法可得，以上信息是公开的。同时又给出了 Alice 和 Bob 的公钥，分别为 $g^A \bmod p = 232042342203461569340683568996607232345$ 和 $g^B \bmod p = 764052557237024502331499018534$ 50417505，以及 Alice 通过 Python 命令 "message ^ (pow(your_key, A, modulus))"加密后的密文 $122599915218446668219613952998434624615360604656913880493717975404 70$，其中 your_key 为 Bob 的公钥，不难看出，Alice 和 Bob 通过共享密钥进行异或加密来通信。Alice 还告诉 Bob 需要将解密后的密文转化为十六进制字符串。

综上，若要获取明文，需要破解 Alice 与 Bob 的共享密钥，再与密文做异或处理。若要得到 Alice 和 Bob 的共享密钥，需得到任意一方的私钥，这是一个离散对数问题。而这个题

目中的模数 p 并不是素数，推测 $\phi(p)$ 应该有较小素数因子。这里使用在线 sage 验证我们的推测，如图 9.8 所示。

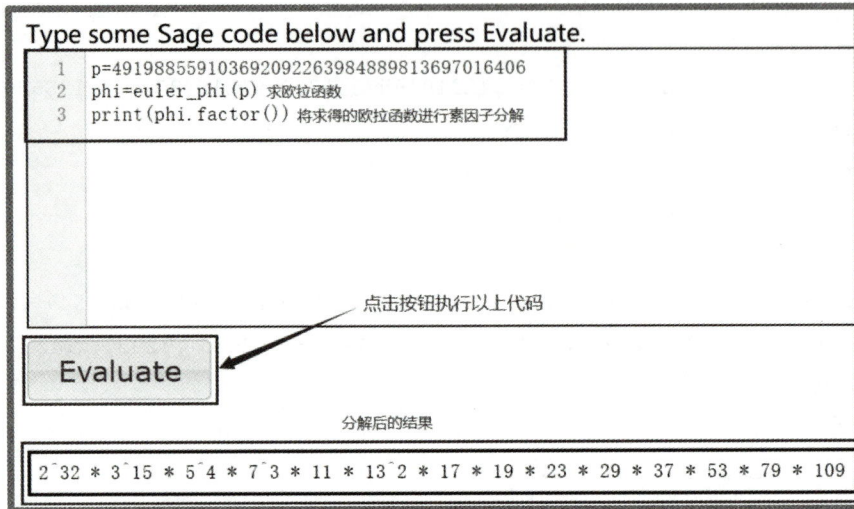

```
Type some Sage code below and press Evaluate.

1  p=4919885591036920922639848898136970164O6
2  phi=euler_phi(p) 求欧拉函数
3  print(phi.factor()) 将求得的欧拉函数进行素因子分解




                              点击按钮执行以上代码

Evaluate

                  分解后的结果

2^32 * 3^15 * 5^4 * 7^3 * 11 * 13^2 * 17 * 19 * 23 * 29 * 37 * 53 * 79 * 109
```

图 9.8　通过 sage 进行素因子分解

由此可得，$\phi(p)$ 确实有一些较小的素数因子，故可通过 Polhig-Hellman 算法，根据 Alice 或者 Bob 的公钥求解私钥，从而获取共享密钥。

Python 破解代码如下：

1. `import libnum`
2. ♯ 求解 n 的欧拉函数
3. `def phi(n)：`
4. 　　`factors = libnum.factorize(n)` ♯ 将 n 素因子分解
5. 　　`euler_phi = 1`
6. 　　`for key,value in factors.items()：`
7. 　　　`euler_phi * = key * * value-key * * (value − 1)`
8. 　　`return euler_phi`
9. ♯ 暴力破解求离散对数问题
10. `def brute_force(g,y,p)：`
11. 　　`x = 1`
12. 　　`while pow(g,x,p)！ = y：`
13. 　　　`x + = 1`
14. 　　`return x`

```
15.    p = 491988559103692092263984889813697016406
16.    g = 5
17.    y_a = 23204234220346156934068356899660723 2345    ♯Alice 的公钥
18.    y_b = 764052557237024502331499018534504 17505    ♯Bob 的公钥
19.    cipher = 122599915218446668219613952998434624615360604656913880493
71797540470
20.    phi_p = phi(p)
21.    factors = libnum.factorize(phi_p)    ♯将 phi(p)素因子分解
22.    factors = [key * * value for key,value in factors.items()]
23.    r = []
24.    for factor in factors：
25.      r + = [brute_force(pow(g,phi_p//factor,p),
26.                          pow(y_b,phi_p//factor,p),    ♯根据公钥求解私钥
27.                          p) % factor]
28.    ♯通过中国剩余定理求解
29.    def crt(n,N,a):
30.      result = 0
31.      for i in range(len(n)):
32.          ai = a[i]
33.          ni = n[i]
34.          bi = N//ni
35.          result + = ai * bi * libnum.invmod(bi,ni)
36.      return result % N
37.    x_b = crt(factors,phi_p,r)
38.    K = pow(y_a,x_b,p)    ♯共享密钥
39.    message = cipher^K
40.    print(bytes.fromhex(hex(message)[2:]))
```

根据上述代码，先计算模数 p 的欧拉函数 $\phi(p)$，再将其分解为小素数因子，然后根据 Polhig-Hellman 算法的思想求解 Bob 的私钥，从而获得共享密钥，最后求解出明文信息。以上代码运行后的结果为 tjctf{Ali3ns_1iv3_am0ng_us!}。

9.4.6　五种攻击方法的比较

用于解决离散对数问题的方法主要有以上五种，这五种攻击方法比较如表 9.2 所示。

表 9.2 五种攻击方法的比较

算 法	时间复杂度	空间复杂度	备 注
暴力破解法	$O(n)$	$O(1)$	尽量不要使用
小步大步法	$O(\sqrt{n})$	$O(\sqrt{n})$	实现简单,但 Pollard's rho 算法更好
Pollard's rho 算法	$O(\sqrt{n})$	$O(1)$	与小步大步法相比不需要开辟存储空间
Pollard's 袋鼠算法	$O(\sqrt{b-a})$	$O(1)$	当知道 x 的某些信息时可使用
Polhig-Hellman 算法	$O(\sum_i e_i \sqrt{p_i})$	$O(1)$	当群的阶可以分解为小素数因子时使用

习 题

1. 有集合 $G=\{(a,b)|a\neq 0$ 且 $a,b\in R\}$,定义运算"∘": $(a,b)\circ(c,d)=(ac,ad+b)$,证明 G 关于"∘"构成群。该群是否为交换群?

参考答案:

(1) 对 $\forall (a,b),(c,d)\in G$, $(ac,ad+b)\in G$,满足封闭性;

(2) 对 $\forall (a,b),(c,d),(e,f)\in G$, $[(a,b)\circ(c,d)]\circ(e,f)=(a,b)\circ[(c,d)\circ(e,f)]$,满足结合律;

(3) 存在单位元 $(1,0)$,使得对 $\forall (a,b)\in G$ 均满足 $(1,0)\circ(a,b)=(a,b)\circ(1,0)=(a,b)$;

(4) 对 $\forall (a,b)\in G$,其逆元为 $\left(\dfrac{1}{a},-\dfrac{b}{a}\right)$。

综上所述, G 关于"∘"构成群。该群不是交换群。

2. 循环群 Z_{13}^* 共有多少个生成元?试计算这些生成元。

参考答案:4 个,分别为 2、6、7、11。

3. 若循环群 Z_{19}^* 的一个生成元为 2,求出该群的 9 阶循环子群。

参考答案:$\{1,4,16,7,9,17,11,6,5\}$。

4. 假设 Alice 和 Bob 要共享一个会话密钥,协商的素数为 139,生成元为 2,若用户 A 和用户 B 分别选择随机数 36、58,则最终他们的共享密钥是多少?

参考答案:129。

5. 选取素数 $p=107$ 以及生成元 $g=2$,计算当公钥为 $\{41,2,107\}$ 以及随机数 $r=19$ 时,明文 $m=15$ 通过 ElGamal 加密后的密文 (c_1,c_2)。

参考答案：(95, 17)。

6. 如果一个离散对数问题可以通过小步大步法求解，那么它一定可以通过 Pollard's Kangaroo 算法来求解，且空间复杂度将会大大降低。请用 Pollhig's Kangaroo 算法根据 9.4.2 小节中的加密代码破解明文。提示：调用 sage 的 discrete_log_lambda(a, base, bounds, operation)方法。

参考答案(sage 代码)：

```
1.   g = ...
2.   p = ...
3.   h = ...
4.   c1 = int('...',36)
5.   c2 = int('...',36)
6.   G = GF(p)   #p 元有限域
7.   c1 = G(c1)   #域上的元素
8.   c2 = G(c2)
9.   g = G(g)
10.  h = G(h)
11.  x = discrete_log_lambda(c1,g,(0,2^31-1))
12.  print(x)
13.  num = c2/h**x
14.  print(num)
```

7. DH 算法遭受中间人攻击的根本原因是参与双方未进行身份验证。思考如何改进 Diffie-Hellman 算法来防御中间人攻击。

参考答案：

在 DH 算法的基础上添加数字签名技术。假设 Alice 的签名算法和验证算法分别为 Sig_A、Ver_A，Bob 的签名算法和验证算法分别为 Sig_B、Ver_B，他们密钥交换的步骤如下：

(1) Alice 计算 $A = g^x \bmod p$ 并将 A 发送给 Bob；

(2) Bob 计算 $B = g^y \bmod p$，然后计算共享密钥 $K = A^y \bmod p$ 以及将 A 与 B 签名并用 K 加密后的结果 $E_B = E_K(Sig_B(A, B))$，并将(PK_B, B, E_B)发送给 Alice，其中 PK_B 为 Bob 用于签名验证的公钥；

(3) Alice 计算共享密钥 $K = B^x \bmod p$，然后用 K 解密 E_B，再用 PK_B 验证 Bob 签名的有效性。确认有效后，计算 $E_A = E_K(Sig_A(A, B))$ 并将(PK_A, E_A)发送给 Bob，其中 PK_A 为 Alice 用于签名验证的公钥；

(4) Bob 将 E_A 解密并验证 Alice 签名的有效性。

8. 假设 Alice 和 Bob 协商的大素数 $p = 66724779072962916880186865126403330968251945851915254173778786608341820574282900551431173437500 0001$ 以及生成元 $g = 10$，Alice 和 Bob 的公钥分别为 $490305926196059599023102212147002263206141591048662034088541405656196275339142044588265256800520651$ 和 $39584597887952761439574701571022034664926653429963091740335583783347428196161053721368524303733 7675$。已知 Bob 向 Alice 发送了通过某种对称加密算法加密的十六进制密文 8daa192c19dc4037b58def2935623704856779cefe83ff9042677b9b62661c59 以及对称加密密钥与 DH 会话密钥的乘积模 p 的结果 $enc = 212772881309582973820829804871086196222372777546441069077968628884317585160442388385222503910529273$。试回答下列问题：

（1）Z_p^* 的阶存在什么问题？该问题的存在使得攻击者可以用哪一种离散对数的攻击方法攻破？

（2）求出 Alice 和 Bob 的会话密钥以及对称加密密钥。

（3）推测 Bob 使用了哪种对称加密算法和工作模式并求出明文信息。

参考答案：

（1）Z_p^* 的阶为 $p - 1$，可以分解为 $2^6 * 3^{13} * 5^{12} * 7^{14} * 11^2 * 13^{13} * 17^{10} * 19^4 * 23^{14} * 29^{12}$，包含大量小素数因子，故可以通过 Polhig-Hellman 算法来求解离散对数问题。

（2）这里调用 sage 的 discrete_log(a, base, ord, operation) 方法来破解 Alice 或者 Bob 的私钥，进而求解会话密钥和对称加密密钥。sage 代码如下：

```
1.   p = ...
2.   g = 10
3.   G = GF(p)
4.   g = G(g)
5.   pub1 = ...
6.   pub2 = ...
7.   enc = ...
8.   pub1 = G(pub1)
9.   pub2 = G(pub2)
10.  enc = G(enc)
11.  x = discrete_log(pub1,g)      # 求 Alice 的私钥
12.  K = pub2^x                    # 会话密钥
13.  key = enc/K                   # 对称加密密钥
14.  print(K,key)
```

运行以上代码得出会话密钥为 470025532326429509257190794699658985614265142446015884571648783710068051626363138484599386732557854，对称加密密钥为 12800919669023901913578134665439039505 4。

（3）通过 Crypto. Util. number. long_to_bytes( )方法将对称加密密钥转化为 byte 类型的对象，发现其字节长度为 16，因为推测使用的对称加密算法为 AES，且题目中并未给出初始化向量 IV，所以推测工作模式为 ECB 模式。

```
1.  from Crypto.Util.number import *
2.  cipher = '8daa192c19dc4037b58def2935623704856779cefe83ff90426
77b9b62661c59'
3.  cipher = int(cipher,16)
4.  cipher = long_to_bytes(cipher)
5.  key = 12800919669023901913578134665439039505 4
6.  key = long_to_bytes(key)
7.  from Crypto.Cipher import AES
8.  aes = AES.new(key, mode = AES.MODE_ECB)
9.  plain = aes.decrypt(cipher)
10.  print(plain)
```

以上代码运行结果为 b'WPI{sTRuk_byA_ $ m0otH_cR! mIn@1}\x00\x00'。

第 10 章　椭圆曲线密码体制

椭圆曲线密码学(Elliptic Curve Cryptography，ECC)是基于椭圆曲线数学理论和离散对数问题的一种公钥密码算法。相比 RSA，ECC 可以使用更短的密钥来实现更安全和更高效的加解密算法。本章将分别从实数域、有限域讨论椭圆曲线的基本运算法则，然后引出基于椭圆曲线的加解密算法、Diffie-Hellman 密钥协商协议和数字签名算法，最后对椭圆曲线密码体制可能存在的攻击方法进行讨论。

10.1　实数域上的椭圆曲线

椭圆曲线并非椭圆，之所以称为椭圆曲线是因为它的曲线方程与计算椭圆周长的方程类似。本节首先介绍更易理解的实数域上的椭圆曲线，然后介绍公钥密码所采用的模 p 定义下的椭圆曲线。

10.1.1　实数域上椭圆曲线的定义

椭圆曲线被描述为一个二元方程解的集合。在实数域中，一般椭圆曲线可定义为满足 Weierstrass 标准型方程的所有点外加一个无穷远点 O 的集合 E，即

$$E=\{(x,y)\,|\,y^2=x^3+ax+b \quad 4a^3+27b^2\neq 0\}\bigcup\{O\}$$

其中，约束条件 $4a^3+27b^2\neq 0$ 是为了保证椭圆曲线没有奇异点，即处处光滑可导。

图 10.1 给出 $y^2=x^3-x+2$ 的椭圆曲线，可以看出椭圆曲线关于 x 轴对称。

对应的实现上述椭圆曲线绘制的 Python 代码如下：

```
1.   import matplotlib.pyplot as plt
2.   import numpy as np
3.   y, x = np.ogrid[-2:2:0.001, -2:2:0.001]    #设置坐标轴范围
```

```
4.  plt.axis('equal')   #设置横纵坐标比例相同
5.  a = -1;b = 2
6.  plt.title('$y^2 = x^3 - x + 2$',size = '20')   #画椭圆曲线
7.  plt.contour(x.ravel(), y.ravel(), pow(y,2) - pow(x, 3) - x * a - b,1)
8.  plt.show()
```

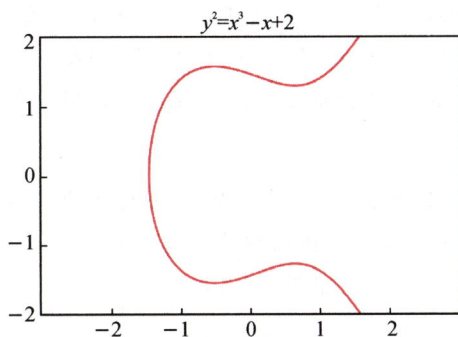

图 10.1　椭圆曲线示例($a = -1, b = 2$)

椭圆曲线的定义要求曲线是非奇异的，从几何上来说意味着图像没有尖点、自相交点或孤立点。椭圆曲线满足非奇异要求是因为数乘运算需要用到切线，而曲线奇点处没有切线，无法进行计算。

图 10.2 给出了无效的椭圆曲线实例，其中左侧带尖角的曲线为 $y^2 = x^3$，右侧带一个自交叉点的曲线为 $y^2 = x^3 - 3x + 2$。

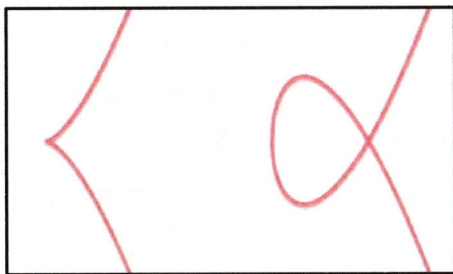

图 10.2　无效椭圆曲线

10.1.2　实数域上椭圆曲线的群法则

1. 椭圆曲线阿贝尔(Abel)群

基于实数域上椭圆曲线的点集及其加法运算，可以定义一个群$(G, +)$，该群满足以下条件。

（1）封闭性：元素是椭圆曲线上的点，且加法运算得到的点也都在椭圆曲线上，即 $\forall A$、$B \in G$，$A + B \in G$。

（2）单位元：选取无穷远点 O 为单位元，$\forall P \in G$，有 $P + O = P$。

（3）逆元：$\forall P \in G$，$\exists -P \in G$，使得 $P + (-P) = O$，点 P 与 $-P$ 关于 x 轴对称。

（4）交换律：绘制一条与椭圆曲线相交于三点的直线，记交点为 P、Q、R，则 $P + Q + R = O$，且三点加法满足交换律，即该群关于加法运算满足交换律。

（5）结合律：$\forall P$、Q、$R \in G$，有 $(P + Q) + R = P + (Q + R)$。

由此可知，椭圆曲线上的点关于加法运算构成一个阿贝尔群。

2. 几何加法

根据 $P + Q + R = O$，可以得到计算两个点 P 和 Q 相加的几何方法：任取椭圆曲线上的两个点 P、Q，过这两点作直线，交椭圆曲线于另一点 R，过 R 作 x 轴的垂线，与椭圆曲线交于点 $-R$，则逆元 $-R = P + Q$，如图 10.3 所示。

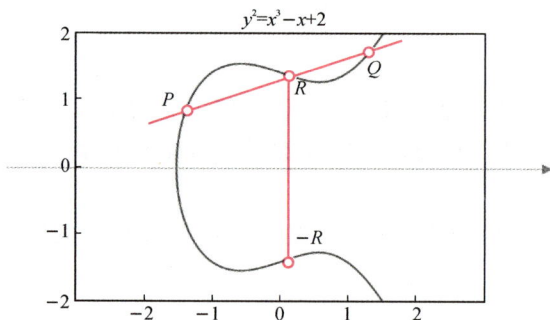

图 10.3　几何加法

当 $P = Q$ 时，即两点重合时，过该点作椭圆曲线的切线，交椭圆曲线于点 R，则其逆 $-R = P + Q = P + P = 2P = -R$，如图 10.4 所示。

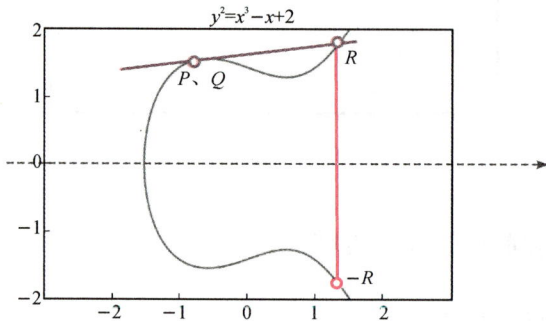

图 10.4　$P = Q$ 时几何加法

当 $P=-Q$ 时，经过这两点的直线垂直于 x 轴，与椭圆曲线无第三个交点，但因 P 是 Q 的逆元，根据逆元的定义有 $P+Q=P+(-P)=O$，O 为无穷远点，如图 10.5 所示。

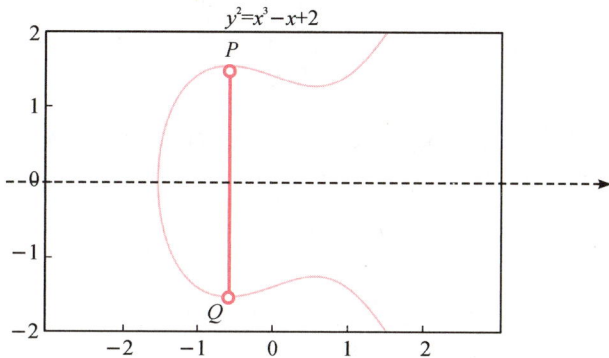

图 10.5　$P=-Q$ 时几何加法

3. 代数加法

椭圆曲线几何加法比较直观，但代数加法更有利于数值计算，需要注意的是代数加法并不是两个点坐标的简单相加。

过椭圆曲线上的两个点 $P=(x_1,y_1)$、$Q=(x_2,y_2)$ 作直线，求曲线第三个交点 $R=(x_3,y_3)$ 的问题用代数方法很容易解决，具体推导过程如下。

1）求直线 PQ 的方程

当 $P\neq Q$ 时，直线 PQ 的斜率：$k=\dfrac{y_2-y_1}{x_2-x_1}$。

当 $P=Q$ 时，过 P 点作椭圆曲线的切线，利用求导的方法计算切线斜率。

椭圆曲线：

$$y^2=x^3+ax+b \tag{10.1}$$

等式两边分别对 x 求导：

$$2y\frac{dy}{dx}=3x^2+a \tag{10.2}$$

所以切线斜率为

$$k=\frac{dy}{dx}=\frac{3x^2+a}{2y}$$

已知直线 PQ 的斜率 k 和 P、Q 两点的坐标，容易求得直线方程，假设直线 PQ 方程为 $y=kx+c$。

2）将直线 PQ 方程代入椭圆曲线

将 $y=kx+c$ 代入 $y^2=x^3+ax+b$ 得：

$$(kx+c)^2=x^3+ax+b$$

转成标准式得：

$$x^3-k^2x^2+(a-2kc)x+(b-c^2)=0 \tag{10.3}$$

由此可得，只要求出一元三次方程的根即可得到第三个交点。

3）韦达定理及其证明

韦达定理给出了一元 n 次方程根与系数的关系。对于一元三次方程 $ax^3+bx^2+cx+d=0$，假设 p、q 和 r 是该方程的三个根，则：

$$(x-p)(x-q)(x-r)=0$$
$$(x-p)(x^2-qx-rx+qr)=0$$
$$x^3+[-(p+q+r)]x^2+(pq+qr+pr)x+(-pqr)=0 \tag{10.4}$$

而方程 $ax^3+bx^2+cx+d=0$ 两边同除以 a 得：

$$x^3+\frac{b}{a}x^2+\frac{c}{a}x+\frac{d}{a}=0 \tag{10.5}$$

对比式（10.4）和式（10.5）可得到根与系数的关系：

$$\begin{cases} p+q+r=-\dfrac{b}{a} \\[2mm] pq+qr+rp=\dfrac{c}{a} \\[2mm] pqr=-\dfrac{d}{a} \end{cases} \tag{10.6}$$

4）根据韦达定理求第三个交点

由式（10.3）和式（10.6）得：

$$x_1+x_2+x_3=k^2$$

所以 R 的横坐标：

$$x_3=k^2-x_1-x_2$$

R 的纵坐标：

$$y_3=k(x_3-x_1)+y_1$$

$-R$ 的纵坐标：

$$-y_3=k(x_1-x_3)-y_1$$

5）代数加法总结

设 $P=(x_1,y_1)$，$Q=(x_2,y_2)$，则 $P+Q=(x_3,y_3)$ 由以下规则确定：

$$x_3=k^2-x_1-x_2$$
$$y_3=k(x_1-x_3)-y_1$$

$$k = \begin{cases} \dfrac{y_2 - y_1}{x_2 - x_1}, & P \neq Q \\[3mm] \dfrac{3x_1^2 + a}{2y_1}, & P = Q \end{cases}$$

【**例 10 - 1**】　给定实数域上椭圆曲线 $y^2 = x^3 - 7x + 10$，$P = (1,2)$，$Q = (3,4)$，计算 $P + Q$ 和 $2P$。

因为 $P \neq Q$，根据代数加法规则有：

$$k = \frac{y_Q - y_P}{x_Q - x_P} = \frac{4-2}{3-1} = 1$$

$$x = k^2 - x_P - x_Q = 1 - 1 - 3 = -3$$

$$y = k(x_P - x) - y_P = 1 \times [1 - (-3)] - 2 = 2$$

所以 $P + Q = (-3, 2)$。

$2P = P + P$，根据代数加法规则得：

$$k = \frac{3x_P^2 + a}{2y_P} = \frac{3 \times 1 + (-7)}{2 \times 2} = -1$$

$$x = k^2 - x_P - x_P = 1 - 1 - 1 = -1$$

$$y = k(x_P - x) - y_P = -1 \times [1 - (-1)] - 2 = -4$$

所以 $2P = (-1, -4)$。

利用 Python 实现实数域上椭圆曲线的代数加法运算，代码如下：

```
1.    #10ECCAddReal.py
2.    def add(P,Q,a,b):    # R = P + Q, a,b 为椭圆曲线参数
3.      if P = = (0,0):
4.          return Q      # P = (0,0)时 P + Q = Q
5.      elif Q = = (0,0):
6.          return P      # Q = (0,0)时 P + Q = P
7.      else:
8.          #两点相同
9.          if P = = Q:
10.             s = (3 * ( P[0] * * 2) + a)/(2 * yP[1])
11.          #两点不同
12.          else:
13.             s = ( Q[1] - P[1])/( Q[0] - P[0])
14.             x = s * * 2 - P[0] - Q[0]
15.             y = s * ( P[0] - x) - yP
```

```
16.          R = (x,y)
17.          return R
18. if __name__ = = '__main__':
19.     P = (1,2)
20.     Q = (3,4)
21.     print(add(P,Q, - 7,10))
22.     print(add(P,P, - 7,10))
```

4. 标量乘法

设 $P=(x,y)$ 为椭圆曲线上的一个点，则数乘运算 $Q=kP=\overbrace{P+P+\cdots+P}^{k\uparrow}$，利用上述代数运算计算标量乘法需要进行 $k-1$ 次加法，可利用倍增加（double-and-add）算法降低计算的复杂度。下面举例说明该算法的原理。

【例 10-2】 计算 $151P$。

设 $k=151$，其二进制形式为 10010111_2，则 $151\times P=2^7\times P+2^4\times P+2^2\times P+2^1\times P+2^0\times P$，这样标量乘法可以表示为多项式乘法类似的算法，具体步骤如下：

（1）翻倍 P，得到 $2P$，计算 $2P+P$，得到 $2^1\times P+2^0\times P$；

（2）翻倍 $2P$，得到 $2^2\times P$，加上（1）中结果得到 $2^2\times P+2^1\times P+2^0\times P$；

（3）翻倍 $2^2\times P$，得到 $2^3\times P$，不对其做任何操作；

（4）翻倍 $2^3\times P$，得到 $2^4\times P$，将 $2^4\times P$ 加上步骤（2）中结果得到 $2^4\times P+2^2\times P+2^1\times P+2^0\times P$；

（5）翻倍 $2^4\times P$，得到 $2^5\times P$，不对其做任何操作；

（6）翻倍 $2^5\times P$，得到 $2^6\times P$，不对其做任何操作；

（7）翻倍 $2^6\times P$，得到 $2^7\times P$，将 $2^7\times P$ 加上步骤（4）中结果得到 $2^7\times P+2^4\times P+2^2\times P+2^1\times P+2^0\times P$。

上述标量乘法共需 7 次翻倍计算和 4 次加法计算就可以得到 $151\times P$ 的结果。

【例 10-3】 给定椭圆曲线 $y^2=x^3-7x+10$ 和 $P=(1,2)$，用 Python 编程实现代数加法和 double-and-add 算法，并验证 $151P$ 的计算结果。

利用 Python 实现实数域上椭圆曲线的标量乘法，代码如下：

```
1.  ♯10ECCnPReal.py
2.  def calculate_np(n,P,a,b):    ♯ a,b 为椭圆曲线参数，计算 n * p
3.      i = 1
4.      temp = P
5.      while i<n:
```

```
6.              P_value = add(temp,P,a,b)    #from 10ECCAddReal.py import add
7.              temp = P_value
8.              i = i + 1
9.         return P_value
10.    if __name__ = = '__main__':
11.        P = (1,2)
12.        print(calculate_np(151,P, - 7,10))
```

利用 Python 实现 double-and-add 算法，代码如下：

```
1.    #10ECCnPdoubleAddReal.py
2.    def bits(n):          # n 的二进制
3.        while n:
4.            yield n & 1
5.            n >> = 1
6.    #double_and_add 算法
7.    def double_and_add(k,P,a,b):
8.        temp = (0,0)
9.        addend = P
10.       for bit in bits(k):
11.           if bit = = 1:
12.               temp = add(temp,addend,a,b)    # from 10ECCAddReal.py import add
13.               addend = add(addend,addend,a,b)
14.       return temp
15.    if __name__ = = '__main__':
16.        Q = (1,2)
17.        res = double_and_add(151,Q, - 7,10)
18.        print(res)
```

5. 对数问题

令 $Q = nP$，已知 n、P，则可以使用多项式时间复杂度的算法 double-and-add 来计算 $Q = nP$，但是若已知 P、Q，欲快速求解 n 则是比较困难的，该问题称作对数问题。实数域中曲线连续，找到一些规律来破解对数问题相对容易。在实际应用中，常将椭圆曲线限制在有限域内，将曲线变成离散的点，这样既方便了计算，也加大了破解难度。

10.2 有限域上的椭圆曲线

密码学专注于离散的数学，而第一节介绍的实数域上椭圆曲线是连续的，并不适用于加密运算，因此需要引入有限域上的椭圆曲线，将椭圆曲线变成离散的点。

本节首先介绍有限域相关概念，然后介绍有限域上椭圆曲线的相关定义和计算方法。

10.2.1 有限域

设 F 为非空集合，F 内定义两种二元运算，加法运算"＋"和乘法运算"·"，并满足以下条件，则称 F 关于"＋"和"·"构成一个域，记作 $(F, +, \cdot)$。

（1）F 关于加法运算"＋"构成阿贝尔群；

（2）F 关于乘法运算"·"构成阿贝尔群；

（3）乘法对加法运算满足分配律。

【例 10 - 4】 $(R, +, \cdot)$ 是一个域，称为实数域。

如果一个域中元素数量是有限的，则该域为有限域，又称伽罗瓦域。有限域中元素的个数称为有限域的阶。

对素数 p 取模运算的整数域是最常见的有限域之一，通常可表示为 F_p、$GF(p)$ 等。F_p 是定义在整数集合 $\{0,1,2,\cdots,p-1\}$ 上的域，F_p 上的加法和乘法定义为模 p 加法和模 p 乘法。

10.2.2 有限域上椭圆曲线的定义

为了安全性和便于实现，密码学中需将椭圆曲线限制到一个有限域内，通常用的是模素数 p 的整数域 F_p，任意点 $P = (x, y)$ 满足 $x, y \in 0, 1, \cdots, p-1$，其中 p 为素数。

有限域上的椭圆曲线定义为如下点集：

$$E = \{(x,y) \in (F_p)^2 \mid y^2 \equiv x^3 + ax + b \pmod{p}, 4a^3 + 27b^2 \neq 0 \pmod{p}\} \bigcup \{O\}$$

其中，a、b 为 F_p 域上的两个整数，O 为无穷远点。

以下 Python 代码实现 F_{97} 域上椭圆曲线 $y^2 = x^3 - x + 2$ 的几何图形的绘制（见图 10.6），可以发现椭圆曲线变成了离散的点集。

```
1.   import matplotlib.pyplot as plt
2.   import numpy as np
3.   # ECC 在 Fp 域上的点集
```

```
4.    def show_points(p, a, b):
5.      return [(x, y) for x in range(p) for y in range(p) if (y * y - (x * * 3 +
a * x + b)) % p = = 0]
6.    # 各点的横纵坐标
7.    def xydata(xylist):
8.      xs = []
9.      ys = []
10.      for xy in xylist:
11.          xs.append(xy[0])
12.          ys.append(xy[1])
13.      return xs,ys
14.    # 根据坐标画图
15.    def drawCurve(x,y):
16.      plt.plot(x,y,'o',color = '#00CCFF')
17.      plt.show()
18.    if __name__ = = '__main__':
19.      points = show_points(97, - 1,2)
20.      pointsX,pointsY = xydata(points)
21.      drawCurve(pointsX,pointsY)
```

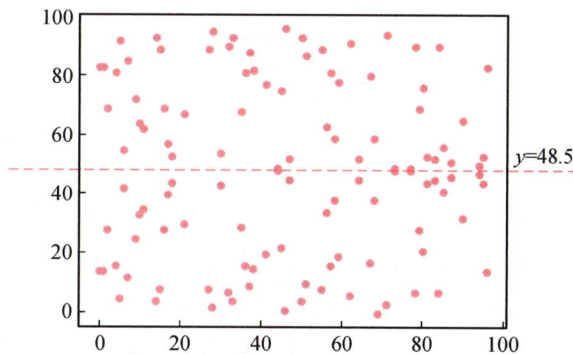

图 10.6　F_{97} 域上椭圆曲线 $y^2 = x^3 - x + 2$

因为以下两个等式在模 p 运算下相等，所以有限域上椭圆曲线关于 $y = \dfrac{p}{2}$ 对称。

$$\left(\frac{p}{2} + \delta\right)^2 = \frac{p^2}{4} + p\delta + \delta^2 \tag{10.7}$$

$$\left(\frac{p}{2}-\delta\right)^2 = \frac{p^2}{4} - p\delta + \delta^2 \tag{10.8}$$

10.2.3 有限域上椭圆曲线的群运算

1. 求解 F_p 域上椭圆曲线的点集

设 $E_p(a,b)$ 表示椭圆曲线上的点集：

$$E_p(a,b) = \{(x,y)\in(F_p)^2 \mid y^2 \equiv x^3+ax+b(\bmod\ p), 4a^3+27b^2 \neq 0(\bmod\ p)\}\bigcup\{O\}$$

其中，a,b 为椭圆曲线的参数，求 $E_p(a,b)$ 点集的步骤如下：

(1) 对每一个 $x(0\leqslant x<p$，且 x 为整数)，计算 $x^3+ax+b(\bmod\ p)$。

(2) 确定(1)中求得的值在模 p 下是否有平方根，计算 $y^2\bmod p$。如果没有，则曲线上没有与这一 x 相对应的点；如果有，则求出两个平方根($y=0$ 时只有一个平方根)。

【例 10-5】 $E_{11}(1,6)$ 表示椭圆曲线 $y^2=x^3+x+6$，求该曲线上的所有点。

对每一个 $x(0\leqslant x<11$，且 x 为整数)，计算 $x^3+x+6(\bmod\ 11)$，并判断所求出的值是否为模 11 的平方剩余，若是则求出对应的 y。

欧拉判别法可以判断一个数 a 是否是模 p 的平方剩余。若 p 是奇素数，且 $(a,p)=1$，则判定 a 是模 p 的平方剩余的充要条件是：

$$a^{\frac{p-1}{2}} \equiv 1(\bmod\ p)$$

表 10.1 给出了计算点集的过程。

表 10.1 点 集 计 算

x	$x^3+x+6(\bmod\ 11)$	$a^5(\bmod\ 11)$	是否为模 11 的平方剩余	y
0	6	10	$\times$	无
1	8	10	$\times$	无
2	5	1	$\checkmark$	4,7
3	3	1	$\checkmark$	5,6
4	8	10	$\times$	无
5	4	1	$\checkmark$	2,9
6	8	10	$\times$	无
7	4	1	$\checkmark$	2,9
8	9	1	$\checkmark$	3,8
9	7	10	$\times$	无
10	4	1	$\checkmark$	2,9

因此，点集 $E_{11}(1,6)$ 为表 10.1 得到的点再加上一个无穷远点，即 $E_{11}(1,6)=\{(2,4),$ $(2,7),(3,5),(3,6),(5,2),(5,9),(7,2),(7,9),(8,3),(8,8),(10,2),$ $(10,9),O\}$

使用 Python 求解上述椭圆曲线的点集，代码如下：

```
1.  #10ECCPointsFp.py    ECC 在 Fp 域上的点集
2.  def show_points(p, a, b):
3.      return [(x, y) for x in range(p) for y in range(p) if (y * y - (x * * 3 + a * x + b)) % p = = 0]
4.  print(show_points(11,1,6))
```

2. F_p 域上椭圆曲线的几何加法

有限域上的椭圆曲线是由一些离散的点组成的，离散点之间的加法和实数域中类似。实数域中同一直线上三个点 P、Q、R 之和为 0，有限域中则是满足 $ax+by+c\equiv0(\bmod p)$ 的点的集合。

【例 10-6】　给定椭圆曲线 $y^2\equiv x^3-x+3(\bmod 127)$，且 $P=(16,20)$、$Q=(41,120)$，画出 $-R=P+Q$ 几何加法示意图。

绘制出椭圆曲线的图像，用"o"表示，直线 PQ 的方程为 $y=4x-44$，绘制 $y\equiv4x-44\bmod 127(0\leqslant x<127$，且 x 为整数)的直线，用"*"表示，观察直线与椭圆曲线的交点即可得到 $-R$ 的逆元 R，$-R$ 与 R 关于 $y=63.5$ 对称。P、Q、R、$-R$ 在图中用"▪"表示。F_{127} 域上椭圆曲线的几何加法如图 10.7 所示。

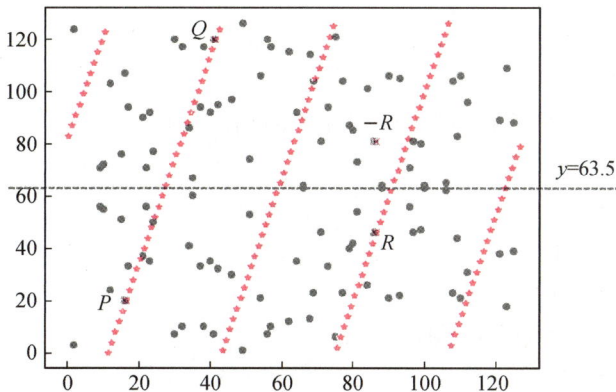

图 10.7　F_{127} 域上椭圆曲线的几何加法

3. F_p 域上椭圆曲线的代数加法

F_p 域上椭圆曲线代数加法规则和实数域上的加法规则类似，只是加法运算是基于模运算。

设 P、$Q \in E_p(a,b)$，O 为无穷远点，则 $P+Q=(x_3,y_3)$ 由以下规则确定：

$$x_3=k^2-x_1-x_2 \bmod p \tag{10.9}$$

$$y_3=k(x_1-x_3)-y_1 \bmod p \tag{10.10}$$

其中，

$$k=\begin{cases}(y_2-y_1)(x_2-x_1)^{-1} \bmod p & P \neq Q \\ (3x_1^2+a)(2y_1)^{-1} \bmod p & P=Q\end{cases} \tag{10.11}$$

椭圆曲线在素数域 F_p 上的点依然构成阿贝尔群，单位元依旧是无穷远点，$P=(x,y)$ 的逆元为 $-P=(x,-y(\bmod p))$。

【例 10 - 7】 已知椭圆曲线 $E_{23}(1,1)$ 上两点 $P=(3,10)$、$Q=(9,7)$，计算：$-P$、$P+Q$、$2P$。

解：(1) $-P=(3,-10)\bmod 23=(3,13)$

(2) 因为 $P \neq Q$，所以

$k=(7-10)\times(9-3)^{-1} \bmod 23=(-3)\times 4 \bmod 23=11$

$x=(11^2-3-9) \bmod 23=109 \bmod 23=17$

$y=[11\times(3-17)-10] \bmod 23=-164 \bmod 23=20$

$P+Q=(17,20)$

(3) 因为 $2P=P+P$，所以

$k=(3\times 3^2+1)\times(2\times 10)^{-1} \bmod 23(\bmod 23)=5\times 15 \bmod 23=6$

$x=(6^2-3-3) \bmod 23=7$

$y=[6\times(3-7)-10] \bmod 23=-34 \bmod 23=12$

$2P=(7,12)$

以下 Python 代码实现了 F_p 域上椭圆曲线的加法运算。

```
1.    #10ECCAddFp.py
2.    import gmpy2
3.    #Fp 域上 ECC 加法运算
4.    def add(P,Q,a,b,p):
5.        flag=1   #符号控制位
6.        if P = = (0,0):
7.            return Q
8.        elif Q = = (0,0):
9.            return P
10.       else:
```

```
11.         if P = = Q:   #两点相同
12.            member = (3 * ( P[0] * * 2) + a)   #计算分子
13.            denominator = 2 * P[1]   #计算分母
14.        else:      #两点不同
15.            member = Q[1] - P[1]
16.            denominator = Q[0] - P[0]
17.            if member * denominator<0:
18.                flag = 0
19.                member = abs(member)
20.                denominator = abs(denominator)
21.        gcd_value = gmpy2.gcd(member,denominator)
22.        member = member//gcd_value
23.        denominator = denominator//gcd_value
24.        #求分母逆元
25.        invert_value = gmpy2. invert(denominator,p)
26.        #计算 R = P + Q
27.        s = member * invert_value
28.        if flag = = 0:
29.            s = - s
30.        s = s % p
31.        x = (s * * 2 - P[0] - Q[0]) % p
32.        y = (s * (P[0] - x) - P[1]) % p
33.        return (x,y)
34.    if __name__ = = '__main__':
35.        P = (3,10)   #x1→P[0],y1→P[1]
36.        Q = (9,7)   #x2→Q[0],y2→Q[1]
37.        print(add(P,Q,1,1,23))#P + Q
38.        print(add(P,P,1,1,23))#P + P
```

4. F_p 域上椭圆曲线的标量乘法

设 $P = (x, y)$ 为 F_p 域椭圆曲线上的一个点，则标量乘法 $Q = kP = \overbrace{P + P + \cdots + P}^{k\text{个}}$，仍然可用 double-and-add 算法将标量乘法运算的时间复杂度控制在 $O(\log k)$。

【**例 10 - 8**】　给定椭圆曲线 $y^2 \equiv x^3 + 2x + 3 (\mathrm{mod}\ 97)$，点 $P = (3, 6)$，计算 nP，$n \in (0, 1, \cdots, p - 1)$。计算结果如图 10.8 所示，可以发现，$nP$ 的取值只有 5 个，且重复出

现，所以 P 的倍数在加法运算下是封闭的，由此得出一个重要结论：取 F_p 域椭圆曲线上的任意一个点 P，所有 P 的倍数构成的集合是定义在 F_p 域上椭圆曲线群的一个循环子群。

$0P = 0$
$1P = (3, 6)$
$2P = (80, 10)$
$3P = (80, 87)$
$4P = (3, 91)$
$5P = 0$
$6P = (3, 6)$
...

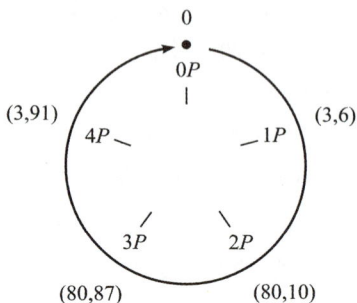

图 10.8 标量乘

以下 Python 代码实现了基于代数加法的 F_p 域上椭圆曲线的标量乘法计算。

```
1.   #计算 nP, a、b、p 是有限域椭圆曲线参数
2.   def calculate_np(n,P,a,b,p):
3.       i = 1
4.       temp = P
5.       while i<n:
6.         P_value = add(temp,P,a,b,p)   #代数加法  from 10ECCAddFp.py
7.         temp = P_value
8.         i = i + 1
9.       return P_value
10.  if __name__ = = '__main__':
11.      P = (3,6)
12.      print(calculate_np(4,P,2,3,97))
```

以下 Python 代码则是基于 double-and-add 算法实现 F_p 域上椭圆曲线的标量乘法。

```
1.   #10ECCnPDoubleAddFp.py
2.   from 10ECCAddFp import add
3.   import gmpy2
4.   #Fp 域上 ECC 加法运算
5.   def bits(n):
6.       while n:
7.           yield n & 1
8.           n >>= 1
```

```
9.  def double_and_add(k, P,a,b,p):
10.     temp = (0,0)
11.     addend = P
12.     for bit in bits(k):
13.         if bit = = 1:
14.             temp = add(temp, addend, a, b,p)
15.         addend = add(addend,addend,a,b,p)
16.     return temp
17. if __name__ = = '__main__':
18.     Q = (3,6)
19.     res = double_and_add(4,Q,2,3,97)
20.     print(res)
```

10.2.4　F_p 域上椭圆曲线群的阶及循环子群的阶

F_p 域上椭圆曲线的点集 $E_p(a,b)$ 关于其上的加法运算构成阿贝尔群，因为其上加法运算满足封闭性、结合律、交换律、存在单位元、所有元素均有逆元。

椭圆曲线群的元素数量是有限的，元素的个数就是群的阶。

Hasse 定理：给定一个椭圆曲线 $E_p(a,b)$，N 表示椭圆曲线上点的个数，则 N 的范围满足：

$$p+1-2\sqrt{p} \leqslant N \leqslant p+1+2\sqrt{p}$$

循环子群的阶：P 为 F_p 域椭圆曲线上的点，使得 $NP=O$（O 为无穷远点）的最小正整数 N 为点 P 的阶。点 P 生成的循环子群的阶即为椭圆曲线群中点 P 的阶。循环子群的阶为椭圆曲线群阶的因子。

【例 10-9】　给定 F_{37} 上椭圆曲线 $y^2=x^3-x+3$，求椭圆曲线群的阶和点 $P=(2,3)$ 的阶。

```
1.  E = EllipticCurve(GF(37), [-1, 3])
2.  #指定椭圆曲线上的两个点
3.  P = E(2,3)
4.  print(E.order())   #结果：42
5.  print(P.order())   #结果：7
```

10.2.5　基于椭圆曲线的离散对数问题

建立基于椭圆曲线的加密机制需要找到类似 RSA 大数分解这样的难题，而椭圆曲线上离散对数是数学上的一个难题，因此可利用这一点构建椭圆曲线密码体制。

椭圆曲线离散对数问题（Elliptic Curve Discrete Logarithm Problem，ECDLP）定义如下：

给定素数 p，有限域 F_p，椭圆曲线 E，椭圆曲线上的两个点 P、Q，$Q=kP$，k 为整数，则有

（1）给定 k、P，根据标量乘法和加法法则，计算 Q 很容易；

（2）但给定 P、Q，求 k 非常困难。在 ECC 实际应用中素数 p 非常大，穷举 k 非常困难。

【例 10-10】　给定 F_{73} 上的椭圆曲线 E：$y^2=x^3+8x+7$，已知其上有点 $P=(32,53)$ 和点 $Q=(39,17)$，且 $Q=kP$，利用 Sage 计算 k。

```
1.   E = EllipticCurve(GF(73), [8, 7])
2.   #指定椭圆曲线上的两个点
3.   P = E(32,53)
4.   Q = E(39,17)
5.   P.discrete_log(Q)       #结果：11
```

10.3　椭圆曲线加解密算法

10.3.1　ECC 加解密过程

根据上述椭圆曲线的运算规则，基于椭圆曲线的加密和解密算法如下。

（1）Alice 选定一条椭圆曲线 $E_p(a,b)$，并取曲线上的某个点作为基点 G；

（2）Alice 选择一个私钥 d，并生成公钥 $P=dG$；

（3）Alice 将椭圆曲线 $E_p(a,b)$、基点 G 和公钥 P 发送给 Bob；

（4）Bob 收到消息后，将待传输的明文 m 编码到椭圆曲线 $E_p(a,b)$ 上的一点 M，并生成一个随机整数 $k(k<n$，n 为 G 的阶）；

（5）Bob 计算点 $C_1=kG$，$C_2=M+kP$；

（6）Bob 将密文 (C_1,C_2) 发送给 Alice；

（7）Alice 收到消息后，计算点 $M'=C_2-dC_1=M+kP-dkG=M+kP-kP=M$，$M'$ 解码后即为明文。

椭圆曲线加解密过程如图 10.9 所示。

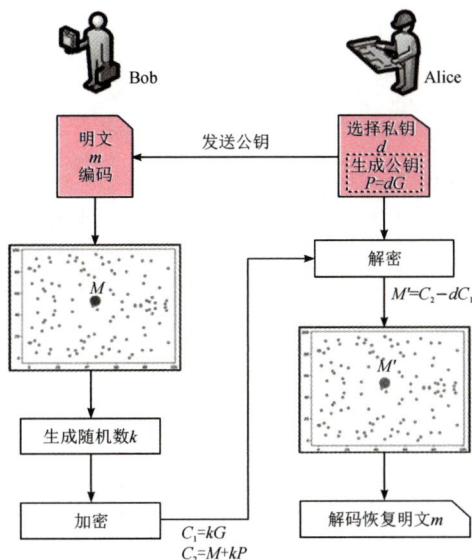

图 10.9 椭圆曲线加解密过程

在椭圆曲线加密解密过程中，攻击者从信道中能截获的信息有 $E_p(a,b)$、P、G、C_1 和 C_2，而通过 P、G 求私钥 d，或者通过 C_1、C_2 求 k 都是困难的，因此攻击者无法恢复明文。

【例 10-11】 取椭圆曲线 $E_{11}(1,6)$，即 $y^2 \equiv x^3+x+6 \bmod 11$，基点 $G=(2,7)$，Alice 的私钥 $d_A=7$。假设 Bob 发送给 Alice 的消息为 $m=(10,9)$，选择的随机数 $k=3$，请给出 Bob 加密和 Alice 解密的过程。

解：Alice 生成自己的公钥：$P_A=7G=(7,2)$；

Bob 使用 Alice 的公钥加密消息 m：$C_1=kG=(8,3)$，$C_2=m+kP_A=(10,9)+(3,5)=(10,2)$，得到加密数据 $C=\{(8,3),(10,2)\}$；

Alice 接收到密文 C，使用自己的私钥 $d_A=7$ 解密：$m=C_2-d_AC_1=(10,2)-7(8,3)=(10,2)+(3,6)=(10,9)$。

椭圆曲线的加解密 Python 代码实现如下：

```
1.   from ECC_nP_Fp import bits,add,double_and_add
2.   from ECC_curve_Fp import show_points
3.   def get_order(G,a,b,p):   #计算基点 G 的阶
4.       #计算 - G, - G + G = 0
5.       x1 = G[0]
6.       y1 = ( - 1 * G[1]) % p
```

```
7.        temp = G
8.        n = 1    #初始化基点的阶 n
9.        while True：
10.           n + = 1
11.           G_value = add(temp,G,a,b,p)
12.           if G_value[0] = = x1 and G_value[1] = = y1：
13.              return n + 1
14.           temp = G_value
15. #Alice 选择椭圆曲线，生成公私钥
16. def generate_parameters()：
17.     while True：
18.         a = int(input('请输入椭圆曲线的参数 a：'))    #1
19.         b = int(input('请输入椭圆曲线的参数 b：'))    #6
20.         p = int(input('请输入椭圆曲线的参数 p：'))    #11
21.         if(4 * (a * * 3) + 27 * (b * * 2) % p = = 0)：
22.             print('选取的椭圆曲线不能用于加密，请重新选择\n')
23.         else：
24.             break
25.     points = show_points(p,a,b)
26.     print('该椭圆曲线的点集：',points)
27.     #[(2, 4), (2, 7), (3, 5), (3, 6), (5, 2), (5, 9), (7, 2), (7, 9), (8, 3),
(8, 8), (10, 2), (10, 9)]
28.     print('在点集中选择一点作为基点 G')
29.     while True：
30.         G_x = int(input('请输入选取的基点的横坐标 G_x：'))    #2
31.         G_y = int(input('请输入选取的基点的纵坐标 G_y：'))    #7
32.         if((G_y * * 2) % p ! = (G_x * * 3 + a * G_x + b) % p)：
33.             print('选取的点不在选择的椭圆曲线上，请重新选择\n')
34.         else：
35.             break
36.     G = (G_x,G_y)
37.     n = get_order(G,a,b,p)    #获取椭圆曲线的阶
38.     print('椭圆曲线的阶为',n)    #13
```

```
39.      d = int(input('输入私钥 d(<%d)'%n))    #获取私钥，小于阶 n  #7
40.      P = double_and_add(d, G,a,b,p)   #计算公钥 P = d * G
41.      print('公钥 P = ',P)   #(7,2)
42.      return (a,b,p,G,n,d,P)
43. def ecc_encrypt(n,G,a,b,p,P):   #Bob 加密
44.      k = int(input('请输入随机数 k(<%d):'%n))   #3
45.      #输入明文，明文被编码成椭圆曲线上的点
46.      m_x = int(input('请输入明文横坐标 m_x:'))   #10
47.      m_y = int(input('请输入明文纵坐标 m_y:'))   #9
48.      m = (m_x,m_y)
49.      C1 = double_and_add(k,G,a,b,p)   #(8,3)
50.      kP = double_and_add(k,P,a,b,p)
51.      C2 = add(m,kP,a,b,p)   #(10,2)
52.      C = (C1,C2)
53.      return C
54. def ecc_decrypt(C,d,a,b,p):   #Alice 解密
55.      C1 = C[0]
56.      C2 = C[1]
57.      dC1 = double_and_add(d,C1,a,b,p)
58.      dC1 = (dC1[0]%p, -1*dC1[1]%p)   #m = C2 - dC1,dC1 = (x,y),则 -dC1 = (x, -ymodp)
59.      m = add(C2,dC1,a,b,p)
60.      return m
61. if __name__ == '__main__':
62.      parameters = generate_parameters()
63.      a, b, p, G, n, d, P = parameters
64.      print('- - - - - - - - - - - - - - ECC 加密 - - - - - - - - - - - - - - - -')
65.      cipher = ecc_encrypt(n,G,a,b,p,P)
66.      print('密文：',cipher)   #((8,3),(10,2))
67.      print('- - - - - - - - - - - - - - ECC 解密 - - - - - - - - - - - - - - - -')
68.      plain = ecc_decrypt(cipher,d,a,b,p)
```

69.   print('明文：',plain) #(10,9)

10.3.2　ECC 技术要求

密码学中描述有限域上的椭圆曲线通常需要以下六个参数：

$$T = (p, a, b, G, n, h)$$

其中，p 确定了有限域，a、b 确定一条椭圆曲线，G 为基点，n 为点 G 的阶，椭圆曲线群的阶为 N，$h = \dfrac{N}{n}$。上述参数值的选取直接影响密码的安全性，参数值一般应满足以下条件。

(1) p 越大越安全，但是越大计算速度会越慢，200 位可以满足一般安全要求；

(2) $p \neq n \times h$；

(3) $pt \neq 1 \bmod n$，$1 \leqslant 20$；

(4) $4a^3 + 27b^2 \neq 0 \bmod p$；

(5) n 为素数；

(6) $h \leqslant 4$。

10.3.3　ECC 与 RSA 的比较

RSA 基于大整数因子分解难题，ECC 基于椭圆曲线上离散对数计算难题。RSA 算法的特点之一是数学原理简单，在工程应用中易于实现，但它的单位安全强度较低，对它的破解难度是亚指数级的，而对于 ECC 的破解难度基本上是指数级的，因此 ECC 算法的单位安全强度高于 RSA 算法，即要达到同样的安全强度，ECC 算法所需要的密钥长度远低于 RSA 算法，这有效解决了提高安全强度必须增加密钥长度所带来的工程实现难度的问题。

10.4　基于椭圆曲线的 Diffie-Hellman 密钥协商协议

密钥协商机制用于获取通信双方的临时会话密钥，基于椭圆曲线的 Diffie-Hellman (DH) 密钥协商协议 (ECDH) 和 DH 密钥协商协议思想相同，只是 ECDH 是基于椭圆曲线离散对数问题实现的。

10.4.1　ECDH 密钥协商过程

Alice 和 Bob 进行 ECDH 密钥协商之前，双方要共享一些椭圆曲线参数信息，即 $(p, a,$

b,G,n,h），其中 p 确定了有限域，a、b 确定一条椭圆曲线，G 为基点，n 为点 G 的阶，椭圆曲线群的阶为 N，$h = \dfrac{N}{n}$。

ECDH 密钥协商过程如图 10.10 所示。

（1）Alice 和 Bob 随机生成各自的私钥 d_A、d_B，并分别计算各自的公钥 $P_A = d_A G$，$P_B = d_B G$；

（2）Alice 和 Bob 通过不安全的信道交换 P_A 和 P_B；

（3）Alice 计算 $S = d_A P_B$，Bob 计算 $S = d_B P_A$，显然双方计算得到的 S 是一样的，因此共享密钥就是 $S = d_A d_B G$，即 $S = d_A P_B = d_A(d_B G) = d_B(d_A G) = d_B P_A$。

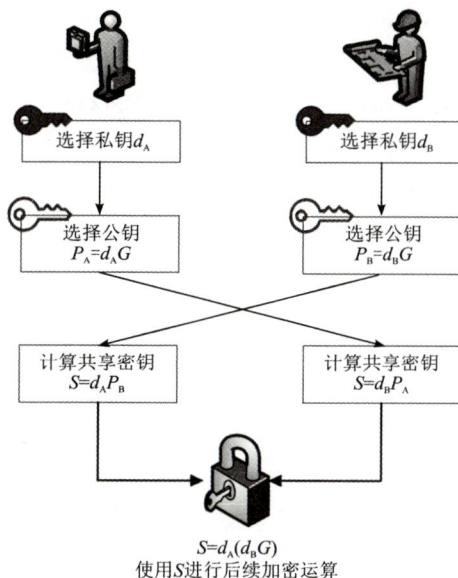

图 10.10 ECDH 密钥协商过程

在上述密钥协商过程中，攻击者虽然可以窃听到 P_A 和 P_B，但由于椭圆曲线离散对数问题的难解性，攻击者无法通过 P_A、P_B 计算出 d_A、d_B，因此无法获得协商出的共享密钥。

【例 10-12】 假设 Alice 和 Bob 约定好使用 F_{3851} 上的椭圆曲线 $y^2 = x^3 + 324x + 1287$，基点 $G = (920,303)$，现在 Alice 选取私钥 $d_A = 1194$，Bob 选取私钥 $d_B = 1759$，编程计算二者的公钥 P_A、P_B 以及密钥协商的结果 S。

```
1.  #10ECDH.py
2.  from 10ECCAddFp.py import add    #add 椭圆曲线点加法运算函数
3.  from 10ECCnPDoubleAddFp import double_and_add    #标量乘算法
```

```
4.   def ECDH(dA,dB,G,a,b,p)：
5.       #生成各自的公钥
6.       PA = double_and_add(dA,G,a,b,p)
7.       PB = double_and_add(dB,G,a,b,p)
8.       print('Alice 的公钥：',PA)    #(2067,2178)
9.       print('Bob 的公钥：',PB)      #(3684,3125)
10.      #双方交换公钥
11.      #计算协商出的共享密钥
12.      S1 = double_and_add(dA,PB,a,b,p)
13.      S2 = double_and_add(dB,PA,a,b,p)
14.      assert (S1 = = S2)
15.      print('共享密钥：',S1)         #(3347,1242)
16.      return S1
17.  if __name__ = = '__main__'：
18.      dA = 1194
19.      dB = 1759
20.      G = (920,303)
21.      a = 324
22.      b = 1287
23.      p = 3851
24.      ECDH(dA,dB,G,a,b,p)
```

10.4.2　ECDH 中间人攻击

　　虽然攻击者无法通过公钥 P_A、P_B 反推出双方的私钥 d_A、d_B，但是 ECDH 无法防止中间人攻击。

　　ECDH 与 DH 算法一样，通信实体在不知对方身份的情况下建立共享密钥，缺乏对实体的认证，因而易受中间人攻击，因此需要和其他的签名算法(如数字签名算法和椭圆曲线数字签名算法)配合，增加对实体身份的认证。

　　如图 10.11 所示，中间人截获 Alice 发往 Bob 的公钥 P_A，替换为自己的公钥 P_M，将 Bob 发往 Alice 的公钥 P_B，替换为自己的公钥 P_M，最后 Alice 计算的共享密钥为 Alice 与中间人协商出的密钥，而 Bob 计算的则为 Bob 与中间人协商的密钥。这样当 Alice 和 Bob 使用各自计算的共享密钥发送消息时，中间人都能解密消息，并修改消息重新发送。

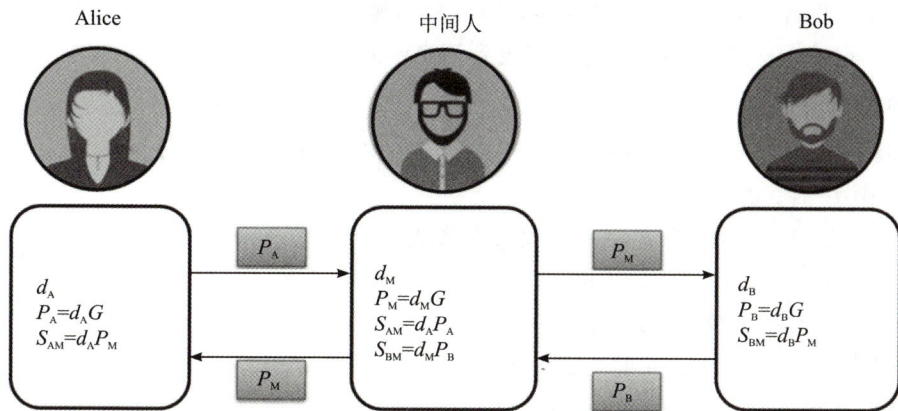

图 10.11 ECDH 中间人攻击

10.5 椭圆曲线数字签名算法

椭圆曲线数字签名算法(ECDSA)是 ECC 与 DSA 的结合,整个签名过程与 DSA 类似,只是 ECDSA 签名中采取的算法是 ECC,最后得到的签名值也是分为 r 和 s。

10.5.1 签名和验证过程

1. 签名过程

(1) Alice 希望对消息 m 进行签名,首先选择一条椭圆曲线,参数为 (p,a,b,G,n,h),随机选择私钥 d,计算公钥 $P=dG$,G 为基点;

(2) Alice 选择一个随机数 $k(1\leqslant k\leqslant n-1)$,计算 $Q=kG$;

(3) 计算 $r=x_Q \bmod n$,n 为点 G 的阶,x_Q 为点 Q 的横坐标,若 $r=0$,则返回到第(2)步,重新选择一个 k;

(4) 计算消息 m 的哈希值 $h(m)$(大整数形式);

(5) 计算 $s=k^{-1}(h(m)+dr) \bmod n$,$k^{-1}$ 是 $k \bmod n$ 的乘法逆元,若 $s=0$,则转向第(2)步;

(6) (r,s) 即为 Alice 对消息 m 的签名;

(7) Alice 将消息 m、对消息 m 的签名 (r,s)、所使用的椭圆曲线参数 (p,a,b,G,n,h),以及 Alice 的公钥 P 发送给 Bob。

该算法一开始选择了一个随机数 k，经过标量乘法运算将随机数隐藏在 r 中，再通过等式 $s = k^{-1}(h(m) + dr) \bmod n$ 将 r 绑定到消息哈希值上。

2. 验证过程

Bob 接收到消息 m、签名值 (r, s)、所使用的椭圆曲线参数 (p, a, b, G, n, h)，以及 Alice 的公钥 P 后，进行以下运算：

(1) 计算消息 m 的哈希值 $h(m)$（大整数形式）；

(2) 计算 $u_1 = s^{-1}h(m) \bmod n$，$u_2 = s^{-1}r \bmod n$；

(3) 计算点 $Q = u_1 G + u_2 P$；

(4) 只有当 $r \equiv x_Q \bmod n$ 时，签名才是有效的。

3. 验证椭圆曲线签名算法的正确性

只需证明 $Q = kG$ 即可，证明过程如下：

由签名和验证过程可得

$$u_1 = s^{-1}h(m) \bmod n$$
$$u_2 = s^{-1}r \bmod n$$
$$P = dG$$

所以

$$Q = u_1 G + u_2 P = u_1 G + u_2 dG = (u_1 + u_2 d)G$$
$$= (s^{-1}h(m) + s^{-1}rd)G = (h(m) + rd)s^{-1}G$$

又因为

$$s = k^{-1}(h(m) + dr) \bmod n$$

所以

$$s^{-1} = k(h(m) + dr)^{-1} \bmod n$$
$$Q = (h(m) + rd)k(h(m) + dr)^{-1}G = kG$$

10.5.2　ECDSA 安全性

在生成 ECDSA 签名的过程中，必须确保 k 的随机性，如果对所有的签名操作都使用相同的 k，或者随机数生成器存在可预测性，攻击者可能恢复出私钥 d。

假设两个 ECDSA 签名信息 (r_1, s_1) 和 (r_2, s_2)，明文哈希值分别为 h_1、h_2，使用的椭圆曲线各参数相同，选择的随机数均为 k，则：

$r_1 = r_2$（因为 $r = x_Q \bmod n$，$Q = kG$，k 相同）

$(s_1 - s_2) \bmod n = \{[k^{-1}(h_1 + dr_1) \bmod n] - [k^{-1}(h_2 + dr_2) \bmod n]\} \bmod n$

$\qquad = k^{-1}(h_1 - h_2) \bmod n$

两边同乘 k：

$$k(s_1 - s_2) \bmod n = (h_1 - h_2) \bmod n$$

两边同乘 $(s_1 - s_2)^{-1}$：

$$k = (h_1 - h_2)(s_1 - s_2)^{-1} \bmod n$$

因为

$$s_1 = k^{-1}(h_1 + dr_1) \bmod n$$

所以可得到

私钥 $d = (s_1 k - h_1)r_1^{-1} \bmod n = [s_1(h_1 - h_2)(s_1 - s_2)^{-1} - h_1]r_1^{-1} \bmod n$

以下是 Python 代码的 ECDSA 实现：

```
1.   #10ECDSAttack.py
2.   ##pip install ecdsa
3.   from ecdsa import SigningKey, NIST384p, VerifyingKey
4.   def generate_key():
5.       sk = SigningKey.generate(curve = NIST384p)    #生成私钥
6.       vk = sk.get_verifying_key()    #生成公钥
7.       return vk, sk
8.   def make_transaction(sk, message):
9.       #用私钥签名
10.      signature = sk.sign(str(message).encode("utf8"))    #统一编码格式
11.      return signature
12.  def is_valid(vk_string, message, signature):
13.      #将公钥转换成字符串格式
14.      vk = VerifyingKey.from_string(vk_string, NIST384p)
15.      try:
16.          #验证签名
17.          vk.verify(signature, str(message).encode("utf8"))    #统一编码格式
18.          return True
19.      except:
20.          return False
21.  if __name__ == '__main__':
22.      message = "I am a transaction !"
23.      vk, sk = generate_key()    # 产生公钥和私钥
24.      print('私钥：',sk)
```

```
25.     vk_string = vk.to_string()
26.     print('公钥：',vk)
27.     sig = make_transaction(sk, message)    # 签名
28.     print('签名：',sig)
29.     if is_valid(vk_string, message, sig)：
30.         print("True")
31.     else：
32.         print("False")
```

运行结果如下所示。

私钥：＜ecdsa.keys.SigningKey object at 0x000002171F8F21C0＞

公钥：

VerifyingKey.from_string(b'\x020J\xf8\x9aP\x1a\xbcU\r\xb8b\xf3\xe3\x17\xd0\xe0\xe7\x90 $ \x072\x10\x1f\xad\xcf\xe8f\xa1\xdb)\xcf8\x9d\xa2～\xf2\x0c\x1d7XL\xf7p\xb4\xbf * \xfd\xf6', NIST384p, sha1)

签名：

b"l\xb7

\xd7D\x82Q\xcf：\x9b\x84\x9e5\x97\x90\x9f7\xdanM\xcc\xfc\xb8[＋？ _\x07\x8e\x82'\x90\xd7\x0b\x89\xf4W\xb0\xbd\xabl\x8d(\x05\x10A\x05\xfb\xe1\x8b\xc3\x84\x93\x11\xb0\x92p\xc9\xe6\xdc(\xe7r\x19\xf6\x9c\xb7：\x0c'\xde\xfe\xf9\x81\xffL\xa0s\x13\xb1\x070\x863\xf9\x98\x1bB\xa7\xb5J\xea\xeb\xdc\x10\xa5"

True

10.6　ECC 攻击方法

椭圆曲线密码体制的安全性是基于椭圆曲线上离散对数的难解性，虽然 ECC 的安全性很高，但是依然有一些解决椭圆曲线上离散对数难题的有效方法。

一般椭圆曲线的离散对数求解方法有穷举搜索法、小步大步法、Pollard's rho 算法、Pollard's lambda 算法、Pohlig-Hellman 算法、Multiple Logarithms 算法等。不过，其中最有效的算法 Pollard's rho 也是指数级时间复杂度，并没有亚指数级时间复杂度的算法。

某些椭圆曲线由于参数选取的特殊性，使其上的 ECDLP 存在有效的求解方法，即存在亚指数级时间复杂度甚至是多项式时间复杂度的求解方法。针对特殊曲线的攻击方法有 MOV 攻击、FR 攻击、SSAS 攻击、Weil 下降攻击和 GHS 方法等。

以下仅介绍一般椭圆曲线的四种攻击方法：穷举搜索法、小步大步法、Pollard's rho 算法和 Pohlig-Hellman 算法。

10.6.1 穷举搜索法

椭圆曲线离散对数问题指已知 P 和 Q 是椭圆曲线 E 上的两个点，点 P 的阶 $\mathrm{ord}(P)=N$，求 k，使得 k 满足：$Q=kP$，$0 \leqslant k \leqslant N-1$。

穷举搜索是一种常用的解决问题的方法，通过计算 P、$2P$、$3P$、$\cdots$，直到 $kP=Q$ 为止，但是这种方法花费的时间代价较高。显而易见，最坏情况下需要进行 N 次比较，存储 N 个点，所以空间复杂度为 $O(N)$。当 N 足够大时，该算法在计算时间上变得不可行。

利用 Python 实现穷举搜索方法（以例 10-10 为例），代码如下：

```
1.   #10ECCbruteforce.py
2.   from ECC_add_Fp import add
3.   def brute_force(P, Q, upper, p, a, b):
4.     P_ = P
5.     dlog = 1
6.     while dlog <= upper:
7.        if is_equal(P_, Q):
8.           return dlog
9.        P_ = add(P_, P, a, b, p)
10.       dlog += 1
11.    print("Something's Wrong man")
12.  def is_equal(g,A):
13.    return (g[0] == A[0] and g[1] == A[1])
14.  if __name__ == "__main__":
15.    a,b,p = (8,7,73)
16.    P = (32,53)
17.    Q = (39,17)
18.    order = 82     # ?
19.    k = brute_force(P,Q,order,p,a,b)
20.    print(k)
```

10.6.2 椭圆曲线小步大步法

椭圆曲线离散对数问题是已知 P 和 Q 是椭圆曲线 E 上的两个点，点 P 的阶 $\mathrm{ord}(P)=N$，

求 k，使得 k 满足：$Q=kP$，$0 \leqslant k \leqslant N-1$。

任意整数 x 都可以写成 $x=am+b$ 的形式，其中 a、m、b 为任意的三个整数，例如 $10=2 \times 4+2$。以此为基础，可以将椭圆曲线离散对数难题的方程改写为如下形式：

$$Q=kP=(am+b)P=amP+bP \tag{10.12}$$

$$Q-amP=bP \tag{10.13}$$

1971 年，Shank 提出小步大步法（Baby Step Giant Step），用来求解大整数分解问题和离散对数问题。小步大步是一种"中间相遇"算法，相较于穷举攻击，只需要计算少量的 bP 和 $Q-amP$ 即可找到答案，算法步骤如下：

（1）计算 $m=\lceil \sqrt{N} \rceil$（向上取整）；

（2）构造列表 (b,bP)，其中 $0 \leqslant b < m$，并按照 bP 的大小对元素排序；

（3）for $a=0$ to $m-1$：

· 计算 amP；

· 计算 $Q-amP$；

· 检查 $Q-amP$ 的结果是否在 bP 列表记录中，如果在，则 $k=am+b$，否则继续查找。

可以看出，小步大步法先小步增加系数 b，计算 bP，然后大幅增加 am（m 很大），并计算 amP。

1. 小步大步法原理

对于方程 $Q=amP+bP$：

（1）当 $a=0$ 时，将验证 $Q=bP$，其中 b 为 $[0,m]$ 中的整数，相当于将 Q 与 $0P \sim mP$ 之间的所有点进行了比较；

（2）当 $a=1$ 时，将验证 $Q=mP+bP$，相当于将 Q 与 $mP \sim 2mP$ 之间的所有点进行比较；

（3）当 $a=2$ 时，将验证 $Q=2mP+bP$，相当于将 Q 与 $2mP \sim 3mP$ 之间的所有点进行比较；

（4）当 $a=m-1$ 时，将验证 $Q=(m-1)mP+bP$，相当于将 Q 与 $(m-1)mP \sim m^2P$（$=NP$）之间的所有点进行比较。

因此，通过最多 $2m$ 次点加法运算，实现对 $0P \sim nP$ 之间的所有点进行检查，其中 m 次小步指的是计算 $0P \sim mP$，m 次大步指的是计算 $0mP \sim m^2P$（$=NP$）。

2. 性能分析

该方法最多只需 $2m=2\sqrt{N}$ 次加法运算，时间复杂度为 $O(\sqrt{N})$，需要存储 $m=\sqrt{N}$ 个点，所以空间复杂度为 $O(\sqrt{N})$，由此可知，小步大步法是对穷举搜索方法在时间和空间上的一种综合考虑和平衡。

【**例 10 - 13**】　以下代码给出了椭圆曲线参数 a、b、n，基点 base、公钥 publicKey 和密文 cipher，要求解出明文并计算 password。

```
1.   a = 1234577
2.   b = 3213242
3.   n = 7654319
4.   base = (5234568,2287747)
5.   publicKey = secretKey * base
6.   cipher = (rand() * base,plain + rand() * publicKey)
7.   #publicKey = (2366653, 1424308)
8.   #cipher = ((5081741, 6744615),(610619, 6218))
9.   #plain = (x,y)
10.   #password = x + y
11.   #求 password?
```

由于模数较小，所以可用小步大步法求解私钥 secretKey。令 cipher＝(C_1, C_2)，观察 cipher 的计算方法可知 plain＝$C_2 - C_1$ * secretKey，所以求解 password 的 Python 代码如下：

```
1.   #10BSGS.py
2.   import math
3.   from ECC_nP_Fp import double_and_add
4.   from ECC_add_Fp import add
5.   def BSGS(order,P,Q,A,B,p):
6.      m = math.ceil(math.sqrt(order))    #阶开方并向上取整
7.      hash_table = {}
8.      for b in range(m):
9.          bP = double_and_add(b,P,A,B,p)    #计算 bP,将(bP,b)保存在 hash 表中
10.          hash_table[bP] = b
11.      print('hash_table:',hash_table)
12.      hash_list = hash_table.keys()
13.      print('hash_list',hash_list)
14.      for a in range(m):
15.          amP = double_and_add(a * m,P,A,B,p)
16.          amPs = (amP[0], - amP[1] % p)
17.          print(amPs)
```

```
18.              Q_amP = add(Q,amPs,A,B,p)  #计算 Q-amP 判断其是否与 hash 表中某 bP 相等
19.              if Q_amP in hash_list:
20.                  return hash_table[Q_amP] + a * m   #若 Q-amP = bP,则 k = am + b
21.      return 0
22.  if __name__ == '__main__':
23.      A = 1234577
24.      B = 3213242
25.      n = 7654319
26.      base = (5234568,2287747)
27.      publicKey = (2366653, 1424308)
28.      cipher = ((5081741,6744615), (610619,6218))
29.      order = 7654873
30.      secretKey = BSGS(order,base,publicKey,A,B,n)
31.      print('私钥 k:',secretKey)   #结果:1584718
32.      C1 = cipher[0]
33.      C2 = cipher[1]
34.      kC1 = double_and_add(secretKey,C1,A,B,n)
35.      kC1s = (kC1[0], - kC1[1] % n)
36.      plain = add(C2,kC1s,A,B,n)
37.      print('plain:',plain)        #结果:(2171002,3549912)
38.      password = plain[0] + plain[1]
39.      print('password:',password)  #结果:5720914
```

也可利用 Sage 中的 bsgs(base,a,bounds,operation) 函数求解私钥。

```
1.   #10BSGS.sage
2.   a = 1234577
3.   b = 3213242
4.   n = 7654319
5.   E = EllipticCurve(GF(n), [a, b])
6.   base = E([5234568, 2287747])
7.   pub  = E([2366653, 1424308])
8.   c1   = E([5081741, 6744615])        #密文
9.   c2   = E([610619, 6218])            #密文
10.  privateKey = bsgs(base, pub, (floor(1584718/2), 2 * 1584718), operation
```

```
    =  ' + ')
11.     plain = c2 - (c1 * privateKey)          # 明文
12.     password = plain[0] + plain[1]
13.     print('私钥：',privateKey)               # 结果：1584718
14.     print('明文：',plain)                    # 结果：(2171002,3549912,1)
15.     print('password：',password)            # 结果：5720914
```

10.6.3　椭圆曲线 Pollard's rho 算法

1978 年，Pollard 提出一种称之为 Pollard's rho 的算法，该算法是目前求解椭圆曲线离散对数难题速度最快的算法，因此可以说 Pollard's rho 算法决定了 ECC 的安全性，如果椭圆曲线离散对数难题在较短的时间内能被 Pollard's rho 算法破解，那么椭圆曲线密码体制的安全性就会大打折扣。

椭圆曲线离散对数问题：已知 P 和 Q 是椭圆曲线 E 上的两个点，点 P 的阶 $\mathrm{ord}(P)=N$，求 k，使得 k 满足：$Q=kP$，$0 \leqslant k \leqslant N-1$。

Pollard's rho 算法的基本思想是创建一个函数 $f: G \rightarrow G$，f 为椭圆曲线群 G 到自身的一个映射，群的阶为 N，对于 $i \geqslant 0$，计算 $x_{i+1}=f(x_i)$，因为 G 是有限的，最终会得到 $x_i=x_j$，$x_{i+1}=f(x_i)=f(x_j)=x_{j+1}$，所以序列 x_i、x_{i+1}、$\cdots$、x_n 将变成一个循环，算法的目标是在该序列中找到一个碰撞，即找到一对 i、j，$i \neq j$ 且 $x_i=x_j$。

Pollard's rho 算法思想示意图如图 10.12 所示。

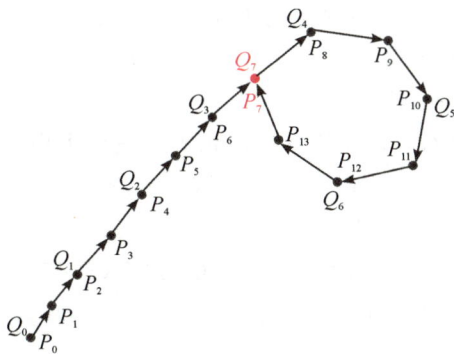

图 10.12　循环群行走路线

接下来讨论该算法的具体实现过程。

（1）利用某种方法将椭圆曲线加法群 G 分成大小相同的三部分 S_1、S_2、S_3，其中 $0 \notin S_2$；

（2）定义迭代函数 f：

$$R_{i+1}=f(R_i)=\begin{cases}Q+R_i, & R_i\in S_1\\ 2R_i, & R_i\in S_2\\ P+R_i, & R_i\in S_3\end{cases} \tag{10.14}$$

（3）令 $R_i=a_iP+b_iQ$，则

$$a_{i+1}=\begin{cases}a_i, & R_i\in S_1\\ 2a_i\bmod N, & R_i\in S_2\\ (a_i+1)\bmod N, & R_i\in S_3\end{cases} \tag{10.15}$$

$$b_{i+1}=\begin{cases}(b_i+1)\bmod n, & R_i\in S_1\\ 2b_i\bmod N, & R_i\in S_2\\ b_i, & R_i\in S_3\end{cases} \tag{10.16}$$

（4）初始化参数：$R_0=P$，$a_0=1$，$b_0=0$，计算 $(R_i,a_i,b_i,R_{2i},a_{2i},b_{2i})$，直到对某个 i 有 $R_i=R_{2i}$（此过程中不需要存储已计算的部分），此时有

$$R_i=a_iP+b_iQ \tag{10.17}$$

$$R_{2i}=a_{2i}P+b_{2i}Q \tag{10.18}$$

则

$$k=(a_{2i}-a_i)(b_i-b_{2i})^{-1}\bmod N \tag{10.19}$$

第（4）步中，因为要计算 $(b_i-b_{2i})^{-1}\bmod N$，所以 $\gcd(b_i-b_{2i},N)=1$，且 $b_i-b_{2i}\neq0$，因此在某些情况下，Pollard's rho 算法是不可行的。在实际应用中，一般选基点 G 的阶 N 为素数，这种情况下 Pollard's rho 算法基本上是可以用的，虽然阶为素数对抵抗 Pollard's rho 攻击不利，但是为了抵抗下一节讨论的 Pohlig-Hellman 攻击，N 必须为素数。

【例 10 - 14】 给定椭圆曲线 $y^2=x^3+34x+10(\bmod 47)$，及其上两点 $P=(30,26)$ 和 $Q=(35,41)$，求 k，使得 $Q=kP$。

首先将椭圆曲线加法群 G，分成数量近似相等的三个子集：

$$S_1=\{R=(x,y)\in G\,|\,0\leqslant y<15\}$$
$$S_2=\{R=(x,y)\in G\,|\,15\leqslant y<30\}$$
$$S_3=\{R=(x,y)\in G\,|\,30\leqslant y<47\}$$

经计算：椭圆曲线的阶 $N=41$，$|S_1|=13$，$|S_2|=16$，$|S_3|=12$，满足 S_1、S_2、S_3 大小近似相等的要求。

初始化参数 $R_0=P=(30,26)$，$a_0=1$，$b_0=0$，计算 (R_i,R_{2i})：

$$(R_1,R_2)=((30,26),(14,9))$$
$$(R_2,R_4)=((14,9),(28,42))$$
$$(R_3,R_6)=((20,18),(30,12))$$
$$(R_4,R_8)=((28,42),(30,21))$$

$$(R_5,R_{10})=((6,7),(30,21))$$

$$(R_6,R_{12})=((30,21),(30,21))$$

由此可知，(R_6,R_{12}) 符合要求，而 $a_6=10$，$b_6=8$，$a_{12}=5$，$b_{12}=23$，因此可得 $k=(5-10)\times(8-23)^{-1}\equiv14(\bmod\ 41)$，$Q=14P$。

利用 Python 实现 Pollard's rho 算法，代码如下：

```
1.   #10PollardRho.py
2.   import gmpy2
3.   from ECC_add_Fp import add
4.   #Ri,ai,bi 递推公式，根据点的 y 坐标划分
5.   def fun_Rab(Ri,ai,bi,P,Q,size,N):
6.       if Ri[1]//size == 0:
7.           R = add(Q,Ri,A,B,p)
8.           a = ai
9.           b = (bi + 1) % N
10.      elif Ri[1]//size == 1:
11.          R = add(Ri,Ri,A,B,p)
12.          a = (2 * ai) % N
13.          b = (2 * bi) % N
14.      else:
15.          R = add(P,Ri,A,B,p)
16.          a = (ai + 1) % N
17.          b = bi
18.      return (R,a,b)
19.  #a_i*P+b_i*Q=a_2i*P+b_2i*Q,k=(a_2i-a_i)*(b_i-b_2i)^(-1)
20.  def pollard_Rho(P,Q,A,B,p,N):
21.      size = p //3 + 1
22.      R_i = P
23.      R_2i = P
24.      a_i = 1
25.      a_2i = 1
26.      b_i = 0
27.      b_2i = 0
28.      while True:
```

```
29.          R_i,a_i,b_i = fun_Rab(R_i,a_i,b_i,P,Q,size,N)
30.          R_2i, a_2i, b_2i = fun_Rab(R_2i, a_2i, b_2i, P, Q, size,N)
31.          R_2i, a_2i, b_2i = fun_Rab(R_2i, a_2i, b_2i, P, Q, size,N)
32.          print('(R_i,R_2i):',R_i,R_2i)
33.          if R_i == R_2i:
34.              r = b_i - b_2i
35.              # r = 0 时，无逆元，无法求出
36.              if r == 0:
37.                  print('b_i - b_2i == 0，无逆元')
38.                  break
39.              else:
40.                  print('a_i,b_i,a_2i,b_2i:',a_i,b_i,a_2i,b_2i)
41.                  x = (a_2i - a_i) * (gmpy2.invert(r,N)) % N
42.                  return x
43.  if __name__ == "__main__":
44.      A = 34      # 椭圆曲线参数 a
45.      B = 10      # 椭圆曲线参数 b
46.      p = 47      # 模数 p，有限域
47.      P = (30,26)   # 基点
48.      Q = (35,41)   # 公钥
49.      N = 41
50.      k = pollard_Rho(P,Q,A,B,p,N)   # 私钥
51.      print(k)   # 结果同例 10 - 13，k = 14
```

10.6.4　椭圆曲线 Pohlig-Hellman 算法

1978 年，Pohlig 和 Hellman 提出了一种求解离散对数问题的方法，该方法也可以用来求解 ECDLP。Pohlig-Hellman 算法的主要思想是对椭圆曲线上点 P 的阶 N 进行因数分解，即 $N = \prod_{i=1}^{r} p_i^{e_i} = p_1^{e_1} p_2^{e_2} \cdots p_r^{e_r}$，将求解 k 的问题转为确定 $k_i \equiv k \bmod p_i^{e_i}$ 的问题，最后利用中国剩余定理求出 k。这种算法适用于阶 N 为合数，且有多个小素因子 p_i 的情况。因此，为了抵御 Pohlig-Hellman 攻击，选取椭圆曲线时，应使它的阶是一个大素数，或者为一个小整数和一个大素数的乘积。

Pohlig-Hellman 算法步骤如下：

（1）计算椭圆曲线的阶 N，将 N 分解为素数因子的幂的乘积形式，即

$$N=\prod_{i=1}^{r}p_i^{e_i}=p_1^{e_1}p_2^{e_2}\cdots p_r^{e_r}$$

（2）提取上述因子，对 $i\in[1,r]$，计算 $k_i\equiv k \bmod p_i^{e_i}$

（3）利用中国剩余定理计算得到 k

$$\begin{cases}k\equiv k_1 \bmod p_1^{e_1}\\ \quad\vdots\\ k\equiv k_r \bmod p_r^{e_r}\end{cases}$$

下面重点介绍第（2）步 k_i 的计算过程。

· **计算 k_i**，将问题转化为计算群 $G=\langle P\rangle$ 的素数阶（p_i）子群的离散对数问题

令

$$k_i=z_0+z_1p_i+z_2p_i^2+\cdots+z_{e_i-1}p_i^{e_i-1}$$

其中，$0\leqslant z_i\leqslant p_i-1$，$0\leqslant i\leqslant r$。

为计算 k_i，需先计算出 z_i 的值，所以将求解 k_i 转为求解 z_i 的问题。

· **计算 z_i**

引理：

$$\left(\frac{N}{p_i^m}\right)Q\equiv k_i\left(\frac{N}{p_i^m}P\right),\ (m\leqslant e_i)$$

证明： 已知 $Q=kP$，而 $\dfrac{N}{p_i^m}$ 是大于 1 的整数，所以

$$\left(\frac{N}{p_i^m}\right)Q=\frac{N}{p_i^m}kP=k\left(\frac{N}{p_i^m}P\right)$$

此时椭圆曲线的群可以看作以 $\left(\dfrac{N}{p_i^m}P\right)$ 为生成元的新群，新群是原来以 P 为生成元的群的

子群，新群的阶为 p_i^m，因为 $p_i^m\left(\dfrac{N}{p_i^m}\right)P=NP=O$，因此可得

$$k\left(\frac{N}{p_i^m}P\right)\equiv(k_i \bmod p_i^m)\left(\frac{N}{p_i^m}P\right)\equiv(k_i+xp_i^m)\left(\frac{N}{p_i^m}P\right)$$

$$\equiv k_i\left(\frac{N}{p_i^m}P\right)(\bmod\ p_i^m)$$

综上所述，可知引理成立，即

$$\left(\frac{N}{p_i^m}\right)Q\equiv k_i\left(\frac{N}{p_i^m}P\right),\ (m\leqslant e_i)$$

· **计算 z_0**

由引理可得，当 $m=1$ 时，椭圆曲线的阶为 p_i，而

$$\frac{N}{p_i}Q \equiv k_i\left(\frac{N}{p_i}P\right)$$

$$\equiv (z_0 + z_1 p_i + z_2 p_i^2 + \cdots + z_{e_i-1} p_i^{e_i-1})\left(\frac{N}{p_i}P\right)$$

$$\equiv z_0\left(\frac{N}{p_i}P\right)(\mathrm{mod}\ p_i)$$

记点 $P_0 = \left(\dfrac{N}{p_i}P\right)$，则 $\dfrac{N}{p_i}Q = z_0 P_0$。

因为此时阶数 p_i 很小，且 N、p_i、Q、P 均为已知，所以可以使用穷举搜索法求出 z_0 $(0 \leqslant z_0 \leqslant p_i - 1)$。

· **计算 z_1**

由引理可得当 $m=2$ 时，椭圆曲线的阶为 p_i^2，而

$$\frac{N}{p_i^2}Q \equiv k_i\left(\frac{N}{p_i^2}P\right)$$

$$\equiv (z_0 + z_1 p_i + z_2 p_i^2 + \cdots + z_{e_i-1} p_i^{e_i-1})\left(\frac{N}{p_i^2}P\right)$$

$$\equiv z_0\left(\frac{N}{p_i^2}P\right) + z_1 p_i\left(\frac{N}{p_i^2}P\right)(\mathrm{mod}\ p_i^2)$$

$$\equiv z_0\left(\frac{N}{p_i^2}P\right) + z_1 p_i\left(\frac{1}{p_i}P_0\right)(\mathrm{mod}\ p_i^2)$$

$$\equiv \frac{N}{p_i^2}z_0 P + z_1 P_0 (\mathrm{mod}\ p_i^2)$$

则

$$\frac{N}{p_i^2}(Q - z_0 P) \equiv z_1 P_0\ \mathrm{mod}\ (p_i^2)$$

因为此时阶数 p_i^2 很小，且 N、p_i、Q、P、z_0、P_0 均为已知，所以可以通过穷举搜索方法求出 z_1。

· **推广至 z_{m-1}**

$$\frac{N}{p_i^m}(Q - z_0 P - z_1 p_i P - \cdots - z_{m-2} p_i^{m-2} P) \equiv z_{m-1} P_0\ \mathrm{mod}\ (p_i^m)$$

从而可计算出 z_{m-1}。

因此，通过上述过程求出 $k_i = z_0 + z_1 p_i + z_2 p_i^2 + \cdots + z_{e_i-1} p_i^{e_i-1}$ 中的系数 z_i，进一步可计算出 k_i，再通过中国剩余定理可求出 k。

【例 10-15】 根据以下内容恢复秘密值 n。

1. ＃10handout.txt

2.　Elliptic Curve: y^2 = x^3 + A * x + B mod M

3.　M = 9355664325079567871873447488001382950932038540269066061969965392
1022012489089

4.　A = 6600159814401286587667411557026899080631450671110452103674753361
2798434904785

5.　B = * You can figure this out with the point below :) *

6.　P = (56027910981442853390816693056740903416379421186644480759538594
137486160388926, 6553326293361714643443882935462365885864972623362219651243958
9744498050226926)

7.　n = * SECRET *

8.　n * P = (6112449972041096416428990500683067954719153860977844606051464
5905829507254103, 2595146854028317060979753545310334521407008629091560515441
729386088057610440)

9.　n < 40000000000000000000000000000000

10.　Find n.

由题目可知，已知椭圆曲线的参数 M、A，椭圆曲线上的两个点 P 和 nP，目的是求 n。

首先，根据已知参数和两个点以及椭圆曲线方程求解参数 B，Sage 代码如下：

1.　♯10pohlig_hellmanForB.sage

2.　A = 6600159814401286587667411557026899080631450671110452103674753361
2798434904785

3.　M = 9355664325079567871873447488001382950932038540269066061969965392
1022012489089

4.　P = (56027910981442853390816693056740903416379421186644480759538594
137486160388926,

5.　　　6553326293361714643443882935462365885864972623362219651243958974
4498050226926)

6.　x, y = P[0], P[1]

7.　B = (pow(y, 2) - pow(x, 3) - A * x) % M

8.　print(B)

9.　♯ B = 2525520505402437178389660503926710183797241905596963639342559026
1926131199030

利用 Pohlig-Hellman 算法求 n，Sage 代码如下：

1.　♯10pohlig_hellmanForN.sage

2. M = 9355664325079567871873447488001382950932038540269066061
99965539210220124890089

3. A = 6600159814401286587667411557026899080631450671110452103
6747533612798434904785

4. B = 2525520505402437178389660503926710183797241905596963639
3425590261926131199030

5. P = (5602791098144285339081669305674090341637942118664448075
953859413748616038892,

6.   6553326293361714643443882935462365885864972623362219651
24395899744498050226926)

7. Q = (6112449972041096416428990500683067954719153860977844606
0514645905829507254103,

8.   2595146854028317060979753545310334521407008629091560515
441729386088057610440)

9.   F = FiniteField(M)   # 指定有限域

10.   E = EllipticCurve(F,[A,B])   # 指定椭圆曲线

11.   P = E.point(P)   # 指定椭圆曲线上的两个点

12.   Q = E.point(Q)

13.   print('阶',(E.order()))   # 椭圆曲线的阶，点 P 的阶

14.   print('因式分解',factor(E.order()))   # 对阶进行因式分解

15.   factors, exponents = zip(* factor(E.order()))

16.   primes = [factors[i]^exponents[i]for i in range(len(factors))][: − 2]
pi 的 ei 次幂

17.   dlogs = []

18.   for fac in primes:

19.   t = int(P.order()) // int(fac)   # n\pi^m

20.   dlog = discrete_log(t * Q,t * P,operation = "+")   # 求 ki

21.   dlogs + = [dlog]

22.   print("factor: " + str(fac) + ", Discrete Log: " + str(dlog))
calculates discrete logarithm for each prime order

23.   # 中国剩余定理

24.   print('模数：',primes)

25.   print('ki:',dlogs)

26.　n = crt(dlogs,primes)

27.　print(n)

28.　print(n * P = = Q)

运行结果：

阶 9355664325079567871873447488001382950919618123033824878932571117379 1286325820

因式分解 2^2 * 3 * 5 * 7 * 137 * 593 * 24337 * 25589 * 3637793 * 5733569 * 1068319985300250008304 53 * 197590174472766914769976 7

factor：4，Discrete Log：2

factor：3，Discrete Log：1

factor：5，Discrete Log：4

factor：7，Discrete Log：1

factor：137，Discrete Log：129

factor：593，Discrete Log：224

factor：24337，Discrete Log：5729

factor：25589，Discrete Log：13993

factor：3637793，Discrete Log：1730599

factor：5733569，Discrete Log：4590572

模数：[4, 3, 5, 7, 137, 593, 24337, 25589, 3637793, 5733569]

ki：[2, 1, 4, 1, 129, 224, 5729, 13993, 1730599, 4590572]

1529771264473868082765362471 14

True

使用 Python 实现 Pohlig-Hellman 算法（以例 10 - 14 为例），代码如下：

```python
1.　♯10PohligHellman.py
2.　from 10ECCAddFp import add
3.　from 10ECCnPDoubleAddFp import double_and_add
4.　from 10ECCbruteforce.py import brute_force
5.　from gmpy2 import *
6.　def Pohlig_Hellman (g, A, m, order, factors,a,b)：
7.　　　g_ = g
8.　　　A_ = A
9.　　　modulus = []
10.　　　dlogs = []
11.　　　for factor in factors：
```

```
12.        pi, ei = factor
13.        mi = pi * * ei
14.        g_ = double_and_add(order // mi,g,a,b,m)
15.        A_ = double_and_add(order // mi,A,a,b,m)
16.        dlog = brute_force(g_, A_, mi, m,a,b)
17.        dlogs.append(dlog)
18.        modulus.append(mi)
19.     return modulus, dlogs
20.   def crt(moduluslist,cipherlist):
21.     M = 1
22.     for modulus in moduluslist:
23.       M * = modulus
24.     Mi = ['*'] * len(moduluslist)
25.     ti = ['*'] * len(moduluslist)
26.     for i in range(len(moduluslist)):
27.       Mi[i] = M//moduluslist[i]
28.       ti[i] = invert(Mi[i],moduluslist[i])
29.     res = 0
30.     for i in range(len(moduluslist)):
31.       res + = cipherlist[i] * ti[i] * Mi[i]
32.     return res % M
33.   if __name__ = = "__main__":
34.     M = 9355664325079567871873447488001382950932038540269066061969996
53921022012489089   #模数
35.     A = 6600159814401286587667411557026899080631450671110452103674
7533612798434904785   #参数 A
36.     B = 25255205054024371783896605039267101837972419055969636393425
5590261926131199030   #参数 B
37.     P = (5602791098144285339081669305674090341637942118664448075953
85941374861603889 26, 6553326293361714643443882935462365885864972623362219
6512439589744498050226926)   #基点 P
38.     G = (611244997204109641642899050068306795471915386097784460605146
45905829507254103, 2595146854028317060979753545310334521407008629091560515
4417293860880576104
```

40)　♯G = np，求 n

39.　　order = 93556643250795678718734474880013829509196181230338248789325711173791286325820　　♯阶

40.　　♯阶因式分解：$2^2 * 3 * 5 * 7 * 137 * 593 * 24337 * 25589 * 3637793 * 5733569 * 106831998530025000830453 * 1975901744727669147699767$

41.　　factors = [(2, 2), (3, 1), (5, 1), (7, 1), (137, 1), (593, 1), (24337, 1), (25589, 1), (3637793, 1), (5733569, 1)]

42.　　modulus, dlogs = Pohlig_Hellman (P, G, M, order, factors,A,B)　♯根据引理通过 pi * *ei 求 ni

43.　　print("modulus = ", modulus)

44.　　print("dlogs = ", dlogs)

45.　　n = crt(modulus, dlogs)　♯根据中国剩余定理通过 n = ni(mod pi^ei)

46.　　print("[*] n = ",n)

习　　题

1. 假设 E 是定义在 Z_7 上的椭圆曲线：

$$E: y^2 = x^3 + 3x + 2 \pmod 7$$

（1）计算 E 上所有的点和该椭圆曲线的阶。

（2）给定元素 $a = (5,4)$，计算 $4a$ 的值和 a 的阶。

参考答案：

（1）E 上所有点 $\{(0,3),(0,4),(2,3),(2,4),(4,1),(4,6),(5,3),(5,4),O\}$ 共有 9 个点，所以椭圆曲线的阶为 9。

（2）

$$0 \cdot a = 0$$
$$1 \cdot a = (5,4)$$
$$2 \cdot a = (5,3)$$
$$3 \cdot a = 0$$
$$4 \cdot a = (5,4)$$

所以 $4a = (5,4)$，a 的阶为 3。

2. 给定 F_{23} 上的椭圆曲线 $E: y^2 = x^3 + 3x + 7$ 和基点 $G = (9,2)$，利用 double-and-add 算法计算 $Q = 9G$。

参考答案：

$$Q = 9 \cdot G = (1001)_2 \cdot G = 2 \cdot (2 \cdot (2 \cdot P)) + P = (9, 21)$$

3. 已知椭圆曲线参数 $p = 15424654874903$，$a = 16546484$，$b = 4548674875$，基点 $G = (6478678675, 5636379357093)$，私钥 $k = 546768$，求公钥 $Q = (x, y)$。

参考答案：

方法一　使用 10.2 节中利用 Python 实现的 double-and-add 算法

```
1.    p = 15424654874903
2.    a = 16546484
3.    b = 4548674875
4.    G = (6478678675,5636379357093)
5.    k = 546768
6.    Q = double_and_add(k,G,a,b,p)
7.    print('公钥 Q:',Q)
```

运行结果：

公钥 **Q**：(mpz(13957031351290)，mpz(5520194834100))

方法二　利用 Sage

```
1.    p = 15424654874903
2.    a = 16546484
3.    b = 4548674875
4.    E = EllipticCurve(GF(p), [a, b])
5.    G = E([6478678675,5636379357093])
6.    k = 546768
7.    Q = k * G
8.    print('公钥 Q:',Q)
```

运行结果：

公钥 **Q**：(13957031351290:5520194834100:1)

4. 已知椭圆曲线 $E_{23}(1, 1)$ 上两点 $P = (3, 10)$、$Q = (9, 7)$，求：

(1) $-P$；

(2) $P + Q$；

(3) $2P$。

参考答案：

(1) $-P = (3, -10) \pmod{23} = (3, 13)$

(2) 因为 $P \neq Q$，所以 $s = (7 - 10) \times (9 - 3)^{-1} \pmod{23} = (-3) \times 4 \pmod{23} = 11$

$x = 11^2 - 3 - 9 \pmod{23} = 109 \pmod{23} = 17$

$y=11\times(3-17)-10(\text{mod }23)=-164(\text{mod }23)=20$

$P+Q=(17,20)$

（3）因为 $2P=P+P$，所以 $s=(3\times3^2+1)\times(2\times10)^{-1}(\text{mod }23)=5\times15(\text{mod }23)=6$

$x=6^2-3-3(\text{mod }23)=7$

$y=6\times(3-7)-10(\text{mod }23)=-34(\text{mod }23)=12$

$2P=(7,12)$

5. 设私钥为 $a=6$，而从 Bob 接收的公钥为 $B=(4,8)$，使用的椭圆曲线为 $y^2=x^3+3x+7\bmod 19$，计算 ECDH 使用的会话密钥。

参考答案：

会话密钥 $\text{key}=a\cdot B=6\cdot(4,8)\bmod 19=(1,7)$

6. ECC ＋ RSA ＝ Double security!　　　（题目来源：[watevrCTF 2019]ECC-RSA）

题目使用了 ECC 和 RSA 两种加密算法，其中 flag 是通过 RSA 加密的，而 RSA 中的两个未知大素数 (p,q) 来自于椭圆曲线上点 Q 的 x、y 坐标。只有破解点 Q 才能分解求出 n 的一个素因子 p，进而得到 RSA 私钥 d，从而解密 flag。

题目代码：

```
1.   10ECC_RSA_encrypt.py
2.   def gen_rsa_primes(G):
3.    urand = bytes_to_long(urandom(521//8))
4.    while True:
5.      s = getrandbits(521) ^ urand
6.      Q = s * G
7.      if isPrime(Q.x) and isPrime(Q.y):
8.      print("ECC Private key:", hex(s))
9.      print("RSA primes:", hex(Q.x), hex(Q.y))
10.     print("Modulo:", hex(Q.x * Q.y))
11.     return (Q.x, Q.y)
12.  flag = int.from_bytes(input(), byteorder="big")
13.  ecc_p = Curve.p                          #有限域
14.  a = Curve.a                              #椭圆曲线参数
15.  b = Curve.b
16.  Gx = Curve.gx
17.  Gy = Curve.gy
18.  G = Point(Gx, Gy, curve=Curve)           #获取基点
19.  e = 0x10001                              #RSA 公钥
20.  p, q = gen_rsa_primes(G)                 #p,q 在椭圆曲线上
```

21.　　n = p * q　　　　　　　　　　　　　　　　♯rsa 中的模 n

22.　　c = pow(flag, e, n)

23.　　♯ecc_p = 0x1ffffffffffffffffffffffffffffffffffffffffffffffffffffffffffffffff fffffffffffffffffffffffffffffffffffffffffffffffffffffffffffffffffffffffffffffffffff

24.　　♯a = − 0x3

25.　　♯b = 0x51953eb9618e1c9a1f929a21a0b68540eea2da725b99b315f3b8b4899 18ef109e156193951ec7e937b1652c0bd3bb1bf073573df883d2c34f1ef451fd46b503f00

26.　　♯n = 0x118aaa1add80bdd0a1788b375e6b04426c50bb3f9cae0b173b382e3723fc85 8ce7932fb499cd92f5f675d4a2b05d2c575fc685f6cf08a490d6c6a8a6741e8be4572adfcba233d a791ccc0aee033677b72788d57004a776909f6d699a0164af514728431b5aed704b289719f09 d591f5c1f9d2ed36a58448a9d57567bd232702e9b28f

27.　　♯c = 0x3862c872480bdd067c0c68cfee4527a063166620c97cca4c99baff6eb0cf5 d42421b8f8d8300df5f8c7663adb5d21b47c8cb4ca5aab892006d7d44a1c5b5f5242d88c6e325 064adf9b969c7dfc52a034495fe67b5424e1678ca4332d59225855b7a9cb42db2b1db95a90ab 6834395397e305078c5baff78c4b7252d7966365afed9e

28.　　♯Gx = xc6858e06b70404e9cd9e3ecb662395b4429c648139053fb521f828af606b4d 3dbaa14b5e77efe75928fe1dc127a2ffa8de3348b3c1856a429bf97e7e31c2e5bd66

29.　　♯Gy = 0x11839296a789a3bc0045c8a5fb42c7d1bd998f54449579b446817afbd1727 3e662c97ee72995ef42640c550b9013fad0761353c7086a272c24088be94769fd16650

7. 以下是来自于 m0leCon CTF 2020 Teaser 的一道有关椭圆曲线的题目"King Exchange"（github. com/S3v3ru5/CTF-writeups/tree/master/m0leconCTF/Crypto/KingExchange）。题目描述如下：

Do you think you demonstrated something with that little trick? Our cryptoers already developed a new system!

Hint: Look closer to the add operation. On which kind of curves does it work?

题目提供以下两个文件：

第一个文件是服务端代码（server. py）：

1.　　♯10KExchange_server.py

2.　　from Crypto.Util. number import long_to_bytes

3.　　from Crypto.Cipher import AES

4.　　from Crypto.Util. Padding import pad

5.　　import random

6.　　from hashlib import sha256

7.　　from secret import flag, p

8.　　def add_points(P, Q):

9.　　　return ((P[0] * Q[0] - P[1] * Q[1]) % p, (P[0] * Q[1] + P[1] * Q[0]) % p)

10.　def multiply(P, n):

11.　　　Q = (1, 0)

12.　　　while n > 0:

13.　　　if n % 2 == 1:

14.　　　　　　Q = add_points(Q, P)

15.　　　　　P = add_points(P, P)

16.　　　　　n = n//2

17.　　　return Q

18.　def gen_key():

19.　　　g = (0x43bf9535b2c484b67c68cb98bace14ae9526d955732e2e30ac0895ab6ba, 670x4a9f13a6bd7bb39158cc785e05688d8138b05af9f1e13e01aaef7c0ab94)

20.　　　sk = random.randint(0, 2 * * 256)

21.　　　pk = multiply(g, sk)

22.　　　return sk, pk

23.　a, A = gen_key()

24.　b, B = gen_key()

25.　print(A)

26.　print(B)

27.　shared = multiply(A, b)[0]

28.　key = sha256(long_to_bytes(shared)).digest()

29.　aes = AES.new(key, AES.MODE_ECB)

30.　ciphertext = aes.encrypt(pad(flag.encode(), AES.block_size))

31.　print(ciphertext.hex())

第二个文件是上述 server.py 代码当中三个 print 的输出,保存在 KExchange_output. txt 文件中,内容如下:

1.　＃10KExchange_output.txt

2.　(70584838528566138057920558091160583247156394376694509226477175997005624, 472085626356697904493052031149347170349394756475941683922713112 41505021)

3.　(282741525962310797671799339545560010210664773272098436225397061921 76128, 995658931734812614335500896736951779348902074839971970677325880096 94082)

4.　aaa21dce78ef99d23aaa70e5d263719de9245f33b8a9e2a0a63c8847dba61296c5a 1f56154b062d3a347faa31b8d8030

第11章 哈希函数

哈希(Hash)函数在密码算法中无处不在，数字签名、公钥加密、消息认证、口令保护等都有哈希函数的身影。哈希函数通常意味着压缩，它可以接受任意长度的输入，压缩处理后输出长度更短的定长哈希值。本章将重点讨论常见哈希算法的工作原理及其存在的安全缺陷。

11.1 哈希函数基本概念

哈希函数也称为摘要(Digest)、杂凑或者散列，就是把任意长度的输入(又叫作预映射，Pre-image)，通过哈希算法变换成固定长度的输出。这个输出就是所谓的哈希值或者摘要。哈希压缩如图 11.1 所示。

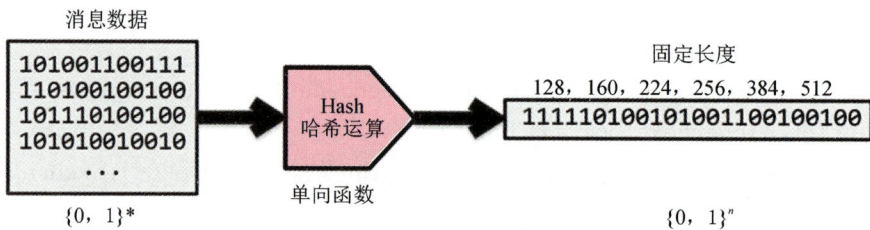

图 11.1　哈希压缩

为了更好地理解哈希函数应该具有的特性，我们来看一个简单的哈希函数。

此处设计的哈希函数用于实现对文件内容的哈希计算。首先对文件数据按照单个字节进行分隔，然后逐一累加，最后对累加结果用 256 取模，得到最终该文件的哈希值。上述哈希算法的输入对象是文件，其长度可以是任意值(也就是文件大小)，而哈希函数的输出是固定长度为 1 个字节的哈希值。

假设有文件包含了六个字节的数据：a1、02、12、6b、c6、7d，其计算过程如图 11.2 所示。

由于采用的模 256 加运算，哈希值范围始终在 0～255 之间。上述文件内容的哈希值是十进制 99。显然，我们从哈希值 99 无法得到任何有关输入文件的信息，如文件内容、文件大小等。

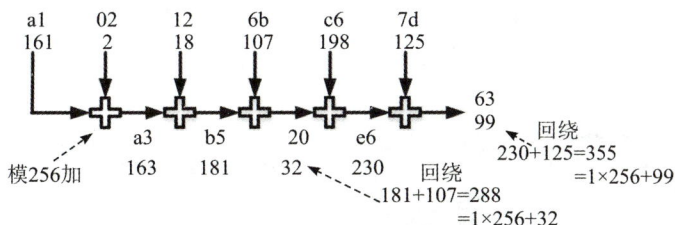

图 11.2　模 256 加

另外，每次改变文件内容，哈希值也会变化，但也存在其他文件的哈希值也是 99 的可能性。

对于一般性使用的哈希函数，通常具备以下特性。

（1）确定性（Deterministic）：同一消息总是产生相同哈希值，且每次计算的结果相同。

（2）速度（Computationally Efficient）：可以快速计算任何给定消息的哈希值。哈希函数的主要操作是异或运算，计算速度非常快，通常每秒在百兆量级。图 11.3 给出的是 MD5 哈希算法中的四个辅助处理函数（F、G、H、I）的代码，其中都是位运算。

（3）输出长度固定：给定一种哈希算法，不管输入是多大的数据，输出长度都是固定的。由于哈希值的长度是固定的，也就是取值范围是有限的，而输入数据的取值范围是无限的，所以总会找到两个不同的输入拥有相同的哈希值。因此哈希函数的安全性是个相对概念。

（4）不可逆（Irreversible）：除采用暴力穷举之外，没有其他更快捷的方法可以从其哈希值恢复或者倒推出消息。例如，有 $x \bmod 4$ 这样的哈希函数，即使知道哈希值是 1，也无法知道 x 的值是多少，因为 x 可以是 1、5、9 等无穷多个数，如图 11.4 所示。

```
F = lambda x, y, z: (x & y)|(~x & z)
G = lambda x, y, z: (x & z)|(y & ~z)
H = lambda x, y, z: (x^y^z)
I = lambda x,y z: y^(x|~z)
```

图 11.3　MD5 算法的部分核心 Python 代码

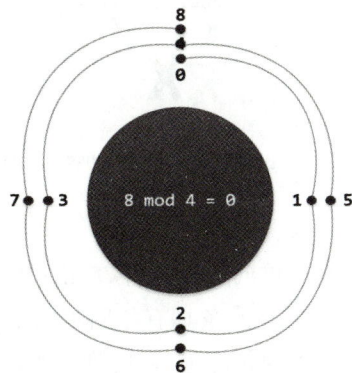

图 11.4　基于模运算的哈希函数

（5）雪崩效应（Avalanche Effect）：对消息进行小的更改便能引起哈希值的巨大改变，使得新哈希值看起来与旧哈希值不相关。

图 11.5 中给出 SHA 哈希函数，对于输入"Hello!"始终得到的是相同的输出，而对于相差一个感叹号的输入"Hello"，得到的却是完全不同的输出。

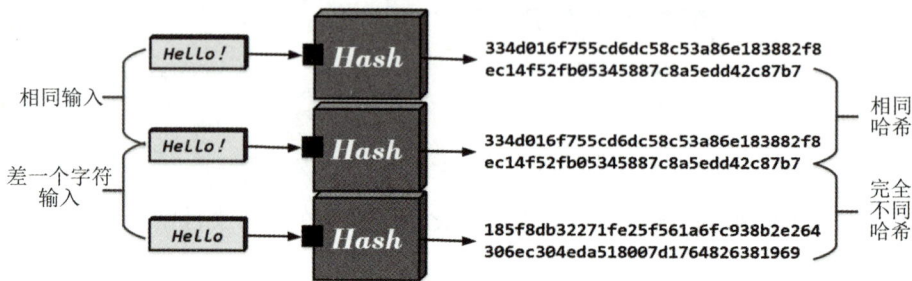

图 11.5　雪崩效应

密码学领域中使用的哈希函数除满足上述实用性要求以外，还对安全性提出了更高的要求，特别是抗碰撞的能力。所谓碰撞（Collision），意味着找到了产生相同输出的两个不同输入。但实际上由鸽笼原理可知，只要定义域大于值域，肯定存在碰撞。哈希函数的抗碰撞特性是指，虽然碰撞必定存在，但是却很难找到，或者说无法在可接受的时间内找到。有关哈希函数的抗碰撞特性主要有以下三种，如图 11.6 所示。

Collision Resistance　　Preimage Resistance　　Second preimage Resistance

图 11.6　哈希函数的三种抗碰撞特性

（1）单向性-抗原像攻击（Preimage Resistant）：给定某种哈希函数的一个特定哈希值，要找到另外一条具有相同哈希值的消息是不可行的。

（2）弱抗碰撞性-抗第二原像攻击（Second Preimage Resistant）：给定消息及其哈希值的情况下，要找到另一条具有相同哈希值的消息是不可行的。

（3）强抗碰撞性（Collision Resistance）：如果能够找到任意两条不同的消息，使它们的哈希值是相同的，那么就说此哈希函数不具备强碰撞性。注意此处哈希值也可以是任意的！

图 11.7 给出了上述三个安全特性（抗原像攻击、弱抗碰撞性、强抗碰撞性）之间的关系。

一个哈希函数如果是强抗碰撞性的，则同时也是弱抗碰撞性的，但不一定是抗原像攻击的。一个哈希函数如果是抗原像攻击的，但不一定是弱或者强抗碰撞性的。

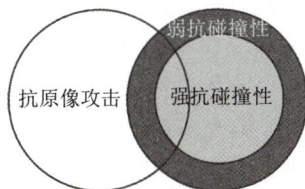

图 11.7　三种抗碰撞特性关系

常见的密码哈希算法有 MD5、SHA-1、SHA-2，其输出的哈希值长度有 128b、160b、256b 等。但哈希值的空间通常远远小于输入消息的空间，因此哈希算法是一种压缩映射，就是一种将任意长度的消息压缩到某一固定长度的消息摘要的函数。哈希算法对于不同的输入可能会生成相同的输出，所以不可能以散列值来唯一地确定输入值。

11.2　哈希函数设计

哈希函数设计主要有两种：一种基于 Merkle Damgard 结构，另一种基于分组密码。

11.2.1　Merkle-Damgard 结构

Merkle-Damgard 结构是一种用于构造具有抗碰撞能力的密码哈希函数的方法。哈希函数可以输入可变长度的消息，并计算输出固定长度的哈希值。哈希计算的核心是压缩函数，其定义如下：

$$f:\{0,1\}^n \times \{0,1\}^b \rightarrow \{0,1\}^n$$

压缩函数的输入包含两个部分：上一步计算得到的 n 个比特结果（称为链接变量）和一个 b 位消息分组，输出为一个 n 位分组。链接变量的初始值由算法开始时的种子（Seed）指定，通常 $b > n$，因此称 f 为压缩函数，其通用结构如图 11.8 所示。

哈希函数重复使用上述压缩函数 f，类似于分组密码的多轮运算。基本上，基于 Merkle-Damgard 结构的哈希函数分三步计算哈希值。

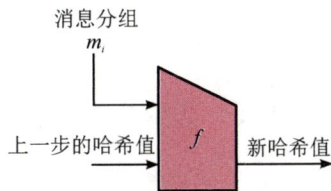

图 11.8　哈希压缩函数

（1）消息填充：通常消息的长度各有差异，而压缩函数无法处理任意长度的消息，所以需要将消息进行填充，使其长度是某个数（如 512b、1024b）的倍数。

（2）消息分割：把上述填充后的消息分隔成一系列固定等长度的分组。每个分组以及上一轮的压缩函数输出作为压缩函数的输入，计算得到本轮输出。分组长度根据哈希算法的不同而不同，常见的有 128b、256b、512b 等。

（3）填充分组：最后一个参与计算的分组往往是满足消息总长度要求，并保留原始消息长度信息的分组，称为长度填充（Length Padding 或者 Merkle-Damgard（强化））分组。

整个处理过程如图 11.9 所示。

图 11.9 Merkle-Damgard 哈希函数结构

由于上一个消息分组的哈希值是下一次哈希运算的输入，因此输入的任一比特发生变化都会影响最终的哈希值，这个效果称为哈希的雪崩效应。

图 11.10 是利用 Linux 系统自带的哈希计算命令"md5sum"对两个文件计算的哈希结果。这两个文件内容只是第一个字母的大小写有差异。

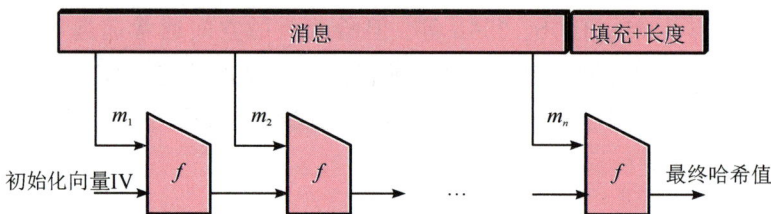

图 11.10 哈希的雪崩效应

11.2.2 基于分组密码的哈希函数

另一种哈希函数的设计基于分组密码，只不过用于哈希计算的分组密码没有使用加密密钥。这种设计理念得益于现有分组密码的高效性和通用性，因此基于分组密码的哈希算法有较高的"性价比"。

1. 单分组长度哈希函数(Single block length hash function)

一种单分组长度哈希函数是 Davies-Meyer 哈希函数,使用分组加密算法 E 来实现对消息的哈希计算:

$$H_i = E_{m_i}(H_{i-1}) \oplus H_{i-1} \qquad (11.1)$$

其中,消息分组 m_i 作为加密密钥,上一轮的哈希值 H_{i-1} 作为明文,对应的压缩函数如图 11.11 所示。

图 11.11 Davies-Meyer 哈希函数

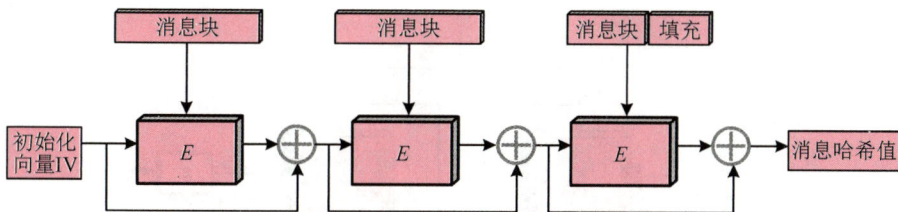

Davies-Meyer 方案的具体实现是一种迭代形式的压缩函数调用,如图 11.12 所示。

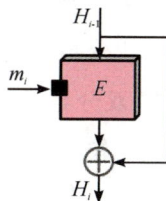

图 11.12 基于分组密码的 Davies-Meyer 哈希函数

可以证明,如果 E 是安全的分组长度为 n 的加密算法,入侵者需要执行 $O(2^{n/2})$ 次运算才能找到一个碰撞。

另一种基于分组密码的哈希函数是增加一个映射函数 g,使得上一轮的哈希值经过映射以后更适宜参与后续分组加密运算。常见的两种带映射函数 g 的哈希函数的示意图如图 11.13 所示,对应的计算公式如下:

$$H_i = E_{g(H_{i-1})}(m_i) \oplus H_{i-1} \oplus m_i \quad \text{Miyaguchi-Preneel} \qquad (11.2)$$

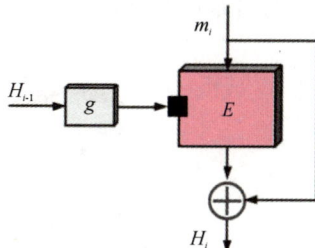

$$H_i = E_{g(H_{i-1})}(m_i) \oplus m_i \quad \text{Matyas-Meyer-Oseas} \qquad (11.3)$$

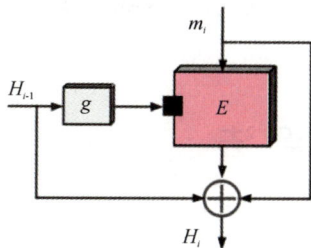

(a) Miyaguchi-Preneel哈希函数   (b) Matyas-Meyer-Oseas哈希函数

图 11.13 带映射函数 g 的哈希函数

上述方案的共同点是都需要一个初始的 H_0,它可以是类似分组密码的初始化向量

(Ⅳ)。另外就是哈希算法的输出都和分组密码的分组长度相同。对于安全性要求高的场合，需要采用分组长度较长的密码算法，如 AES 算法或者 Rijndael 算法等。

2. 双分组长度哈希函数（Double block length hash function）

获得较大消息摘要的另一种方法就是使用多个密文分组的计算结构，例如使用两倍分组长度的哈希值。图 11.14 给出了这种构造方法，其中使用的分组密码算法为 E，且 E 的密钥长度是分组长度的两倍。如果使用 AES 密码算法，那么输出的哈希值 H_i 的长度是 256 位，经过映射函数 g 处理后的加密密钥仍为 256 位，而消息 m_i 的长度是 128 位，最终的哈希值长度则是分组长度的两倍，即 256 位。

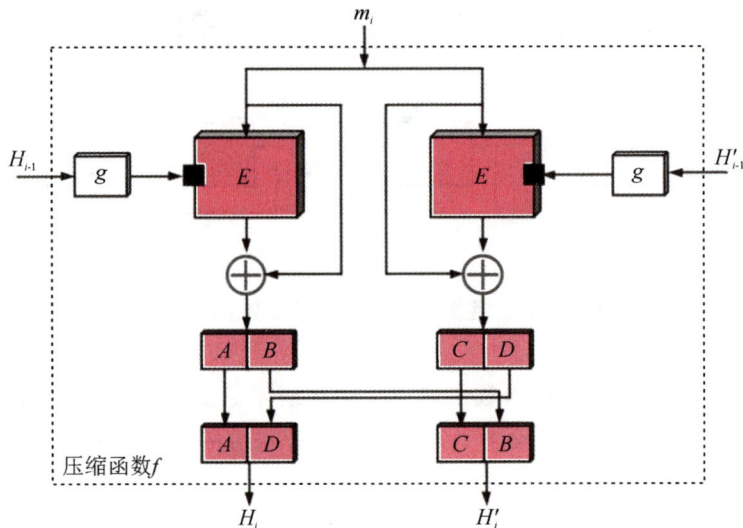

图 11.14　两倍分组长度的哈希函数

图 11.14 所示的哈希函数实际上是由两个 Matyas-Meyer-Oseas 模块组成的。

11.3　MD5 算 法

MD（Message Digest）系列算法是由 Rivest 设计的单向哈希函数，能够产生 128 比特的哈希值。其中最常用的 MD5 算法的强抗碰撞性已经被攻破，也就是说，现在已经能够产生具备相同哈希值的两条不同的消息，因此它也不再安全，具体例子见 11.6.2 小节。

11.3.1　MD5 算法流程

MD5 算法首先对输入消息进行填充，使填充后的总长度满足 512 位倍数的要求。然后以 512 位作为分组长度对消息进行分割。每一分组又被划分为 16 个 32 位子分组，经过一系列的处理后输出 128 位散列值。整个 MD5 算法过程包含以下四个步骤。

1. 填充

如果输入的消息长度(比特)对 512 求余的结果不等于 448，就需要对消息进行填充(见图 11.15)，使得消息长度满足 $N \times 512 + 448$。填充的方法是在消息后面填充一个 1 和 n 个 0。

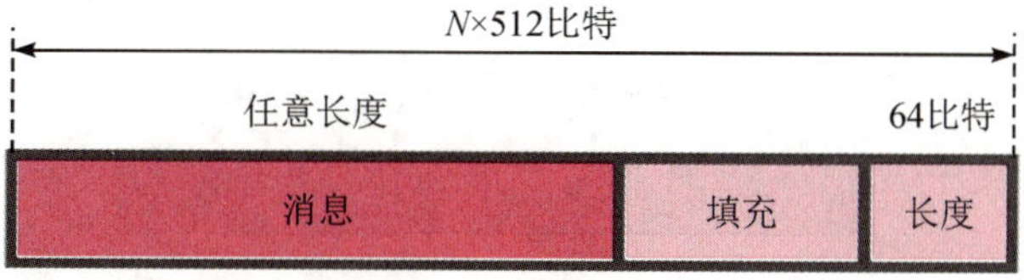

图 11.15　消息填充

2. 添加消息长度

在第一步填充结果之后再填充上原消息的长度，用 64 比特来表示填充前的消息长度。如果消息长度大于 2^{64} 比特，则只使用其低 64 位的值，即消息长度对 2^{64} 取模。

在此步骤进行完毕后，最终消息长度就是 $N \times 512 + 448 + 64 = (N+1) \times 512$，是 512 的整数倍。假如有消息"Python"，那么经过上述两个步骤之后的消息如下(读者可自行验证，要特别注意的是长度采用小端表示方法，消息"Python"包含 6 个字符，总共 48 比特，而字符"0"对应的 ASCII 码是 48)：

bytearray(b'Python\x80\x00\x00\x00\x00\x00\x00\x00\x00\x00\x00\x00\x00\x00\x00\x00\x00\x00\x00\x00\x00\x00\x00\x00\x00\x00\x00\x00\x00\x00\x00\x00\x00\x00\x00\x00\x00\x00\x00\x00\x00\x00\x00\x00\x000\x00\x00\x00\x00\x00\x00\x00\x00')

3. 初始化 4 个缓存变量(也称为链接变量-Chaining Variable)

$A = (01234567)_{16}$，$B = (89ABCDEF)_{16}$，$C = (FEDCBA98)_{16}$，$D = (76543210)_{16}$。

4. 对每个消息分组进行 4 轮循环运算

MD5 的基本轮运算的流程如图 11.16 所示。

(1) 每轮起始有 4 个初始变量 A、B、C 和 D。第一个分组的 4 个变量值如步骤 3 所示，后续每一个分组的这 4 个变量都是上一个分组计算的结果。

（2）将每一分组的 512 比特细分成 16 个子分组 M_j（j 从 0 到 15）。

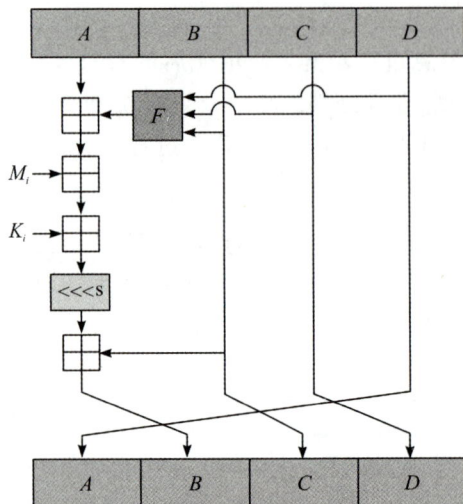

图 11.16　MD5 基本轮运算流程

（3）每一轮 MD5 计算分别使用以下 4 个非线性函数（& 表示与，| 表示或，～ 表示非，^ 表示异或）。

$$F(X,Y,Z) = (X\&Y)|((\sim X)\&Z)$$

$$G(X,Y,Z) = (X\&Z)|(Y\&(\sim Z))$$

$$H(X,Y,Z) = X^\wedge Y^\wedge Z$$

$$I(X,Y,Z) = Y^\wedge(X|(\sim Z))$$

（4）MD5 计算中还有一个常量表 t_i（$i = 0, 2, \cdots, 63$），每个值由以下正弦函数计算取整得到：

$$t_i = abs(\sin(i+1)) \times 2^{32}$$

对应的 Python 实现代码如下：

t[i] = [int(math. floor(abs(math. sin(i + 1)) * (2 ** 32))) for i in range(64)]

（5）定义以下 4 个操作函数：

$FF(a,b,c,d,M_j,s,t_i)$ 表示 $a = b + ((a + F(b,c,d) + M_j + t_i) <<< s)$；

$GG(a,b,c,d,M_j,s,t_i)$ 表示 $a = b + ((a + G(b,c,d) + M_j + t_i) <<< s)$；

$HH(a,b,c,d,M_j,s,t_i)$ 表示 $a = b + ((a + H(b,c,d) + M_j + t_i) <<< s)$；

$II(a,b,c,d,M_j,s,t_i)$ 表示 $a = b + ((a + I(b,c,d) + M_j + t_i) <<< s)$。

注意：$<<<$ 在这里表示循环左移。

（6）4 轮计算。接下来就是 4 轮循环，每轮 16 次的迭代哈希计算，计算过程如图 11.17 表示。

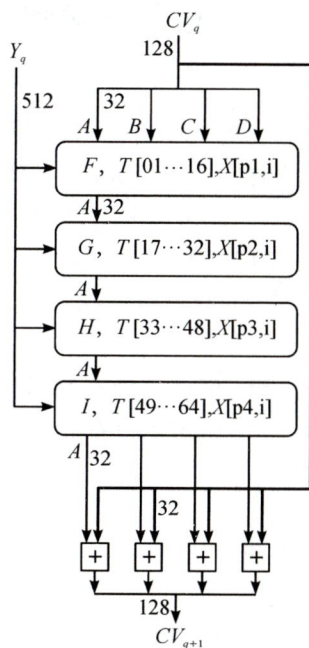

图 11.17 MD5 计算过程

（7）4 轮循环后，将 A、B、C、D 分别加上 a、b、c、d，然后计算下一个消息分组的哈希值。

11.3.2 MD5 编程实现

在 Python 语言中，提供了 hashlib 库用于计算各种哈希值。使用 hashlib 库基本上遵循以下三个步骤：

（1）导入 hashlib 库，创建哈希算法对象。

import hashlib

mo = hashlib.md5()   ＃使用 dir(hashlib) 查询支持的哈希算法

（2）更新要计算的消息字符串。

mo.update(b"Python")

（3）计算哈希值。

mo.hexdigest()   ＃十六进制表示哈希值：'a7f5f35426b927411fc9231b56382173'

11.4 安全哈希函数 SHA

SHA 系列安全哈希函数是另外一类广为使用的哈希算法。其中：

· SHA-1 是由 NIST（美国国家标准技术研究所）设计的一种能够生成 160 比特的哈希值的单向散列函数。

· SHA-256、SHA-384、SHA-512 三种哈希算法也是由 NIST 设计的单向散列函数，它们的散列值长度分别为 256 比特、384 比特和 512 比特。这些单向散列函数合起来统称 SHA-2。比特币使用的就是 SHA-256 哈希算法。

· SHA-3：之前称为 keccak 算法，内部结构不再采用 Merkle Damgard 结构，支持的长度类型同 SHA-2。以太坊（Ethereum）使用该哈希算法。

以下主要对 SHA-1 算法进行学习和讨论，其他算法读者可以自行查阅相关资料进行学习。

SHA-1 算法于 1993 年由 NIST 设计开发，广泛用于各种安全应用和协议，如 TLS、SSL、PGP、SSH、IPsec 和 S/MIME。

SHA-1 算法接收长度不超过 2^{64} 比特的输入消息，产生 160 比特长度的消息摘要（哈希值）。整个 SHA-1 算法包含比特运算、模算术和压缩函数。以下结合实例分析 SHA-1 算法的工作过程。

假设有消息"abc"，其对应的二进制和十六进制表示分别为

$$01100001\ 01100010\ 01100011 \Leftrightarrow 616263$$

第一步，初始化 5 个初始状态寄存器（十六进制表示）：$A = 67DE2A01$，$B = BB03E28C$，$C = 011EF1DC$，$D = 9293E9E2$，$E = CDEF23A9$。

第二步，对消息进行填充，在消息之后插入一比特的 1，以及足够多比特的 0，使得消息的长度达到 448 比特。之后再添加 64 比特的长度字段，最终得到的 512 比特消息，如图 11.18 所示。

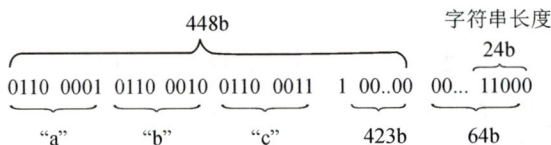

图 11.18　消息填充

第三步，填充以后的消息 M 分割成长度为 512 比特的分组块，每块再切分成 16 个 32

比特字 W_0、W_1、$\cdots$、W_{15}。在此基础上再计算得到 W_i($16 \leqslant i \leqslant 79$)，计算公式如下：

$$W_i = S^1(W_{i-3} \oplus W_{i-8} \oplus W_{i-14} \oplus W_{i-16}) \tag{11.4}$$

其中：S^n 表示循环移位 n 位操作。

第四步，对每个消息块单独进行 80 个轮次的运算($0 \leqslant i \leqslant 79$)，轮计算过程和相关公式如下：

$$\text{TEMP} = S^5(A) + F(i;B,C,D) + E + W_i + K_i \tag{11.5}$$

$$E = D; D = C; C = S^{30}(B); B = A; A = \text{TEMP} \tag{11.6}$$

图 11.19 中，A，B，C，D 和 E 是 32b 字的状态寄存器的值，"<<<"表示循环左移。非线性函数 F 和常量 K_t 如图 11.20 所示。

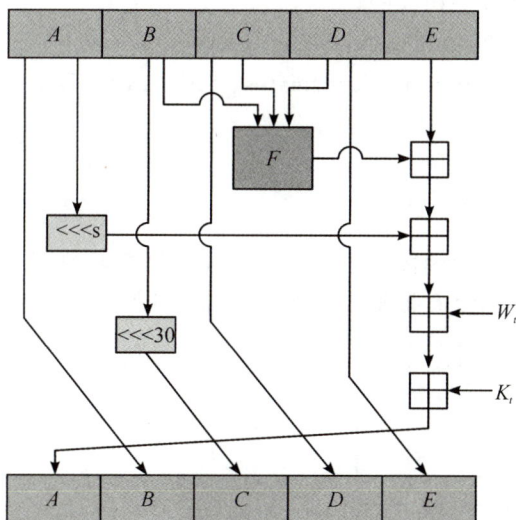

图 11.19　SHA-1 压缩函数的轮运算

$f(i;B,C,D) = (B \wedge C) \vee ((-B) \wedge D)$	for $0 \geqslant i \geqslant 19$		$K(i) = 5A827999,$	where $0 \leqslant i \leqslant 19$
$f(i;B,C,D) = B \oplus C \oplus D$	for $20 \geqslant i \geqslant 39$		$K(i) = 6ED9EBA1,$	where $20 \leqslant i \leqslant 39$
$f(i;B,C,D) = (B \wedge C) \vee (B \wedge D) \vee (C \wedge D)$	for $40 \geqslant i \geqslant 59$		$K(i) = 8F1BBCDC,$	where $40 \leqslant i \leqslant 59$
$f(i;B,C,D) = B \oplus C \oplus D$	for $60 \geqslant i \geqslant 79.$		$K(i) = CA62C1D6,$	where $60 \leqslant i \leqslant 79.$

图 11.20　非线性函数 F 和常量取值

第五步，最终消息"abc"的哈希值为 a9993e364706816aba3e25717850c26c9cd0d89d。

SHA-1 算法的 Python 实现代码如下：

```
1.   import hashlib
2.   s = hashlib.sha1(b'abc').hexdigest()
```

11.5 哈希函数应用

到目前为止，我们主要讨论的是哈希算法本身，没有给出哈希函数在安全中的应用。密码学意义上的哈希函数主要围绕完整性这一安全目标，保护数据避免泄露，检测数据避免被篡改。以下是几种典型的哈希函数应用：

- 数据完整性（Data Integrity Check）；
- 口令存储（Password Storage）；
- 消息认证码和数字签名（Digital Signatures）；
- 各类签名证书（Code Signing Certificates、SSL/TLS、Document Signing Certificates 和 Email 签名证书）。

11.5.1 数据完整性

数据的完整性检验是哈希函数最为广泛的应用。哈希函数用于生成数据文件的哈希值以提供一种手段来确保数据没有被篡改。该应用过程如图 11.21 所示。

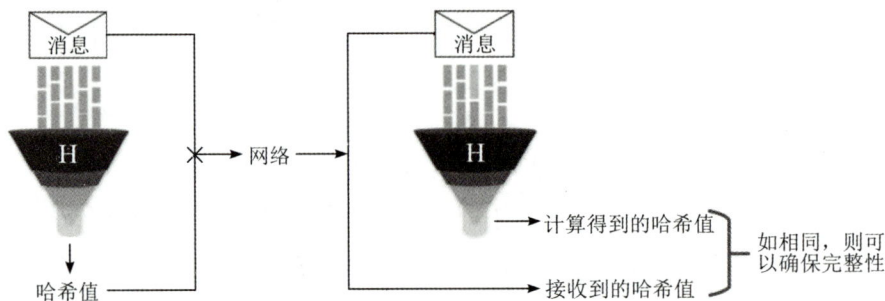

图 11.21　数据完整性检验过程

完整性检验可帮助用户发现文件内容的任意变动，但完整性无法保障数据来源的正确性。攻击者可以替换整个文件数据并重新生成新的哈希值。

11.5.2 口令存储

口令明文保存的安全风险是极高的，一旦系统被入侵，其中的所有用户口令都会被泄露。因此系统登录通常是保存口令的哈希值。哈希函数的单向不可逆特性为口令的存储提供了足够的安全保护。口令存储保护过程如图 11.22 所示。

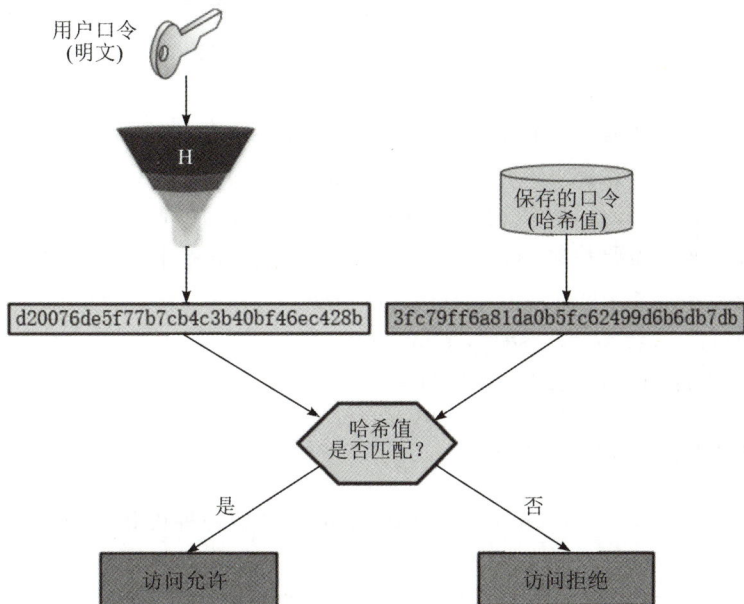

图 11.22　口令存储保护过程

但为什么不加密存储呢？原因有二：一是加密可逆，安全性不如哈希；二是加密需要解密，而且需要加密密钥，密钥的存储又会成为新的弱点。

口令字文件通常是以用户 ID、口令哈希的形式进行保存。存储口令哈希值以后，即使攻击者得到口令的哈希值，也无法用哈希值登录或者根据哈希函数的 pre-image 特性无法从哈希值恢复出登录口令，从而大大提高口令的安全性。

单从安全的角度来说，口令进行哈希存储后就足够安全了。攻击者拿到口令的哈希值以后，虽然没法直接逆推出口令，但是可以通过查表（Lookup Tables）方法进行比对，也就是攻击者事先计算大量的口令–哈希值对照表，然后拿到哈希值以后进行查询即可，如图 11.23 所示。

图 11.23　哈希查表

这种攻击对于很多用户往往采用相同的口令来访问不同的应用系统时非常有效。

为了应对上述攻击，可以采用加盐（Salting）方法，也就是在口令前面或后面加上一段随机的字符串，再计算哈希值。此时相同的口令得到的哈希值将完全不同，例如：

md5(md5(password) + salt)

采用上面的加盐哈希运算，即使攻击者拿到了某个口令的哈希值，也很难反推出原始口令。攻击者即使得到了盐值，也只能采用暴力破解的方法逐个尝试。

对于暴力破解，我们还可以使用加盐的慢哈希。所谓的慢哈希，是指执行哈希运算非常耗时。此时暴力破解需要枚举遍历所有可能结果时，就需要非常长的时间。例如：bcrypt 就是这样一个慢哈希函数：

bcrypt(SHA512(password), salt, cost)

其中 cost 参数用于控制该函数的计算耗时。

11.5.3　消息认证码和数字签名

消息认证码（Message Authentication Code，MAC）是一种确认消息完整性并进行来源认证的技术。

要计算 MAC，双方必须持有共享密钥，没有共享密钥的其他用户无法计算 MAC 值。因此消息认证码可以说是一种有密钥参与运算的单向哈希函数。消息认证码的输入包括任意长度的消息和一个发送者与接收者之间共享的密钥，输出固定长度的数据，这个数据就是 MAC 值。消息认证码的典型应用如图 11.24 所示。

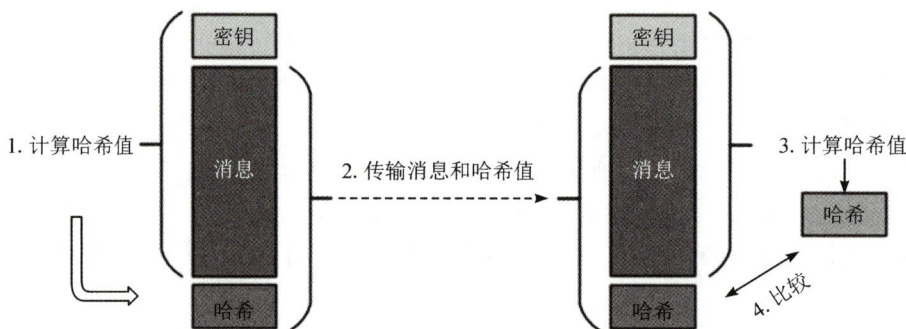

图 11.24　消息认证码产生和使用

从图 11.24 中可以看出来，共享密钥是 MAC 计算的基础，也是确保消息来自正确的发送者的保障。但由此也造成消息认证码无法用于安全的另一个目标：防止否认和抗抵赖性。

数字签名是一种能够对第三方进行消息认证，并能够防止通信双方互相抵赖的认证技术。

数字签名使用公钥密码体制来实现，通过每个用户的一对公钥、私钥来加解密哈希值，即用私钥加密相当于生成签名，而用公钥解密则相当于验证签名。

11.5.4　代码签名

代码签名是对各种应用软件和代码进行签名。对于下载的软件、脚本、应用程序和可执行文件，需要确保没有被植入木马，同时还要保证来源的合法性。数字证书中的公钥可以用于验证核实身份和产品。公钥所对应的私钥则赋予软件厂商对发布的软件计算哈希值并加密得到数字签名的能力。数字签名和代码签名如图 11.25 所示。

1001011010	哈希函数	42e1a6dab7		附上签名	1001011010
0010101000		69ebe4f18c5	1010		0010101000
1010101000		726dadc38a	1010		1010101000
1001010011		7295ccaf938			1001010011
1010100101		12b1cc3ba5			1010100...
		d0b74968db			
二进制代码		哈希值	数字签名		签名后代码
(哈希输入)		(哈希输出)	(加密后的哈希值)		

使用私钥
加密哈希值

图 11.25　数字签名和代码签名

用户下载软件后，可以计算软件的哈希值，并用公钥解开附带的哈希值进行比对，如果二者一致，则说明该软件是由公钥所代表的用户发布的，可以安全使用上述软件。任何哈希值的不一致以及公钥、私钥的不匹配，都会给用户及时告警。

11.6　哈希安全性

如同其他密码技术和算法一样，哈希函数的安全性也不是百分之百的。在此值得提及的有：部分常见的哈希算法，如 MD5 和 SHA-1 已经找到碰撞的样本；彩虹表（RainbowTables）技术可以用于破解未加盐的哈希值；有大量的网站提供了哈希值破解服务；另外随着算力的提升，哈希值的暴力破解相对来说越来越容易。

11.6.1　生日悖论和碰撞攻击

生日悖论（Birthday Paradox）是密码分析中的一个重要概念，这个悖论告诉我们概率并不总是符合人们的直觉。例如在同一个班级中存在两位同学生日相同的概率可能远比我们想象得大。事实上，只要班里人数超过 23 人，有两名同学生日相同的概率超过 50％。

下面从数学的角度来算一下两人生日相同的概率值。假设一年有 365 天，每个人生日都是等概率事件。假设班里有 $x(x \geqslant 2)$ 个同学，任意两位同学生日相同的概率为 $P(x)$，不同的概率为 $Q(x)$。

首先计算不同的概率 $Q(x)$ 为

$$Q(x) = 1 \times \left(1 - \frac{1}{365}\right) \times \left(1 - \frac{2}{365}\right) \times \left(1 - \frac{3}{365}\right) \times \cdots \times \left(1 - \frac{x-1}{365}\right) \tag{11.7}$$

式（11.7）表示第一个同学可以选择 365 天中任意一天作为自己的生日，此时不同的概率为 1；第二个同学可以选择剩下的 364 天作为生日，此时他和第一个同学生日不相同的概率是 $\frac{365-1}{365}$，依次类推，就是上述 $Q(x)$ 的计算公式，化简后即为

$$Q(x) = \frac{365!}{365^x(365-x)!} \tag{11.8}$$

则两人生日相同的概率为

$$P(x) = 1 - Q(x) \tag{11.9}$$

$$P(x) = 1 - \frac{365!}{365^x(365-x)!} \tag{11.10}$$

当班里有 2 名同学时，生日相同的概率为

$$P(x=2) = 1 - \frac{365 \times 364}{365 \times 365} = \frac{1}{365} \approx 0.0027 \tag{11.11}$$

当班里有 23 名同学时，生日相同的概率为

$$P(x=23) = 1 - \frac{365 \times 364 \times \cdots \times 343}{365^{(23)}} \approx 0.5073 \tag{11.12}$$

生日悖论的本质就是随着数量的增多，互相组合的复元素的概率就会以惊人的速度增加，而我们恰恰会低估它的增加速率。

生日悖论大大降低了哈希算法的安全性，使得找到具有相同哈希值的随机消息（也就是碰撞攻击）变得容易。这种情况下，攻击者利用伪造的假消息获得真消息相同的哈希值的花费仅 $2^{(n/2)}$，n 值越大，则哈希函数越安全。

11.6.2 MD5 碰撞

现在大家都知道 MD5 哈希函数已经不再安全。2005 年，中国学者王小云提出了一种可以找到两个不同的 128 字节序列具有相同的 MD5 哈希值的算法，以下 Python 代码当中的 str1 与 str2 是王小云提出的一对 MD5 碰撞块，虽然它们的内容略微不同，但是生成的 MD5 值却相同。更重要的是，这种类似的碰撞块能够在短时间内生成。

1.　import hashlib

2.　import binascii

3.　str1 ="d131dd02c5e6eec4693d9a0698aff95c2fcab58712467eab4004583eb8fb7f8
955ad340609f4b30283e488832571415a085125e8f7cdc99fd91dbdf280373c5bd8823e3156348f
5bae6dacd436c919c6dd53e2b487da03fd02396306d248cda0e99f33420f577ee8ce54b67080a80d
1ec69821bcb6a8839396f9652b6ff72a70"

4.　str2 ="d131dd02c5e6eec4693d9a0698aff95c2fcab50712467eab4004583eb8fb7f8
955ad340609f4b30283e4888325f1415a085125e8f7cdc99fd91dbd7280373c5bd8823e3156348f
5bae6dacd436c919c6dd53e23487da03fd02396306d248cda0e99f33420f577ee8ce54b670802 80d
1ec69821bcb6a8839396f965ab6ff72a70"

5.

6.　hash1 = hashlib.md5(binascii.unhexlify(str1.encode()))

7.　hash1.digest()

8.　hash2 =hashlib.md5(binascii.unhexlify(str2.encode()))

9.　hash2.digest()

有学者 Ben Laurie 给出了 MD5 碰撞过程的可视化展示。

起初，由于对碰撞块的内容缺乏控制，大家认为滥用 MD5 碰撞攻击的可能性非常有限。在 2005 年，某国外学者指出对于任何一对无意义的数据 (M, M') 可以很容易地找到后缀 T，这样串联(拼接) $M \parallel T$ 和 $M' \parallel T$ 是有意义的。这允许以下攻击构造：首先，对于任何有意义的公共前缀 P，可以使用方法构造碰撞块 (M, M')，使得 $P \parallel M$ 和 $P \parallel M'$ 在 MD5 下发生碰撞。尽管可以预期 $P \parallel M$ 和 $P \parallel M'$ 部分无意义，但随后可以计算出一个附属物 T，使得 $P \parallel M \parallel T$ 和 $P \parallel M' \parallel T$ 都完全有意义。图 11.26 展示了拥有相同 MD5 值的 JPG 格式的两张图片。

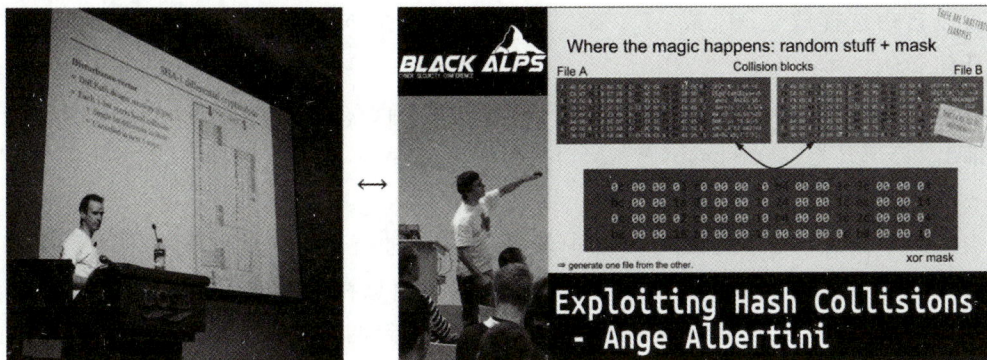

图 11.26　JPG 格式 MD5 碰撞示例

众所周知，哈希算法大都是基于 Merkle-Damgard 结构构造哈希函数的。MD5 就是基于这种 Merkle-Damgard 构造的。该构造基于压缩函数构建哈希函数，压缩函数接收两个固定大小的输入，一个是初始化向量（128 比特），另一个是消息块（512 比特）。MD5 哈希的构造如图 11.27 所示。

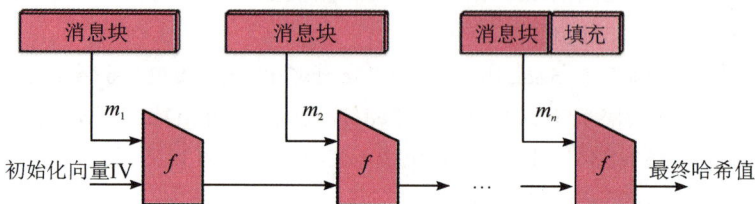

图 11.27　MD5 和 Merkle-Damgard 结构

输入消息首先用二进制比特 1 填充，接着填充不定数量的比特 0，最后是用 64 位编码的原始消息长度。要添加的比特 0 的数量必须确保填充后的消息长度是 512 比特的整数倍。填充的消息被分成 N 个大小正好为 512 比特的块，哈希函数以初始化向量 IV（就是 4 个寄存器 ABCD）开始，对于每个后续的消息块都调用压缩函数，并将输出存储为新的输入向量。处理完所有的消息块后（可能会进入可选模块进行填充运算），最后的输出就是MD5 值。

MD5 具备添加后缀依然碰撞的性质。假设存在 M_1、M_2 数据，它们拥有的 MD5 值相等，即 $\mathrm{hash}(M_1) = \mathrm{hash}(M_2)$ 成立。根据 MD5 算法原理，若将完全相同的数据 P 追加到两者后面，最后的状态是一样的，即存在 $\mathrm{hash}(M_1 \| P) = \mathrm{hash}(M_2 \| P)$。进一步假设还知道另一对碰撞数据 N_1、N_2，且 $\mathrm{hash}(N_1) = \mathrm{hash}(N_2)$，那么将碰撞数据链接可得到 $\mathrm{hash}(M_1 \| N_1) = \mathrm{hash}(M_2 \| N_1) = \mathrm{hash}(M_1 \| N_2) = \mathrm{hash}(M_2 \| N_2)$。注意，此时第一个位置可以自由选择放置 M_1 或 M_2，第二个位置可以是 N_1 或 N_2，这对最后的结果不会产生任何影响。

但是，需要注意的是 MD5/SHA 碰撞不满足增加前缀性质，即 $\mathrm{hash}(M_1) = \mathrm{hash}(M_2)$ 不能推出 $\mathrm{hash}(P \| M_1) = \mathrm{hash}(P \| M_2)$。

· 选择前缀碰撞攻击

给定两个任意消息，首先对两者中较短的一个进行填充，使它们的长度保持相等，然后在后缀部分添加一系列碰撞块，消除两个任意消息在 MD5 值上的差异。例如，给定任意两个前缀 P_1、P_2，通过选择前缀碰撞攻击找到两个后缀 S_1、S_2（其实就是碰撞块），使得 $\mathrm{hash}(P_1 \| S_1) = \mathrm{hash}(P_2 \| S_2)$。CPC 方法寻找碰撞块所耗费的时间长，如图11.28 所示。

P_1	$\neq$	P_2
碰撞块S_1	$\neq$	碰撞块S_2

图 11.28　选择前缀碰撞原理图

- 共同前缀碰撞攻击

共同前缀碰撞是以同一个给定的前缀为基础,在前缀后面添加不同的碰撞块,得到两个具有相同哈希值的样本。IPC 每次计算量小,但是需要更多的应用技巧才能用于特定场景。相同前缀碰撞原理图如图 11.29 所示。

前缀	=	前缀
碰撞块A	$\neq$	碰撞块B
后缀	=	后缀

图 11.29　相同前缀碰撞原理图

通常情况下,碰撞块 A 和 B 中的差异字节需要和文件的格式结合起来才能发挥作用。本小节以 JPEG 图片文件格式为例学习 MD5 共同前缀碰撞的应用与构造方法。

JPEG 图片由众多的段组成,段以十六进制 0xFF 开头,后跟表示不同段的标记。JPEG 图片常见段的标记及其含义如表 11.1 所示。

表 11.1　JPEG 图片常见段的标记及其含义

名称	标记码	说　明	名称	标记码	说　明
SOI	D8	文件头	SOS	DA	扫描行开始
EOI	D9	文件尾	DQT	DB	量化表
SOF0	C0	帧开始(标准 JPEG)	DRI	DD	重新开始间隔
SOF1	C1	帧开始(标准 JPEG)	APP0	E0	交换格式和图像识别信息
DHT	C4	定义 Huffman 表	COM	FE	注释

图 11.30 给出了某 JPEG 图片的十六进制内容。首先,可以看到 JPEG 文件都是以 FFD8 开头,FFD9 结束。其次是以 FFE0 开头的图片识别信息,长度 16 字节(0010),给出了版本号、像素密度等信息。特别要注意的是以 FFDA 标记的图像压缩数据。

```
Offset    0  1  2  3  4  5  6  7    8  9  A  B  C  D  E  F   10 11 12 13 14 15  16 17  18 19 1A 1B 1C 1D 1E 1F
00000000  FF D8 FF E0 00 10 4A 46   49 46 00 01 01 01 00 60   00 60 00 00 FF DB  00 43  00 03 02 02 03 02 02 03
00000020  03 03 03 04 03 03 04 05   08 05 05 04 05 0A 07 07   06 08 0C 0A 0C 0C  0A 0B  0B 0A 0D 0E 12 10 0D 0E
00000040  0E 11 0E 0B 0B 10 16 10   11 13 14 15 15 15 0C 0F   17 18 16 14 18 12  14 FF DB  00 43 01 03 04
00000060  04 05 04 05 09 05 05 09   14 0D 0B 0D 14 14 14 14   14 14 14 14 14 14  14 14  14 14 14 14 14 14 14 14
00000080  14 14 14 14 14 14 14 14   14 14 14 14 14 14 14 14   14 14 14 14 14 14  14 14  14 14 14 14 14 14 FF C0
000000A0  00 11 08 00 18 00 16 03   01 22 00 02 11 01 03 11   01 FF C4 00 1F 00  00 01  05 01 01 01 01 01 01 00
000000C0  00 00 00 00 00 00 00 01   02 03 04 05 06 07 08 09   0A 0B FF C4 00 B5  10 00  02 01 03 03 02 04 03 05
000000E0  05 04 04 00 00 01 7D 01   02 03 00 04 11 05 12 21   31 41 06 13 51 61  07 22  71 14 32 81 91 A1 08 23
00000100  42 B1 C1 15 52 D1 F0 24   33 62 72 82 09 0A 16 17   18 19 1A 25 26 27  28 29  2A 34 35 36 37 38 39 3A
00000120  43 44 45 46 47 48 49 4A   53 54 55 56 57 58 59 5A   63 64 65 66 67 68  69 6A  73 74 75 76 77 78 79 7A
00000140  83 84 85 86 87 88 89 8A   92 93 94 95 96 97 98 99   9A A2 A3 A4 A5 A6  A7 A8  A9 AA B2 B3 B4 B5 B6 B7
00000160  B8 B9 BA C2 C3 C4 C5 C6   C7 C8 C9 CA D2 D3 D4 D5   D6 D7 D8 D9 DA E1  E2 E3  E4 E5 E6 E7 E8 E9 EA F1
00000180  F2 F3 F4 F5 F6 F7 F8 F9   FA FF C4 00 1F 01 00 03   01 01 01 01 01 01  01 01  01 00 00 00 00 00 00 01
000001A0  02 03 04 05 06 07 08 09   0A 0B FF C4 00 B5 11 00   02 01 02 04 04 03  04 07  05 04 04 00 01 02 77 00
000001C0  01 02 03 11 04 05 21 31   06 12 41 51 07 61 71 13   22 32 81 08 14 42  91 A1  B1 C1 09 23 33 52 F0 15
000001E0  62 72 D1 0A 16 24 34 E1   25 F1 17 18 19 1A 26 27   28 29 2A 35 36 37  38 39  3A 43 44 45 46 47 48 49
00000200  4A 53 54 55 56 57 58 59   5A 63 64 65 66 67 68 69   6A 73 74 75 76 77  78 79  7A 82 83 84 85 86 87 88
00000220  89 8A 92 93 94 95 96 97   98 99 9A A2 A3 A4 A5 A6   A7 A8 A9 AA B2 B3  B4 B5  B6 B7 B8 B9 BA C2 C3 C4
00000240  C5 C6 C7 C8 C9 CA D2 D3   D4 D5 D6 D7 D8 D9 DA E2   E3 E4 E5 E6 E7 E8  E9 EA  F2 F3 F4 F5 F6 F7 F8 F9
00000260  FA FF DA 00 0C 03 01 00   02 11 03 11 00 3F 00 FA   84 C7 1F 11 B6 7F  FB 40  FC 5C D5 C6 1E 7C 37 D5
00000280  9F C3 1E 1A D0 DC 43 AC   F8 8A 05 75 97 CC 57 C3   85 71 82 3E 65 65  44 52  A5 F6 39 2D B0 F1 34 97
000002A0  B0 E5 FE 93 6E 75 3F 0E   FC 53 F1 15 87 8C 1D 58   DC EA 72 3B 2A 5D  1C 64  29 D8 C2 44 19 C6 49 77
000002C0  FA 1A 77 FC 13 AE 6B 7F   F8 54 BE 22 D7 B5 78 69   A3 D7 64 64 03 F3  15 0D  BC 21 0B DE B8 25 64
000002E0  C6 7B 86 F7 AF AA EB C6   C3 E1 E1 8A A6 AB D6 D5   CB CD E9 E4 8F D4  B3 9C  E7 15 C3 98 D9 E5 39 5D
00000300  A9 D3 A5 68 8F 76 2D D4   76 57 94 DB 4E F7 ED B2   56 B6 C7 CD 7F 04  7F 68  2D 63 45 F1 3E BB F0 EB
00000320  E2 FD EE 9F A6 78 97 45   5F 3A 2D 6A 6B 88 A0 82   F6 11 C0 00 92 55  77 F1  D1 94 80 08 FF 35 95 59
00000340  18 B1 5E 0F FF 00 05 14   92 D1 BE 2F 68 2B 1F 37   8B A2 20 98 E7 8D  BE 7C  C5 07 D7 EF 7E 04 51 5E
00000360  6D 4C CA A6 12 72 A1 6E   6E 5E 4F 73 EE F0 7C 03   81 E2 5C 2D 2C D9  4D D0  75 62 9B 84 52 E5 4F 66
00000380  E3 7D 93 7A A5 D2 F6 47   B3 7C 4A F8 51 E3 EF 83   3F 11 B5 70 7A 09  22 1A  B0 AE AE 5E 6D 77 C3
000003A0  13 16 90 4D 21 DC ED 2A   26 E0 5F E6 2C C0 29 DE   AC E4 28 64 76 50  DB 8F  DA AF E2 B6 A3 09 B5 D2
000003C0  FE 01 6B D6 9A 8C F8 8E   DE 7B AF 84 3B 30 06 40   6D E3 1B 73 D7 2E  A3 DC  51 45 7A 15 A1 2A
000003E0  13 B5 29 34 A5 D3 4F C2   E9 D8 F8 AC A7 15 47 38   C2 FB 5C CB 0D 0A  B3 A4  94 54 9F 3A A5 89 9C 59
00000400  2C A2 A5 6D AE D5 ED A1   BD FB 3F FE CE BA A6 93   AB 6B 7E 39 F8 A0  D6 FA  F7 8D 75 D0 04 90 4F B6
00000420  78 ED 23 3B 49 43 FC 05   BE 55 5F 97 2A 8A 81 54   E0 9A 28 A2 8D 3A  54 29  D2 8F 2C 57 F9 9F 03 98
00000440  67 18 CC C7 10 F1 15 67   66 EC 92 8E 91 49 2B 25   14 B6 49 6C 7F FF D9
```

图 11.30　红圈 JPEG 文件结构

在碰撞构造中用得最多的就是 FFFE 注释标记。两个碰撞块中的差异字节和 JPEG 图片文件的注释字段进行结合，如图 11.31 所示。两个碰撞块最初两个字节 FFD8 确保符合 JPEG 文件头要求，后续 FFFE 标记表示注释，0003 两个字节表示注释部分内容长度为 3 个字节(包含 0003 本身)，因此真正的注释内容是"AA"。紧跟的 FFFE 说明后续还是注释，注释块 A 的长度是十六进制的 0x0077 字节，而碰撞块 B 中注释块的长度是十六进制的 0x0177 字节。这就意味着从 JPEG 文件的规范来说，碰撞块 A 从偏移(Offset)9 开始的后续 0x0077(119)个字节都属于注释内容，碰撞块 B 从偏移 9 开始的后续 0x0177(375＝256＋119)个字节都属于注释内容，两者相差 256 个字节。

```
Offset    0  1  2  3  4  5  6  7   8  9 10 11 12 13 14 15  16 17 18 19 20 21 22 23  24 25 26 27 28 29 30 31
00000000  FF D8 FF FE 00 03 AA FF  FE 00 77 BB 82 C3 A6 DC  D8 0B EB A4 B3 FB F2 22  DE 01 48 F7 85
00000032  52 DF EF 06 9A 45 76 18  8B FD EA 25 13 57 83 4F  B6 23 6D FD 50 9B F2 2D  2F B7 D4 FE 85
00000064  AB B7 30 9C BC 5B 68 4C  61 25 28 49 2E 18 B4 6D  56 22 A2 B5 83 AB C4 97  0E FC 0F BD 68
00000096  14 9D 32 39 9B 6E 6E 17  B9 57 35 18 6F CE C5 40  B9 04 55 77 13 72 F9 AF  78 7D 44 98 27 53 17 3B
```
碰撞块 A

```
Offset    0  1  2  3  4  5  6  7   8  9 10 11 12 13 14 15  16 17 18 19 20 21 22 23  24 25 26 27 28 29 30 31
00000000  FF D8 FF FE 00 03 AA FF  FE 01 77 BB 82 C3 A6 DC  D8 0B EB A4 B3 FB F2 22  DE 01 48 F7 85
00000032  52 DF EF 06 9A 45 76 18  8B FD EA 25 13 57 83 4F  B6 23 6D FD 50 9B F2 2D  2F B7 D4 FE 85
00000064  AB B7 30 9C BC 5B 68 4C  61 24 28 49 2E 18 B4 6D  56 22 A2 B5 83 AB C4 97  0E FC 0F BD 68
00000096  14 9D 32 39 9B 6E 6E 17  B9 57 35 18 6F CE C5 40  B9 04 55 77 13 72 F9 AF  78 7D 44 98 27 53 17 3B
```
碰撞块 B

图 11.31　具有相同哈希值的碰撞块 A 和 B(长度 128 字节)

上述碰撞块 A 和 B 可通过 Hashclash 提供的 poc_no.sh 脚本生成。poc_no.sh 脚本是

一种特殊类型的快速生成相同前缀碰撞块的脚本，其特殊之处在于仅利用了 1 比特的消息块差异完成碰撞，该位置在第 10 个字节的最低有效位。Hashclash 工具在生成自己的碰撞块时，要注意满足前缀文件的长度是 4 字节的倍数。

假如碰撞块 A 和碰撞块 B 的差异字节值(也就是对应图片的长度)刚好满足某种关系，则攻击者可以构造如图 11.32 所示的文件结构，实现两张显示内容不同却具有相同哈希值的图片构造。

前缀(文件头)	=	前缀(文件头)
碰撞块A(0077)	≠	碰撞块B(0177)
图片A内容	=	图片A内容
图片B内容	=	图片B内容

图 11.32　相同前缀碰撞的文件结构

图 11.32 中前缀内容相同，可以是 JPEG 的文件头，然后是不同内容却具有相同哈希值的碰撞块 A 和 B，其中的碰撞块 A 的差异值刚好代表图片的注释而且长度等于碰撞块 A 的长度，那么左边的文件结构将刚好显示图片 A，而碰撞块 B 的差异值同样表示图片的注释且长度等于碰撞块 B 加图片 A 的长度之和(即把碰撞块 B 和图片 A 解释为注释)，此时右边的文件结构则显示图片 B。

但是在实际构造当中图片的长度是不可控的，而且一张完整的 JPEG 图片文件大小基本上都超过了 256 字节，因此利用注释块一次性跳过完整的 JPEG 文件不太现实。但考虑到 JPEG 文件是由段构成的，与其跳过一个完整的 JPEG 文件，不如按段进行跳过，在图片当中的每个段之间增加所谓的"蹦床"，如图 11.33 所示。

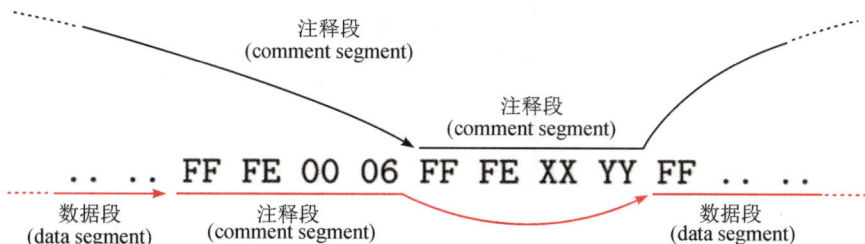

图 11.33　"蹦床"详细结构图

图中作为 JPEG 图片的正常数据，JPEG 解释器解析完最左边的数据段内容后，看到"FF FE 00 06"，就会把 FFFE 后续的 0x0006 个字节(图中就是"0006FFFEXXYY"6 个字节)认为是注释块的内容，也就是跳过图中的 FF FE XX YY 4 个字节，接着解释后续的数据段内容。但是，如果解释器依靠注释段直接来到 FF FE XX YY，那么解释器会将 XX YY 作为注释块的长度，此时注释段后面的数据段就会被当作注释跳过，进入另一张图片的数据段空间。

显然，利用上述"蹦床"结构可以在不影响图片显示效果的基础上，完成注释范围的接力，如图 11.34 所示。

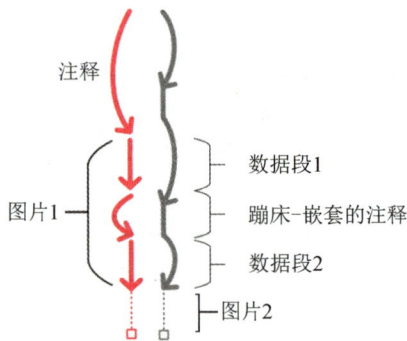

图 11.34　添加"蹦床"后，解释器的运行路线图

图中曲线代表要跳过的内容，直线代表要读取解释的内容。假设通过控制注释块长度到达图片 1 的内容之后，那么解释器会按顺序读数据段 1 的内容，接着经历一个"蹦床"来到数据段 2 继续读取，如此进行，整个数据段的内容都将被读取，直到图片 1 被显示出来。倘若控制注释块长度直接到达"蹦床"，那将会跳过所有数据段的内容，直到图片 2 的起始位置，然后读取图片 2 的数据段所有内容，这时，显示的图片就是图片 2。

基于上述"蹦床"结构，最终基于 IPC 攻击的文件构造示意图，如图 11.35 所示。

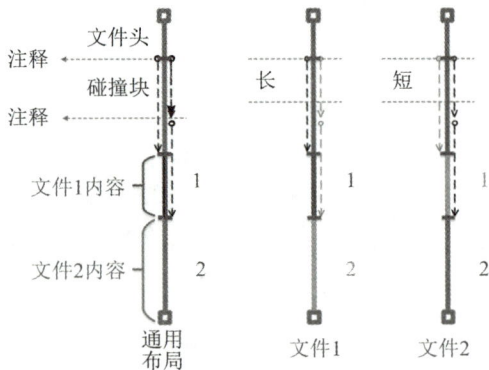

图 11.35　IPC 攻击的构造示意图

为了更好地理解共同前缀碰撞的文件结构，这里给出要合并构造的两张 JPEG 格式图片，如图 11.36 所示。

图 11.36　两幅不同的 JPEG 图片

利用上述方法最终构造出来的具有相同哈希值，却有不同显示效果的图片组成如图 11.37 所示。显示红圈的图片构造使用的冲突块是长注释(0177)，一步越过填充字符串块后直接到达红圈图片数据。红圈图片数据唯一的改变就是在 FFDA 标记之前增加了一个蹦床结构。该蹦床结构不会影响红圈图片的解析和显示。解释器在读到 JPEG 的文件尾 FFD9 时便会停止，因此解释器并不会继续读取后续绿圈图片的内容。

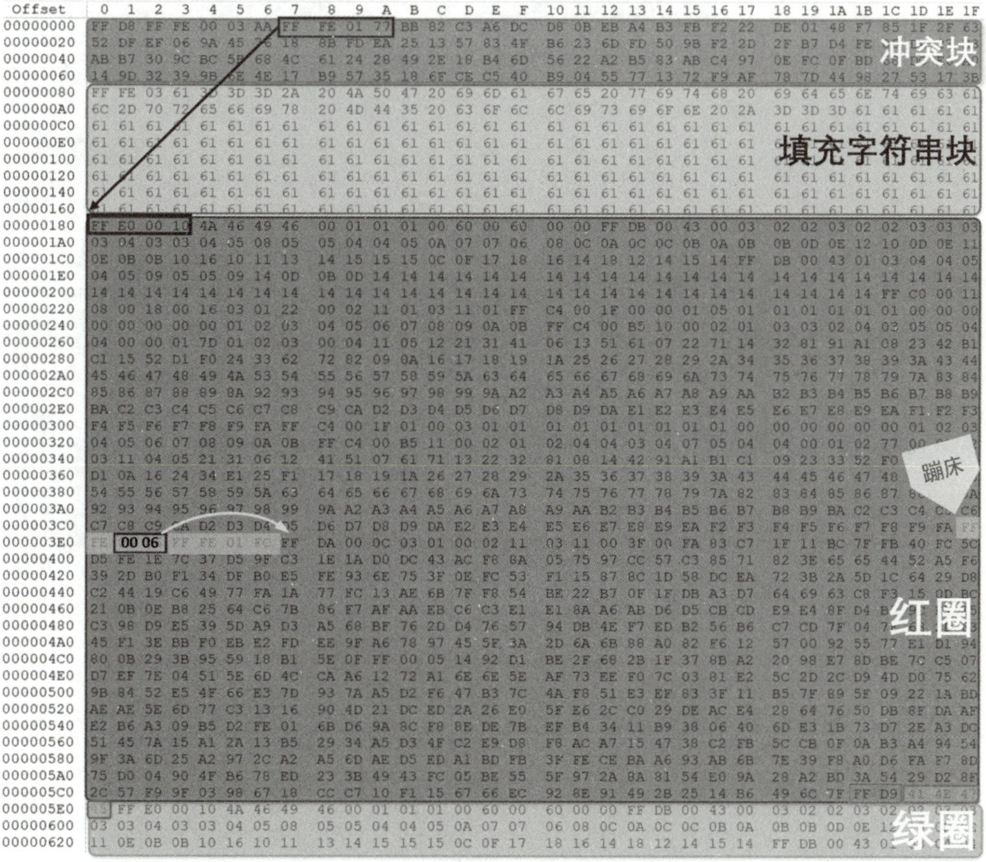

图 11.37　显示红圈图片的碰撞文件结构

显示绿圈图片的文件构造如图 11.38 所示，采用的碰撞块是偏移 0077，相当于是短偏移，此时把整个碰撞块后续内容都解析为注释内容，JPEG 解析器来到下一个标记位置：FFFE0361，就是填充字符串块。借助于该偏移 0361，可以到达红圈图片中的蹦床位置：0082＋0361＝03E3。此处借助蹦床中的注释标记：FFFE01FC，可以继续把红圈图片中的数据作为注释，最终到达绿圈图片数据，解释器开始解析绿圈图片。

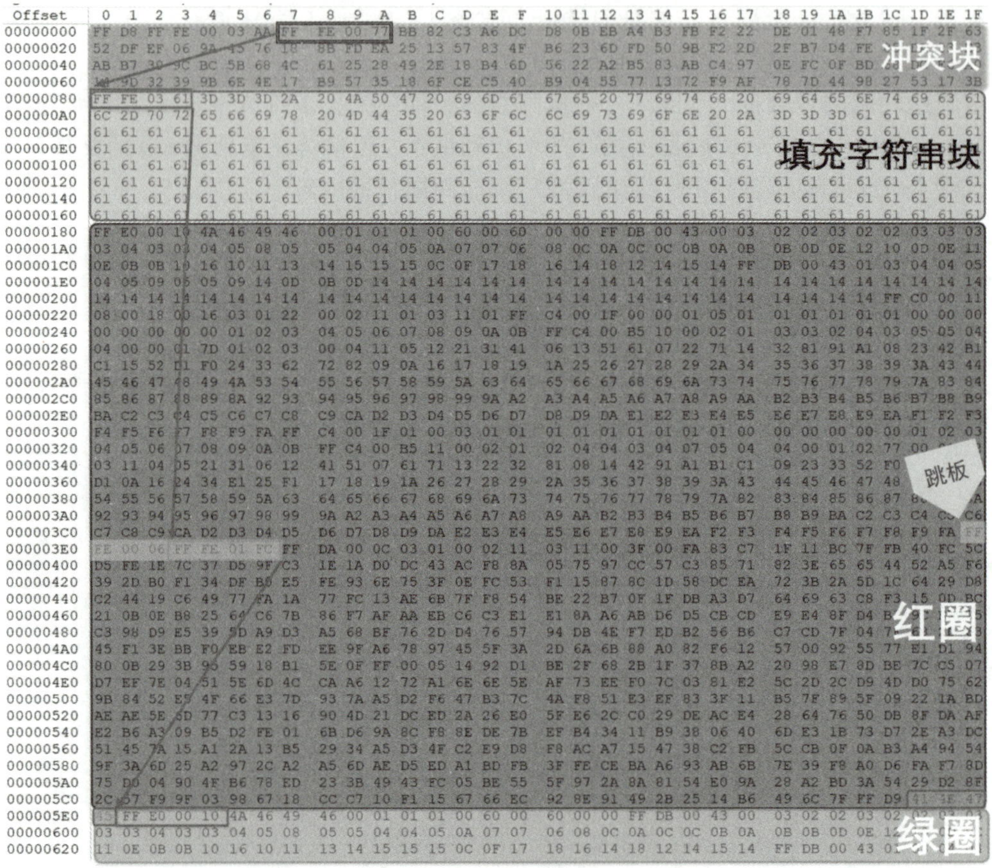

图 11.38　显示绿圈图片的碰撞文件结构

上述构造例子最终的算法实现代码如下：

```
1.   import hashlib
2.   import binascii
3.   import sys
4.   import struct
5.
6.   def comment_start(size):
```

```
7.      return b"\xff\xfe" + struct.pack(">H", size)

8.

9.  def comment(size, s = ""):

10.     return comment_start(size) + s + b"\0" * (size-2-len(s))

11.

12. def comments(s, delta = 0):

13.     return comment(len(s) + delta, s)

14.

15. def main():

16.     # path1:相关文件路径

17.     path1 = "D:/HashCollision/"

18.     file_red   =   path1 + "red.jpg"

19.     file_green =   path1 + "green.jpg"

20.     # 读取图片信息

21.     with open (file_red,'rb') as fp :

22.         dred = fp.read()

23.     with open(file_green,'rb') as fp:

24.         dgreen = fp.read()

25.     # 切分图片内容(\xff\xda->扫描行开始)

26.     c1 = dred[2:].split(b"\xff\xda")   # 去掉最开始的"ffd8"

27.     # 中间填充(灰色)部分内容(任意)

28.     ascii_art   = b"= = = * JPG image with identical-prefix MD5 collision *
= = ="

29.     ascii_art + = b'a' * 197   # 252,留 4 个字节给构造的 ff fe xx xx

30.     # - - -构造注释块跳过第一个 image chunk

31.     suffix = b"".join([

32.         b"\xff\xfe",

33.         struct.pack(">H", 0x102 + len(c1[0])),   # 0x102

34.         ascii_art,   # 填充字符,可任意修改

35.         c1[0],       # 第一个 image chunk

36.         # 构造跳板

37.         b"".join([

38.             b"".join([

39.                 # a comment over another comment declaration
```

```
40.        comments(
41.            b"\xff\xfe" + struct.pack(">H", len(c) + 4 + 4), delta = 2),
42.            b"\xff\xda",
43.            c
44.            ]) for c in c1[1:]
45.        ]),
46.        b"ANGE",    # 填充, 目的是凑 512 的倍数
47.        dgreen[2:]
48.    ])

49.
50.    # 碰撞块文件
51.    file_block1 = path1 + "block1.bin"
52.    file_block2 = path1 + "block2.bin"
53.    # 读取碰撞块内容
54.    with open(file_block1, "rb") as f:    # collision block1
55.        block1 = f.read()
56.    with open(file_block2, "rb") as f:    # collision block2
57.        block2 = f.read()
58.    # 生成碰撞文件
59.    with open(path1 + "collision1.jpg", "wb") as f:
60.        f.write(b"".join([block1, suffix]))
61.    with open(path1 + "collision2.jpg", "wb") as f:
62.        f.write(b"".join([block2, suffix]))

63.
64.    # 验证两个文件的哈希值
65.    with open (path1 + "collision1.jpg", 'rb') as fp :
66.        data = fp.read()
67.    print(hashlib.md5(data).hexdigest())

68.
69.    with open (path1 + "collision2.jpg", 'rb') as fp :
70.        data = fp.read()
71.    print(hashlib.md5(data).hexdigest())

72.
73.    main()
```

11.7 哈希长度扩展攻击

哈希长度扩展攻击(Hash Length Extension Attack)顾名思义就是在原哈希基础之上，通过扩展和填充额外的消息来实现新的哈希值计算。该攻击技术的核心在于哈希计算的初始寄存器状态和消息的填充。

11.7.1 哈希计算实践

以 MD5 哈希算法为例，在哈希计算过程中，很重要的一个步骤就是长度填充。例如有消息"secretdata"，其长度等于 10 个字节，也就是 80 个比特。按照填充规则，消息经过填充以后总长度应该是 64 个字节(512 个比特)。其中最前面的是 10 个字节的消息"secretdata"，紧接着的 46 字节填充是以比特 1 开头，后续跟随连续的比特 0，最后是 8 个字节的消息长度值。在本例中消息长度为 80 个比特，其小端结尾表示为"50 00 00 00 00 00 00 00"，最终上述消息的表示形式如图 11.39 所示。

```
0000 73 65 63 72 65 74 64 61 74 61 80 00 00 00 00 00   secretdata......
0010 00 00 00 00 00 00 00 00 00 00 00 00 00 00 00 00   ................
0020 00 00 00 00 00 00 00 00 00 00 00 00 00 00 00 00   ................
0030 00 00 00 00 00 00 00 00 50 00 00 00 00 00 00 00   ........P.......
```

图 11.39 消息填充示意

以下给出的是 Python 语言实现的填充功能代码。函数 padding 的第 5 行代码完成长度值的填充，第 6 行以后完成"8000…00"的计算。函数 pad 完成最终消息＋填充的拼接。

```
1.   def padding(n, sz = None):    # 参数(消息长度,实际长度)
2.       if sz is None:
3.           sz = n
4.       pre = 64-8 = 56
5.       sz = struct.pack("Q",sz * 8)    # "Q" -->long long = 8byes
6.       pad = b'\x80'
7.       n + = 1
8.       if n % 64 <= pre:
9.           pad + = b'\x00' * (pre-n % 64)
10.          pad + = sz
```

```
11.        else:
12.              pad + = b'\x00' * (pre + 64-n % 64)
13.              pad + = sz
14.        return pad
15.
16.  def pad(msg):
17.        return msg + padding(len(msg))
```

上述填充完的消息送入 MD5 哈希算法进行哈希计算，如图 11.40 所示。

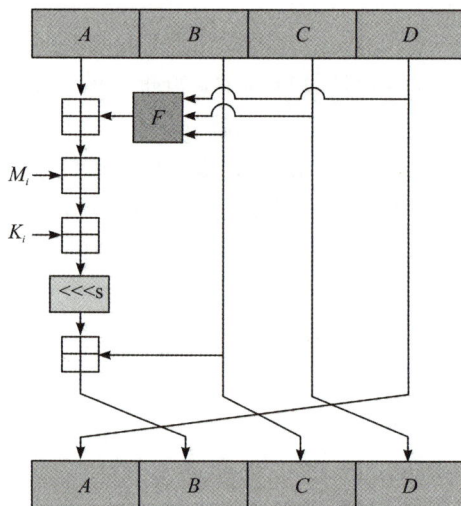

图 11.40　MD5 哈希轮结构

图中，A、B、C、D 四个 32 位寄存器的初始值分别为 $A = 0\text{x}67452301$、$B = 0\text{xefcdab89}$、$C = 0\text{x}98\text{badcfe}$、$D = 0\text{x}10325476$。

计算完以后得到更新后的 A、B、C、D 四个寄存器值，组合起来就是最终的哈希值。以下 Python 演示代码直接调用 hashlib 库完成 MD5 哈希值计算，最后输出的 $'6036708\text{eba}0\text{d}11\text{f}6\text{ef}52\text{ad}44\text{e}8\text{b}74\text{d}5\text{b}'$，分别对应的寄存器值 $A = 0\text{x}8\text{e}703660$、$B = \text{f}6110\text{dba}$、$C = 44\text{ad}52\text{ef}$、$D = 5\text{b}4\text{db}7\text{e}8$。

```
>>> from hashlib import md5
>>> x = md5()                    # 或者 x = hashlib.new('md5')
>>> x.update(b"secretdata")
>>> x.hexdigest()                #
```

'6036708eba0d11f6ef52ad44e8b74d5b'

>>>

11.7.2　哈希长度扩展攻击的原理和实现

基于上述对哈希计算的讨论，下面结合实例学习哈希长度扩展攻击的原理和实现。

假如有文件下载服务，服务端对每个下载的文件会计算一个对应的哈希值，代码如下（其中的参数 key 只有服务器端知道，对用户来说是未知的秘密）：

$$MD5.hexdigest(key + fileName)$$

如果要下载的文件名为"report.pdf"，那么用户下载的 URL 为：

http://target.　　com/download?　file　　=　　report.　　pdf&mac　　= 2a88a28e6841a0dcf9fd 216bf35a0063

其中，file 参数指定要下载的文件名，mac 给出对应的哈希值。

服务器端在收到上述文件下载请求后，首先验证上述文件名对应的哈希值是否正确，验证代码通常如下：

1.　def verify_mac(key, fileName, userMac)
2.　　validMac = create_mac(key, filename)
3.　　if (validMac = = userMac) do
4.　　　　initiateDownload()
5.　　else
6.　　　　displayError()
7.　　end
8.　end

上述验证代码的目的是防止用户随意下载其他文件，但是由于目前哈希函数所采用的 Merkle-Damgård 结构，攻击者在知道消息（report.pdf）和 mac（2a88a28e6841a0dcf9fd216 bf35a0063）的情况下，只需要知道 key 的长度而不需要知道 key 的内容，就可以在消息后面添加其他信息并计算出相应的新的 mac，并绕过上述验证机制，实现其他文件的下载。

我们知道，服务端提供的合法 URL 参数为 file 和 mac，即

file＝report.pdf & mac＝2a88a28e6841a0dcf9fd216bf35a0063。

其中，参数 mac 对应的 MD5 哈希值计算如图 11.41 所示。我们可以从攻击者角度来梳理一下现在已知的信息：图中的 Key 内容未知，只知道长度为 10 个字节，而后续的 message、padding 和 length 都是可以按照哈希算法的填充规则计算得到的。计算 MD5 时的初始 4 个寄存器值 A、B、C、D 也是已知的，计算结束时新的 A、B、C、D 值就是 mac 值。

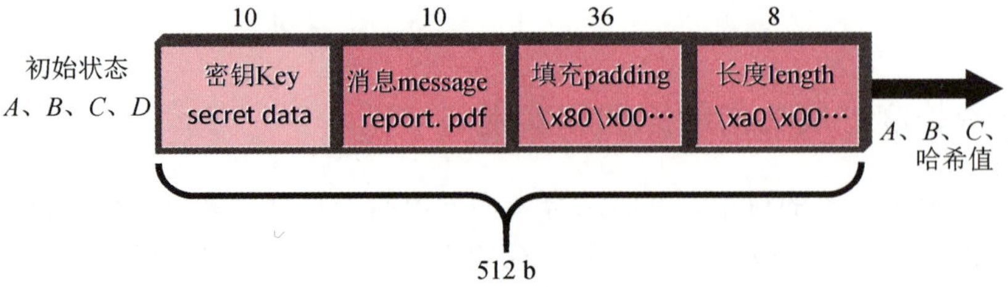

图 11.41　哈希填充和初始寄存器状态

　　哈希长度扩展攻击的出发点就是在上述完整的消息块之后添加额外的信息，并在此基础之上计算出新的哈希值，相当于从上一次哈希计算之后接着算下一个哈希值，也就是上一消息块的哈希值作为初始 A、B、C、D 寄存器的值。此时攻击者构造的 URL 字符串形式如下：

http：//target．com/download？ file ＝ report．pdf％80％00％00％00％00％00％00％00％00％00％00％00％00％00％00％00％00％00％00％00％00％00％00％00％00％00％00％00％00％00％00％00％00％00％00％00％00％00％00％00％00A0％00％00％00％00％00％00％00/．．/．．/．．/．．/．．/．．/．．/etc/passwd&amp；mac＝5f8d1cd8967560455eafcf7e705994b1

　　对应的计算过程及参数信息如图 11.42 所示。

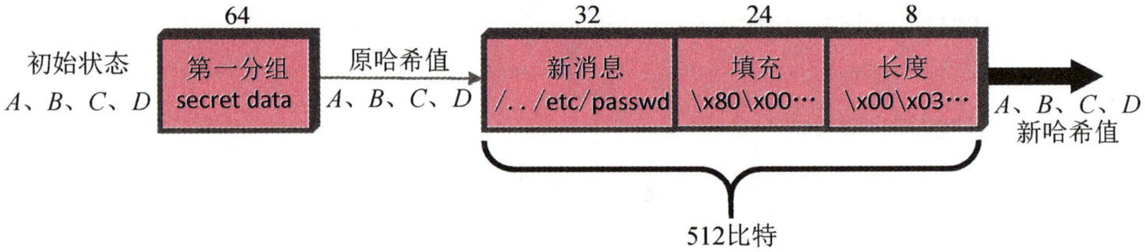

图 11.42　哈希长度扩展攻击

　　图 11.42 中攻击者的哈希计算过程如下：

　　一方面确保原始的消息以及填充都包含在第一分组，就是一个独立的分组当中。在本例中就是：【key＋文件名＋"800000…00"＋"A000000000000000"】，后续就是攻击者提供的扩展消息：【另一个文件名＋"800000…00"＋"长度"】。

　　另一方面就是整个计算相当于在前续哈希计算过程的基础上紧接着往下进行计算。可以通过修改现有的哈希算法代码，完成初始寄存器的任意修改。具体功能见以下 compute_magic_number() 函数的完整代码，读者可自行验证上述攻击实例。

```
1  .♯11md5_hashext.py
2. import struct
```

```
3.    import binascii
4.
5.    def F(x, y, z):
6.        return (x & y) | ((∼x) & z)
7.    def G(x, y, z):
8.        return (x & z) | (y & (∼z))
9.    def H(x, y, z):
10.       return x ^ y ^ z
11.   def I(x, y, z):
12.       return y ^ (x | (∼z))
13.   def _rotateLeft( x, n):
14.       return (x << n) | (x >> (32 - n))
15.   def XX(func, a, b, c, d, x, s, ac):
16.       res = 0
17.       res = res + a + func(b, c, d)
18.       res = res + x
19.       res = res + ac
20.       res = res & 0xffffffff
21.       res = _rotateLeft(res, s)
22.       res = res & 0xffffffff
23.       res = res + b
24.       return res & 0xffffffff
25.
26.   class md5():
27.       def __init__(self):
28.           self.A, self.B, self.C, self.D = (0x67452301, 0xefcdab89, 0x98badcfe,
0x10325476)
29.       def md5_compress(self, buf):
30.           if len(buf) != 64:
31.               raise ValueError("长度无效 %d: %s" % (len(buf), repr(buf)))
32.           inp = struct.unpack("I" * 16, buf)    #16 个子分组(小端)
33.           a, b, c, d = self.A, self.B, self.C, self.D
34.           # Round 1.
35.           S11, S12, S13, S14 = 7, 12, 17, 22
```

```
36.        a = XX(F, a, b, c, d, inp[0],  S11, 0xD76AA478)        # 1
37.        d = XX(F, d, a, b, c, inp[1],  S12, 0xE8C7B756)        # 2
38.        c = XX(F, c, d, a, b, inp[2],  S13, 0x242070DB)        # 3
39.        b = XX(F, b, c, d, a, inp[3],  S14, 0xC1BDCEEE)        # 4
40.        a = XX(F, a, b, c, d, inp[4],  S11, 0xF57C0FAF)        # 5
41.        d = XX(F, d, a, b, c, inp[5],  S12, 0x4787C62A)        # 6
42.        c = XX(F, c, d, a, b, inp[6],  S13, 0xA8304613)        # 7
43.        b = XX(F, b, c, d, a, inp[7],  S14, 0xFD469501)        # 8
44.        a = XX(F, a, b, c, d, inp[8],  S11, 0x698098D8)        # 9
45.        d = XX(F, d, a, b, c, inp[9],  S12, 0x8B44F7AF)        # 10
46.        c = XX(F, c, d, a, b, inp[10], S13, 0xFFFF5BB1)        # 11
47.        b = XX(F, b, c, d, a, inp[11], S14, 0x895CD7BE)        # 12
48.        a = XX(F, a, b, c, d, inp[12], S11, 0x6B901122)        # 13
49.        d = XX(F, d, a, b, c, inp[13], S12, 0xFD987193)        # 14
50.        c = XX(F, c, d, a, b, inp[14], S13, 0xA679438E)        # 15
51.        b = XX(F, b, c, d, a, inp[15], S14, 0x49B40821)        # 16
52.        # Round 2.
53.        S21, S22, S23, S24 = 5, 9, 14, 20
54.        a = XX(G, a, b, c, d, inp[1],  S21, 0xF61E2562)        # 17
55.        d = XX(G, d, a, b, c, inp[6],  S22, 0xC040B340)        # 18
56.        c = XX(G, c, d, a, b, inp[11], S23, 0x265E5A51)        # 19
57.        b = XX(G, b, c, d, a, inp[0],  S24, 0xE9B6C7AA)        # 20
58.        a = XX(G, a, b, c, d, inp[5],  S21, 0xD62F105D)        # 21
59.        d = XX(G, d, a, b, c, inp[10], S22, 0x02441453)        # 22
60.        c = XX(G, c, d, a, b, inp[15], S23, 0xD8A1E681)        # 23
61.        b = XX(G, b, c, d, a, inp[4],  S24, 0xE7D3FBC8)        # 24
62.        a = XX(G, a, b, c, d, inp[9],  S21, 0x21E1CDE6)        # 25
63.        d = XX(G, d, a, b, c, inp[14], S22, 0xC33707D6)        # 26
64.        c = XX(G, c, d,a, b, inp[3],   S23, 0xF4D50D87)        # 27
65.        b = XX(G, b, c, d, a, inp[8],  S24, 0x455A14ED)        # 28
66.        a = XX(G, a, b, c, d, inp[13], S21, 0xA9E3E905)        # 29
67.        d = XX(G, d, a, b, c, inp[2],  S22, 0xFCEFA3F8)        # 30
68.        c = XX(G, c, d, a, b, inp[7],  S23, 0x676F02D9)        # 31
69.        b = XX(G, b, c, d, a, inp[12], S24, 0x8D2A4C8A)        # 32
```

```
70.        # Round 3.
71.        S31，S32，S33，S34 = 4，11，16，23
72.        a = XX(H, a, b, c, d, inp[5]，  S31, 0xFFFA3942)      # 33
73.        d = XX(H, d, a, b, c, inp[8]，  S32, 0x8771F681)      # 34
74.        c = XX(H, c, d, a, b, inp[11], S33, 0x6D9D6122)       # 35
75.        b = XX(H, b, c, d, a, inp[14], S34, 0xFDE5380C)       # 36
76.        a = XX(H, a, b, c, d, inp[1]，  S31, 0xA4BEEA44)      # 37
77.        d = XX(H, d, a, b, c, inp[4]，  S32, 0x4BDECFA9)      # 38
78.        c = XX(H, c, d, a, b, inp[7]，  S33, 0xF6BB4B60)      # 39
79.        b = XX(H, b, c, d, a, inp[10], S34, 0xBEBFBC70)       # 40
80.        a = XX(H, a, b, c, d, inp[13], S31, 0x289B7EC6)       # 41
81.        d = XX(H, d, a, b, c, inp[0]，  S32, 0xEAA127FA)      # 42
82.        c = XX(H, c, d, a, b, inp[3]，  S33, 0xD4EF3085)      # 43
83.        b = XX(H, b, c, d, a, inp[6]，  S34, 0x04881D05)      # 44
84.        a = XX(H, a, b, c, d, inp[9]，  S31, 0xD9D4D039)      # 45
85.        d = XX(H, d, a, b, c, inp[12], S32, 0xE6DB99E5)       # 46
86.        c = XX(H, c, d, a, b, inp[15], S33, 0x1FA27CF8)       # 47
87.        b = XX(H, b, c, d, a, inp[2]，  S34, 0xC4AC5665)      # 48
88.        # Round 4.
89.        S41，S42，S43，S44 = 6，10，15，21
90.        a = XX(I, a, b, c, d, inp[0]，  S41, 0xF4292244)      # 49
91.        d = XX(I, d, a, b, c, inp[7]，  S42, 0x432AFF97)      # 50
92.        c = XX(I, c, d, a, b, inp[14], S43, 0xAB9423A7)       # 51
93.        b = XX(I, b, c, d, a, inp[5]，  S44, 0xFC93A039)      # 52
94.        a = XX(I, a, b, c, d, inp[12], S41, 0x655B59C3)       # 53
95.        d = XX(I, d, a, b, c, inp[3]，  S42, 0x8F0CCC92)      # 54
96.        c = XX(I, c, d, a, b, inp[10], S43, 0xFFEFF47D)       # 55
97.        b = XX(I, b, c, d, a, inp[1]，  S44, 0x85845DD1)      # 56
98.        a = XX(I, a, b, c, d, inp[8]，  S41, 0x6FA87E4F)      # 57
99.        d = XX(I, d, a, b, c, inp[15], S42, 0xFE2CE6E0)       # 58
100.         c = XX(I, c, d, a, b, inp[6]，  S43, 0xA3014314)     # 59
101.         b = XX(I, b, c, d, a, inp[13], S44, 0x4E0811A1)      # 60
102.         a = XX(I, a, b, c, d, inp[4]，  S41, 0xF7537E82)     # 61
103.         d = XX(I, d, a, b, c, inp[11], S42, 0xBD3AF235)      # 62
```

```
104.        c = XX(I, c, d, a, b, inp[2],  S43, 0x2AD7D2BB)          # 63
105.        b = XX(I, b, c, d, a, inp[9],  S44, 0xEB86D391)          # 64
106.
107.        self.A = (self.A + a) & 0xffffffff
108.        self.B = (self.B + b) & 0xffffffff
109.        self.C = (self.C + c) & 0xffffffff
110.        self.D = (self.D + d) & 0xffffffff
111.
112.     print('A = % s\nB = % s\nC = % s\nD = % s' % (hex(self.A),hex(self.B),
hex(self.C),hex(self.D)))
113.     def padding(self, n, sz = None):    # 填充
114.         if sz is None:
115.             sz = n
116.         pre = 64-8
117.         sz = struct.pack("Q",sz * 8)
118.         pad = b'\x80'
119.         n + = 1
120.         if n % 64 < = pre:
121.             pad + = b'\x00' * (pre-n % 64)
122.             pad + = sz
123.         else:
124.             pad + = b'\x00' * (pre + 64-n % 64)
125.             pad + = sz
126.         return pad
127.     def pad(self, msg):
128.         return msg + self.padding(len(msg))
129.
130.     def md5_iter(self, padding_msg):
131.         assert len(padding_msg) % 64 = = 0
132.         for i in range(0, len(padding_msg), 64):
133.             block = padding_msg[i:i + 64]
134.             # print("message:",padding_msg[i:i + 64])
135.             self.md5_compress(padding_msg[i:i + 64])
136.
```

```python
137.    def digest(self):    # 小端，'I'-->4 字节十六进制
138.        return struct.pack('<IIII', self.A, self.B, self.C, self.D)
139.
140.    def hexdigest(self): # 返回是字符串
141.        return binascii.hexlify(self.digest()).decode()
142.
143.    def my_md5(self, msg):
144.        padding_msg = self.pad(msg)
145.        self.md5_iter(padding_msg)
146.        return self.hexdigest()
147.
148.    # 根据 MD5 哈希值，分解出 ABCD 寄存器的值
149. def compute_magic_number(self, md5str):
150.        self.A = struct.unpack("I", binascii.unhexlify(md5str[0:8]))[0]
151.        self.B = struct.unpack("I", binascii.unhexlify(md5str[8:16]))[0]
152.        self.C = struct.unpack("I", binascii.unhexlify(md5str[16:24]))[0]
153.        self.D = struct.unpack("I", binascii.unhexlify(md5str[24:32]))[0]
154.    # 原 MD5，添加的消息，秘密长度
155.    def extension_attack(self, md5str, str_append, length):
156.        self.compute_magic_number(md5str)
157.        p = self.padding(length)
158.        padding_msg = self.padding(len(str_append), length + len(p)
 + len(str_append))
159.        self.md5_iter(str_append + padding_msg)
160.        return self.hexdigest()
161.
162.    if __name__ == "__main__":
163.    # = = = = = = = = = = = = = 计算消息分组的哈希值
164.    m = md5()
165.    key = b'secretdata'
166.    filename = b'report.pdf'
167.    mac1 = m.my_md5(key + filename)
168.    print('哈希值 1：', mac1)
169.    # = = = = = = = = = = = = = 假设已知 key 情况下的计算
```

```
170.        m = md5()
171.        x = m.pad(key + filename)
172.        newmessage = b"/../../../../../../../etc/passwd"
173.        #msg = m.pad(x + newmessage)
174.        #print(msg)
175.        mac2 = m.my_md5(x + newmessage)
176.        print('哈希值2：',mac2)
177.        # = = = = = = = = = = = = = 未知 key 已知 key 长度
178.        m = md5()
179.        print('新哈希值：',m.extension_attack(mac1,newmessage,10))
```

习　　题

1. 证明：对于每个人有 n 个选择的集合，给出人数为 k，无碰撞的概率为 0.5 时，n 和 k 满足下式：$k \approx 1.1774\sqrt{n}$ 。

参考答案：

$$Q(x) = 1\left(1 - \frac{1}{n}\right) \times \left(1 - \frac{2}{n}\right) \times \left(1 - \frac{3}{n}\right) \times \cdots \times \left(1 - \frac{k-1}{n}\right)$$

根据泰勒展开式有：

$$e^{-1/n} \approx 1 - \frac{1}{n}$$

因此无碰撞概率可以近似地表示为

$$e^{-1/n} e^{-2/n} \cdots e^{-(k-1)/n} = e^{[-1-2-3-\cdots-(k-1)]/n} = e^{-k(k-1)/(2n)}$$

当上式等于 $1/2$，即

$$\frac{1}{2} = e^{-k(k-1)/(2n)}$$

时，两边取自然对数得到

$$-\ln 2 = -\frac{k(k-1)}{(2n)}$$

即

$$k(k-1) = n(2\ln 2)$$

当 k 较大时，$k(k-1) \approx k^2$ 。

因此，前面的结果可以写为

$$k^2 = n(2\ln2)$$

$$k = \sqrt{n(2\ln2)} \approx 1.1774\sqrt{n}$$

2. 编程实现 SHA 系列哈希算法的长度扩展攻击。

3. 分析 SHA-1、SHA-256 和 SHA-512 三种算法的实现代码，比较其差异。

4. 分析以下 PHP 代码，给出利用思路并实现。

```
1.   # xiti-11-4.php
2.   $ flag = "XXXXXXXXXXXXXXXXXXXXXXX";
3.   $ secret = "XXXXXXXXXXXXXX"; // key：15 个字节长度
4.
5.   $ usrname = $ _POST["usrname"];
6.   $ passwd = $ _POST["passwd"];
7.
8.   if (! empty( $ _COOKIE["letmein"])) {
9.       if (urldecode( $ usrname) = = = "admin"&&urldecode( $ passwd)！ = "ad-
min") {
10.          if ( $ COOKIE["letmein"] = = = md5 ( $ secret. urldecode ( $ usrname.
$ passwd))) {
11.             echo "Congratulations! You are a registered user. \n";
12.             die ("The flag is ". $ flag);
13.          }
14.          else {
15.             die ("Your cookies don't match up! STOP HACKING.");
16.          }
17.       }
18.       else {
19.          die ("You are not an admin! LEAVE.");
20.       }
21.}
22. setcookie("letmein", md5( $ secret. urldecode("admin"."admin")), time() + (60 *
60 * 24 * 7));
23. if (empty( $ _COOKIE["source"])) {
24.     setcookie("source", 0, time() + (60 * 60 * 24 * 7));
```

```
25. }
26. else {
27.     if ( $ _COOKIE["source"] ! = 0) {
28.         echo ""; // This source code is outputted here
29.     }
30. }
```

参考答案：

- 22 行代码产生的哈希值＝＝md5（$ secret＋$ usrname＋$ passwd），已知 $ secret 为 15B 字符串，$ usrname 和 $ passwd 均为"admin"。

- 第一组消息块：$ secret＋"admin"＋"admin"＋第一组 MD5 填充。

- 第二组消息块：字符串任意，初始寄存器状态值为第一分组的哈希值，此时得到的哈希应该和 $ secret＋"admin"＋"admin"＋第一组 MD5 填充＋第二组明文的一样。

- 第一组 MD5 填充如下：

secret＋'adminadmin' ＋ '\x80' ＋ '\x00' * 30 ＋ '\xC8' ＋ '\x00' * 7

- 用第一组哈希值初始化第二组哈希计算的 4 个寄存器值 A、B、C、D，注意小端顺序。

- 设置第二组消息字符串"hacker"，计算 MD5(第一组＋'hacker')。

参 考 文 献

[1] SWENSON C. Modern cryptanalysis：techniques for advanced code breaking［M］. New York：John Wiley & Sons，2008.

[2] SHANNON C E. A Mathematical Theory of Cryptography［C］. Mathematical Theory of Crypto graphy，1945.

[3] ANIRUDH R. Cryptanalysis-Monoalphabetic-Cipher［EB/OL］.（2015 – 08 – 18）［2023 – 11 – 29］. https：//github. com/AnirudhRavi/Cryptanalysis-Monoalphabetic-Cipher.

[4] THOMPSON J. Monoalphabetic Cryptanalysis［EB/OL］.（1997 – 09 – 01）［2023 – 11 – 29］. http：//phrack. org/issues/51/13. html.

[5] Cryptography Services NCC Group. The Cryptopals Crypto Challenges［EB/OL］.（2015 – 09 – 01）［2023 – 11 – 29］. https：//cryptopals. com/，https：//github. com/mteodoro/crypto_challenge.

[6] 晓鹿. DDCTF 2020 密码题解题报告［EB/OL］.（2020 – 09 – 07）［2023 – 11 – 29］. https：//blog. alienx. cn/2020/09/07/E09071035/.

[7] KING J. Differential Cryptanalysis Tutorial［EB/OL］.（2003 – 08 – 16）［2023 – 11 – 29］. http：//theamazingking. com/crypto-diff. php.

[8] HEYS H M. A tutorial on linear and differential cryptanalysis［J］. Cryptologia，2002，26(3)：189 – 221.

[9] MATSUI M. Linear cryptanalysis method for DES cipher［C］. Workshop on the Theory and Application of Cryptographic Techniques. Heidelberg：Springer Berlin Heidelberg，1993：386 – 397.

[10] MATSUI M，YAMAGISHI A. A new method for known plaintext attack of FEAL cipher［C］. Advances in Cryptology-EUROCRYPT'92：Workshop on the Theory and Application of Cryptographic Techniques Balatonfüred，Hungary，May 24 – 28，1992 Proceedings 11. Springer Berlin Heidelberg，1993：81 – 91.

[11] FLUHRER S，MANTIN I，SHAMIR A. Weaknesses in the key scheduling algorithm of RC4［C］. Selected Areas in Cryptography：8th Annual International

Workshop，SAC 2001 Toronto，Ontario，Canada，August 16－17，2001 Revised Papers 8. Springer Berlin Heidelberg，2001：1－24.

[12]　Imperva. Attacking SSL when using RC4：Breaking SSL with 13-year-old RC4 Weakness[EB/OL]. 2015－03－26[2023－11－29]. https：//www. imperva. com/docs/HII_Attacking_SSL_when_using_RC4. pdf.

[13]　OHIGASHI T，SHIRAISHI Y，MORII M. New weakness in the key-scheduling algorithm of RC4[J]. IEICE transactions on fundamentals of electronics，communications and computer sciences，2008，91(1)：3－11.

[14]　CRAINICU B. On invariance weakness in the KSAM algorithm[J]. Procedia Technology，2015，19：850－857.

[15]　Anton_rager. Wepcrack[EB/OL]. (2013－04－08)[2023－11－29]. http：//sourceforge. net/projects/wepcrack/ .

[16]　The Shmoo Group. AirSnort[EB/OL]. (2015－03－15)[2023－11－29]. http：//airsnort. shmoo. com/.

[17]　Cryptography Services NCC Group. Aircrack[EB/OL]. (2014－04－11)[2023－11－29]. http：//www. cr0. net:8040/code/network/aircrack/.

[18]　Cryptography Services NCC Group. Dwepcrack[EB/OL]. (2012－07－24)[2023－11－29]. http：//www. e. kth. se/~pvz/wifi/.

[19]　Anirudh Ravi. Weplab[EB/OL]. (2012－07－24)[2023－11－29]. http：//weplab. sourceforge. net/.

[20]　MANTIN I，SHAMIR A. A practical attack on broadcast RC4[C]. International workshop on fast software encryption. Heidelberg：Springer Berlin Heidelberg，2001：152－164.

[21]　SENGUPTA S，MAITRA S，PAUL G，et al. (Non-) random sequences from (non-) random permutations Analysis of RC4 stream cipher[J]. Journal of Cryptology，2014，27：67－108.

[22]　MAITRA S，PAUL G，SENGUPTA S. Attack on broadcast RC4 revisited[C]. Fast Software Encryption：18th International Workshop，FSE 2011，Lyngby，Denmark，February 13-16，2011，Revised Selected Papers 18. Heidelberg：Springer Berlin Heidelberg，2011：199－217.

[23]　ALFARDAN N J，BERNSTEIN D J，PATERSON K G，et al. On the security of RC4 in TLS and WPA[C]//USENIX Security Symposium. 2013，173.

[24]　ISOBE T，OHIGASHI T，WATANABE Y，et al. Full plaintext recovery attack on broadcast RC4[C]. International Workshop on Fast Software Encryption.

Heidelberg：Springer Berlin Heidelberg，2013：179 – 202.

[25]　PAUL S，PRENEEL B. A New Weakness in the RC4 Keystream Generator and an Approach to Improve the Security of the Cipher[C]. International Workshop on Fast Software Encryption. Heidelberg：Springer Berlin Heidelberg，2004：245 –259.

[26]　FLUHRER S R，MCGREW D A. Statistical analysis of the alleged RC4 Keystream Generator[C]. Fast Software Encryption：7th International Workshop，FSE 2000 New York，NY，USA，April 10 – 12，2000 Proceedings 7. Springer Berlin Heidelberg，2001：19 – 30.

[27]　Siegenthaler. Decrypting a class of stream ciphers using ciphertext only[J]. IEEE Trans actions on computers，1985，100(1)：81 – 85.

[28]　MEIER W，STAFFELBACH O. Fast correlation attacks on stream ciphers[C]. Workshop on the Theory and Application of Cryptographic Techniques. Heidelberg：Springer Berlin Heidelberg，1988：301 – 314.

[29]　MEIER W. Fast correlation attacks：Methods and countermeasures[C]. Fast Software Encryption：18th International Workshop，FSE 2011，Lyngby，Denmark，February 13 – 16，2011，Revised Selected Papers 18. Heidelberg：Springer Berlin Heidelberg，2011：55 – 67.

[30]　CANTEAUT A. Fast Correlation Attack[C]. Encyclopedia of Cryptography and Security，Boston，MA：Springer，2005：216 – 218.

[31]　ZMJ. [Jarvis OJ] Crypto-God Like RSA[EB/OL]. [Jarvis OJ] Crypto-God Like RSA（2020 – 10 – 23）[2023 – 11 – 29]. https：//zhuanlan. zhihu. com/p/266059082.

[32]　40huo. RSA 私钥恢复和最优非对称加密填充[EB/OL]. (2016 – 10 – 04)[2023 – 11 – 29]. https：//www. 40huo. cn/blog/rsa-private-key-recovery-and-oaep. html.

[33]　STINSON D R. 密码学原理与实践[M]. 3 版. 北京：电子工业出版社，2016.

[34]　WIENER M J. Cryptanalysis of short RSA secret exponents[J]. IEEE Transactions on Information theory，1990，36(3)：553 – 558.

[35]　吴武陵. Wiener's attack python[EB/OL]. （2018 – 12 – 19）[2023 – 11 – 29]. https：//www. cnblogs. com/Guhongying/p/10145815. html.

[36]　KEDMI S. Crypto Classics：Wiener's RSA Attack[EB/OL]. (2016 – 04 – 19)[2023 – 11 – 29]. https：//sagi. io/2016/04/crypto-classics-wieners-rsa-attack/.

[37]　Pablocelayes. rsa-wiener-attack[EB/OL]. （2017 – 02 – 26）[2023 – 11 – 29]. https：//github. com/pablocelayes/rsa-wiener-attack.

[38]　BONEH D. Twenty Years of Attacks on the RSA Cryptosystem[EB/OL]. (1999 –

03－11）［2023－11－29］. https：//crypto. stanford. edu/～dabo/papers/RSA-survey. pdf.

［39］ Readilen. RSA 共模攻击 Isc2016：PhrackCTF［EB/OL］.（2018－04－04）［2023－11－29］. https：//www. jianshu. com/p/9b44512d898f.

［40］ NonupleBroken. Crypto 题解［EB/OL］.（2021－05－10）［2023－11－29］. https：//nonuplebroken. com/categories/Crypto/.

［41］ AiDai. RSA Parity Oracle Attack［EB/OL］.（2019－08－19）［2023－11－29］. https：//aidaip. github. io/crypto/2019/08/19/RSA-Parity-Oracle-Attack. html，https：//github. com/findneo/RSA-ATTACK.

［42］ COPPERSMITH D. Fast evaluation of logarithms in fields of characteristic two［J］. IEEE transactions on information theory，1984，30(4)：587－594.

［43］ COPPERSMITH D. Small solutions to polynomial equations，and low exponent RSA vulnerabilities［J］. Journal of cryptology，1997，10(4)：233－260.

［44］ COPPERSMITH D. Finding small solutions to small degree polynomials［C］. International Cryptography and Lattices Conference. Heidelberg：Springer Berlin Heidelberg，2001：20－31.

［45］ HOWGRAVE-GRAHAM N. Finding small roots of univariate modular equations revisited［C］. IMA International Conference on Cryptography and Coding. Heidelberg：Springer Berlin Heidelberg，1997：131－142.

［46］ LENSTRA A K，LENSTRA H W，LOVÁSE L. Factoring polynomials with rational coefficients［J］. Mathematische annalen，1982，261：515－534.

［47］ MAY A. New RSA vulnerabilities using lattice reduction methods［D］. University of Paderborn，2003.

［48］ MAY A. Using LLL-reduction for solving RSA and factorization problems［M］. The LLL Algorithm：Survey and Applications. Heidelberg：Springer Berlin Heidelberg，2009：315－348.

［49］ NGUYEN P Q. Public-key cryptanalysis. Recent trends in cryptography［J］. Contemporary Mathematics，2008，477.

［50］ NGUYEN P Q，STERN J. Lattice reduction in cryptology：An update［C］. International Algorithmic Number Theory Symposium. Heidelberg：Springer Berlin Heidelberg，2000：85－112.

［51］ NGUYEN P Q，STERN J. The two faces of lattices in cryptology. ［J］. Cryptography and Lattices Proc. CALC'01，LNCS，2001，2146.

［52］ Helfer Etienne. LLL lattice basis reduction algorithm［EB/OL］.（2010－03－21）

[2023 - 11 - 29]. https://algo. epfl. ch/_ media/en/projects/bachelor _ semester/rapportetiennehelfer. pdf.

[53]　GAO CHUAN. RSA-and-LLL-attacks[EB/OL]. (2016 - 08 - 04)[2023 - 11 - 29]. https://github. com/Gao-Chuan/RSA-and-LLL-attacks.

[54]　Black_Sun. 对 RSA-Factoring with High Bits Known 理解[EB/OL]. (2017 - 10 - 07)[2023 - 11 - 29]. https://www. jianshu. com/p/1a0e876d5929.

[55]　STEINFELD R，ZHENG Y. An advantage of low-exponent RSA with modulus primes sharing least significant bits[C]. Cryptographers' Track at the RSA Conference. Heidelberg：Springer Berlin Heidelberg，2001：52 - 62.

[56]　BONEH D，DURFEE G. Cryptanalysis of RSA with private key d less than $N^{0.292}$ [J]. IEEE transactions on Information Theory，2000，46(4)：1339 - 1349.

[57]　HERRMANN M，MAY A. Maximizing small root bounds by linearization and applications to small secret exponent RSA[C]. Public Key Cryptography-PKC 2010：13th International Conference on Practice and Theory in Public Key Cryptography，Paris，France，May 26 - 28，2010. Proceedings 13. Springer Berlin Heidelberg，2010：53 - 69.

[58]　BONEH D，DURFEE G，FRANKEL Y. An attack on RSA given a small fraction of the private key bits[C]. Advances in Cryptology-ASIACRYPT' 98：International Conference on the Theory and Application of Cryptology and Information Security Beijing，China，October 18 - 22，1998 Proceedings. Springer Berlin Heidelberg，1998：25 - 34.

[59]　Hcamael. 2016 HCTF Crypto 出题总结[EB/OL]. (2016－11－28)[2023－11－29]. https://paper. seebug. org/128/.

[60]　CRÉPEAU C，SLAKMON A. Simple backdoors for RSA key generation[C]. Cryptographers' Track at the RSA Conference. Heidelberg：Springer Berlin Heidelberg，2003：403 - 416.

[61]　Programming Praxis. Pollard's Rho Algorithm For Discrete Logarithms[EB/OL]. (2016 - 05 - 27)[2023 - 11 - 29]. https://programmingpraxis. com/2016/05/27/pollards-rho-algorithm-for-discrete-logarithms/.

[62]　POLLARD J M. Monte Carlo methods for index computation (mod p)[J]. Mathematics of computation，1978，32(143)：918 - 924.

[63]　Hcamael. Floyd 判圈(Cycle Finding)算法 [EB/OL]. (2015 - 10 - 16)[2023 - 11 - 29]. https://www. zsquare. org/post/algorithms-to-solve-discrete-logarithm-problem

[64]　Alex Frieden and Ravi Montenegro. Kruskal Count and Kangaroo Method[EB/

OL]. （2005 – 08 – 16）[2023 – 11 – 29]. http://faculty. uml. edu/rmontenegro/ research/kruskal_count/kruskal. html.

[65] Cryptography Services NCC Group. The Cryptopals Crypto Challenges[EB/OL]. （2015 – 09 – 04）[2023 – 11 – 29]. https://cryptopals. com/7.

[66] Steve Friedl. An lllustrated Guide to Cryptographic Hashes[EB/OL]. （2005 – 05 – 09）[2023 – 11 – 29]. http://unixwiz. net/techtips/iguide-crypto-hashes. html.

[67] Python Pool. MD5 Hash Function: Implementation in Python[EB/OL]. （2021 – 06 – 15）[2023 – 11 – 29]. https://www. pythonpool. com/python-md5/, https:// brilliant. org/wiki/secure-hashing-algorithms/.

[68] Chris McCormick. Hash Function Attacks Illustrated[EB/OL]. （2018 – 07 – 30） [2023 – 11 – 29]. https://mccormick. cx/news/entries/hash-function-attacks-illustrated.

[69] MEDIA W. Hash Function[EB/OL]. （2016 – 06 – 25）[2023 – 11 – 29]. https:// upload. wikimedia. org/wikipedia/commons/thumb/d/da/Hash _ function. svg/ 2000px-Hash_function. svg. png.

[70] KHOVANOVA T. One-way Functions[EB/OL]. （2016 – 06 – 27）[2023 – 11 – 29]. http://blog. tanyakhovanova. com/2010/11/one-way-functions/.